装备科技译著出版基金

U0866762

混杂动态系统与信息物理系统的诊断性、保障性和安全性

Diagnosability, Security and Safety of Hybrid Dynamic and Cyber – Physical Systems

[法]穆阿玛·赛义德·穆沙韦（Moamar Sayed – Mouchaweh） 主编

史俊斌 姚 兆 魏建辉 王 新 齐 鸥 译

张 磊 主审

国防工业出版社

·北京·

著作权合同登记　图字:01 －2025 －1923 号

图书在版编目(CIP)数据

混杂动态系统与信息物理系统的诊断性、保障性和安全性/(法) 穆阿玛·赛义德·穆沙韦(Moamar Sayed－Mouchaweh) 主编;史俊斌等译. —北京:国防工业出版社, 2025. 8. —ISBN 978－7－118－13828－3

Ⅰ. TP271

中国国家版本馆 CIP 数据核字第 2025XQ8389 号

※

国防工业出版社出版发行
(北京市海淀区紫竹院南路 23 号　邮政编码 100048)
天津嘉恒印务有限公司印刷
新华书店经售

*

开本 710×1000　1/16　**插页** 2　**印张** 20½　**字数** 358 千字
2025 年 8 月第 1 版第 1 次印刷　**印数** 1—1500 册　**定价** 148.00 元

(本书如有印装错误,我社负责调换)

国防书店:(010)88540777　书店传真:(010)88540776
发行业务:(010)88540717　发行传真:(010)88540762

译者序

信息物理系统(cyber physical system,CPS)是一个综合计算、网络和物理环境的多维复杂系统,通过3C(Computation/Communication/Control)技术的有机融合与深度协作,实现人型工程系统的实时感知、动态控制和信息服务。CPS实现计算、通信与物理系统的一体化设计,可使系统更加可靠、高效、实现协同,具有重要而广泛的应用前景。许多基础设施都是信息物理系统,这样的系统,正在被广泛使用并覆盖了我们日常生活的许多方面。因此,研究信息物理系统的诊断性、保障性和安全性十分重要。信息物理系统是一个极其复杂的系统,为了准确描述该系统,很多信息物理系统都被建模为混杂动态系统。

混杂动态系统(hybrid dynamic system,HDS)是一类兼有离散事件和连续变量两种运行机制的动态系统。由于复杂系统中通常存在不同层次、不同类型的各种子系统,需要用定性、定量相结合的方法来处理,定性行为常用符号、逻辑、模糊等离散型变量来描述,而定量行为则可用连续变量及相关的微分或差分方程来描述,因此混杂动态系统是研究复杂系统的一种重要的数学模型和理论方法。

本书将信息物理系统作为一个整体来考虑,将其抽象为混杂动态系统,从全系统的角度分析了其可诊断性、保障性和安全性。本书内容面向那些需要解决复杂问题的从事复杂领域研究的专家、学者以及高校的学生,译者希望本书能够为他们提供指导和帮助。

本书由史俊斌主译并统稿，由张磊审校。参加翻译工作的有姚兆、魏建辉、王新、齐鸥。本书的翻译出版工作得到了装备科技译著出版基金的资助。

鉴于译者水平有限，书中难免存在不妥之处，希望读者及时指正。

前 言

信息物理系统CPS的特征由物理(物理工厂、过程、网络)和网络(软件、算法、计算)组件组成,这些组件的操作由计算和通信核心进行监视、控制、协调和集成。在CPS中,物理组件和计算组件之间的交互非常密集。它们涵盖了越来越多的现实生活应用,如自动驾驶汽车、飞机、智能制造过程、手术机器人和人类与机器人协作、智能电网、家用电器、空中交通控制、自动化农业和植入式医疗设备。物理和网络组件之间的交互需要有分析和建模离散(离散事件控制、通信协议、离散传感器/执行器、调度算法等)和连续(连续动态、物理、连续传感器/执行器等)动态的工具。因此,许多CPS可以被建模为混合动态系统,以同时考虑离散和连续行为以及它们之间的相互作用。

许多关键的基础设施,如发电和配电网络、水网和大众运输系统、自动驾驶汽车和交通监控,都是CPS。这些系统,包括关键的基础设施,正在被广泛使用,并覆盖了我们日常生活的许多方面。因此,CPS的保障性、安全性和可靠性是其成功实施和运行的关键。然而,这些系统容易发生因网络攻击和系统故障引起的重大事件。这些事件严重影响它们的安全。攻击可以表示为入侵者为了破坏系统而故意在监控器和系统之间的通信通道中产生的干扰,也可以表示为监控器分别启用和禁用了由监控器分别启用的执行器事件。通常,入侵者会隐藏、创建甚至故意更改控制通信通道中从一个设备(执行器、传感器)传输到另一个设备(执行器、传感器)的事件。监视控制系统中的这些攻击可能导致工厂执行事件序列,导致系统达到可能破坏系统的不安全或危险状态。

因此,可靠、可扩展和及时的故障诊断对于提高CPS对故障的稳定性至关重要。此外，为了有意地改变 CPS 的完整性、保密性和可用性，检测利用工业控制系统漏洞的入侵是原始的。这些网络攻击影响控制器(可编程逻辑控制器，PLC)的控制命令、来自工厂的报告(传感器读数)以及它们之间的通信。此外，深入了解 CPS 组件对此类事件的脆弱性可以纳入未来的设计过程，以便更好地设计此类系统。最后，及时的故障诊断可以帮助操作员更好地了解情况，并给他们足够的时间来实施纠正(维护)行动。

然而，确保 CPS 的保障性和安全性需要在设计阶段(如状态可达性、可诊断性和可预测性)或在线(如故障检测和隔离)验证它们的行为或安全特性。这是一个具有挑战性的任务，因为这些系统中的行为(网络/物理、离散/连续)具有内在的相互联系和异构的组合。实际上，故障在 CPS 中的传播不仅受物理子系统和网络子系统中的组件行为的控制，而且还受它们之间的交互作用的控制。这使得识别观测异常的根本原因和预测故障事件成为一个困难的问题。此外，CPS 的复杂性日益增加，其操作的安全性和安全要求以及分散的资源管理，使这些系统发生故障的可能性大大增加。最后，值得一提的是，由于连续系统的状态空间是无限的，计算混杂动态系统的可达状态集是一个无法确定的问题。

本书介绍了最新的和先进的方法和技术，解决分析 CPS 的可诊断性属性和确保它们的安全性的复杂问题。CPS 被建模为混合动态系统，在不同的应用领域使用不同的基于模型和数据驱动的方法(电力传输网络、无线通信网络、工业控制系统中的入侵、生产系统中的入侵、风力发电场等)。这些方法处理的问题是在攻击存在时确保 CPS 的安全性，以及在存在不同种类的不确定性(与事件发生相关的不确定性、与事件发生顺序相关的不确定性、与它们的值相关的不确定性等)时验证它们的可诊断性。

最后，非常感谢所有作者和审稿人的宝贵贡献，为研究 CPS 模型为混合动态系统的可诊断性、保障性和安全性的研究和出版奠定了另一个基石。我还要感谢 Mary E. James 女士与施普林格建立了合同，并给予大力支持。我希望本书为研究人员及工程师等提供创新动机提供良好的基础，以解决本研究领域相关的问题。

Moamar Sayed－Mouchaweh

杜埃，法国

缩略词

第 1 章

CPS(cyber physical systems)信息物理系统

HDS(hybrid dynamic systems) 混杂动态系统

DCCS(discretely controlled continuous systems)离散控制连续或开关系统

CJ(controlled junctions)受控节点

HPN(hybrid Petri nets)混合 Petri 网

FMEA(failure mode effect analysis) 故障模式影响分析

ICS(industrial control systems) 工业控制系统

PLC(programmable logic controller) 可编程逻辑控制器

DES(discrete event systems)离散事件系统

第 2 章

SCADA(supervisory control and data acquisition)监控与数据采集

MBD(model - based diagnosis)基于模型的诊断

FDI(fault detection and isolation)故障检测与隔离

AI(artificial Intelligence) 人工智能

GUI(graphical user interface)图形用户界面

KB(knowledge base)知识库

FMEA(failure mode effect analysis)故障模式影响分析

Repair Task 修理任务

Improve Diagnosis 提高诊断水平

第 3 章

System Model 系统模型

Mode Assignment 模式分配

Equivalence Problem 等价问题

Tolerance Value Comparison Operator 公差值比较运算

Alternative Tolerance Value Comparison Operator 替代公差值比较运算

Temporal Band Sequences 时域序列

Pearson Correlation Coefficient 皮尔逊相关系数

Pearson Correlation Coefficient Equivalence 皮尔逊相关系数等价

Abductive Diagnosis 诱导诊断

第 4 章

Fault Detection 故障检测

SysID(system identification) 系统识别

Data - drive 数据驱动

Big Data 大数据

Model - Based 基模型

GP(genetic programming) 遗传程序设计

FFX(fast function extraction)快速函数提取

CV(cross validation)交叉验证

ROC(receiver operating curves) 接收机工作曲线

FP(false positive)假阳性

TP(true positive)真阳性

PPC(probabilistic principal components)概率主成分

PGMM(parsimonious gaussian mixture models) 简约高斯混合模型

DoE(design of experiment)实验设计

第 5 章

ICS(industrial control systems) 工业控制系统

CIM(computer - integrated manufacturing) 计算机集成制造

OP(operative part)操作部分

I/O(inputs/outputs) 输入/输出

IT(information technology) 资讯科技
DOS(denial of service) 拒绝服务
DDOS(distributed denial of service) 分布式拒绝服务
MITM(man - in - the - middle) 中间人
IS(information system) 信息系统
IDS(intrusion detection system) 入侵检测系统
NIDS(network intrusion detection system) 网络入侵检测系统
HIDS(host intrusion detecting system) 主机入侵检测系统

第6章

FDI(fault detection and isolation) 故障检测与隔离
FSM(finite state machine) 有限状态机
MM(mealy machine) 米利状态机
DFA(deterministic finite automaton) 确定性有限自动机
PWM(pulse width modulation) 脉冲宽度调制
DSP(digital signal processing)数字信号处理

第7章

FSM(finite state machines) 有限状态机

第8章

CPS(cyber - physical systems) 信息物理系统
TFPG(timed fault propagation graphs) 时间故障传播图
TCD(temporal causal diagrams) 时间因果图
ANN(artificial neural networks) 人工神经网络
TTA(time triggered automata) 时间触发自动机

第9章

SOS - 1(special ordered set of degree 1) 特殊有序度1
SWA(switched affine) 切换仿射

FDI(fault detection and isolation) 故障检测和隔离

HVAC(heating, ventilating, and air conditioning) 暖通空调

第 10 章

HS(hybrid system) 混杂系统

DES(discrete – event system) 离散事件系统

第 11 章

CEGAR(counter example guided abstraction refinement) 反例指导的抽象细化

HA(hybrid automaton) 混合自动机

DA(discrete automaton) 离散自动机

CS(continuous system) 连续系统

TA(timed automaton)时间自动机

RA(rectangular automata)矩形自动机

DES(discrete – event system) 离散事件系统

POHA(partially observable hybrid automaton) 部分可观测混合自动机

SMT(satisfiability modulo theories) 满意度模理论

目 录

第1章 序言 ········ 1
1.1 作用于混杂动态系统的信息物理系统 ········ 1
1.2 信息物理系统的可诊断性、保障性和安全性:
问题公式、方法和挑战 ········ 3
1.3 本书的内容 ········ 7
参考文献 ········ 12

第2章 风电机组故障定位:基于模型诊断的实际应用 ········ 15
2.1 引言 ········ 15
2.2 基于模型的诊断 ········ 16
2.2.1 命题角从句溯因 ········ 17
2.2.2 将诊断纳入实践 ········ 19
2.3 工业风力涡轮机诊断 ········ 23
2.3.1 基于模型的诱导诊断原型 ········ 24
2.3.2 诊断引擎的实现 ········ 30
2.4 结论 ········ 33
参考文献 ········ 35

第3章 基于Modelica语言和设证推理法的故障检测与定位 ········ 39
3.1 简介 ········ 39
3.2 使用Modelica描述系统的行为 ········ 40

3.2.1 具有故障模式的 Modelica 仿真模型 …… 44
3.3 比较检测故障存在的信号 …… 47
3.3.1 容差值 …… 48
3.3.2 时间带序列 …… 50
3.3.3 Pearson 相关系数 …… 51
3.4 Modelica 模型诱导性诊断 …… 52
3.4.1 诱导性诊断 …… 52
3.4.2 自动规则提取 …… 54
3.5 案例研究 …… 56
3.6 相关研究与讨论 …… 61
3.7 总结 …… 64
参考文献 …… 64

第 4 章 基于离散事件系统的动态过程环境鲁棒数据驱动故障检测 …… 68
4.1 简介 …… 68
4.2 问题陈述 …… 71
4.3 基于因果关系网络的基残差故障检测（基于模型） …… 72
4.3.1 因果关系网络的建立 …… 74
4.3.2 高级残差生成和分析 …… 79
4.3.3 增强的残差分析 …… 82
4.4 无监督特征空间中非典型事件的识别（基于分布） …… 85
4.4.1 (全局)主成分空间中的偏差分析 …… 85
4.4.2 部分局部主成分空间的分析 …… 87
4.4.3 基于混合模型和(广义)数据云的高级可能性 …… 88
4.4.4 非线性外壳的一类分类器 …… 88
4.5 用于处理系统动力学的自适应参考模型 …… 90
4.5.1 自适应因果关系网络 …… 92
4.5.2 基于自适应分布的参考模型 …… 94
4.6 动态系统中预期和非预期变化之间的区别 …… 96
4.6.1 指示(预期)过程变更的离散事件信号 …… 97
4.6.2 通过离散事件的混合和变化隔离来识别预期变化 …… 98
参考文献 …… 101

第5章 基于临界状态距离滤波的工业控制系统网络攻击检测和阻塞方法 …… 112
5.1 简介 …… 112
5.1.1 工业控制系统 …… 112
5.1.2 ICS 漏洞及攻击 …… 114
5.1.3 问题 …… 117
5.2 网络安全的现状 …… 119
5.2.1 从安全的角度来看 …… 119
5.2.2 从安全角度出发 …… 120
5.2.3 安全与保障:相互强化 …… 121
5.3 用距离概念过滤 ICS 网络安全 …… 122
5.3.1 方法 …… 122
5.3.2 关于 ICS 网络安全过滤器 …… 130
5.4 应用实例 …… 131
5.5 结论和前景 …… 135
5.5.1 结论 …… 135
5.5.2 观点 …… 135
参考文献 …… 136

第6章 使用米利状态机对交换系统进行主动诊断 …… 140
6.1 介绍 …… 140
6.2 问题陈述和建模 …… 142
6.2.1 DES 诊断准备 …… 142
6.2.2 切换系统建模 …… 144
6.3 活跃诊断 …… 146
6.3.1 测试条件 …… 147
6.3.2 运算法则 …… 148
6.4 多细胞转换器的应用 …… 153
6.4.1 多细胞转换器建模 …… 153
6.4.2 2 单元转换器的主动故障诊断 …… 155
6.4.3 3 单元转换器的主动故障诊断 …… 159

6.5 结论 …… 163
参考文献 …… 163

第7章 混杂动态系统的安全诊断性 …… 167
7.1 引言 …… 167
7.2 安全状态估计问题 …… 170
7.3 混杂动态系统 …… 171
7.3.1 混杂动态系统的定义 …… 171
7.3.2 安全模式识别度 …… 173
7.4 有限态系统 …… 175
7.4.1 FSM 的背景 …… 175
7.4.2 FSM 可诊断性的定义 …… 176
7.5 LH－系统的可诊断性 …… 178
7.5.1 可诊断性的定义 …… 178
7.5.2 抽象过程 …… 179
7.5.3 检查安全可诊断性 …… 186
7.6 结论 …… 187
参考文献 …… 189

第8章 故障保护组件在信息物理系统中的诊断 …… 193
8.1 简介 …… 193
8.2 背景 …… 195
8.2.1 信息物理系统(CPS)诊断 …… 195
8.2.2 电力系统诊断 …… 196
8.2.3 级联现象:故障管理控制器防止误操作 …… 196
8.3 时间因果图（TCD） …… 198
8.3.1 用非确定性语义扩展 TFPG …… 198
8.3.2 故障管理控制器的行为建模 …… 201
8.3.3 界定控制器故障的监测器 …… 202
8.3.4 组合诊断推理法 …… 202
8.4 实例系统：电力传输网络 …… 206
8.4.1 系统测试 …… 206

8.4.2 TCD:故障传播图 …… 207
8.4.3 TCD:距离继电器行为模型 …… 208
8.4.4 TCD:断路器行为模型 …… 209
8.4.5 TCD 诊断系统:监测器 …… 210
8.4.6 结果 …… 211
8.5 结论 …… 213
参考文献 …… 213
第9章 基于模型失效的具有检测功能的隐性切换仿射模型的无源诊断 …… 219
9.1 介绍 …… 219
9.1.1 文献综述 …… 220
9.2 初步 …… 221
9.2.1 表示法 …… 221
9.2.2 建模框架 …… 221
9.3 模型失效 …… 222
9.4 T－可区分性 …… 224
9.5 故障检测和隔离 …… 226
9.5.1 故障检测 …… 226
9.5.2 故障隔离 …… 227
9.5.3 FDI 方案 …… 228
9.5.4 检测和隔离延迟 …… 229
9.6 实际考虑 …… 231
9.6.1 求 T 的 T－可区分性 …… 231
9.6.2 自适应故障隔离 …… 232
9.7 示例 …… 233
9.7.1 运行时比较 …… 233
9.7.2 暖通空调系统的故障诊断 …… 234
9.7.3 可识别性指数和系统不确定性 …… 237
9.8 结论 …… 241
参考文献 …… 241

第 10 章 模糊离散故障的可诊断性研究 ······ 245
10.1 介绍 ······ 245
10.2 背景 ······ 247
10.2.1 离散事件系统 ······ 247
10.2.2 可诊断性 ······ 248
10.2.3 孪生系统模型函数 ······ 248
10.3 观测的时间和逻辑不确定性 ······ 250
10.3.1 时间不确定的观测 ······ 250
10.3.2 逻辑上不确定的观测 ······ 252
10.3.3 综合不确定度观测 ······ 253
10.3.4 统一不确定性表示 ······ 254
10.4 不确定观测的可诊断性 ······ 255
10.4.1 诊断能力及时间不确定性 ······ 256
10.4.2 可诊断性和逻辑不确定性 ······ 257
10.4.3 可诊断性和综合不确定性 ······ 260
10.5 例子 ······ 262
10.5.1 离散模型 ······ 263
10.5.2 连续模型 ······ 264
10.5.3 诊断能力分析 ······ 265
10.6 结论 ······ 266
参考文献 ······ 267

第 11 章 混杂系统可诊断性分析的抽象细化 ······ 271
11.1 介绍 ······ 271
11.2 混杂动态系统 ······ 272
11.2.1 混合自动机定义 ······ 272
11.2.2 混合自动机建模 ······ 273
11.2.3 混合自动机的语义 ······ 274
11.2.4 混合自动机类和特殊情况 ······ 275
11.3 混杂动态系统的可诊断性 ······ 277
11.3.1 可诊断性分析的混杂系统模型 ······ 277

11.3.2 观测与故障 …… 280
11.3.3 系统可诊断性定义 …… 281
11.4 混合自动机的抽象 …… 282
11.4.1 不同的抽象方法 …… 283
11.4.2 状态空间的几何分解 …… 284
11.4.3 混合自动机可达性约束编码 …… 287
11.4.4 编码混合自动机的时间约束 …… 288
11.4.5 计算时间界限 …… 290
11.5 混合自动机抽象细化 …… 292
11.5.1 细化的永恒模型 …… 292
11.5.2 细化时间模型 …… 293
11.5.3 以可达性分析为指导的细化 …… 294
11.6 CEGAR 适应性诊断性验证 …… 295
11.6.1 混合自动机可诊断性验证的 CEGAR 方案 …… 296
11.6.2 基于孪生系统诊断性检验 …… 297
11.6.3 反例验证或拒绝 …… 298
11.6.4 对抽象的细化 …… 299
11.7 案例研究实例 …… 300
11.7.1 故障 F_1 的 CEGAR 方案 …… 300
11.7.2 故障 F_2 的 CEGAR 方案 …… 301
11.8 结论 …… 303
参考文献 …… 304

第1章 序言

Moamar Sayed-Mouchaweh

1.1 作用于混杂动态系统的信息物理系统

信息物理系统(cyber physical systems, CPS)[1]的特征是物理(物理设备、过程、网络)和信息软件、算法、计算组件的组合,其操作由计算和通信核心来监控、控制、协调和集成。CPS 中物理和信息组件之间的交互是密集的,它们覆盖了越来越多的现实生活应用,例如自动驾驶车辆、飞机、智能制造过程、手术机器人、人机协作、智能电网、家用电器、空中交通控制、自动化农业和植入式医疗设备等。

混杂动态系统(hybrid dynamic systems, HDS)[2]是离散和连续动力共存的系统。离散动力用离散状态变量描述,而连续动力学用连续状态变量描述。HDS 所表现出不同的连续动力行为,取决于当前的操作模式 q:

$$\dot{\boldsymbol{X}} = \boldsymbol{A}_{(q)}\boldsymbol{X} + \boldsymbol{B}_{(q)}\boldsymbol{u}$$

式中:$\boldsymbol{X}$ 为状态向量;$\boldsymbol{u}$ 为输入向量;在线性系统的情况下,$\boldsymbol{A}_{(q)}$ 和$\boldsymbol{B}_{(q)}$ 是适当维度的常数矩阵。

物理组件和信息组件之间的交互需要有可以对离散事件(离散事件控制、通信协议、离散传感器/执行器、调度算法等)和连续事件(连续动力、物理、连续传感器/动作等)进行分析和建模的工具。

因此,许多 CPS 可以被建模为混杂动态系统[3-4],以便同时考虑离散和连续行为以及它们之间的相互作用。

HDS 有许多不同类型的系统,例如自主交换系统[5]、离散控制交换系统[2]、计价系统[6]、离散控制跳跃系统[7]。许多复杂系统被嵌入到传感器上,这些系统由包含离散控制器的物理设备组成。因此,通过在系统设备上执行控制器(如执行器)的动作,系统在不同配置模式之间有若干离散变化。这种 HDS 被称为离散控制的连续或开关系统[7]。分段系统[6]是一类重要的 HDS,在这种 HDS 系统中复杂的非线性行为被一系列更简单的分段线性行为所取代。

图1.1所示的三单元功率变换器[8]给出了 DCCS 的一个例子。系统的连续动力通过状态向量 $\boldsymbol{X}=[\boldsymbol{V}_{C_1}\boldsymbol{V}_{C_2}\boldsymbol{I}]^{\mathrm{T}}$ 表示,这里 $\boldsymbol{V}_{C_1}$ 和 $\boldsymbol{V}_{C_2}$ 分别表示电容器 C_1 和 C_2 的电压,$\boldsymbol{I}$ 表示通过三个基本开关单元 $\boldsymbol{S}_j(j\in 1,2,3)$ 从电源 E 流向负载($\boldsymbol{R}$, $\boldsymbol{L}$)的负载电流。开关单元代表系统离散动力。每个离散开关 $\boldsymbol{S}_j$ 具有两个离散状态:$\boldsymbol{S}_j$ 打开或 $\boldsymbol{S}_j$ 关闭。这个系统的控制有两个主要任务:①平衡开关之间的电压及;②将负载电流调节到期望值。为了实现这一点,控制器通过向每个离散开关应用离散命令“$\boldsymbol{CS}_j$”或“$\boldsymbol{OS}_j$”来改变开关 $\boldsymbol{S}_j(j\in 1,2,3)$(图1.1)的状态,使其从打开到关闭或从关闭到打开。其中 $\boldsymbol{CS}_j$ 指的是“关闭开关 $\boldsymbol{S}_j$”,$\boldsymbol{OS}_j$ 指的是“打开开关 $\boldsymbol{S}_j$”。

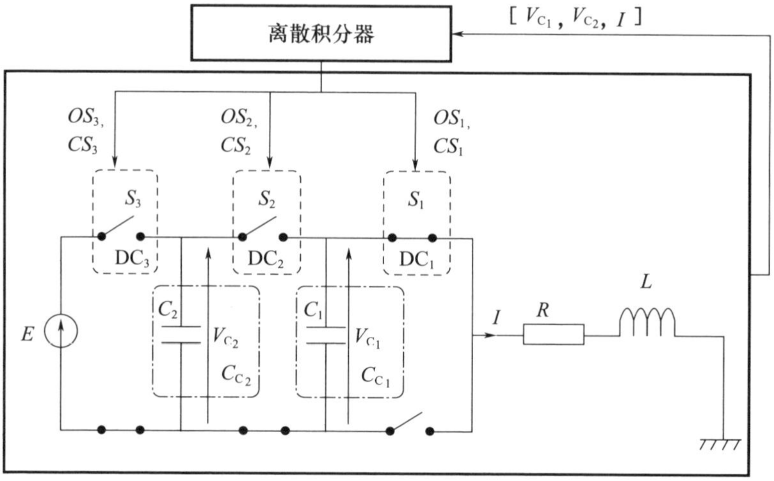

图1.1 作为离散控制连续系统(discretely controlled continuous system, DCCS)的三单元功率变换器,其中电容器 C_1 和 C_2 表示连续元件(continuous components, CC),开关 S_1、S_2 和 S_3 表示离散元件(discrete components, DC)

在文献中广泛使用三种建模工具来建模 HDS。这些工具是混合 Petri 网[9]、混合键图[10]和混合自动机[11]。

混合 Petri 网(hybrid petri nets, HPN)模型 HDS 通过结合离散和连续部分实现。HPN 通过如下数组定义:

$$\mathbf{HPN}=\{\boldsymbol{P},\boldsymbol{T},h,\mathbf{Pre},\mathbf{Post}\}$$

这里 $\mathbf{P}=\mathbf{P}_d\cup\mathbf{P}_c$ 是一个有限、非空的位置集合,$\mathbf{P}$ 被分割成一组离散位置集 $\mathbf{P}_d$ 用来代表环,$\mathbf{P}$ 被分割成一组连续位置集 $\mathbf{P}_c$ 代表双环。$\mathbf{T}=\boldsymbol{T}_d\cup\boldsymbol{T}_c$ 是一个有

限、非空的变换集合，$\mathbf{T}$ 被分割成离散变换集 $\mathbf{T}_d$ 和连续变换集 $\mathbf{T}_c$ 代表双箱。公式 $h:\mathbf{P}\cap\mathbf{T}\to\{\boldsymbol{D},\boldsymbol{C}\}$ 被称为“混合函数”，指示每个节点是离散节点（$\boldsymbol{D}$）还是连续节点（$\boldsymbol{C}$）。$\mathbf{Pre}:\boldsymbol{P}_{cx}\boldsymbol{T}\to\mathbb{R}^+$ 或者 $\mathbf{Pre}:\boldsymbol{P}_{dx}\boldsymbol{T}\to\mathbb{N}$ 定义从位置到变换弧的函数。$\mathbf{Post}:\boldsymbol{P}_{ix}\boldsymbol{T}_j\to\mathbb{R}^+$ 或者 $\mathbf{Post}:\boldsymbol{P}_{dx}\boldsymbol{T}\to\mathbb{N}$ 定义从变换到位置弧的函数。

混合键图是一个具有不连续性物理动力系统的图形描述。具有不连续性物理动力系统代表离散模式之间的转换。与规则键图类似，混合键图是一种基于能量的技术。它是由一组顶点和一组边定义的有向图，顶点代表组件。组件是：①被动组件将能量转换为势能（C 组件）、惯性能（L 组件）和耗散能（T 组件）；②主动组件可以是做功的源或者是 PF 流的源。边缘称为键（绘制为半箭头），代表组件之间的理想能量连接。边缘组件的相互连接构建了整个系统的模型。该模型将含有普通流的组件表示为 1 节点，将普通功和连接不同种类能量的变换器和转器表示为 0 节点。为了考虑在离散模式之间转换过程中的信息，通过添加受控节点（controlled junctions，CJ）来扩展混合键图。受控节点允许考虑由于离散转换导致的单个组件模式的局部变化。CJ 可以被开启（激活）或关闭（停用）。激活的 CJ 表现为传统的键图节点。停用的 CJ 在整个事件节点中不活动，因此不影响系统的任何部分。

混合自动机是一种用于 HDS 的数学模型，它在单一形式中将用于捕获离散变化的变换和用于捕获连续动力学的微分方程结合在一起。混合自动机是具有连续变量有限集的有限状态集，其值由一组常微分方程描述。一个混合自动机是由以下数组定义：

$$\boldsymbol{G}=(\mathbf{Q},\boldsymbol{\Sigma},\boldsymbol{X},\boldsymbol{flux},\boldsymbol{Init},\boldsymbol{\delta})$$

式中：$\mathbf{Q}$ 为状态集；$\boldsymbol{\Sigma}$ 为离散事件集；$\boldsymbol{X}$ 为描述系统连续动力学的连续变量集；$\boldsymbol{flux}:\mathbf{Q}\times\boldsymbol{X}\to\boldsymbol{R}^n$ 是在 $\mathbf{Q}$ 的每个状态 q 中表征 $\boldsymbol{X}$ 的连续动力学的函数；$\boldsymbol{Init}=(q\in\mathbf{Q},\boldsymbol{X}(q),\boldsymbol{flux}(q))$ 是初始条件集并且 $\boldsymbol{\delta}:\mathbf{Q}\times\boldsymbol{\Sigma}\to\mathbf{Q}$ 是状态转移函数；变换 $\boldsymbol{\delta}(q,e)=q^+$ 对应于离散事件 $e\in\boldsymbol{\Sigma}$ 发生后从状态 q 到状态 q^+ 的变化。

1.2 信息物理系统的可诊断性、保障性和安全性：问题公式、方法和挑战

可以将故障视为系统或其组件中的至少一个特征属性与其正常或预期行为存在不被允许的偏差。故障诊断是检测故障的操作和确定可能的结论来解释它们的发生。尽管故障影响系统的行为，在线故障诊断仍是保证复杂动态系

统安全运行的关键。故障发生的后果可能是严重的,可能导致人员伤亡、环境有害物排放、高修理成本,以及生产线意外停工造成的经济损失。因此,早期发现和隔离故障是保持系统性能、保证系统安全、延长系统寿命的关键。

故障可表现在系统的不同部分中,即致动器(发动机功率损失、汽缸泄漏等)、系统(例如油箱泄漏)、传感器(例如相对于真实值的显示值降低,或者存在歪斜或增加的噪声干扰正确的读取)和控制器(例如控制器不对其输入传感器读数做出正确响应)。故障可以是突然的(例如泵的打开故障和关闭故障以及阀门的打开卡住或关闭卡住)、间歇的或逐渐的(部件的退化)。故障也可能发生在单个或多个场景中。在前者中,一个故障因素解释观测结果(是造成故障行为的原因)。在观测结果中,几个故障因素是造成故障行为的原因。

在 HDS 中,由于表征连续动力学参数标定值的变化而产生的故障,称为参数故障。故障也可以表现为异常或不可预测模式变化行为,称为离散故障。因此,HDS 应该考虑两种类型的故障,这取决于受故障(参数故障或离散故障)影响的动力学。离散故障与执行机构的故障有关,并且通常在系统行为上表现出很大的不连续性,而参数故障与撕裂和磨损有关,并且带来更慢动力学的故障。对于参数故障,在故障检测和隔离(确定故障候选)之后,需要一个故障识别阶段,以估计故障的大小(例如泄漏的部分)、发生时间、重要性等。

例如在三单元变换器中,8 个故障可以被认为是表 1.1 所描述的故障诊断结果。参数故障(电容器标定值的异常)主要是因为老化或污染的影响。离散故障(开卡住或关卡住)更频繁,其后果更具破坏性。例如,在开路(关卡住)故障时,系统以退化的性能运行。然而,不稳定的负载可能会导致系统进一步损坏。因此,对这些故障进行诊断是保证系统安全和质量的必要条件。

表 1.1 用于三单元变换器的故障诊断

故障类型	故障标签	故障事件—故障描述
离散故障	$\boldsymbol{F}_1$	$f_{s1so}-\boldsymbol{S}_1$ 卡开
		$f_{s1sc}-\boldsymbol{S}_1$ 卡关
	$\boldsymbol{F}_2$	$f_{s2so}-\boldsymbol{S}_2$ 卡开
		$f_{s2sc}-\boldsymbol{S}_2$ 卡关
	$\boldsymbol{F}_3$	$f_{s3so}-\boldsymbol{S}_3$ 卡开
		$f_{s3sc}-\boldsymbol{S}_3$ 卡关
参数故障类型	$\boldsymbol{F}_4$	f_{C_1}—由于$\boldsymbol{C}_1$老化导致$\boldsymbol{C}_1$标定值的异变
	$\boldsymbol{F}_5$	f_{C_2}—由于$\boldsymbol{C}_2$老化导致$\boldsymbol{C}_2$标定值的异变

故障诊断任务[12-13]一般通过推理希望或期望行为(由模型推断)和传感器提供的观测行为之间的差异来执行。这个任务可以线下执行,也可以在线执行。线下诊断假定系统没有在正常条件下运行,但是它处于测试台中,即准备好对可能的先前故障进行测试。测试是基于输入(例如命令)和输出(例如传感器读数)进行的,以便观察所得信号与在正常条件下获得的信号之间的差异。在线诊断中,假设系统处于工作状态,设计诊断模块以连续监测系统行为,隔离和识别故障。在这些方法中,我们可以区分主动诊断和被动诊断的差别,主动诊断使用输入和输出进行诊断,被动诊断仅使用系统输出进行诊断。诊断也可以是非增量的(即诊断推理引擎通过线下的模式构建)或增量的(诊断推理引擎采用线上的模式构建以响应观察结果)。

可诊断性概念[13]旨在验证系统模型是否具有足够的信息,以便允许诊断推理引擎(通常称为诊断器)在参数故障和离散故障发生后的有界延迟内推断它们的发生。可诊断性概念最初是针对离散事件系统(离散故障)提出的,但是它可以扩展到 HDS(参数故障和离散故障)。一般来说,有两类方法来构建故障诊断推理引擎,允许同时考虑 HDS 中的离散和连续动力以及它们之间的相互作用。在第一类文献[14]中,系统模型是通过添加系统离散模式进行连续模型的扩展。在每个离散模式下,通过观察变量的关系,得到了无故障连续行为。这些关系用于生成对某一故障子集独立敏感的模型。当模型对该故障的独立敏感值是非零值时,可以诊断出故障。在第二类中,通过添加由系统连续动力学抽象生成的事件来扩展或丰富离散模型。

在文献中有许多方法用于构建 HDS 中的故障诊断推理引擎。它们可以分为内部的或基于模型的、外部的或数据驱动的方法。内部方法(图 1.2)使用数学或/和结构模型通过利用关于系统动力学的物理知识或/和实验数据来描述可测量变量之间的关系。它们可以被归类为基于残差和基于集合隶属度[15]的方法。在基于残差的方法中,将数学模型的响应与变量的观察值进行比较,以便生成用作故障诊断基础的指标。通常,该模型用于估计系统状态、输出或参数。系统和模型响应之间的差异在残差生成的基础上进行监测。然后,这种差异的趋势分析可以用于检测由于故障发生而导致系统的变化特征。基于集合隶属度的故障诊断技术用于检测某些特殊故障。通常,与基于残差的方法相比,它们丢弃了与观测数据不兼容的模型。

外部方法[6,16-19](图 1.3)将系统视为黑箱,换句话说,它们不需要任何数学模型来描述系统的动力学行为。它们仅使用一组测量或/和关于系统动力学的启发式知识来构建从测量空间到决策空间的映射。它们包括专家系统和机器学习与数据挖掘技术。

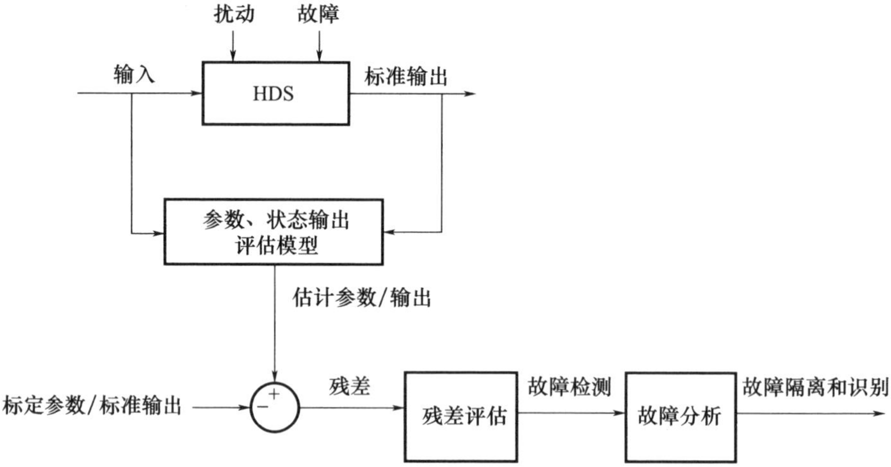

图 1.2　故障诊断的内部方法

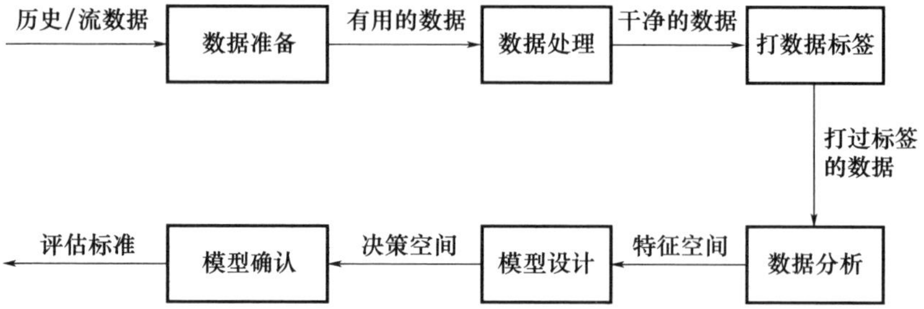

图 1.3　故障诊断的外部方法

许多重要的基础设施,如发电和配电网、水网和大规模运输系统、自主车辆和列车监控等,都是 CPS。这样的系统,包括关键的基础设施,正在被广泛使用并覆盖了我们日常生活的许多方面。因此,CPS 的保障性、安全性和可靠性对于其实施和运行的成功至关重要。然而,这些系统容易发生网络攻击和系统故障导致的重大事件。这些事件对其保障性和安全性有着重要的影响。攻击可以表示为入侵者故意产生的在监视器与系统之间的通信信道中的干扰[20-21]以损坏系统,或者表示为使能(分别使能)分别通过禁用的致动器事件。通常,入侵者隐藏、创建甚至改变在控制通信信道中从一个设备(致动器、传感器)传输到另一个设备的有意事件。监控系统中的这些攻击可能导致设备执行事件序列,使系统达到可能损坏系统的不安全或危险状态。因此,可靠的、可扩展的、及时的故障和攻击诊断对于提高 CPS 对故障和对攻击的鲁棒性至关重要。此外,为了更好地设计这种系统,可以将对 CPS 组件易损性的深入理解,纳入未来的设计过程中。最后,及时的故障诊断能够帮助操作者有更好的态势感知,并给他们足够的时间实施纠正(维护)行动。

然而,要保证 CPS 的保障性和安全性,需要在设计阶段(如状态可达性、可诊断性和可预测性)或者在线(如故障检测和隔离)验证它们的行为或安全特性。这是一个具有挑战性的任务,因为在这些系统中,行为(信息/物理、离散/连续)的固有互连和异构组合式是多样的。实际上,CPS 中的故障传播不仅受物理子系统和信息子系统中组件的行为控制,还受它们内在联系的相互影响。这使异常现象根原因识别和故障预测成为难题。此外,CPS 的复杂性日益提高,运行保障性和安全性要求日益增加,以及其分散的资源管理模式,使这些系统发生故障的可能性显著增加。最后,值得一提的是,由于连续系统的内部状态空间的无限性,计算 HDS 的可达状态集是不可判定的问题。

1.3 本书的内容

本书介绍了解决分析信息物理系统的可诊断性,并确保其保障性和面对故障和攻击的安全性的最新和最先进的方法和技术。在不同的应用领域(电传输网络工程、无线通信网络、工业控制系统中的干扰、生产系统中的干扰、风场等)中,采用不同的基于模型和数据驱动方法将 CPS 建模为混杂动态系统。这些方法解决了在攻击存在的情况下确保 CPS 安全性的问题,并且在不同类型不确定性(与事件发生、它们的发生顺序、它们的值等有关的不确定性)存在的情况下验证了它们的诊断能力。

第 2 章研究了复杂动力系统的故障诊断问题及其在风力涡轮机视情维修中的应用。所提出的方法是基于外延模型的诊断,其中系统行为由一组命题作为前提(假设)进行逻辑描述,从而得出结论(诊断)。描述故障如何影响系统变量(即组件)的一组命题表示诊断引擎用来为观察提供解释的知识库。该方法基于三个主要阶段:离线/在线模型开发、在线故障检测和故障识别。模型的离线部分通过利用故障评估建立[例如,故障模式影响分析(failure mode effect analysis, FMEA),允许故障模式特性及其表现或症状来自动构建]。模型的在线部分是建立在故障检测阶段的基础上的。当检测到新的、未被记录的异常行为时,更新模型的知识库以集成该新的异常行为。当检测到错误的行为时,触发故障识别引擎。它使用观察到的症状和所构建的模型来计算溯因诊断或解释。由于发现新的症状以及与维修技术人员的相互作用,故障解释随时间不断被定义。与维修技术人员的交互是通过接口实现的,该接口允许支持服务技术人员在到风力涡轮机之前准备所有必要的备件和工具,以确保最小停机时间。此外,在现场,该接口提供上下文信息以及交互式问题,以便形成诊断结果或/和发现新的故障/异常行为。该方法的优点主要是它具有适合技术人员、操作员和监督模式的推理分类法来解释故障发生的能力。它还有与技术人员交互的能力,以便于形成诊断专家结论和发现新的故障/异常行为。异常行为导致随着时间的推移不断丰富模型/知识库。然而,模型/故障识别的计算复杂性仍然是一个有待解决的问题,特别是对于大规模系统。

第3章利用一种流行的建模语言 Modelica 提出了进行溯因故障诊断的解决方案。该语言是面向对象的、开放的、多领域的语言,用于表示混合的信息物理系统。它允许生成用于模拟系统正常行为的直观模型。所提出的解决方案通过创建用于溯因诊断的知识库(即规则)来丰富 Modelica 模型。通过从Modelica模型中提取因果规则,建立知识库。这些规则对于熟悉失效模式和影响分析(FMEA)的设计者是直观的。当正常(无故障)模型的仿真与单个故障影响的仿真之间的差异明显时,自动提取规则。这个规则用于个别故障的识别。因此,这些提取的规则集表示系统响应一组预先定义个体故障的行为偏差。为了计算表示正常(无故障)和故障行为的信号之间的差异(偏差),使用三种不同的方法:平均值(参考信号)与预定义容差、时带序列和皮尔逊相关系数。检测到一个显著偏差的时间代表故障检测时间。本章使用两个例子(分压电路和带有灯泡与电容器的开关电路)来说明所提出的解决方案。开关电路是混杂动态系统的示例,其中连续动力由电容器和电阻的电流和电压表示,离散动力由开关状态(开/关)表示。提出的解决方案是可扩展的,在这个意义上,增强的Modelica模型可以用于其他组件。执行诱导性诊断的 Modelica 模型适当调整,可用作决策支持工具,以帮助操作人员作为条件/预测性维护进行决策。然而,所提出的解决方案对于异常值、噪声、环境和负载变化以及其他类型的不确定性的鲁棒性需要改进。

第4章提出了一种数据驱动的建模方法,用于以多传感器网络为代表的生产系统进行故障诊断。传感器在空间上分布并测量一个或多个通道。由传感器产生的不同数据流与来自过程控制系统的离散控制事件一起被收集在中央数据接收器中。通过研究系统变量(信道)之间的因果关系和依赖关系来进行故障诊断。这些因果关系和依赖关系表征系统状态(正常/故障),并且可表示为因果关系网络,其中节点和顶点分别表示通道和输入/输出变量。使用这种因果关系网络可以帮助操作者和专家深入理解故障模式的发展和原因。在无故障情况下，使用表示因果关系和相关性的参考模型来比较由当前条件与正常条件给出的测量值。该比较生成用于形成特征空间的残差。在特征空间中，对应正常操作条件的数据测量结果占有限制区域。当发生故障时，测量结果所占空间远离这些“正常”区域的空间。参考模型定期更新，包括系统的新特性（新的正常操作条件、故障操作条件），从而省略由于对新样本的错误预测和量化而导致的高错误警报和漏检故障。为了在部件或产品的质量变得更苛刻或有下降趋势之前的早期阶段，使用漂移检测机制来检测故障。该方法的主要优点是：能根据系统环境和内部状态的新变化来更新生成的模型，以及使用漂移检测机制来早期检测故障。然而，对于具有多个离散模式的混杂动态系统，更新因果关系网络（顶点和节点）尤其耗时。

第5章提出了一种用于检测工业控制系统（industrial control systems，ICS）中攻击的方法。这些攻击利用ICS的漏洞，有意地改变生产系统的完整性、机密性和可用性。这些网络攻击影响可编程逻辑控制器（programmable logic controller，PLC）的控制命令、来自设备的报告（传感器读数）以及它们之间的通信。所提出的方法是基于两种滤波器的运用：控制和报告滤波器。控制滤波器的目标是根据当前状态和传感器输出验证控制命令的一致性，而报告滤波器根据当前状态和预测（发送）控制命令检查测量（报告）的完整性。这两者集成在生产系统中，并通过独立和安全的网络进行通信，以限制网络攻击面。它们是基于三个步骤完成的。第一步和第二步的目的是识别临界和禁止状态以及从任何其他正常（初始）状态到达禁止状态所需的序列（动作/传感器输出）。第三步的目的是通过观察与正常行为的偏差来在线检测网络攻击。正常行为是由一对（状态/动作）序列来描述的。这种偏差被计算为当前状态与禁止状态之间的距离。该距离的特征可以在流程上应用最小数量的动作以便达到禁止状态。这种方法的主要优点是：①它是一种非攻击式的方法，因为它不需要在生产系统中安装新的探针；②它限制了网络攻击面，因为控制和报告是安装在PLC和设备之外，并且它们通过独立安全的网络沟通。然而，所提出的方法不能适应新的网络攻击（新的禁止状态和危险状态），对于具有多个离散状态的大系统，其计算复杂度呈指数增长。

第6章介绍一种由Mealy机器（具有输入和输出的自动机）建模的开关系统的故障诊断方法。这种自动机的某些转换，包括与故障相对应的转换，可能在没有控制输入的情况下发生，因此是不可观测的。诊断器的若干状态（执行故障诊断的模型）在包含若干故障标签（指示若干故障组件）的意义上是不确定的，因此它们不能隔离故障发生的责任组件。所提出的方法执行的诊断是主动的,因为它同时确保了系统的控制和可诊断性。为了消除故障诊断的不确定性,该方法通过计算故障隔离序列,用一个故障标签指示故障组件,使故障隔离序列达到一定的诊断状态。所提出的方法考虑系统的初始条件是已知的,并且初始模式是无故障的。它还考虑,只有驱动系统演化的控制输入由开关函数来表示。这个函数指定激活模式。此外,作为每个模式转换的结果,离散输出也是可用的,以便检测和隔离故障。当检测到故障时,出于安全原因暂停标定控制。所提出的方法需要建立具有所有标定和故障离散状态的系统模型。这个模型称为诊断模型,它与诊断器中所有不确定状态的最小故障隔离序列相关联。为了诊断离散故障(开关闭锁/开锁),使用多模功率转换器对所提出的方法进行说明和测试。功率变换器的离散动力由开关表示,而连续动力则与电容器的充放电有关。该方法的优点在于通过应用故障隔离序列提高了系统的可诊断性。然而,所提出的方法并没有很好地根据系统规模特别是在多个离散模式下进行调整。

第 7 章研究了混杂动态系统在被攻击时的安全问题。攻击通过由无线通信网络交换的折中传感器测量来表示。除了外部黑客破坏传感器测量结果以外,确保系统保障性和安全性的挑战是立即或在有限的时间间隔内正确估计或重建系统内部状态。本章将所需的条件书面化,目的是在恶意攻击存在的条件下执行安全状态估计。为此,连续动力被抽取以产生用于丰富系统模型的离散事件。只有固定尺寸传感器的一部分是损坏的,然而,该部分传感器是未知的。所以,本章探讨了离散事件系统的可诊断性概念与安全状态估计之间的联系,目标是确定允许区分正常状态和损坏状态的条件。所提出的方法的主要优点是它在混杂动态状态下估计安全状态的能力,其中由于离散和连续动力同时存在,因此出现了可判定性和计算复杂性问题。然而,本章所提出的方法仅适用于有固定尺寸被损坏传感器的线性非零系统。

第 8 章提出了重要信息物理系统(CPS)中基于分层构件的故障诊断与预测以及故障缓解方法。重要信息物理系统由物理系统(设备)、执行器、保护装置和离散控制器组成。信息物理系统试图阻止检测到失败的影响。该方法使用时间因果图来描述物理和信息组件中故障发生和传播的后果。所建模型考虑了正常和故障行为。每个行为由状态和事件的序列表示。一种状态被特征化安全或有害。当主要故障发生时,它的传播迫使保护装置被激活。这导致系统处于停机状态。故障预测是基于确定系统当前状态是否满足达到停机状态的约束。如果答案是“是”,则计算从当前状态可到达的轨迹(状态和转换的集合)。所提出的方法用于电力系统,特别是输电网络的故障诊断和预测以及故障缓解。物理系统包括发电机、母线、输电线路和负载,而执行器是断路器,保护装置是继电器。继电器通过指示执行器改变其状态而引起系统重构。该方法考虑了两种类型的故障:相间故障和相间接地故障。该方法考虑了断路器(断路器卡闭和断路器卡开)和距离继电器(漏检故障和误报警)的故障。该方法的可观测事件就输电系统来说是继电器向断路器发送的命令、继电器相互发送的消息、断路器的状态变化、物理故障检测报警等。故障是不可观测的事件。该方法是模块化的,因为每个组件都有其适当的模型和适当的局部诊断器,并且使用推理器来计算全局诊断决策。然而,该方法需要一个全局模型来建立诊断器和推理器。

第 9 章提出了一个基于模型和数据驱动的方法来进行信息物理系统的故障诊断,这是安全的关键,但容易发生系统故障。故障指的是任何错误、攻击或异常。标定行为和故障模式由具有时变参数不确定性的隐模式开关仿射模型表示,并受过程和测量噪声的影响。所提出的方法基于三个步骤:模型失效、故障检测和故障隔离。模型失效的目的是确定水平 T 上的输入输出序列是否与开关仿射模型兼容。如果数据与标定模型不兼容,则模型失效,并检测到故障。当检测到故障时,故障隔离步骤旨在基于测量的输入输出数据,唯一地确定哪个特定故障模型被验证有效,哪个被验证不是无效的。本章通过对供热、通风与空调(heating, ventilating, and air conditioning, HVAC)系统简单和多故障的诊断,来评估所提出的方法的有效性。评估中所考虑的故障是:风扇故障(风扇以其名义速度的一半旋转)、冷水机组水泵故障(泵被卡住并以其标定速度的一半旋转)和湿度传感器故障(湿度测量偏置设为 0.005)。这种方法的优点在于它能够通过考虑噪声和参数不确定性来诊断单个和多个离散或连续(参数)故障。然而,建立标定模型和故障模型需要大量的努力和深入的知识,并且需要确定阈值 T(延时)区分正常行为和故障行为(T - 可检测性)以及两种不同的故障模型(I - 可隔离性)。

第 10 章针对具有不确定观测的混杂动态系统(HDS),提出了带有不确定观测结果的离散事件系统(discrete event systems, DES)可诊断性概念的扩展。本章针对问题“即使在观测不确定的情况下也能达到诊断能力吗?”提供了答案:当观察到的事件的顺序和/或它们的(离散)值是部分未知的。实际上,在许多应用中,在 DES 中发生的可观测事件的时间顺序并不总是已知的,特别是当它们在短时间间隔内发生时。此外,某些事件的发生在它们可能发生或不发生的意义上是不确定的。因此,在本章中拓展的可诊断性概念考虑了这两种类型的不确定性的组合。然而,验证 HDS 的诊断能力所需的时间延迟没有被证明是有界的。

第 11 章提出了一种适用于混杂动态系统(HDS)的可诊断性概念。该概念设计了一种算法,能够在设计状态验证在运行时发生的故障是否能够在给定的有限时间内仅使用所允许的观测来明确地检测。所提出的算法是基于这样一个概念连续变量的无限状态空间可以被离散为有限子集来设计的。它首先生成 HDS 的最抽象的离散事件系统(DES)模型,并检查该 DES 模型的可诊断性。孪生设备提供了否定诊断性的反例。当在具有至少一个模糊状态(具有两个不同诊断标签的状态)周期的孪生模型中存在路径时,获得该反例。然后重新建立模型,以试图使反例无效,并且过程可重复,直到不能证明可诊断性。如果反例被验证,那么系统是不可诊断的。如果没有有效的反例,那么系统是可诊断的。这种仿射是基于对反例拒绝原因的理解。然后,这种虚假反例或任何近乎虚假的反例将在下次被淘汰,这将使计算最佳化。所提出的算法使用两个例子来说明。第一个例子是一个具有 4 个缓冲区的服务器。每个缓冲器被分配一个工作输入,缓冲器之间的切换由用户输入控制。第二个例子是一个具有两个不同故障的经典恒温器。由于温度传感器校准不良,第一种故障为离散故障,而第二种故障为参数故障。该算法能够明确地反映系统的混合动态特性,在成本 - 效果分析中能够验证系统的可诊断性。然而,验证诊断能力所需的时间延迟没有被证明是有界的。

参考文献

[1] R. Rajkumar, I. Lee, L. Sha, J. Stankovic, Cyber - physical systems: the next computing revolution, in Proceedings of the 47th Design Automation Conference (ACM, 2010), pp. 731 - 736

[2] A. J. Van Der Schaft, J. M. Schumacher, An Introduction to Hybrid Dynamical Systems, vol 251 (Springer, London, 2000)

[3] A. Benveniste, T. Bourke, B. Caillaud, M. Pouzet, in Hybrid systems modeling challenges caused by cyber - physical systems, cyber - physical systems (CPS) foundations and challenges, ed. by J. Baras, V. Srinivasan. Lecture Notes in Control and Information Sciences (2013)

[4] Y. Yalei, X. Zhou, Cyber - physical systems modeling based on extended hybrid automata, in 5th IEEE International Conference on Computational and Information Sciences (ICCIS) (2013)

[5] M. S. Branicky, V. S. Borkar, S. K. Mitter, A unified framework for hybrid control: model and optimal control theory. IEEE Trans. Autom. Control 43 (1), 31 -45 (1998)

[6] L. Rodrigues, S. Boyd, Piecewise - affine state feedback for piecewise - affine slab systems using convex optimization. Syst. Control Lett. 54(9), 835 - 853 (2005)

[7] H. Louajri, M. Sayed - Mouchaweh, Decentralized diagnosis and diagnosability of a class of hybrid dynamic systems, in Informatics in Control, Automation and Robotics (ICINCO), 2014 11th International Conference on, vol. 2 (2014)

[8] M. Shahbazi, E. Jamshidpour, P. Poure, S. Saadate, M. R. Zolghadri, Open - and short - circuit switch fault diagnosis for nonisolated dc dc converters using eld programmable gate array. IEEE Trans. Ind. Electron. 60(9), 4136 -4146 (2013)

[9] R. David, H. Alla, Discrete, Continuous, and Hybrid Petri Nets (Springer, Berlin, 2010)10. D. Wang, S. Arogeti, J. B. Zhang, C. B. Low, Monitoring ability analysis and qualitative fault diagnosis using hybrid bond graph. IFAC Proc. 41(2), 10516 - 10521 (2008)

[10] T. A. Henzinger, The theory of hybrid automata, in Verification of Digital and Hybrid Systems, (Springer, Berlin, 2000), pp. 265 -292

[11] M. Sayed - Mouchaweh, E. Lughofer, Decentralized fault diagnosis approach without a global model for fault diagnosis of discrete event systems. Int. J. Control. 88(11), 2228 -2241 (2015)

[12] M. Sayed - Mouchaweh, Discrete Event Systems: Diagnosis and Diagnosability (Springer, NewYork, 2014)

[13] T. Kamel, C. Diduch, Y. Bilestkiy, L. Chang, Fault diagnoses for the Dc filters of power electronic converters, in Energy Conversion Congress and Exposition (ECCE) (IEEE, 2012),pp. 2135 -2141

[14] M. Tabatabaeipour, P. F. Odgaard, T. Bak, J. Stoustrup, Fault detection of wind turbines with uncertain parameters: a set - membership approach. Energies 5(7), 2424 -2448 (2012)

[15] L. Hartert, M. Sayed - Mouchaweh, Dynamic supervised classification method for online monitoring in non - stationary environments. Neurocomputing

126, 118 – 131 (2014)
[16] M. Sayed – Mouchaweh, N. Messai, A clustering – based approach for the identification of a class of temporally switched linear systems. Pattern Recogn. Lett. 33(2), 144 – 151 (2012)
[17] H. Toubakh, M. Sayed – Mouchaweh, Hybrid dynamic data – driven approach for drift – like fault detection in wind turbines. Evol. Syst. 6(2), 115 – 129 (2015)
[18] M. Sayed – Mouchaweh, Diagnosis in real time for evolutionary processes in using pattern recognition and possibility theory. Int. J. Comput. Cognit. 2 (1), 79 – 112 (2004)
[19] L. K. Carvalho, Y. C. Wu, R. Kwong, S. Lafortune, Detection and prevention of actuator enablement attacks in supervisory control systems, in 13th International Workshop on Discrete Event Systems (2016), pp. 298 – 305
[20] D. Thorsley, D. Teneketzis, Intrusion detection in controlled discrete event systems, in 45thIEEE Conference on Decision and Control (2006) pp. 6047 – 6054

第2章 风电机组故障定位：基于模型诊断的实际应用

Roxane Koitz, Franz Wotawa, Johannes Lüftenegger, Christopher S. Gray, and Franz Langmayr

2.1 引言

风力涡轮机操作员通常依赖于基于时间的维护，定期检查涡轮机以评估它们的状况。这种做法可能导致健康系统不必要的涡轮停机，同时服务之间的故障诱导条件仍未被注意。由于这些缺点，预测和基于状态的维修变得越来越流行。两者都依赖于状态监测软件和诊断方法[23]。状态监测软件利用从集成在涡轮机内的传感器发送的信号，进一步处理该信息获得关键部件（例如齿轮箱和主轴承）的健康信息。大约99%的设备故障发生前伴随故障而来的一些特殊指标可以提前观察到[35]。可以通过基于组件当前或即将发生的故障风险来调度组件的修复或替换来避免不必要的维护活动[1]。

目前存在许多用于风力涡轮机诊断的方法。信号处理技术在不考虑先验开发的数学模型的情况下分析多维涡轮机数据，以基于频谱分析或趋势检查技术提取故障，而机器学习方法（如神经网络）可依赖历史数据进行故障识别[16]。Zaher 和 McArthur[41] 为整个风力涡轮机设备引入了基于对标定行为监督学习的故障和退化检测系统。通过收集来自不同停机情况的时间数据，计算该系统整个涡轮运行行为模型。Schlechtingen 等[29] 创建基于正常风力涡轮机行为的神经网络结合来实现机器学习，通过模糊规则来描述故障专家在故障方面的知识。该方法要求管理监控和数据采集（supervisory control and data acquisition, SCADA）的操作日志是可用的，这些日志提供10min内的多种测量结果，例如功率输出、转子速度或变速箱油温[40]。通过将正常行为模型与实际性能进行比较，可以检测到异常。然后，模糊推理系统自动识别故障组件。Gray 等[14-15] 描述了利用诊断和预测技术组合来探索操作和环境负荷之间关系以及损伤累积率的方法。在分析基于潜在部件失效模式及其损伤作用物理学的基础上,构建可用于计算损伤累积速率以响应操作环境的数学模型。该方法提供了一种基于诱导损伤模型和统计故障模型来确定当前和未来故障发生的可能性。为了确保预测的高精确度,在不知道负载能力的情况下不能做出绝对剩余寿命有多少的结论。由于如材料质量的变化、部件制造的公差、运输、安装和配置的影响而发生相当大变化的这种情况很少发生。因此,预测方法专注于所施加载荷的量化,并且使用概率方法将所述载荷与损伤累积相关联。现已在故障检测与隔离(fault detection and isolation, FDI)和人工智能(artificial intelligence, AI)中开发了基于模型的诊断(model - based diagnosis, MBD)技术。源自 FDI 领域的方法通常依赖于定量模型,而 AI 方法利用基础系统的定性/符号表示来得出关于系统及其组件状态的结论[1,6,9,28]。例如,Echavarria 等[10]利用定性物理学来形式化风力涡轮机的行为。结合求解器,他们提出的基模型系统能够检测和识别故障。

本章中,我们将重点介绍 MBD 中 AI 的变化。MBD 依赖于系统的表征,它与当前系统状态的观察异常一起被用来查找故障的根本原因[9,28]。已经为多个领域开发了多种应用,例如汽车工业[32]中的环境决策支持系统[39]。尽管 MBD 有几十年的研究史,但在实践中仍然缺乏普及传播。导致该问题的原因是与诊断模型的开发相关的效力不足[4]以及将 MBD 充分集成到当前工业工作流程中的困难较大[12、24、31]。

格拉茨理工大学与 Uptime Engineering 合作发起了一个项目,目的是为工业领域的 MBD 提供方法和框架。由于 Uptime Engineering 在风力发电厂维护方面的多年经验和专业知识,工业风力涡轮机构成了 MBD 的理想试验台和应用领域。在本章中,我们给出了一些合作的结果,以及在实践中对 MBD 的认识。通过这项工作,我们的目标是缩小理论与实际应用之间的差距。我们首先讨论了 MBD 方法的基础,并给出了该方法在实际故障识别中集成的一般过程。随后,我们介绍了一个在工业风轮机领域辅助诊断应用程序设计。特别地,给出了应用程序的图形用户界面(graphical user interface, GUI),它是在考虑到维护人员的需求、工作流程和环境的情况下创建的。随后,我们讨论了 MBD 发动机在工业风力涡轮机领域的集成现状,并提供了一些总结性意见。

2.2 基于模型的诊断

基于模型的推理通过信任所考虑系统的形式化来促进知识的重用。该模型连同一组观察到的症状可以用来获得观察的诊断假设。在文献中已经出现了两个变体:基于一致性和诱导性的 MBD。基于一致性的诊断利用对正确系统行为的描述,并通过模型与给定症状结合而产生的不一致来识别产生故障的根本原因。然后诊断是关于系统的一组异常假设,使得观察和假设是一致的[9,28]。相比之下,诱导性诊断是基于逻辑继承的概念[26]。一组前提 ψ 在逻辑上包含一个结论 ϕ,对任何解释成立的结论当且仅当 ψ 成立同时 ϕ 为真的时候。我们把这个关系写为 $\psi \models \phi$,并称 ϕ 为 ψ 的一个逻辑结果。一组异常假设构成观察结果构成诱导性诊断或解释。为了利用这种类型的推论来推导观测异常的原因,诱导性 MBD 方法依赖于表示断层及其表现形式之间联系的模型。尽管这两种变化都是基于不同的推理技术、控制台等。文献[5]表明一致性和溯因诊断之间存在密切关系。本章专注于诱导性的 MBD。首先,描述了一个诱导性诊断问题及基于命题逻辑子集的解决方案,该子集被称为 Horn 从句。然后,讨论了一个过程,促进在实际应用中引入诱导性的 MBD。

2.2.1 命题角从句溯因

Horn 从句被定义为文字的分离,最多只有一个正文字,可以用规则来描述,例如 $\{\neg a_1, \cdots, \neg a_n, a_{n+1}\}$ 可写为 $a_1 \wedge \cdots \wedge a_n \rightarrow a_{n+1}$。与 Friedrich 等类似[13],我们在命题 Horn 从句成立的背景下定义了一个代表诱导诊断模型的知识库(**KB**)。

定义 1 知识库(**KB**)是一个元组(**A**,**Hyp**,**Th**),其中 **A** 表示命题变量集,**Hyp**$\subseteq$**A** 表示假设集,**Th** 表示 **A** 上的 Horn 从句的句子集。

A 假设,也称为假定,是一个命题变量,我们可以假设某个真值。假设是可以作为诊断的一部分的命题,而 Horn 理论描述了变量之间的关系。

例 1 齿轮箱润滑是工业风力涡轮机可靠性的一个重要方面,因为它可以保护齿轮和轴承的接触面,使其免受过度磨损并防止过热。考虑到简化的情况,油泵损坏可能导致润滑不足,从而导致油压损失,从而降低油通过系统的流量。此外,油冷却系统中的过滤器的堵塞可能导致油过热,这也由于轴承和齿轮触点处的膜厚度的减小而对润滑产生负面影响。

从这个描述开始,我们可以确定润滑不足的两个根本原因:堵塞的过滤器或损坏的油泵。这些原因构成了我们想要在诊断过程中识别的错误,因此它们的相应变量形成了一组假设:

$$\mathbf{Hyp} = \{damaged\_pump, blocked\_filter\}$$

命题变量集 **A** 的集合包括所有假设以及表示效果的命题:

$$\mathbf{A}=\left\{\begin{array}{c} damaged\_pump, blocked, reduced\_pressure, overheating, \\ reduced\_film\_thickness\_bearing\_contacts, \\ reduced\_film\_thickness\_gear\_contacts, poor\_lubrication \end{array}\right\}$$

给定一组命题变量,导致齿轮箱润滑不足的情况可以用 Horn 理论表示:

$$\mathbf{Th}=\left\{\begin{array}{c} damaged\_pump \rightarrow reduced\_pressure, \\ reduced\_pressure \rightarrow poor\_lubrication, \\ blocked, reduced \rightarrow overheating, \\ overheating \rightarrow reduced\_film\_thickness\_bearing\_contacts, \\ overheating \rightarrow reduced\_film\_thickness\_gear\_contacts, \\ reduced\_film\_thickness\_bearing\_contacts \wedge \\ reduced\_film\_thickness\_gear\_contacts \rightarrow poor\_lubrication \end{array}\right\}$$

定义 2 给定知识库(**A**,**Hyp**,**Th**)和一组观察 $Obs \subseteq \mathbf{A}$ 然后元组(**A**,**Hyp**,**Th**,*Obs*)形成命题 Horn 子句溯因问题(PHCAP)。

诊断问题涉及一个 **KB** 加上一组观察,其中将计算解释。在我们的语境中,这些可观察者可能只是命题的结合而不是任意逻辑句子。PHCAP 或诊断 Δ 的解决方案是一组假设,解释了 *Obs* 中的命题,即将它们与理论 **Th** 一起引入。换句话说,观察结果是理论和确定的解释中描述的失败关系的逻辑结果。另一个要求是只允许一致的诊断,因此忽视导致矛盾的解决方案。对解决方案施加简约标准是诊断中常用的原则。从我们的实际观点来看,只有子集的最小解释才有意义。

定义 3 给定一个 PHCAP(**A**,**Hyp**,**Th**,*Obs*)。一个集合 $\Delta \subseteq \boldsymbol{Hyp}$ 是一个解决方案,当且仅当 $\Delta \cup \boldsymbol{Th} \mid = Obs$ 和 $\Delta \cup \boldsymbol{Th} \mid \neq \perp$ 成立的时候。解决方案 Δ 是节约的或最小的,当且仅当没有集合 $\Delta' \subset \Delta$ 是一个解决方案的时候。Δ 集合包含从 PHCAP 获得的所有解决方案。

例 1(续) 考虑到 PHCAP,我们假定检测到变速箱润滑不充分,例如 $Obs = \{poor\_lubrication\}$,我们可以推出两个最小解释:可能是油泵故障,导致油流的减少 $\Delta_1 = \{damaged\_pump\}$,或者过滤器堵塞,导致轴承和齿轮之间无效的注油 $\Delta_2 = \{blocked\_filter\}$,即 $\Delta - Set = \{\{damaged\_pump\}, \{blocked\_filter\}\}$。

虽然溯因推理为故障定位提供了一种直观的方法,但它对一般命题理论的计算复杂性位于多项式层次的第二层[11]。专注于不那么富有表现力的建模语言,例如我们的 Horn 子句模型,可以降低复杂性。然而,弗里德里希等[13]表明,计算 PHCAP 的解决方案仍然是完全 NP 的。因此,对于实际应用,有效的求解器对于在合理的时间范围内计算诊断是必不可少的。

2.2.2 将诊断纳入实践

虽然 MBD 提供了一些有吸引力的功能,例如允许重用已经创建的系统模型以及问题描述与其解决机制之间的清晰分离,但在实践中实现的传播是有限的[31]。MBD 在工业应用中的集成受到与这种推理相关的两个主要缺点的阻碍。首先,第 2.2.1 节中提到的计算复杂性阻碍了在短时间内计算诊断的情况下的实际应用。其次,基于模型的推理技术总是要求系统描述的存在,无论它是基于一致性的诊断中的正确行为还是在溯因变异的背景下失败如何影响系统变量。开发模型与初始努力相关联并且获取适合诊断目的的系统的技术描述可能具有挑战性并且经常受到组织问题的阻碍。此外,缺乏促进模型生成并将其集成到现有工作流程中的工具使建模阶段复杂化[2]。

为了抵消这些因素,Koitz 和 Wotawa[18]根据与 Uptime Engineering 的讨论定义了一个过程,用于将诱导性 MBD 应用于实际应用。该方法一方面依赖于自动模型创建,另一方面通过将模型限制为 Horn 逻辑来确保有效的诊断计算。诱导 MBD 过程如图 2.1 所示。该过程分为三个阶段:模型开发、故障检测和故障识别。为了降低实施 MBD 方法的入口障碍,通过利用实践中经常使用的故障评估来自动建立模型。此类分析必须表征失败及其表现形式,以映射到诱导推理所需的 **KB**。可用于此目的的广泛工具是故障模式效应分析,其结合了关于部件故障的专业知识[38]。从故障评估构建模型只需要执行一次(假设没有分析更新),可以离线完成。一旦发现存在不正确系统行为(例如状况监视系统)的机制检测到存在故障,就会提示 MBD 过程的在线部分。根据观察到的症状和离线构建的模型,可以通过推导出诱导性诊断来识别故障。各种方法能够计算诱导性解释[17],并且可以通过关于某些目标(例如诊断可能性或维持成本)的结果的附加观察和优先级来进一步对初始诊断进行额外的改进。

2.2.2.1 模型开发

使用先验可用信息自动生成合适的知识库是所提出的诊断过程的基本特征,因为它减少了额外的建模工作。虽然可以使用不同的评估,但我们在此处显示了基于 FMEA 的转换示例[38]。FMEA 是一种既定的标准化可靠性方法,其中专家组分析系统并确定潜在的基于组件的单一故障。检查每种失效模式的原因、后果和各种其他特征[3]。表 2.1 描绘了用于风力涡轮机的偏航驱动器的 FMEA 的摘录,其呈现两种故障模式。

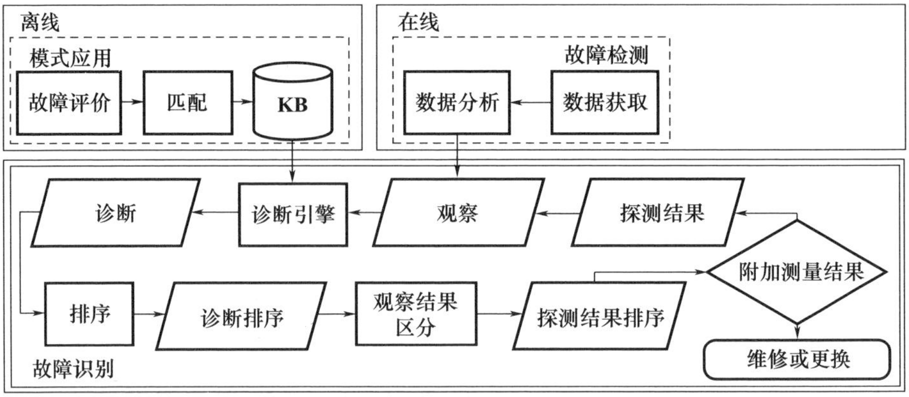

图 2.1 诱导 MBD 过程(从文献[18]调整)

表 2.1 风力涡轮机的偏航驱动器的 FMEA 摘录(改编自文献[27])

分量	故障模式	故障效果	可能性	严重程度
偏航	旋转失败	无偏航、安全系统故障、有效性降低	2.2×10^{-5}	V
偏航	驱动轴堵塞	无偏航、有效性降低	1.3×10^{-5}	Ⅳ

虽然根据所遵循的标准,一般而言,FMEA 可以具有比表 2.1 中所示更多的列,但是 Wotawa[38] 提出的建模方法集中在分析中必须考虑的三个方面:组分(COMP)、失败模式(MODES)和命题 PROPS,其存在对应于可观察到的失效效应。

定义 4 一个 FMEA 是一个元组$(\boldsymbol{C},\boldsymbol{M},\boldsymbol{E})$的集合,其中$\boldsymbol{C}\in\mathbf{COMP}$是一个分量,$\boldsymbol{M}\in\mathbf{MODES}$是一个故障模式,$\boldsymbol{E}\subseteq\mathbf{PROPS}$是一个效果集。

由于 FMEA 通常包含每个故障如何影响一组系统变量的描述,我们可以将这些信息以直接的方式转换为逻辑 **KB**,其中假设包括基于组件的故障,理论由命题 Horn 从句组成描述 FMEA 中描述的因果关系。在分析中为每个组件故障模式对构建可变模式$(\boldsymbol{C},\boldsymbol{M})$,其中$\boldsymbol{C}$是组件,$\boldsymbol{M}$是故障模式。这些命题构成了一系列假设:

$$\mathbf{Hyp} = def \bigcup_{(C,M,E)\in \mathrm{FMEA}} \{\mathrm{mode}(\boldsymbol{C},\boldsymbol{M})\} \tag{2.1}$$

为了形成所有矢量$\boldsymbol{A}$的集合,构造所有假设的联合以及表示效果的命题:

$$\boldsymbol{A} = def \bigcup_{(C,M,E)\in \mathrm{FMEA}} E \cup \{\mathrm{mode}(\boldsymbol{C},\boldsymbol{M})\} \tag{2.2}$$

FMEA 中的每个记录都描述了单个故障的影响,因此,缺陷及其表现形式之间的关系可以直接转换为 Horn 模型。令 HC 为 Horn 从句的集合,然后映射函数$m:2^{\mathrm{FMEA}}\to \mathrm{HC}$生成一组 Horn 从句,它是 FMEA 中每个记录 ***HC*** 的子集。

定义 5 给定一个 FMEA,函数 $\mathfrak{M}$ 被定义如下:

$$\mathfrak{M}(\mathrm{FMEA}) = def \bigcup_{t \in \mathrm{FMEA}} \mathfrak{M}(t) \tag{2.3}$$

其中

$$\mathfrak{M}(\boldsymbol{C},\boldsymbol{M},\boldsymbol{E}) = def\{\mathrm{mode}(\boldsymbol{C},\boldsymbol{M}) \rightarrow e \mid e \in \boldsymbol{E}\} \tag{2.4}$$

例 2(续) 表 2.1 中的 FMEA 具有两个组件故障模式对(偏航驱动,无法旋转)和(偏航驱动,驱动轴被阻挡)。它们相应的命题变量被添加到 ***Hyp*** 中。

$$\mathbf{Hyp} = \left\{\begin{array}{c}\mathrm{mode}(Yaw\_Drive, Fails\_to\_rotate),\\ \mathrm{mode}(Yaw\_Drive, Drive\_shaft\_blocked)\end{array}\right\}$$

然后,所有命题的集合包含假设以及与效果相对应的所有变量。

$$\mathbf{Hyp} = \left\{\begin{array}{c}\mathrm{mode}(Yaw\_Drive, Fails\_to\_rotate),\\ \mathrm{mode}(Yaw\_Drive, Drive\_shaft\_blocked),\\ no\_yaw, safety\_system\_failure, decrease\_of\_efficiency\end{array}\right\}$$

对于记录中包含的每个表现形式,构建规则使得表示组件 - 故障模式对的单个假设暗示该效果。那么这个理论就是所有这些 Horn 从句的结合。

$$\mathbf{Th} = \left\{\begin{array}{c}\mathrm{mode}(Yaw\_Drive, Fails\_to\_rotate) \rightarrow no\_yaw,\\ \mathrm{mode}(Yaw\_Drive, Fails\_to\_rotate) \rightarrow safety\_system\_failure\\ \mathrm{mode}(Yaw\_Drive, Fails\_to\_rotate) \rightarrow decrease\_of\_efficiency\\ \mathrm{mode}(Yaw\_Drive, Drive\_shaft\_blocked) \rightarrow no\_yaw,\\ \mathrm{mode}(Yaw\_Drive, Drive\_shaft\_blocked) \rightarrow decrease\_of\_efficiency\end{array}\right\}$$

由于 FMEA 的结构,所得到的逻辑系统描述是非循环的并且由双向 Horn 子句组成,即含义总是从一个假设引导到单个效应变量。这导致了有效的诊断计算和考虑单一故障假设的系统[19]。

FMEA 的一个缺点是它没有考虑各种表现形式之间潜在的相互依赖关系,从实际角度来看,描述故障如何影响系统可能是必不可少的。因此,其他故障评估,例如故障树,可以用作自动建模的基础[20]。根据潜在的故障分析类型,得到的诊断系统描述可能具有不同的特征,例如是非虚拟的 Horn 模型。

独立于评估类型,故障分析的准确性和组成很大程度上影响自动生成的诊断模型的质量。很明显,系统描述中缺少故障审查中忽略的故障和表现,因此在故障识别期间不能考虑这些故障和表现。为了实现精确诊断,模型完整性是一个必不可少的前提[24]。此外,表现必须是可检测的,以便在诊断环境中有用,并且必须在整个评估过程中一致地报告影响和失败,以允许自动处理。

2.2.2.2 故障识别

即使在系统描述受到 Horn 从句表达限制的情况下,诱导性诊断至少是 NP

完全的[13]。因此,在实践中需要用于推导诊断的有效方法。有各种能够计算诱导性诊断的技术,例如基于 SAT 的方法[17],结果发现程序[30],或众所周知的基于假设的真相维护系统[8]。在内部,ATMS 在有向图上运行,该有向图表示理论中包含的逻辑关系,其中命题和矛盾是节点,并且含义决定了边缘。每个节点配备有用于相应变量的标签记录,其中可以推导出假设组,即假设。因此,真相维护系统记录了理论[22]中描述的蕴含关系,并确保标签在包含方面是一致的和最小的。为了计算诱导性诊断,在真相维护系统中增加了一个额外的含义,即$o_1 \wedge \cdots \wedge o_n \to ex$,其中$\{o_1, \cdots, o_n\} = Obs$,$ex$ 代表一个尚未包含在 $\boldsymbol{A}$ 中的新命题变量。标签 ex 的包含 PHCAP 的所有解决方案。

在最坏的情况下,MBD 可能会产生指数数量的解释。因此,需要有助于区分诊断的技术以允许关于修理和更换活动的有效决策。随后,我们提出了两种旨在支持故障识别的方法:观察识别和诊断排序。

观察识别已经提出探测作为通过向诊断推理器提供额外事实来减少解空间的手段。而 G. Friedrich 等[13]提出了诊断、探查和修复之间的交错过程,Wotawa[37]建议计算所有解释并随后添加新症状,这允许消除或确认诊断。

定义 6 给定一个 PHCAP($\boldsymbol{A}, \boldsymbol{Hyp}, \boldsymbol{Th}, Obs$)和两个诊断$\Delta_1$和$\Delta_2$。一个新的观察结果 $o \in \boldsymbol{A} \setminus Obs$ 可以区分为两个诊断,当且仅当 Δ 是($\boldsymbol{A}, \boldsymbol{Hyp}, \boldsymbol{Th}, Obs \cup \{o\}$)的诊断而$\Delta_2$不是。

一旦选择了区分观测值,就会进行探测,并使用附加测量信息重新启动故障识别过程。确定理想的探测点对于有效地收敛到合理的解决方案至关重要。最好的新观察 o 是具有最高熵 $H(o)$ 的探测点。熵表示信息增益,因此,较高的熵值表示具有较大辨别能力的测量[9]:

$$H(o) = -\boldsymbol{P}(o) \times \log_2 \boldsymbol{P}(o) - (1 - \boldsymbol{P}(o)) \times \log_2 (1 - \boldsymbol{P}(o)) \tag{2.5}$$

式(2.5)定义了观察 o 的熵值,其中 $\boldsymbol{P}(o)$ 是定义的概率,作为症状的诊断与理论和解释总数之间的比率:

$$\boldsymbol{P}(o) = \frac{|\{\Delta \mid \Delta \in \Delta - \boldsymbol{Set}, \Delta \cup \boldsymbol{Th} \mid = \{o\}\}|}{|\Delta - \boldsymbol{Set}|} \tag{2.6}$$

诊断排序根据潜在的逻辑理论和观察集,可能没有单一的解决方案可用。因此,在这些情况下,诊断结果的优先次序可用于启动适当的维护活动。一种常见的策略是利用概率。考虑到条件概率的贝叶斯规则,我们可以根据观察结果来定义解释 Δ 的概率:

$$p(\Delta \mid o) = \frac{p(\Delta \mid o) p(\Delta)}{p(o)} \tag{2.7}$$

在测量结果中没有不确定性的假定下,例如数据没有遭受错误或噪声,对于任何 $o \in Obs$ 我们可以令 $\boldsymbol{P}(o)=1$。我们知道,自诱导诊断获得的继承关系解释逻辑上意味着观察结果,我们赋值令 $\boldsymbol{P}(o \mid \Delta)=1$。因此从那两个工作和式(2.7)可知,观察结果服从 $\boldsymbol{P}(\Delta \mid o)=p(\Delta)$。假定存在独立范围故障,每一个诊断 Δ 的概率可以按照假定的先验概率 $p(h)$ 计算。

$$p(\Delta)=\prod_{h \in \Delta} p(h) \prod_{h \notin \Delta}(1-p(h)) \tag{2.8}$$

给定 PHCAP 的解决方案,我们在 Δ 集中计算所有诊断的 $\boldsymbol{P}(\Delta)$,然后相应地分配排序。例如,FMEA 拥有诸如失败可能性之类的附加信息,可用于确定优先级。还可以考虑其他标准,例如修理和更换成本或故障和诊断严重程度,即安全或货币考虑因素的严重性[34]。

2.3 工业风力涡轮机诊断

风力涡轮机的可靠性为诊断方法的应用提供了非常有趣的用例。消耗的电能成本很大程度上取决于机器的运行效率以及可用性。导致意外停机的组件故障已经显示出对整体能源生产的显著影响,因此在这方面优化的经济动机很高。远程检测和诊断技术的使用正在获得越来越多的关注,特别是在海上风能行业,因为在恶劣天气接近和维修风力涡轮机十分困难。

所有现代风力涡轮机都使用传感器,数据采集和车载处理作为闭环控制系统的一部分。此外,系统控制器中通常包括一系列诊断功能,以便在故障操作的情况下可以提供最少的基本状态信息。然而,这种车载诊断受到涡轮机控制器的计算资源以及不能立即访问长期历史数据库的限制。

涡轮机连续存储操作数据日志(SCADA 日志),可以检索并传输到中央数据存储。用于详细性能分析和诊断工作的这种数据存储的使用正在成为风能行业的标准,因为数据易于获得并且提供关于涡轮机内的多个系统和部件的信息。

今天,风力涡轮机的大多数中型到大型运营商已经安装了集中式数据管理系统来收集和存储这种 SCADA 日志。Uptime Engineering 开发了一种软件应用程序,能够对这些数据进行自动和连续分析,通常旨在检测各个涡轮机行为的异常。分析模型的能力已经取得了不断进步,现在可以高灵敏度地检测涡轮机的边缘行为。这种分析的结果与上述车载诊断结果以及有关涡轮机使用年限、类型和构建状态的一般信息相结合,以支持涡轮机操作员有效地对检测到的异常做出反应。

然而,这种分析活动通常产生大量信息(监视多个涡轮机,源自许多系统的多个警报并伴随有一系列异构支持信息)。这种系统的用户面临的主要挑战是对结果的有效解释和有效响应策略的推导。因此,已经确定了为软件用户提供"决策支持"的强烈需求,即内置于软件中的附加智能层,它结合了所有生成的观察结果并产生明确的行动建议。MBD 是一种高度相关的解决方案,因为该方法在结合来自多个来源的状态信息和识别具有最高可能性的根本原因方面具有强大的能力。

考虑到 2.2.2 节中所示的过程,Uptime Engineering 和格拉茨技术大学之间的项目旨在整合由格拉茨技术大学创建的外展 MBD 引擎并进入 Uptime Engineering 的风力发电机状态监测软件。Uptime Engineering 不断扩展和更新工业风力涡轮机的全面故障评估,提供故障及其表现的结构化评估。MBD 引擎可以利用该分析作为模型开发阶段的基础,以构建合适的诊断系统描述。一旦 Uptime Engineering 的状态监测软件检测到异常,就会把诱导 KB 和所发现征兆计算在内,触发 MBD 运算。根据诊断结果,MBD 引擎然后基于熵值提供关于下一个最佳测量的附加信息。为了确保适当地融入实际的风力涡轮机维护工作流程,我们与能源供应商合作,采用 Uptime Engineering 的状态监测。在本节中,我们首先描述诊断引擎的接口和交互设计,以及如何将其纳入能源供应商维护人员的工作流程。然后,我们描述了集成的各个阶段及其当前状态。

2.3.1 基于模型的诱导诊断原型

如同在 2.2.2 节所提出的那样,在工业实践中启用 MBD 必须提供必要的故障信息以自动提取合适的诊断模型,并且需要异常检测方法来启动故障识别阶段。此外,为了从部署这样的系统中获得好处,需要有效地计算解决方案并有效地反映系统中存在的缺陷。然而,我们认为,这些技术特征并不是决定新集成诊断软件成功与否的唯一决定因素。虽然目前的研究经常侧重于开发和改进推理技术,但 MBD 在操作过程中的适当整合很少得到解决[24,33]。此外,众所周知,新技术的接受与产品的感知有用性及其易用性密切相关[7]。前者指的是用户和其他利益相关者在工作任务执行方面的好处,而后者则与产品的可用性相提并论。

因此,在开发用于我们项目领域的 MBD 应用程序时,我们不仅关注可行性的技术方面,而且还关注人为因素。针对外展 MBD 引擎逐步开发了界面和交互设计,该引擎应作为实际实现工具的模板,这些工具将集成到 Uptime Engineering 的软件中。迭代地创建了各种原型,从低质量纸质模型开始到描述通常的故障识别方案的可点击原型。这些原型反映了上述风力发电厂背景下的外展 MBD 的一般过程。特别注意尊重当前的工作流程并考虑可用的设计。

设计过程始于考虑项目涉及的利益相关者,引出诊断应用的要求:

(1)作为用户的服务技术人员将操作诊断软件以便从服务中心进行故障排除,并且还负责执行涡轮机的计划维护,维修以及更换活动。

(2)风能供应商的管理,计划在未来扩展其风力发电厂的自我维护活动。

(3)Uptime Engineering 目前正在为风力涡轮机开发状态监测软件,并将使用可用和可扩展的诊断软件扩展其产品组合。

2.3.1.1 要求

在各种设计迭代过程中建立了关于最终诊断应用的要求列表。三个不同的利益相关方群体有不同的要求,这些要求经过分析,以便解决冲突并优先考虑所产生的要求。由于应用程序的成功在很大程度上取决于服务技术人员的使用,因此特别关注他们的建议和需求。

一个重要的观察是,由服务人员执行的当前故障检测活动通常依赖于视觉检查。因此,为了支持诊断,应该使用图像以便于识别。一旦识别出故障,就根据风力涡轮机制造商的使用说明书执行维修或更换任务。因此,需要通过软件轻松访问这些文档。维护活动完成后,服务技术人员需要创建任务报告和执行的操作。因此,软件应支持报告步骤的自动化,以减少整体工作量。风力涡轮机内部的工作环境通常是不舒适的并且空间有限,并且在潜在的恶劣天气条件下在时间压力下进行工作。因此,用户界面需要在使用中直观,必须引导用户通过严格定义的序列,并且用户交互最少。考虑到整个工作流程,该软件应具有在服务中心运行的桌面软件部分以及应在涡轮机内部使用的移动应用程序。

能源供应商的管理层有兴趣促进数字化,并提高其使用中的风力运营的生产率和安全性。一方面,软件应该支持服务技术人员在前往风力涡轮机之前准备所需的所有备件和工具以确保最短的停机时间;另一方面,鉴于现场的危险环境,它应该已经支持安全过程到位,例如服务技术人员的个人安全设备。除了用户和管理要求之外,还需要满足 Uptime Engineering 的规范。为了扩展和更新知识库,即外展模型,用户应该能够报告新的故障模式,这是以前没有考虑过的。此外,用户界面应该是可扩展的和适应性的,以满足其他客户以及未来项目的其他领域。

2.3.1.2 设计过程

为了确保用户友好的最终产品,诊断引擎 GUI 是使用迭代过程开发的[25]。

每次迭代都以需求的定义或调整开始,然后创建设计并随后实现原型。该原型由目标组的用户进行评估,以确定可用性问题,这些问题必须固定在前进迭代的设计中。根据 Nielsen[25]的观点,由于这种循环的不同重复,这种类型的设计过程可以获得对可用性问题的充分洞察,即使测试用户数量有限。

在我们的案例中,第一次迭代是在格拉茨技术大学和 Uptime Engineering 之间举行的会议上启动的,以引出第一组要求。确定的主要目标之一是软件的设计应支持服务技术人员当前的工作流程,而不会产生额外的工作量。促进服务人员的工作任务至关重要,因为这确保了有用性,这是技术验收的一个关键方面[7]。此外,我们定义了应用程序的整体工作流程,初始纸模型的一般结构以及应该实现的一小组功能。最初的纸张原型和所有以下设计在与能源供应商和服务技术人员管理层的会议上进行了评估。在这些会议上,介绍了当前的原型,并获得了有关用户及其工作流程的更详细知识,可以发现可用性问题,并确定了有助于整个故障纠正过程中维护人员的有用功能。在第一次迭代期间,检测到主要的可用性问题,并且引入了一些更大的设计变化,而在后面的迭代中,只发现了一些小问题,因此只需要轻微的 GUI 替换。设计阶段的产品是一个可点击的原型,经过小规模的定性可用性测试,涉及五个服务技术人员。在测试场景中,用户从开始到完成执行模拟故障识别过程。下面介绍最终原型的设计以及整个应用工作流程。

2.3.1.3 工作流程和 GUI 设计

诊断应用程序的工作流程是考虑到 Uptime Engineering 的状态监测软件的当前功能,能源供应商的维护过程以及一般的外展诊断程序而创建的。图 2.2 描述了诊断过程的识别活动序列。根据工作流程和需求分析,确定了应用程序的界面和交互设计决策。如前一节所述,一旦遇到异常,就会调用诊断计算。每个风力涡轮机都包括一组传感器和一个基本的车载系统,当测量值超出一定限度时发送警报(图 2.2 中的步骤 1)。Uptime Engineering 的状态监测软件通过进一步处理可用的传感器信息来扩展和确定故障检测。

一旦识别出故障涡轮机的症状,Uptime Engineering 的软件就会通过向 MBD 引擎提供先前创建的系统描述和观察结果来触发根本原因识别(图 2.2 中的步骤 2)。计算完成后,服务中心的员工可以访问结果(图 2.2 中的步骤 3)。诊断结果显示为 Uptime Engineering 的 Web 界面的一部分,即在 Operations Center 中,如图 2.3 所示,专为台式机或笔记本电脑设计。结果可用于每个涡轮机实例并显示为可折叠面板。对于每个触发症状,例如,错误转换器总线,该面板包含可能的根本原因 4 以及表示为百分比的诊断可能性。

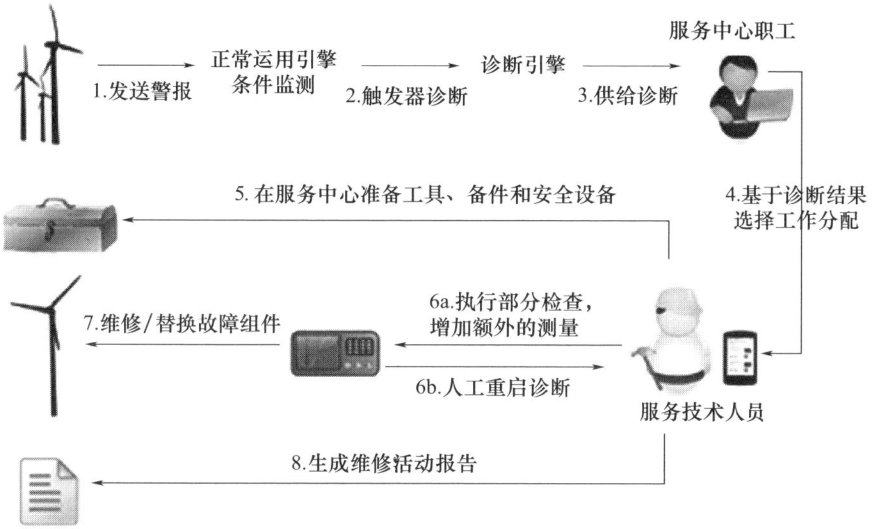

图 2.2 诊断应用工作流程(改编自文献[21])

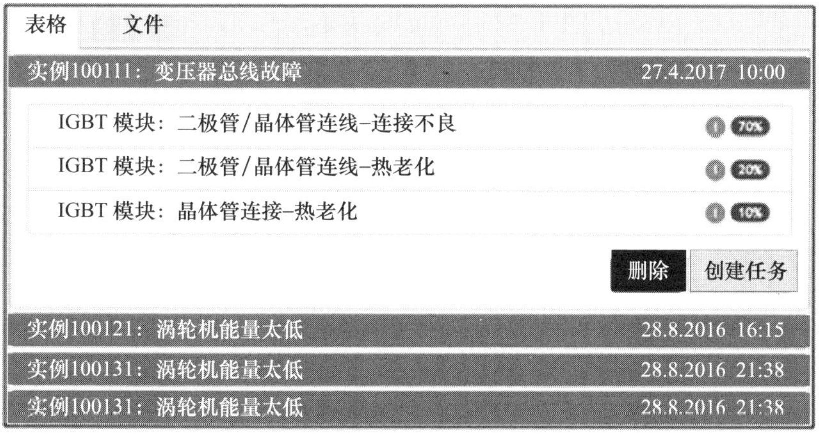

图 2.3 操作中心[21]

根据结果,服务中心员工可以为服务技术人员创建和分配维修任务,预先选择一些可能的故障,以便在现场工作中考虑(图 2.2 中的步骤 4)。每个修复任务都可以与下一次计划维护一起执行,计划或立即执行。图 2.4 描述了计划修复任务的示例,包括异常和相应的错误代码。然后,服务中心员工可以定义故障排除任务,根据描述服务技术人员可用性的时间表安排活动,为任务分配主管和团队，根据工作分配添加相应的部件和工具。关于发动机提出的故障，并为工作任务提供额外的辅助信息，例如目标风力涡轮机的先前问题，可以在同一天和同一维护团队安排多个维修任务。

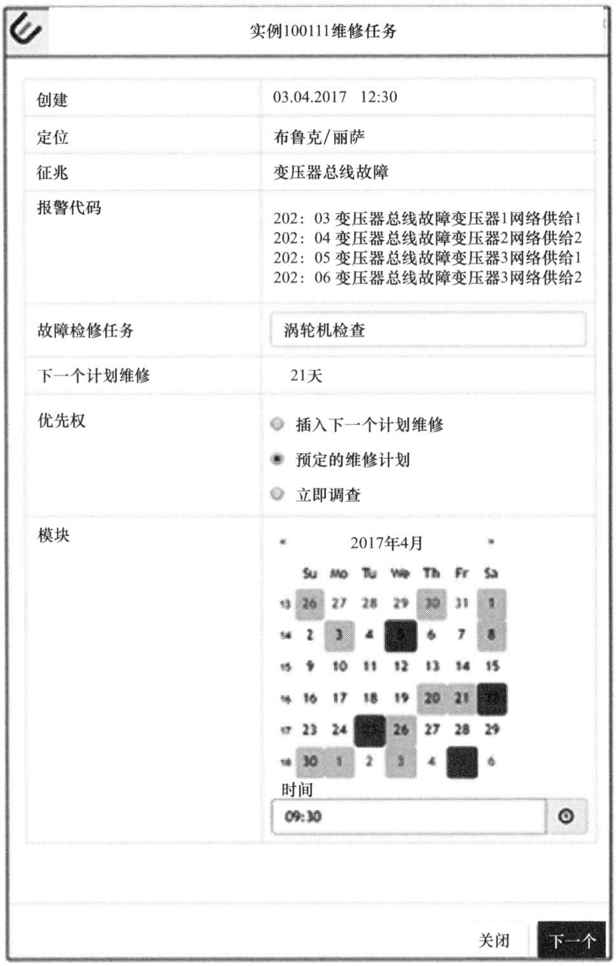

图 2.4 维修任务面

在现场诊断的背景下，我们得出结论，该软件最适用于移动设备，因为技术人员不愿意携带笔记本电脑。因此，一旦创建了工作任务，其余的诊断过程由服务技术人员团队通过移动应用程序进行。软件设计的一个重要方面是遵循移动用户界面的指导原则和最佳实践，以确保易于使用的应用程序。因此，选择导航的原型具有很少的子级嵌套，保证最小的用户交互并且在技术人员的工作过程中证明了定义的角色。简单的导航抽屉用于允许用户在顶级站点之间快速切换。在图 2.5 中，显示了移动应用程序的主屏幕，技术人员可以将当天的所有工作分配视为具有附加信息的可折叠面板。根据他们的任务，技术人员可以从图 2.5(b)所示的准备视图中获取包含当天计划的所有维护活动所需的所有必要备件、工具和安全设备的清单。准备工作通常在服务中心进行，仓库也在那里(图 2.2 中的步骤 5)。进入涡轮机后，回顾屏幕中将显示此特定实例和分配的维护任务回顾[参见图 2.5(c)]，其中必须获取活动的执行许可 5。

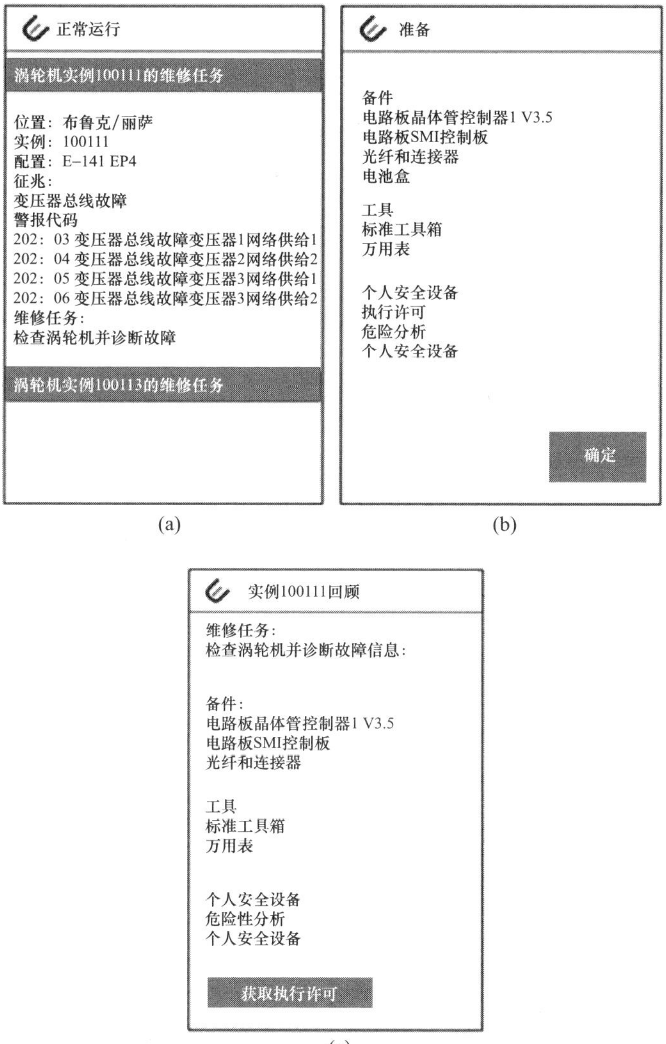

图 2.5　准备和概要界面

(a)主界面；(b)准备界面；(c)回顾界面。

在涡轮机处，维修技术人员可以查看可折叠面板中表示的计算和排序诊断以及它们的百分比值[参见图 2.6(a)]。扩展诊断，描述故障根本原因的简短描述以及维修任务按钮，从而获得有关恢复健康涡轮机状态所需活动的其他信息，例如，维修和更换故障的制造商手册零件。如果仍然没有明确指示最可能的诊断，服务技术人员可以通过改进诊断提供额外的观察结果来改善初始结果。下一个最佳探测点是通过熵确定的，如上一节所述。为了获得额外的涡轮机状态信息，应用程序要求用户回答一组问题，如图 2.6(b)所示(图 2.2 中的步骤 6a)。除文本表示外，还为每个探针提供图片以便于视觉识别。每个观察可以被证实(是)，被拒绝(否)或被绕过(?)。设备摄像头可用于单独记录测量结果，然后将图片附加到维护报告中。输入新症状的布局可确保有效使用可用屏幕空间，逻辑地构建任务，并且需要最少的交互。一旦进行了附加观察，则通过在给定来自设备的新信息的情况下手动重新开始计算来更新诊断(图 2.2 中的步骤 6b)。给定更新的结果，故障的概率和排列在诊断屏幕中相应地改变，箭头指示故障是否收敛[见图 2.6(c)]。诊断可以多次重新确定，直到达到可接受的故障确定性。

一旦修复了检测到异常的根本原因(图 2.2 中的步骤 7)，服务技术人员必须创建活动报告(图 2.2 中的步骤 8)。这以前是一项烦琐的工作，因此用户的基本要求是应用程序为其报告提供支持。因此，移动应用程序允许用户通知系统最终确认的诊断以及所消耗的备件和执行的维修或更换活动[参见图 2.7(a)、(b)]。所做的观察及其视觉效果自动包含在报告中。由于可能在故障评估中有未考虑故障并因此未考虑外观模型，因此界面为服务技术人员提供了一种简单的方法来拒绝所有建议的诊断并添加自定义故障，如图 2.7(c)所示。根据输入的数据，自动生成工作分配文档并将其发送到 Operations Center。在那里存储或后处理，取决于报告中是否缺少关键信息或是否已创建自定义故障，需要对其进行分析并随后将其添加到故障评估中。目前计划在确保所提供的信息合理且完整之后，手动将从定制故障中获得的知识插入到故障评估中。

2.3.2 诊断引擎的实现

在三个主要项目阶段中，将诊断引擎以及相关用户界面完全集成到现有的 Uptime Engineering 状态监视工具中。最初，有必要引入一个结构来管理新引入的系统分类。接下来，通过消息传递总线在状态监视系统和 MBD 引擎之间生成接口。最后，用户界面适合包含上一节中描述的功能。现在每一个项目更详细地被描述这些项目阶段中。

图 2.6　诊断和探测交互

(a)初始化诊断界面；(b)增加新观察数据；(c)重新计算后诊断界面。

使用严格的分类法来描述涡轮机内的各个系统组件（例如轴承、过滤器、风扇）以及子系统（例如变速箱、发电机、变桨驱动器）对于诊断过程的有效自动化至关重要。缺少这样的系统会导致观察到的系统行为的定义出错，基于失败评估的模型生成问题，以及建议解释中的问题。此外，输入信号的命名（例如功率、风速、油温）和这些信号的行为（例如，“相对于期望的高功率，由历史功率性

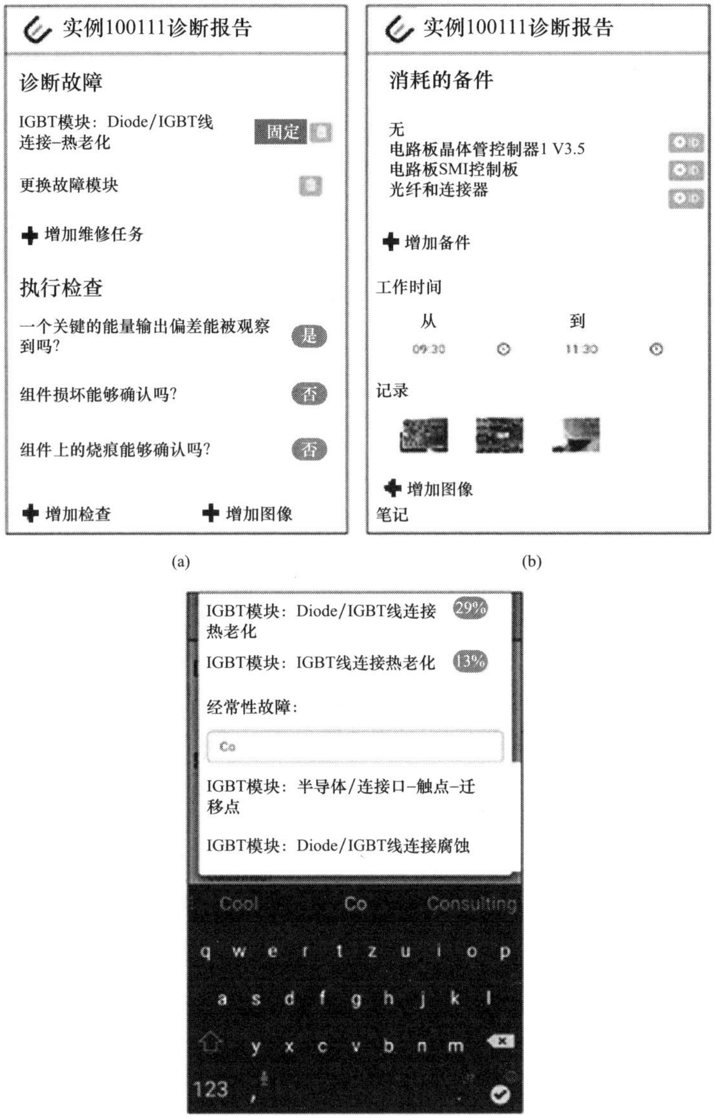

(a) (b) (c)

图 2.7　移动报告界面

(a)报告界面(1)[21]；(b)报告界面(2)；(c)增加新的经常性故障。

能定义”)必须按照严格的编码和一致的分类。一旦建立，必须在整个软件环境中准确一致地应用此分类。进一步的复杂性源于需要开发可以跨多个组织(例如几个不同的能源公用事业)部署的通用解决方案以及来自各种风力涡轮机制造商的监控技术，每个都具有其自身的系统分类的内部偏好。因此，人们非常关注产生一种全球独立的分类学,这种分类学特别适用于异常检测和故障诊断。

格拉茨科技大学提供的 MBD 引擎基于模型映射的 Java 实现,以及用于故障识别部分的 ATMS 和下一个最佳探测点的基于熵的计算,而 Uptime Engineering 的状态监测系统开发使用一系列技术,包括 . NET、MSSQL、Matlab、Java。框架和语言的选择基于它们执行信号分析的能力以及它们是否适合构建商业工具。使用 Messaging Bus 解决方案实现了这两个系统之间的有效通信。在检测到异常系统行为时,状态监视软件生成事件,其中特定内容遵守上述分类规则。该事件存储在状态监视系统中,并且还转换为通过总线系统发送到推理引擎的消息。该消息包含特定实例(如风力涡轮机)的最新观察结果以及要转换为外展 KB 的当前故障评估。虽然可以执行模型生成,但我们决定在触发诊断时执行故障分析的转换,因为映射实现非常有效,因此在整个计算时间中构成可忽略的因素。此外,这意味着从一个诊断计算到下一个诊断计算,引擎可以无记忆,并且在故障识别期间始终考虑故障评估更新。然后,基于模型的推理引擎处理所接收的信息并生成其自己的消息,其中包含所有可能的根本原因以及对可以作为有效鉴别器添加的额外涡轮机状态信息的建议,从而提高诊断的准确性。请注意,对于每个涡轮机实例,一旦遇到异常行为,就会创建新的 MBD 引擎实例。通过这种信息交换,状态监测系统的能力得到了显著提高。

如 2. 3. 1. 1 节所描述的那样,以上直观且高效的用户界面被认为是其用户接受系统的关键。由于软件应用于现场环境(例如,在风力涡轮机服务中心)和移动应用(例如,由在风力涡轮机上工作的服务人员),因此开发有效工作的图形界面在这两种情况中是很重要的。为了向用户提供一致的解决方案并最大限度地减少开发工作,决定创建“自适应用户界面”,识别当前使用的设备并自动切换到最合适的布局。诊断 GUI 目前处于原型阶段,仍处于开发阶段,而后端已经完全开发和测试。但是,系统的某些部分已由 Uptime Engineering 和能源供应商进行评估。由于此时缺乏用户界面,因此计划进行广泛而详尽的验收研究以用于未来的工作。最终产品有望为所有相关利益相关者提供舒适的用户体验,并改善和促进风力发电机操作员及其维护人员的故障诊断程序。

2. 4 结论

基于模型的推理的理论和技术已经应用于工业问题,但是这种方法在实际的日常使用中还没有很好地表现出来。根本原因的计算依赖于合适的系统描述的存在。然而,从 Froma 的实际观点来看,由于没有可用于非基于逻辑的建模专家的工具,模型生成仍然是实践中采用 MBD 的一个阻碍因素。与 MBD 的诱导变异一样,该模型描述了断层与其表现形式之间的关系。所提出的一般过程允许利用在实践中常用于计算机化知识库生成的失败评估。自动执行此任务应有助于在工业应用中引入 MBD。

我们将此过程应用于工业风力涡轮机领域。Uptime Engineering 维护涡轮机故障及其影响的全面故障分析,可用作自动诊断模型生成的输入。此外,他们的状态监测软件允许检测异常的涡轮机行为。格拉茨科技大学实施了一个 MBD 引擎,它根据失败分析创建了诱导性的知识库,根据确定的症状计算解释,并提供额外观察的建议,以基于熵重新确定诊断结果。当将 MBD 部署到风力涡轮机行业的实际领域时,需要考虑各个方面,例如,确保现有软件工具之间的适当通信。此外,将方法整合到已建立的工作流程中,为诊断软件的用户提供福利,提供直观且易于使用的界面和交互是促进用户接受的关键因素。在这方面,主要目标不仅是促进工作过程的诊断部分,而且还简化和改进相关任务,例如创建维护报告。在创建和修改时与服务人员和能源供应商密切合作用户界面和交互设计以及应用程序工作流程确保了最终软件产品的可用模板。目前,Uptime Engineering 和能源供应商正在测试原型,以验证该方法的可行性。

然而,风力涡轮机故障识别中的开放性问题仍然存在。即使在执行修复之后,系统中也可能出现故障,并且其表现将在一段时间内可见。在这种情况下,必须重复诊断并重新打开原始故障报告。此外,自动获取额外的专业知识具有挑战性。由于插入数据的质量问题涉及其技术健全性和服务人员的知识工程能力,因此不能仅由用户执行更新故障评估和因此的诱导模型。然而,问题仍然存在,是否有可行的方法让维护人员对模型进行补充。基于有关损伤累积和负载历史的知识,对诊断结果的进一步改进可以改善故障识别过程。可以利用这种类型的信息来确定随后可用于导出和更新故障可能性的组件的剩余寿命。其他常见考虑因素涉及基于与诊断任务相关的所有支出的预期成本核算的维护决策,例如探测、维修或更换成本。在未来,其他应用领域,例如卡车运输,应该澄清诱导性推理是否适用于工业领域。

致谢

本章介绍的工作得到了 FFG 项目应用模型推理(AMOR)842407 和 SFG 项目 EXPERT 的支持。我们还要对 VERBUND Hydro Power GmbH 表示感谢。

参考文献

[1] B. Abichou, D. Flórez, M. Sayed - Mouchaweh, H. Toubakh, B. François, N. Girard, Fault diagnosis methods for wind turbines health monitoring: a review, in European Conference of the Prognostics and Health Management Society (2014)

[2] R. Bakker, P. Van den Bempt, N. J. Mars, D. J. Out, D. van Soest, Issues in practical model - based diagnosis. Futur. Gener. Comput. Syst. 9(4), 329 - 337 (1993)

[3] C. S. Carlson, Understanding and applying the fundamentals of FMEAs, in Annual Reliability and Maintainability Symposium (2014)

[4] L. Console, O. Dressler, Model - based diagnosis in the real world: lessons learned and challenges remaining, in Proceedings of the Sixteenth International Joint Conferences on Artificial Intelligence (1999), pp. 1393 - 1400

[5] L. Console, D. T. Dupre, P. Torasso, On the relationship between abduction and deduction. J. Log. Comput. 1(5), 661 - 690 (1991)

[6] M. O. Cordier, P. Dague, F. Lévy, J. Montmain, M. Staroswiecki, L. Travé - Massuyès, Conflicts versus analytical redundancy relations: a comparative analysis of the model based diagnosis approach from the artificial intelligence and automatic control perspectives. IEEE Trans. Syst. Man Cybern. B Cybern. 34 (5), 2163 - 2177 (2004)

[7] F. D. Davis, Perceived usefulness, perceived ease of use, and user acceptance of information technology. MIS Q. 13, 319 - 340 (1989)

[8] J. de Kleer, An assumption - based TMS. Artif. Intell. 28(2), 127 - 162 (1986)

[9] J. de Kleer, B. C. Williams, Diagnosing multiple faults. Artif. Intell. 32(1), 97 - 130 (1987)

[10] E. Echavarria, T. Tomiyama, W. Huberts, G. J. van Bussel, Fault diagnosis system for an offshore wind turbine using qualitative physics, in Proceedings of EWEC (2008)

[11] T. Eiter, G. Gottlob, The complexity of logic - based abduction. J. ACM 42 (1), 3 - 42 (1995)

[12] G. Fleischanderl, T. Havelka, H. Schreiner, M. Stumptner, F. Wotawa, Dike – a model – based diagnosis kernel and its application, in KI 2001: Advances in Artificial Intelligence (Springer, Berlin, 2001)

[13] G. Friedrich, G. Gottlob, W. Nejdl, Hypothesis classification, abductive diagnosis and therapy, in Expert Systems in Engineering Principles and Applications (Springer, Berlin, 1990), pp. 69 – 78

[14] C. S. Gray, S. J. Watson, Physics of failure approach to wind turbine condition based maintenance. Wind Energy 13(5), 395 – 405 (2010)

[15] C. Gray, F. Langmayr, N. Haselgruber, S. J. Watson, A practical approach to the use of SCADA data for optimized wind turbine condition based maintenance, EWEA Offshore Wind Amsterdam (2011)

[16] Z. Hameed, Y. Hong, Y. Cho, S. Ahn, C. Song, Condition monitoring and fault detection of wind turbines and related algorithms: a review. Renew. Sust. Energ. Rev. 13(1), 1 – 39 (2009)

[17] R. Koitz, F. Wotawa, Finding explanations: an empirical evaluation of abductive diagnosis algorithms, in Proceedings of the International Conference on Defeasible and Ampliative Reasoning, CEUR – WS. org (2015), pp. 36 – 42

[18] R. Koitz, F. Wotawa, From theory to practice: model – based diagnosis in industrial applications(2015), in Proceedings of the Annual Conference of the Prognostics and Health Management Society (2015)

[19] R. Koitz, F. Wotawa, On the feasibility of abductive diagnosis for practicalapplications, in Proceedings of the 9th IFAC symposium on fault detection, supervision and safety of technical processes (2015)

[20] R. Koitz, F. Wotawa, Integration of failure assessments into the diagnostic process, in Proceedings of the Annual Conference of the Prognostics and Health Management Society(2016)

[21] R. Koitz, J. Lüftenegger, F. Wotawa, Model – based diagnosis in practice: interaction design of an integrated diagnosis application for industrial wind turbines, in Proceedings of the 30th International Conference on Industrial Engineering and Other Applications of Applied Intelligent Systems (2017)

[22] H. J. Levesque, A knowledge – level account of abduction, in Proceedings of the Eleventh International Joint Conferences on Artificial Intelligence (1989), pp. 1061 – 1067

[23] B. Lu, Y. Li, X. Wu, Z. Yang, A review of recent advances in wind turbine condition monitoring and fault diagnosis, in Power Electronics and Machines in Wind Applications, 2009. PEMWA2009. IEEE (IEEE, Piscataway, 2009), pp. 1 – 7

[24] H. Milde, T. Guckenbiehl, A. Malik, B. Neumann, P. Struss, Integrating model – based diagnosis techniques into current work processes – three case studies from the INDIA project. AI Commun. 13(2), 99 – 123 (2000)

[25] J. Nielsen, Iterative user – interface design. Computer 26(11), 32 – 41 (1993)

[26] D. Poole, R. Goebel, R. Aleliunas, Theorist: a logical reasoning system for defaults and diagnosis, in The Knowledge Frontier (Springer, New York, 1987), pp. 331 – 352

[27] L. Rademakers, A. Seebregts, B. van Den Horn, Reliability analysis in wind engineering. Netherlands Energy Research Foundation ECN (1993)

[28] R. Reiter, A theory of diagnosis from first principles. Artif. Intell. 32(1), 57 – 95 (1987)

[29] M. Schlechtingen, I. F. Santos, S. Achiche, Wind turbine condition monitoring based on scada data using normal behavior models. Part 1: system description. Appl. Soft Comput. 13(1),259 – 270 (2013)

[30] L. Simon, A. Del Val, Efficient consequence finding, in Proceedings of the Seventeenth International Joint Conference on Artificial intelligence (2001), pp. 359 – 365

[31] P. Struss, Model – based problem solving, in Handbook of Knowledge Representation, Chap. 10, ed. by F. van Harmelen, V. Lifschitz, B. Porter (Elsevier Science, Oxford, 2008), pp. 395 – 465

[32] P. Struss, A. Malik, M. Sachenbacher, Case studies in model – based diagnosis and fault analysis of car – subsystems, in Proceedings of the 1st International Workshop Model – Based Systems and Qualitative Reasoning (1996), pp. 17 – 25

[33] P. Struss, M. Sachenbacher, C. Carlén, Insights from building a prototype for model – basedon – board diagnosis of automotive systems, in Proceedings of the International Workshop on Principles of Diagnosis (2000)

[34] Y. Sun, D. S. Weld, A framework for model – based repair, in Proceedings of the

Eleventh National Conference on Artificial Intelligence (1993), pp. 182 – 187

[35] N. Tazi, E. Châtelet, Y. Bouzidi, Using a hybrid cost – FMEA analysis for wind turbine reliability analysis. Energies 10(3), 276 (2017)

[36] M. Wilkinson, B. Hendriks, F. Spinato, K. Harman, E. Gomez, H. Bulacio, J. Roca, P. Tavner, Y. Feng, H. Long, Methodology and results of the reliawind reliability field study, in European Wind Energy Conference and Exhibition 2010, EWEC 2010, Sheffield, vol. 3 (2010), pp. 1984 – 2004

[37] F. Wotawa, On the use of abduction as an alternative to decision trees in environmental decision support systems, in International Conference on Complex, Intelligent and Software Intensive Systems, 2009. CISIS'09. (IEEE, Piscataway, 2009), pp. 1160 – 1165

[38] F. Wotawa, Failure mode and effect analysis for abductive diagnosis, in Proceedings of the International Workshop on Defeasible and Ampliative Reasoning (2014), pp. 1 – 13

[39] F. Wotawa, I. Rodriguez – Roda, J. Comas, Environmental decision support systems based onmodels and model – based reasoning. Environ. Eng. Manag. J. 9(2),189 – 195 (2010)

[40] W. Yang, J. Jiang, Wind turbine condition monitoring and reliability analysis by SCADA information, in Second International Conference on Mechanic Automation and Control Engineering (MACE), 2011. (IEEE, Piscataway, 2011), pp. 1872 – 1875

[41] A. S. Zaher, S. McArthur, A multi – agent fault detection system for wind turbine defect recognition and diagnosis, in 2007 IEEE Lausanne Power Tech (2007), pp. 22 – 27

第3章 基于 Modelica 语言和设证推理法的故障检测与定位

Ingo Pill, Franz Wotawa

3.1 简介

在抽象层面上,故障诊断包含两个任务:我们决定是否存在故障的故障检测,以及我们有兴趣确定某些意外行为原因的故障隔离。本书是一个完美的抽象,这两个非平凡任务有很多解决方案,实际上可用资源、应用程序域、详细系统模型的可用性以及许多其他方面限制了我们对特定场景的选择。

本章将重点放在诊断方案中,其中有一些 Modelica 系统模型,希望检测并隔离出现的故障,将在 3.2 节中讨论。Modelica[12]是一种直观的编程语言,它允许在模拟中直接执行模型。由于诸如数字电路、流体和机械库的可用性之类的特性,Modelica 是用于对混合信息物理系统进行建模的有吸引力的手段。本章中面临的情景是我们现在拥有 Modelica 系统模型,并观察我们想要评估的一些实际行为。特别是,我们想确定系统中是否存在故障,如果存在故障,那么我们希望在此过程中利用 Modelica 系统模型得出诊断遇到错误的解释。

任何基于模型的诊断方法的关键要素是系统模型,它可以推断各个系统组件的正确性[6,9,25]。但是提出有效诊断模型的任务已经成为一个绊脚石,禁止在实践中广泛采用基于模型的诊断。特别是,创建的开发模型(如用于某些模拟)与诊断已部署系统所需的模型之间存在差距。这种差距源于模型背后的不同目标。因此,面向仿真的模型通常必须尽可能详细,并且尽可能接近模拟目标所要求的系统的实际行为。相比之下,诊断模型通常依赖于定性系统描述,因此不需要将诊断目的区分为定性还是定量，以缩小搜索空间。到目前为止，许多情况下，提出一种精确的诊断模型依赖专业知识和资源，这种依赖抵消了基于模型方法的优点。一个突出的点是缺乏将建模目的和诊断目的集成在一起开发的方法。

3.4.2 节，我们讨论了将 Modelica 开发模型自动编译为可用于诊断的模型的解决方案。目前的文献中有几种处理这种想法的方法，例如文献[21–22, 28]（参见 3.6 节）。与早期工作相比我们提供诱导诊断模型。这意味着从模型中提取因果规则，这些规则对于熟悉故障模式影响分析（FMEA）的设计人员来说是直观的[4,15]。对因果提取规则的熟悉使得该方法对于实际目的而言非常有吸引力。提取的基本思想是将正确模型的模拟与我们通过故障注入创建的故障变体的模拟结果进行比较[30]。在检测到偏差的情况下，我们提取一条规则，说明引入的故障导致观察到的偏差。

在触发诊断过程之前，我们必须首先确定观察到的行为是否有缺陷。我们在 3.3 节中介绍了用于比较观察到的模拟行为的三种方法：噪声信号、组件实例的最小参数偏差以及物理组件随着时间的推移而降级。也就是说，基于平均值和容差，时间带序列或皮尔森（Pearson）相关系数，我们的目标是在比较模拟与观察到的信号行为时检测故障的存在。

正如本章中的示例所示，所提出的技术组合提供了一种直观的方法并且基于工程师原则上的模拟和因果规则等概念，可最大限度地减少诊断所需的额外资源。在考虑部署新技术以丰富已经安装和验证的开发过程的吸引力时，对因果提取规则熟悉当然是一个优点。我们在 3.5 节的案例研究中也强调了这一点，相应的观察结果是在 3.7 节中提供的摘要的一个事例。

3.2 使用 Modelica 描述系统的行为

我们可以使用许多语言来建模物理和混合系统，包括 Modelica[12]，它是一种面向对象的、开放的、多域的语言。使用 Modelica，我们通过各种方程组定义模型，范围从简单的代数方程到复数的差分方程。当使用 Modelica 时，设计师可以很好地利用各种可用的库，例如数字电路、电子、机械或流体。所有这些特征将 Modelica 与其他建模语言区分开来，使其非常灵活、易于使用，并且是混合系统建模的有吸引力的手段。在图 3.1 中，可以看到用于描述电子电路中的引脚，接地引脚和带有两个引脚的抽象组件的简单示例代码。

已建立的开发工作流程的一个有吸引力的特性是 Modelica 针对模拟进行

了优化。因此，我们必须确保任何 Modelica 模型其相应的方程允许计算恰好一个解，即在任何时间点解决所有方程的变量值的分配，否则，将引发错误消息。然而，这意味着我们不能直接使用 Modelica 进行诊断，因为其缺乏处理未知值或分配给变量的值集的能力。

现在的主要问题是我们如何使用 Modelica 进行诊断。虽然我们在下面的章节中介绍了相应概念的正式背景，但在这一点上简要介绍一下使用图 3.2所示的分压电路的基本思想。它包含两个电阻 R_1 和 R_2（100Ω 和 50Ω）以及标称电压为 12V 的电池 BAT。如果每个元件按预期工作，我们会看到 R_1 的电压降为 $V_1 = 8V$，R_2 的电压为 $V_2 = 4V$。如果现在电池完全耗尽（或其中一个引脚断开），电压降 V_1 和 V_2 将下降到 0V。另外，如果 R_2 处有短路，则 V_2 将变为 0V，V_1 将升至 12V（相应的图见图 3.2，假设故障在半秒后单独出现）。

```
connector MyPin
Real v;
flow Real i;
end MyPin;
model MyGround
MyPin p;
equation
p.v = 0.0;
end MyGround;
partial model MyComponentSimple
MyPin p, m;
Real v;
Real i;
equation
v = p.v - m.v;
i = p.i;
0.0 = p.i + m.i;
end MyComponentSimple;
```

图 3.1 针对一个引脚、一个接地引脚和两个引脚组件的 Modelica 代码

这些知识可用于创建诱导性诊断模型。例如，我们会说，电量耗尽会导致 V_1 和 V_2 都为 0V，或两个电阻上的电压都小于预期值：

$$emptyBat \rightarrow (val(v_1, 0) \wedge smaller(v_1))$$

$$emptyBat \rightarrow (val(v_2, 0) \wedge smaller(v_2))$$

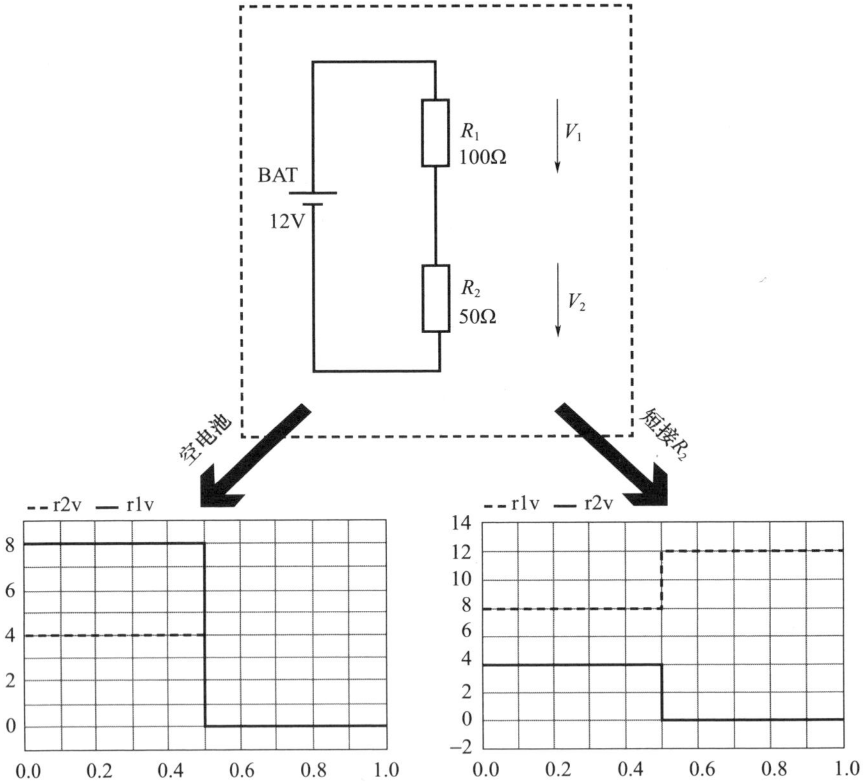

图 3.2　节点电压电路

短接电阻器 R_2 的类似模型可能如下所示，其中诸如断针之类的其他故障可以以类似的方式处理：

现在，如果有模拟单个故障影响的模型，可以自动化这个规则提取的想法。理想情况下，我们只有一个模拟模型，只需要激活/停用模拟中要考虑的各个故障（这样做时在方程之间切换）。然后，将没有故障激活的模拟与激活单个故障的模拟进行比较，我们能够获得有关单个故障影响的数据，并最终得出所需的诱导诊断模型。

在 3.2.1 节中创建这样的增强仿真模型的概念的细节之前，简单地说明一些与分压器示例相关的 Modelica 代码所需的步骤。也就是说，作为第一步，我们将新引入的类型 FaultType 的系统状态模式添加到图 3.1 中的抽象组件模型，这导致模型 MyComponent 如图 3.3 所示。我们使用此状态变量在标称和单个故障行为的方程之间进行选择。对于从 MyComponent 派生的电阻器模型 MyResistor，如图 3.3 所示，我们定义了三种这样的模式，并且根据故障状态，相应的公式用于模拟。

$$short(\boldsymbol{R}_2)\rightarrow(val(v_1,12)\wedge higher(v_1))$$

$$short(\boldsymbol{R}_2)\rightarrow(val(v_2,0)\wedge smaller(v_2))$$

```
type FaultType = enumeration(
ok,broken,short,empty);
partial model MyComponent
MyPinp,m;
Real v;
Real i;
FaultType state(start = FaultType.ok);
equation
v = p.v - m.v;
i = p.i;
0.0 = p.i + m.i;
end MyComponent;
model MyResistor
extends MyComponent;
parameter Real r;
equation
if state = = FaultType.ok then
v = r * i;
elseif state = = FaultType.short then
v = 0;
else
i = 0;
end if;
end MyResistor;
```

图3.3 通过健康状态和诱导电阻模型扩展的MyComponent模型

观察MyResistor可以看到变化导致混合模型,即核心模型是模拟模型。也就是说,我们确实有一个离散值系统状态用于组件的运行状况,而连续系统则表示电阻器的电压和电流。因此,这表明我们的概念适用于混合模型,我们可以将这个简单的场景用于说明目的。请注意,我们可以讨论扩展此电路,包括一个灯泡、一个电容器和一个开关—更接近混合系统的预期(特别是如果开关由数字脉冲宽度控制器控制)。

3.2.1 具有故障模式的 Modelica 仿真模型

如引言中所述,在流程开始时,我们有一个系统的 Modelica 模型,它是为模拟目的而开发的。为了自动提取所需的因果规则,我们还需要对故障影响进行表征。我们获得此类故障影响数据的基础是使用故障注入[30]并模拟故障行为。为此,我们的目标是一个系统模型,其中各个组件可能有几种描述其名义和错误行为的模式。如上所述,我们进一步假设 Modelica 模型提供了启用或禁用为各个组件定义的各个故障模式的方法。特定成分的每种这样的模式都可以是一个假设,在诱导性诊断推理中解释一些观察到的错误行为,即观察到的症状(见 3.4.1 节)。请注意,我们还区分输入和输出变量(信号)。也就是说,输入变量是用于指定某个所需输入方案的变量,输出是我们可以观察到并提供症状的变量。

定义 1(系统模型) 一个系统模型 $M=(\mathbf{COMP},\mathbf{MODES},\mu,\mathbf{I},\mathbf{O},P)$ 是一个元组,这个元组中包含一系列 **COMP** 组件,一系列 **MODES**(该模型中至少包含一个正确的模型 ok,一个将组件匹配到其特征模型的函数 μ: $\mathbf{COMP}\mapsto\mathbf{MODES}$),变量集 **I** 被视为输入,变量集 **O** 被视为输出和一个允许我们为每一个个体组件 $c\in\mathbf{COMP}$ 设置一个独立模型 $m\in\mu(c)$ 的 Modelica 模型。

例 1 在图 3.4 中,我们展示了图 3.2 中分压器电路示例的 Modelica 源代码,重用了图 3.1 和图 3.3 中的元件。MyBattery 和 MyResistor 是 MyComponent 的子类(图 3.3),继承了它的等式,但扩展它以捕获组件类型的更具体的行为。各个组件的所有故障模式的结合(图 3.3 中的类型 FaultType)包含普通标称行为的确定,电阻器故障模式的中断和短路,以及电池故障时为空。因此,系统模型$(\mathbf{COMP},\mathbf{MODES},\mu,\mathbf{I},\mathbf{O},P)$在分压电路将包括以下元素:

$$\mathbf{COMP}=\{bat,r_1,r_2\}$$

$$\mathbf{MODES}=\{ok,broken,short,empty\}$$

$$\mu(bat)=\{ok,empty\}$$

$$\mu(r_1)=\mu(r_2)=\{ok,broken,short\}$$

$$\boldsymbol{I}=\phi$$

$$\boldsymbol{O}=\{\mathrm{r}_1.\mathrm{v},\mathrm{r}_2.\mathrm{v}\}$$

```
model MyBattery
extends MyComponent;
parameter Real vn;
equation
```

```
if state = = FaultType.ok then
v = vn;
else
v =0.0;
end if;
end MyBattery;
model MySimpleCircuit
MyResistor r1(r=100);
MyResistorr2(r=50);
MyBattery bat(vn =12);
MyGroundgnd;
equation
connect(bat.p,r1.p);
connect(r1.m,r2.p);
connect(bat.m,r2.m);
connect(bat.m,gnd.p);
end MySimpleCircuit;
```

图 3.4　执行节点电压法的 Modelica 程序

除了系统模型,我们还需要介绍模拟的概念。也就是说,给定系统模型和输入方案,计算系统变量随时间变化的值。为此,我们首先介绍了模式分配的概念,即在某些时间点将模式分配给组件。

定义 2(模型分配)　设 **TIME** 是包含时间点的无限集合。一个模型分配 Δ 是一个函数集δ_i:$\mathbf{COMP} \times \mathbf{TIME} \mapsto \mathbf{MODES}$,针对每一个时间点 $t \in \mathbf{TIME}$ 为每一个组件 $c \in \mathbf{COMP}$ 分配一个模型 $m \in \mu(c)$,即 $\Delta = \{\delta_1, \cdots, \delta_{|\mathbf{TIME}|}\}$,其中:$\forall i \in \{1, \cdots, |\mathbf{TIME}|\}$:$\forall t \in \mathbf{TIME}$: $\forall c \in \mathbf{COMP}$: $\delta_i(c,t) \in \mu(c)$。

在仿真期间,模式分配允许我们改变组件的行为,并且如果需要,甚至可以动态地改变整个系统的行为。因此,在对模拟函数的定义中,我们使用模式分配。

定义 3(仿真)　假定我们按照定义 1 拥有一个系统模型 M,一个具体到随时间变化的期望系统输入的验证手段 T,一个模型分配 Δ 和一个截止时间t_e。一个仿真函数 sim 是一个考虑到针对输入 I 的验证手段 T 和模型分配 Δ 等因素,计算 0 到t_e之间随时间变化的变量 P 的函数。

我们可以通过 Modelica 很容易地执行这样的仿真函数。最后,我们从 T 和 Δ 中创建一个新的验证手段 T'。对于每一个 Modelica 电路 SUT,如果我们期望

输入随时间变化,一个典型的验证手段 T 将遵循,例如接下来的结构:

```
modelTestbench
SUT sys;
equation
if (time < t1) then
…//First inputs
elsif (time > = t1 and time < t2) then
…//Next inputs
elsif
…
else
…
end if;
endTestbench;
```

当我们引入 Δ 的时候,可以很容易的将 T 拓展到 T',T'包含为每一个个体组件分配的模型。

例 2 继续例 1,考虑模型分配 $\delta(bat,ok,0)$,$\delta(r_1,ok,0)$,$\delta(r_2,ok,0)$,$\delta(bat,ok,0.5)$,$\delta(r_1,ok,0.5)$,$\delta(r_2,short,0.5)$。由于节点电压法没有输入值,可以通过 Δ 轻易地得到验证手段 T'。

```
modelTestbenchPrime
MySimpleCircuitsut;
equation
if (time < 0.5) then
sut.r1.state = FaultType.ok;
sut.r2.state = FaultType.ok;
sut.bat.state = FaultType.ok;
else
sut.r1.state = FaultType.ok;
sut.r2.state = FaultType.short;
sut.bat.state = FaultType.ok;
endif;endTestbench;
```

使用 Modelica 仿真和拓展验证手段 T',仿真函数 sim 可以用 $P \cup T'$和结束时间t_e作为参数定义作用于仿真的命令。在仿真中对于 $\boldsymbol{M}$ 中的输出 $o \in \mathbf{O}$,所有的值都会被计算。我们假定它们对于 t 作为一个元组(o,v)被返回,这里 $o \in \mathbf{O}$ 并且 v 给出 $o's$ 的值。

3.3　比较检测故障存在的信号

在开始诊断过程之前,我们想确定系统是否首先出现一些意外行为。为此,将预期与观察到的信号行为进行比较,以便将观察到的信号分类为有缺陷或在预期范围内。在本节中,将几种技术进行比较,所有这些都依赖于一些假设和相应的定义。也就是说,首先,假设信号随时间改变其值;其次,假设有一个固定的有限点设置时间点的 **TIME**,考虑信号的值(请注意,对于混合系统,采样频率很可能由模拟部分决定,而不是由时钟数字部分决定);最后,假设知道每个 $t \in$ **TIME** 的"参考"信号的值。

给定两个信号s_1和s_2的这样的数据,我们有兴趣评估它们的时间行为是否相对于所选择的等价运算符是等效的。值得注意的是,这样的等效算子可能会考虑一定的容差值(以涵盖预期的系统参数偏差和预期的外部因素,如噪声和温度效应)。在形式上,表达两个信号的等价问题如下:

定义 4(等效问题)　给定来自信号集 **SIGS** 的两个信号s_1和s_2、时间点集合 **TIME** 和函数 f:**SIGS** × **TIME** ↦ **VALUE**,在特定的时间点 $t \in$ **TIME** 匹配信号到其对应的值。当且仅当对于特定的等效 operator $= c$, $\forall t \in$ **TIME**: $f(s_1, t) = cf(s_2, t)$,我们说 s_1 等效于s_2,例如$s_1 = s_2$。假如s_1不等效于s_2,我们写作$s_1 \neq c\ s_2$。特殊的,如果这里存在一个点 $t \in$ **TIME**,$f(s_1, t) = cf(s_1, t)$ 不成立,我们写作 $f(s_1, t) \neq cf(s_1, t)$。

当比较两个信号用于诊断目的时,一个信号是描述预期行为的参考,另一个是观察到的信号。对于这样的诊断场景,我们不仅对是否确实具有$s_1 = s_2$感兴趣,而且还知道在违反等效性的第一个时间戳。在下面的定义中,我们捕捉到了这种情况:

定义 5　给定满足定义 4 所有的先决条件。假如$s_1 \neq c\ s_2$,我们定义t_D作为在时间中的第一点,这里信号值不能被等效为 c,例如 $f(s_1, t_D) \neq cf(s_2, t_D) \wedge \forall t \in$ **TIME**,以至于 $t < t_D$:$f(s_1, t) \neq cf(s_2, t)$。

直观地说,我们能够检测信号偏差的时间点应尽可能接近故障发生的时间。对于给定的可观测信号,故障检测时间与发生隔离故障的时间之间的延迟是衡量 operator $= c$ 质量的良好指标。其他措施是检测所有故障的能力和误报率(这样,当某个行为不是时,就会将其识别为有缺陷)。在下文中,我们将讨论比较运算符 operator $= c$ 的几种不同定义,从使用容差值的直观比较开始,并继续使用时间带序列和 Pearson 相关系数。

3.3.1 容差值

对于图 3.5 所示的公差值方法,我们直观地获取参考信号,并通过考虑与参考值分别允许的距离的两个单独值来推导出预期信号通道的上下信号界限。形式上,我们定义等价算子为 $\boldsymbol{T}^{(v_i,v_u)}$,使得$v_i$表示下限容差值,$v_u$表示上限容差值。

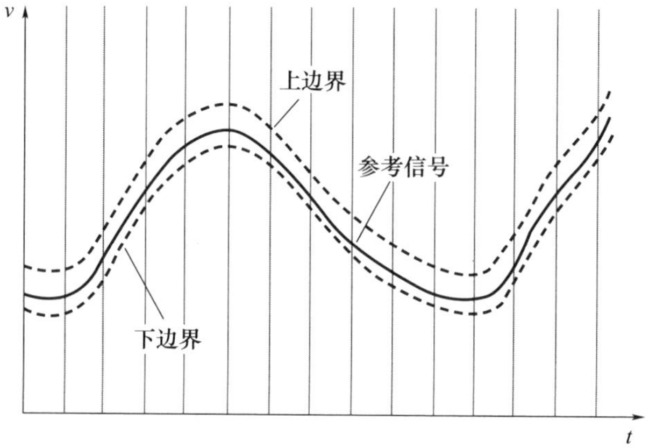

图 3.5 通过值容差定义期望信号通道边界

定义 6(容差值对比操作) 与定义 4 一致,我们定义比较运算符 $\boldsymbol{T}^{(v_v,v_u)}$ 作为变量 $=c$,这里参数 $v_v, v_u > 0$ 在下界和上界之间定义了期望容差值,假定s_1为参考信号:

$$f(s_1,t) = T^{(v_v,v_u)}f(s_2,t) \equiv_{\mathrm{DEF}} (f(s_1,t) - v_1) \leqslant f(s_2,t) \leqslant (f(s_1,t) + v_u)$$

根据定义,可以很容易地看到,使用v_u和v_1的静态定义,得到上限和下限与s_1的正常距离随时间变化,与恒定的垂直距离形成对比。因此,虽然它允许信号幅度的可能偏移,但是系统不考虑信号部分在时间上(相对于彼此)的轻微偏移。为了在某种程度上解决这个问题,还可以使用与参考信号的正常距离来确定公差,如图 3.6 所示。也就是说,对于每 $t \in \mathbf{TIME}$,可以使用穿过该点的切线上的法线来计算上部和下部点,以便获得上限和下限的函数。

定义 7(替代容差值比较运算符) 作为定义 6 的变体,我们将比较运算符 $T_F^{(v_L,v_u)}$ 定义如下:

$$f(s_1,t) = T_F^{(v_L,v_u)}f(s_2,t) \equiv_{\mathrm{DEF}} f_L(s_1,t) \leqslant f(s_2,t) \leqslant f_u(s_1,t)$$

令 Δ 为函数 f(受 $\Delta = f'(s_1,t)$ 约束),$\delta s_u = \dfrac{v_u}{\sqrt{1+\Delta^2}}$, $\delta t_u = \delta s_u * \Delta$, $s_1 =$

$\frac{v_1}{\sqrt{1+\Delta^2}}$且 $\delta t_1 = \delta t_1 * \Delta$ 的一阶导数。这时上界和下界函数f_u和f_l被计算如下：

$$\forall f(s_1,t): f_l(s_1, t+\delta t_l) = f(s_1,t) - \delta s_l$$
$$\forall f(s_1,t): f_u(s_1, t-\delta t_u) = f(s_1,t) + \delta s_u$$

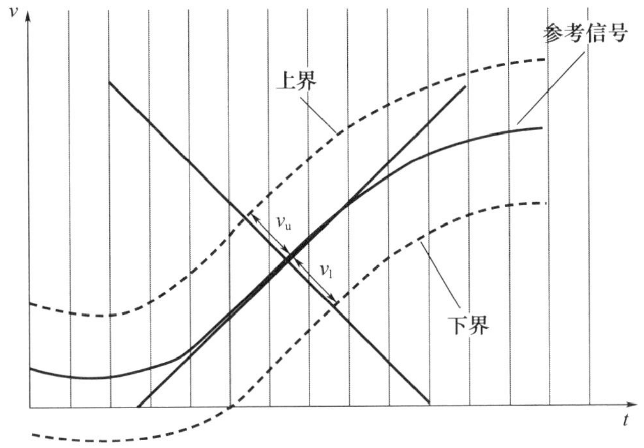

图 3.6　定义容差的替代方法

有了这个定义，我们必须原则上假设一个可微分的函数 f。因此，当考虑这种方法用于具有有限时间戳 **TIME** 的数字化信号时，必须注意具有单独（并且可能不同）的陡度Δ_{t-}和Δ_{t+}的两个段将在这样的点 $t \in$ **TIME** 处相遇。

然后，对这种情况的近似是计算具有凸侧（上边界或下边界）的相邻区段的各个陡度Δ_{t-}和Δ_{t+}的两个点，并且对于凹侧，使用两个陡度的平均值来计算一个点。然后，这些计算点之间的插值表示函数f_u和f_l。虽然这从抽象的角度来处理这种情况，但是，对于v_l/v_u的高值以及快速变化的信号，这可能导致问题。也就是说，让我们假设有一个信号，其陡峭的下降沿紧随其后（即在一毫秒内）具有陡峭的上升沿。如果现在假设v_l的值为 0.1 并且计算上升沿中某个时间步长的下限，那么，如果曲线的角度在两个平均值上足够陡峭，则可能会出现下降沿，信号将低于此值足够快，以便即使参考信号也会违反此下限值。

解决这些情况更复杂的方案是计算围绕所有信号值的直径为v_u和v_l的圆［圆圈内的区域或相应的圆弧段（除以s_1），如果v_u和v_l不同——描述所有可接受的信号值］，并且f_l和f_u可以使用切线来定义这些圆圈以近似下部和上部体。虽然这对于人类设计师来说可能是直观的，但请注意，这肯定会在计算方面非常复杂。

3.3.2 时间带序列

Loiez 等[19]引入了用于诊断目的时间带序列。特别是它们为使用时间带序列直接用于基于模型的模拟电路诊断提供了基础。后来，Alaoui 及其同事[1]提出了基于假阳性率的方法，用于比较将时间带诊断与统计诊断方法的实验结果。在故障检测的背景下，时间带序列可被视为容差方法的扩展。图 3.7 为由一系列时间带覆盖的参考信号的图示，每个单独的带限定了我们期望信号黏附的走廊的一部分。

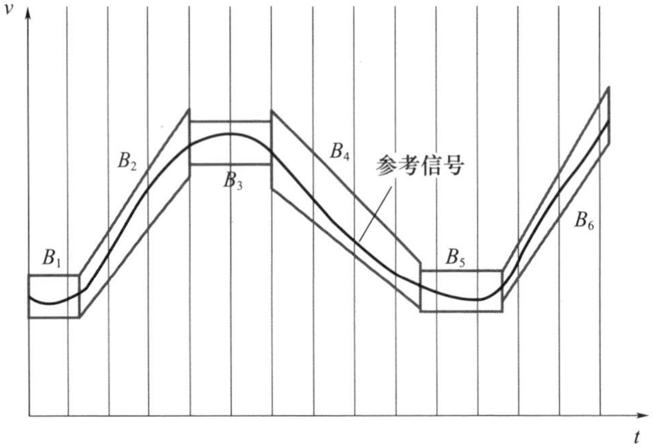

图 3.7 使用临时带序列 $<B_1, B_2, B_3, B_4, B_5, B_6>$

根据 Loiez 等[19]，时间带是两个时间点之间的区域，其中使用边界函数给出上边界和下边界。作者将函数f_1和f_u定义为多项式，例如 $\sum_{i=0}^{n} a_i \cdot t^i$，其中$a_i$是参数。在形式上，我们可以如下定义时间带。

定义 8（时间带） 给定信号 s，时间带 B 是元组$((t_i, t_e), (f_1, f_u))$，这里：

t_i和t_e是时间点$\in TIME$，并且$t_i < t_e$。

f_1和f_u是定义带宽上界和下界的函数，因此$\forall t \in [t_i, t_e]: f_1(s,t) \leq f_u(s,t)$。

定义 9（临时带宽序列） 临时带宽序列 $\mathbf{TBS} = \langle \mathbf{B}_1, \cdots, \mathbf{B}_k \rangle$是一个针对时间的临时带宽序列。当且仅当所有 $j = 1, 2, \cdots, k-1$，对于 $\boldsymbol{B}_j = ((t_i^j, t_e^j), f_1^j(s, t), f_u^j(s,t))$和$\boldsymbol{B}_{j+1} = ((t_i^{j+1}, t_e^{j+1}), f_1^{j+1}(s,t), f_u^{j+1}(s,t))$，$t_e^j = t_i^{j+1}$成立，则对于所有的 $t \in \mathbf{TIME}$，$t_i^0 \leq t \leq t_i^k$成立

时间带序列 **TBS** 连接几个单独的时间带，其中我们必须确保 **TBS** 为所有 $t \in \mathbf{TIME}$ 定义时间带，并且该序列是关于时间排序的。我们说如果对于每个函

数值 $f(s,t)$，则为参考信号 s 定义时间带序列；这里存在临时时间带 $((t_i,t_e), f_l(s,t), f_u(s,t)) \in \boldsymbol{TBS}$ 和 $t_i \leqslant t \leqslant t_e$，因此 $f_l(s,t) \leqslant f(s,t) \leqslant f_u(s,t)$。根据这些定义，我们可以很容易地确定信号相对于时间带的等价性。

定义 10（时间带序列等价） 给定伴随函数的信号 s_1, s_2，并针对时间带序列参考信号 s_1 给定时间带序列 $\boldsymbol{TBS} = \langle \boldsymbol{B}_1, \cdots, \boldsymbol{B}_k \rangle$。然后可以得 $f(s_2,t) =_{TBS} f(s_1,t)$ 当且仅当

$$\exists ((t_i,t_e),(f_l(s_1,t), f_u(s_1,t))) \in TBS: (t_i \leqslant t \leqslant t_e) \wedge (f_l(s_1,t) \leqslant f(s_2,t) \leqslant f_u(s_1,t))$$

重要的是要注意，这些频带原则上可以在不参考参考信号（定义中的 s_1）的情况下定义，因此频带的函数 f_l 和 f_u 只是时间 t 的函数。因此，我们也可以使用"线"作为上限和下限函数来定义它们（见图 3.7）。此外，两个连接的时间带的边界值不必彼此匹配。

由于我们注意到时间带序列可以被视为容差方法的扩展，因此产生的即时问题，是关于差异的问题以及使用时间带序列是否有可获得优势。正如可以从定义 6 中收集的那样，我们已经知道公差值 v_l 和 v_u 是公差值方法的常数，因此定义了某个垂直宽度 $(v_l + v_u)$ 的有效性通道，其中参考信号定义了垂直位置。从定义 8 开始的时间带允许我们将公差定义为参考信号和时间的动态函数。这使我们可以将我们期望更多噪声的时间信号段考虑在内。也就是说，由于公差可以通过动态函数来定义，因此我们可以为该段确定更高的容差，而不会牺牲对我们预期几乎不会偏离"理想"参考信号的段的精确性。然后，定义 9 中的时间带序列增加了我们可以使用多于一个函数来确定信号整个持续时间的容差的舒适度，即通过为信号的各个段及时地定义具有单独容差函数的各个时间带。因此，特别是如果公差函数仅考虑如前所述的时间，则具有一系列段的概念增加了进一步的灵活性和优化空间。

3.3.3　Pearson 相关系数

Schneider 在他的硕士论文和由此产生的书[14]中，使用皮尔森相关系数来比较测量信号和参考。在他考虑的系统测试框架中，使用皮尔森相关系数对先前用于将信号分类为等效或不同的比较算法提供了改进。因此，对于我们比较参考信号与观察到的行为，它似乎也是一个有吸引力的变体。该系数的一些优点众所周知，对任一信号的线性变换都是不变的。根据实际情况和故障影响，这也可能是一个问题，正如在 3.5 节中的实验中所看到的那样。在上下文中，我们可以形式化皮尔森相关系数 $r(s_1,s_2)$ 对于信号 s_1 和 s_2 如下：

定义 11（皮尔森相关系数） 对于信号 s_1 和 s_2 超过 $\boldsymbol{TIME}$，我们如下定义

Pearson 相关系数 r,其中m_1和m_2分别是信号s_1和s_2的平均值:

$$r = \frac{\sum_{t \in TIME}((f(s_1,t) - m_1) \cdot (f(s_2,t) - m_2))}{\sqrt{(\sum_{t \in TIME}((f(s_1,t) - m_1)^2) \cdot (\sum_{t \in TIME}(f(s_2,t) - m_2)^2)}}$$

在文献中我们可以找到对结果的解释如表 3.1 所示。

表 3.1　Pearson 相关系数与连接的对应

$0.0 \leqslant r \leqslant 0.2$	太弱的线性连接
$0.2 < r \leqslant 0.5$	弱的线性连接
$0.5 < r \leqslant 0.7$	重要的线性连接
$0.7 < r \leqslant 1$	完美的线性连接

在为上下文定义基于皮尔森相关系数的等价性时,我们必须考虑这些值。

定义 12(皮尔森相关系数等效)　给定两个信号s_1和s_2及其随时间变量 ***TIME*** 变化的行为函数,定义 11 给出两个信号的皮尔森相关系数 r。对于决策值r_b来说,当且仅当决策值为 $r \geqslant r_b$ 时,我们说s_1和s_2为 Pearson 相关系数等效(或等效于 $s_1 =_{PCC}^{r_b} s_2$)。

在这个定义中,r_b显然不是固定的,而是需要通过问题域的实验得到的,这样才能使错误检出率最大化,假阳性率最小化。一个有根据的猜测可以是,例如,$=_{PCC}^{0.75}$将上表中给出的最佳相关范围划分为两半。在这方面也请注意在 3.5 节中相应的实验。

3.4　Modelica 模型诱导性诊断

在本节中,我们将展示如何使用 3.2 节中讨论的 Modelica 系统模型和仿真概念,自动获得用于诱导性诊断的知识库。在我们揭示 3.4.2 节规则提取过程之前,概述 3.4.1 节外展诊断的基本定义。

3.4.1　诱导性诊断

首先介绍知识库的概念。知识库包括一组霍恩子句规则 HC,这些规则凌驾于命题变量道具之上。在诊断工程系统时,这样的命题变量状态,例如,某些组件的特定模式或某个值。考虑到图 3.2 中的分压器示例,我们可以使用命题 $short(R_2)$表示电阻 R_2 有短路。一个命题 $nok(R_2.v)$可以用来表示 R_2 电阻器上的电压偏离预期电压。为了说明一种行为，例如，说 R_2 的短路会导致同一电阻发生意外的电压降，我们使用 horn 从 $short(R_2)\mapsto nok(R_2.v)$。利用文献[11]的定义，我们对知识库的正式定义如下：

定义 13（知识库（*KB*）） 知识库（***KB***）是一个元组（***A***，***Hyp***，***Th***），其中 $\boldsymbol{A}\subseteq\boldsymbol{PROS}$ 表示一组命题变量，$\boldsymbol{Hyp}\subseteq\boldsymbol{A}$ 表示一组假设，$\boldsymbol{Th}\subseteq\boldsymbol{HC}$ 表示 ***A*** 上的一组 horn 子句。

在我们的工作中，假设直接对应于原因，例如缺点。因此，下面将假设和原因这两个术语互换使用。

例 3 我们的分压器示例的部分 ***KB*** 如下：

$$\begin{pmatrix}\{short(R_2),nok(R_2.v)\},\\ \{short(R_2)\},\\ \{short(R_2)\mapsto nok(R_2.v)\}\end{pmatrix}$$

下一步，我们定义了一个命题 horn 从句诱导性问题。

定义 14（PHCAP） 给定知识库（***A***，***Hyp***，***Th***）和一组观测值 $Obs\subseteq\boldsymbol{A}$，元组（***A***，***Hyp***，***Th***）形成一个命题角从句诱导性问题（PHCAP）。

某些 PHCAP 的解决方案是一组假设，这些假设允许导出给定的观察结果或症状。下面来自文献[11]的定义正式地说明了这一点。

定义 15（诊断；PHCAP 的解决方案） 给定 PHCAP（***A***，***Hyp***，***Th***，***Obs***），$\Delta\subseteq\boldsymbol{Hyp}$ 是一个解决方案当且仅当 $\Delta\cup\boldsymbol{Th}\mid=\boldsymbol{Obs}$ 并且 $\Delta\cup\boldsymbol{Th}\mid\neq\perp.\boldsymbol{A}$。解决方案是节约的或是最小的当且仅当没有集合 $\Delta'\subset\Delta$ 是 1 个解。

某些 PHCAP 的解决方案是对给定观察结果的解释。因此我们称之为诱导性诊断（简称诊断）。在定义 15 中，诊断不需要是最小的。然而，在大多数实际情况下，只有最小的诊断或最小的解释对给定的影响是有趣的。因此，从这里开始，如果没有明确指定，我们假设所有的诊断都是最小的。

例 4 让我们继续示例 3 并增加观察 $nok(R_2.v)$ 到 ***KB*** 中以形成 PHCAP。该问题的唯一解决方案是 $\{short(R_2)\}$。我们假定一个观察结果 $\rightarrow nok(R_2.v)$，这里没有解决方案给出示例 3 的部分 ***KB***。

找到给定 PHCAP 的最小诊断是一个完全 NP 问题（参见文献[11]）。然而，在假设数目不太大的情况下，计算所有简洁的解决方案都可以轻松有效地完成。一种计算外展解的算法可以使用德克尔的基于假设的真理维护系统（ATMS）[7]，在文献[8]中我们推荐感兴趣的读者使用 ATMS 算法。当使用 ATMS 进行外展诊断时，我们只需要将观察结果编码为一条规则，即 $Obs=\{o_1,\cdots,$

$o_k\}$，我们生成一个新命题 σ，并将 $o_1 \wedge \cdots \wedge o_k \rightarrow \sigma$ 添加到传递到 ATMS 的理论 ***Th*** 中。对应节点的标签是 ***Obs*** 的外展诊断。由于节点标签的规则只包含假设，因此可以确保解决方案是最小的、健全的、完整的和一致的。对于更多的技术细节，包括计算区分诊断和根据它们的区分诊断能力特征化知识库，我们建议感兴趣的读者参考文献[31]。关于外展推理是否可以用于实践的讨论，我们推荐阅读文献[16]。

3.4.2 自动规则提取

如引言中简要描述的，我们通过比较两次模拟运行的结果，从系统模型 ***M*** 中提取所需的因果规则。也就是说，在一个运行中，没有为任何组件启用错误，而在另一个运行中，恰好为某个组件启用了一个错误模式。这两种行为之间的差异映射到一个命题，我们可以在 PHCAP 中使用该命题作为观察（参见定义14）。同样，输入被映射到命题，组件 $c_i \in$ **COMP** 的分配模式也不正确。后者进一步被认为是诊断目的的假设。

算法 1 从 Modelica 模型中抽取规则。

要求：系统模型（**COMP**，**MODES**，$\boldsymbol{\mu}$，$\boldsymbol{I}$，$\boldsymbol{O}$，$\boldsymbol{P}$），测试区 $\boldsymbol{T}$，时间 t_f 和结束时间 t_e，在 t_f 中故障应该被注入。

获得：一个 **KB** 的（**A**，**Hyp**，**Th**）

(1)使 I_p 成为 I 的命题描述

(2)使 A 成为 I_p 并使 Hyp 和 Th 成为空集

(3)**for** c in COMP **do**

(4)**for** m in $\boldsymbol{\mu}(c)$ $ok\}$ **do**

(5)Let $\boldsymbol{\Delta}_1(c,0) = ok$

(6)Let $\boldsymbol{\Delta}_2(c,0) = ok$ and $\boldsymbol{\Delta}_2(c,t_f) = ok$

(7)**for** c' in $COMPc\}$ **do**

(8)$\boldsymbol{\Delta}_1(c,0) = ok$

(9)$\boldsymbol{\Delta}_2(c,0) = ok$ and $\boldsymbol{\Delta}_2(c,t_f) = ok$

(10)**end for**

(11)Let sim(P,T,$\boldsymbol{\Delta}_1$,t_e) be B_{corr}

(12)Let sim(P,T,$\boldsymbol{\Delta}_2$,t_e) be B_{faulty}

(13)Let D be the result of (B_{corr},B_{faulty}) considering variables in O only.

(14)Add all elements of D to A.

(15)*Add the proposition* m(c) *to* A *and* Hyp.

(16)**for** d in D **do**

(17) Add the rule $m(c)\wedge(\wedge_{p\in I_p}P)\rightarrow d$ to Th

(18) **end for**

(19) **end for**

(20) **end for**

(21) return (A,Hyp,Th)

算法 1 将规则提取概念的各个步骤形式化。在第 1 ~ 2 行中，我们初始化计算中使用的知识库的各个集合（参见定义 13）。也就是说，命题 A 的集合，假设 **Hyp** 的集合和在 A 上的霍恩从句集合，我们假设 I 中有输入值，随着时间的推移，这对于刺激所考虑的系统是必要的。我们进一步假设这个信息可以映射到一组命题变量，并且它也可以在给定的验证手段 $\boldsymbol{T}$ 中表示。一个简单的匹配将说明每个发生在 I 中在时间域内是好的，例如 $ok(v,t)$ 使 v 为变量，$t\in$ **TIME** 为某一时刻某一值的集合，这里 t 的值被设定。或者，我们可以声明一个精确的特定值，为了能够将提取的规则用于诊断目的，必须提供该值，即 $value(v,t,x)$ 使得 v 是变量的命名，$t\in$ **TIME** 是时间戳，x 是在 t 处为 v 设置的值。

第 3 ~ 20 行实现了规则提取过程的核心。对于所有组件及其模式，我们在第 3 ~ 4 行中遍历第 5 ~ 17 行。在内环主体的第一部分（第 5 ~ 10 行）中，我们为正确的模拟运行（Δ_1）和错误的模拟运行（Δ_2）生成模式分配：除了当前的“活动”组件 c（在第 3 行中选择），所有组件都被分配模式 ok。但是对于组件 c，我们将模式 m（在第 4 行中选中）分配给 Δ_2，ok 分配给 Δ_1。注意，我们实现了一个“简单”的时间模式分配，在 t_f 中只有一个永久更改。考虑到时间意义上更复杂的变量将需要更多的模拟运行，这将影响计算的复杂性。因此，为了在特定时间点隔离故障影响，这种限制似乎是适当的。注意，应该选择 t_f，这样系统的初始化就完成了，这样我们就可以观察到正常的预期行为。

在 11 ~ 13 行，我们开始模拟运行时，通过函数 $diff$ 比较观察到的结果。在 sim 仿真功能，我们假设试验台 T 与作业模式 $\Delta(T\rightarrow T')$ 合并，如 3.2.1 节所讨论的那样（见例 2）。请注意，集合时间是间接定义的采样频率的模拟运行，因此它不是算法 1 的一个参数。

函数 $diff$ 的功能值得特别注意，因为有两个可能实现它的概念。或者，如果至少有一个输出的行为不同，$diff$ 返回 O 中所有输出变量值的命题表示值。或者 $diff$ 报告了 $\boldsymbol{B}_{\text{corr}}$ 与 $\boldsymbol{B}_{\text{fault}}$ 之间的值偏差，例如对于某个观察到的变量 $o\in O$，由错误引起的值小于通过正确的模拟运行 $\boldsymbol{B}_{\text{corr}}$ 确定的标称值。请注意，Struss 还将后一种变体用于诊断[29]。

前一种映射选项需要一个命题表示来将真实的模拟值转换到一个定性域。

例如，我们可以只考虑像 0、v_{max} 或 v 这样的值作为变量的定性值，使 0 表示零值，v_{max} 表示可以达到的最大值，v 表示 0 到 v_{max} 之间的任何值。显然，根据所选的定性表示和编码信息，诊断功能可能有所不同。在文献[26－27]中，作者讨论了这个问题，即找到一个合适的任务依赖于定性抽象，并展示了如何自动化这个抽象。现在我们将这两种实现差异的方法正式化。

定性表示：对于定性表示，我们假设一个定量域 $\boldsymbol{D}$ 及其定性表示 $\boldsymbol{D}_Q$，以及一个映射函数 $\rho:\boldsymbol{D}\mapsto\boldsymbol{D}_Q$。然后，我们将 *diff* 定义为

$$diff(\boldsymbol{B}_1,\boldsymbol{B}_2)=\begin{cases}\phi & (\nexists(x,v)\in\boldsymbol{B}_1,(x,v')\in\boldsymbol{B}_2:v\neq v')\\ \{val(x,\rho(v))\mid(x,v)\in\boldsymbol{B}_2\} & (\text{其他情况})\end{cases}$$

偏差模型：如果我们更喜欢偏差模型，我们“只”关心变量的值是小于、等于还是大于它的期望值。因此，我们直接定义 *diff* 如下：

$$diff(\boldsymbol{B}_1,\boldsymbol{B}_2)=\{o(x)\mid(x,v)\in\boldsymbol{B}_1,v''\in\boldsymbol{B}_2\wedge v'o^*v\}$$

在这个定义中，o 和 o^* 分别表示定性域和定量域的关系算子。例如，运算符 $o\in\{smaller,equal,larger\}$ 在定性域中对应于 $o^*\in\{<,=,>\}$ 在定量（整数，实数）域中。虽然我们展示了可能需要考虑的明显的关系运算符，但是对于某些项目，我们可能还需要添加，例如表示两个值之间存在巨大差异的值（例如，超过某一阈值的偏差）。

在规则提取算法的核心功能的最后一部分（例如第 14～18 行），我们加入已获得的命题、假设和 horn 子句规则添加到各自的集合中。最后，我们返回第 21 行中的知识库，该知识库可以用来指定和解决 PHCAP 中的诊断问题（参见定义 14）。

很容易看出，通过构造，我们的规则提取算法工作正常。如果我们假设 *sim* 和 *diff* 终止，那么终止是确定的，因为我们只有有限数量的组件和模式。在时间上，假设 *sim* 和 *diff* 在单位时间内运行时，算法 1 的复杂度受 $O(|\mathbf{COMP}|^2\cdot|\mathbf{MODES}|)$ 模式的限制。注意，在实践中，模拟很可能负责大多数有经验的运行。然而，由于我们可以使算法的所有部分自动化，并且可以在部署系统之前（以及在部署诊断引擎之前）执行它们，因此规则转换过程的时间复杂性似乎可以忽略不计，因为在运行诊断引擎本身时不会遇到这种情况。

3.5 案例研究

为了证明我们提出的方法的可行性，我们进行了两个案例研究。因此，让我们从第一个案例研究开始，展示我们在使用算法 1 进行电压分压器示例时得

到的结果。请注意,我们首先关注的是模型提取步骤,只有在第二个案例研究中,我们才会像 3.3 节中讨论的那样,说明故障检测步骤的各个方面。第一个 Modelica 模型对应的源代码如图 3.4 所示,组件组合列表、行为模式列表、模式等。在例 1 和例 2 中得到。在应用算法 1 时,考虑 **COMP** = $\{ba, r_1, r_2\}$, **MODES** = $\{ok, broken, short, empty\}$,假设 t_f 设置为 0.5s,如例 2 所示,在模拟由此产生的错误行为时,我们将得到如表 3.2 所示结果。

表 3.2　模拟产生错误行为结果

Component	Mode	v_1	v_2	e_1	e_2
BAT	*empty*	0	0	Smaller	Smaller
R_1	*short*	0	12	Smaller	Larger
R_1	*broken*	12	0	Larger	Smaller
R_2	*short*	12	0	Larger	Smaller
R_2	*broken*	0	12	Smaller	Larger

在表 3.2 中,我们还说明了变量 v_1 和 v_2 的偏差(或影响 e_1、e_2)以及各个故障模式(让我们提醒您,对于 v_1 和 v_2,标称值应该是 8V 和 4V)。我们从示例中还可以看到,在模拟 Modelica 程序时获得的值不一定保证我们能够区分所有诊断。例如,一个损坏的 R_1 和一个短路的 R_2 对于 v_1 和 v_2 都会产生相同的值,因此我们通常不会得到一个单一的解释/诊断。现在我们用这个表格来生成分压器的定性模型和偏差模型(关于算法 1 中的 *diff*)。对于这两个模型,我们有相同的假设:

$$\left\{\begin{array}{c} empty(\mathrm{BAT}), short(\mathrm{R}_1), broken(\mathrm{R}_1), \\ short(\mathrm{R}_2), broken(\mathrm{R}_2) \end{array}\right\}$$

定性模型:对于这类模型,我们假设定性域为{0,(0,4),4,(4,8),8,(8,12),12},这样我们就可以考虑在正确的模型中出现的所有电压值。开放区间 (x,y) 表示大于 x 小于 y 的任意值,对于这种表示,算法将返回以下规则。

$$empty(\mathbf{BAT}) \rightarrow val(v_1, 0)$$

$$empty(\mathbf{BAT}) \rightarrow val(v_2, 0)$$

$$short(\mathrm{R}_1) \rightarrow val(v_1, 0)$$

$$short(\mathrm{R}_1) \rightarrow val(v_2, 12)$$

$$broken(\mathrm{R}_1) \rightarrow val(v_2, 12)$$

$$broken(\mathrm{R}_1) \rightarrow val(v_2, 0)$$

$$short(\mathrm{R}_2) \rightarrow val(v_1, 12)$$

$$short(\mathrm{R}_2)\rightarrow val(v_2,0)$$

$$broken(\mathrm{R}_2)\rightarrow val(v_1,0)$$

$$broken(\mathrm{R}_2)\rightarrow val(v_2,12)$$

在这种情况下，命题集包括假设（如 *empty*（BAT）和 $\{val(v_1,0),val(v_1,12),val(v_2,0),val(v_2,12)\}$）中的元素。本例不需要其他定性值。

偏差模型：本例的偏差模型包含以下规则。

$$empty(\mathrm{BAT})\rightarrow smaller(v_1)$$

$$empty(\mathrm{BAT})\rightarrow smaller(v_2)$$

$$short(\mathrm{R}_1)\rightarrow smaller(v_1)$$

$$short(\mathrm{R}_1)\rightarrow larger(v_2)$$

$$broken(\mathrm{R}_1)\rightarrow larger(v_1)$$

$$broken(\mathrm{R}_1)\rightarrow smaller(v_2)$$

$$short(\mathrm{R}_2)\rightarrow larger(v_1)$$

$$short(\mathrm{R}_2)\rightarrow smaller(v_2)$$

$$broken(\mathrm{R}_2)\rightarrow smaller(v_1)$$

$$broken(\mathrm{R}_2)\rightarrow larger(v_2)$$

在这种情况下，命题集通过假定和命题 $\{smaller(v_1),larger(v_1),smaller(v_2),larger(v_2)\}$ 形成。

两种模型都以定性的方式表示获得的信息。值得一提的是，另外，我们可能还希望在知识库中编码一些不能同时出现的值。例如，电压降不能同时大于或小于某个值。这样的知识可以很容易地通过陈述 $smaller(v_1)\wedge larger(v_1)\rightarrow\bot$ 和 $smaller(v_2)\wedge larger(v_2)\rightarrow\bot$ 被加入。当然，我们也可以自动化添加这种互斥性数据的过程。

第二个案例研究的目的是证明我们的方法也可以应用于由电容器和开关组成的混合/模拟电路，这样随着时间的推移，其行为会变得更加复杂。在图 3.8中，我们将展示这样一个电路，使用开关 SW 打开或关闭一个灯泡 BULB。电容 C_1 的目的是，断开 SW 时（见图 3.9 中的蓝线）灯泡继续亮一段时间（见图 3.9中的红线），这是由于电荷存储加载在电容 C_1 上，绿色线为流入电容的电荷。因此，我们有一个输入（即 SW）和一个输出（即灯泡是否点亮）。适当的行为模式对于电池是 $\{ok,empty\}$，对于其他部件是 $\{ok,short,broken\}$。通过相应的模拟，我们得到了如表 3.3 所示的结果，其中我们关注的是在特定时间点上，光的期望值与观测值之间的第一个差值。在该表中，我们还可以看到输入变量在声明 SW 状态时的值。

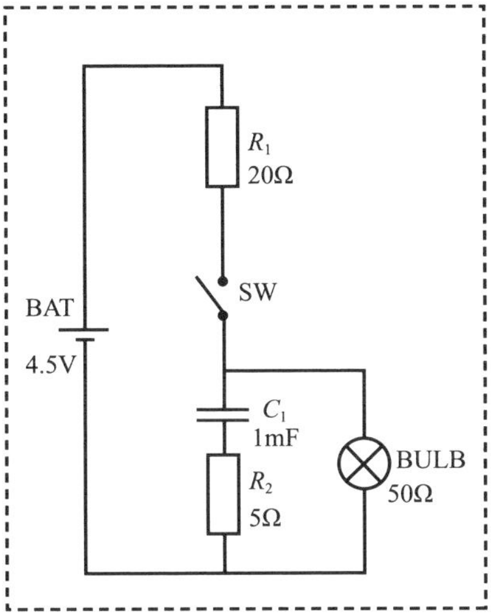

图 3.8 一个开关电路的例子

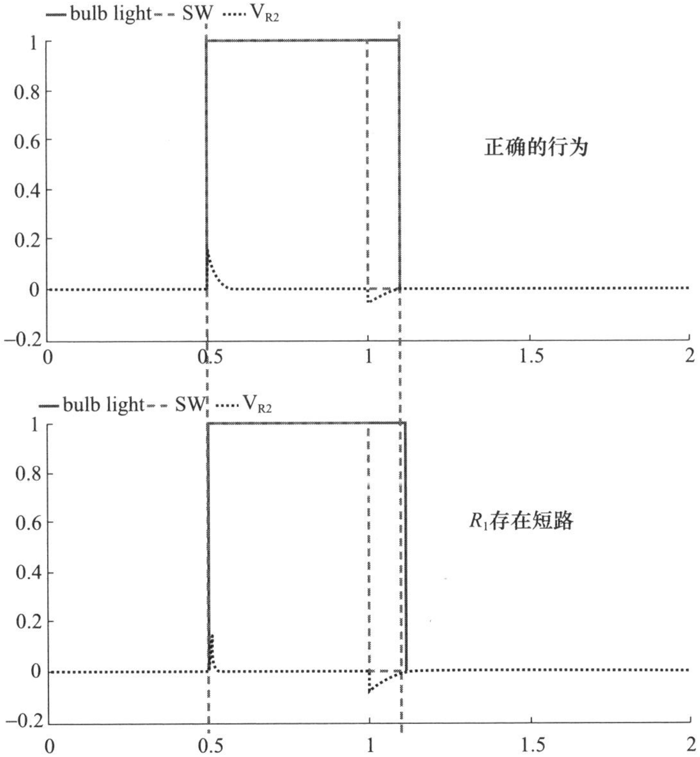

图 3.9 开关电路正确的行为(图上部)与开关电路存在 R_1 短路的行为(图下部)对比(见彩插)

表 3.3 电路相应模拟结果

Component	Mode	On	Light	Time/s
BAT	*empty*	On	Off	0.5
R_1	*short*	Off	On	1.13
R_1	*broken*	On	Off	0.5
SW	*short*	Off	On	0.0
SW	*broken*	On	Off	0.5
C_1	*short*	Off	Off	1.0
C_1	*broken*	Off	Off	1.0
R_2	*short*	Off	Off	1.09
R_2	*broken*	Off	Off	1.0
BULB	*short*	On	Off	0.5
BULB	*broken*	On	Off	0.5

同样,从表 3.3 中可以明显看出,我们无法通过得到的偏差来区分所有的故障。从图 3.9 中还可以看到,对于 R_1 中的一小段时间,输出可能具有相同的形状,但显示的时间略有不同。利用所得到的行为偏差表,计算出本章所描述的诱导诊断知识库是很简单的。然而,为了获得更详细的结果,我们可能应该引入关于时间差异的推理方法,例如,说明灯泡熄灭得太晚。因此,我们发现我们提取 PHCAP 的方法可以用于许多系统,并且所获得的知识库的详细级别依赖于所选择的偏差描述(如预期和讨论的那样)。

故障案例的轻微时间偏差也是影响故障检测的因素,如 3.3 节所述。也就是说,我们假设可以观察到灯泡的电流 I、电压 V,以及它的照明状态灯。更有可能的是那里有传感器,而不是图 3.9 中电容的电流(如果开关是关闭的,它等于灯泡的电流)。

为此,假设这两种宽容方法都有$v_1=0.01/v_u=0.02$,现在让我们忽略更灵活的 TBS 方法,因为我们将看到基本的宽容方法已经很好地工作了。当然,我们也会看看 PCC。考虑到错误的情况,我们有一个灯泡的电流 I 在我们打开开关时是完全不同的值,因为它只取决于灯泡的电阻和电池电压(R_1 有一个短路)。假设我们有一个 1kHz 采样率的仿真,两种容错方法都可以在 501ms 仿真时间聚焦于灯泡的电流或电压时识别故障。这意味着当 R_1 中的故障在开关打开后开始影响电路时,对第一个样本是正确的。但是,如果我们考虑的是灯的状态,那么我们只能在仿真时间分别为 1.098s 和 1.101s 时(公差/备用公差)才能检测到故障的存在。这意味着在关闭开关之后大约有 100 个样本,比考虑 I 或 V 的时间要晚一些,这是意料之中的,因为对于这个“信号”,故障影响在更早的时候是不可见的。因此,必须明智地选择观察到的信号。

正如我们在上面所写的,虽然在时间上存在差异,但是信号的“形状”与场景非常相似。也就是说,虽然振幅也有差异(在 0.65s 时,我们有 $I=90\text{mA/V}=4.5\text{V}$ 的错误场景,和 $I=64.3\text{mA/B}=3.21\text{V}$ 的正确场景),但总体形状仍然相似。由于场景中的特定值,这导致 PCC 值为:电流为 0.992,电压为 0.992,照明状态为 0.975。因此,虽然我们可能会违反容忍方法(如果我们定义了 TBS),但是 PCC 方法并不适合这种情况,尽管它有我们在 3.3 节中讨论过的优点。因此,不仅要明智地选择观测信号,而且要选择故障检测方法。在这方面,我们想指出的是,投资组合方法在实践中将是有利的。

3.6 相关研究与讨论

对于基于模型的诊断方法,如文献[9,25],我们可以通过检查观察到的结果是否与模型对所考虑的刺激预测的行为一致,从而使用诊断模型进行故障定位。在 3.3 节中,我们考虑了几种方法,这些方法允许我们通过考虑输出和以一种或另一种方式指定的某种公差来检测某些故障的存在。也就是说,不使用模型,而是以期望行为走廊的形式使用“规范”,或者我们对参考信号的统计相关性的期望。如本节所讨论的,这些概念在文献[14,19]之前就已经在故障检测和诊断中考虑过了,并且非常适合我们的混合系统 Modelica 模型场景,在该场景中我们可以模拟预期的行为。

我们在 3.4 节中提出了诊断模型的自动提取,该模型将支持外展诊断推理,以识别一些意外行为的原因,如文献[23]中概述的那样。在文献中,使用 Modelica 模型进行诊断的方法主要有三种。第一个实现了将计算诊断所需的更改应用于 Modelica 语言本身的基本思想。这包括对处理未知行为的适应性,使我们能够在不再确定单一值的情况下进行模拟,并引入相应的故障模式及其行为。在文献[20]中,Lunde 提出了一种类似于基于模型的诊断系统 RODON[3] 中使用的 Modelica 语言的方法。与文献[20]相比,我们既不改变建模语言,也不依赖于特定的模拟引擎。相反,我们使用 Modelica 及其可用的模拟基础设施。对于可用的数据,我们还假设组件的特定故障模式是已知的,我们可以在模拟过程中分别激活和禁用它们。

第二种方法使用故障模式及其行为来扩展 Modelica 模型。在文献[10,22]

中,作者相应地建议自动扩充 Modelica 模型,并将其用于以下诊断。在对模型进行开、关故障仿真时,将仿真结果与期望的无故障行为进行比较。如果差异足够大,则可以返回激活的故障模式。文献[22]背后有趣的想法是,作者提出了一种检查相似性的贝叶斯方法。这项工作和我们的很接近,但有一个重要的区别。也就是说,我们使用一个增强的 Modelica 模型来创建一个知识基础的外展推理,这可以在以后使用,即,用于诊断目的。

第三种使用 Modelica 进行诊断的方法(参见文献[28])使用相应的模型来计算系统的预期行为,并与实际观察和测量的行为进行比较。如果出现偏差,则使用基于模型的诊断引擎来计算解释,即诊断。从 Modelica 模型中提取所需的模型,以便使用定性模型替换基本组件,从而得到组件连接模型。相应地,对于所有包含全部库组件的定性模型,都可以使用这种方法进行诊断。这种方法的优点是,我们可以使用 Modelica 来获得系统的结构,并检查预期和观察到的系统输出之间的偏差。然而,一个重要的缺点是,必须有人为系统模型中使用的库组件开发定性模型。

在 Modelica 的范围内还有关于诊断的进一步工作。例如,Lee 等提出了一种非常不同且有趣的方法。它们还依赖于组件故障模型,使用机器学习来识别问题的根源,而不是使用基于逻辑的推理。具体来说,我们的想法是使用来自模型的模拟结果,其中一个组件在训练一个信念网络时被认为是错误的。一旦观察到某种行为,就可以使用网络来隔离相应的故障组件。在文献[21]中提出了一种相关的方法,作者使用铁路交换机的部分模型,使用随机森林算法学习诊断分类器。

与 Lee 及其同事不同,我们依赖于基于模型的诊断,尤其是外展诊断。此外,我们不依赖于机器学习,还能够推导出某一行为的所有诊断,这在依赖于信念网络时通常是不可能的。

本章讨论的概念扩展了之前在诱导诊断领域的工作[13,31],我们使用类似 FMEA 的表格来提取因果规则。在这些论文中,作者介绍了一种算法,将可用构件的可用表格数据、单个构件可能发生的故障及其产生的影响,以及支持条件转换为外展诊断的 Horn 从句。这种方法的优点是它利用了实践中可用的信息。因此,可以确保将诊断和监视轻松集成到现有流程中。缺点是,表格信息必须手动提供。本章讨论的概念对这种情况进行了改进,我们建议使用 Modelica 等流行的建模语言来生成所需的外展诊断模型。

虽然所提出的概念有几个优点,但是我们目前算法 1 的变体有一个局限性,这对实际应用是有好处的。也就是说,在收集创建知识库所需的数据时,为了限制算法的复杂性，我们将模拟局限于对单个故障行为的探索。如果我们假设单个故障确实是独立的，这仍然允许对多个故障场景进行正确的诊断隔离。但是，如果故障彼此交互，*KB* 不包含任何关于此类交互所产生的影响的数据，这将增加多故障诊断结果的不准确性。

如果知识库还需要依赖关于可能的故障交互的数据，我们还需要在多个故障同时活动的情况下进行模拟。但这肯定会增加算法的复杂性。例如，如果假设单个组件的故障模式的互斥性仍然成立，那么我们需要使用模式组合模拟来研究某些输入刺激的整个行为，而不是使用当前版本的组合：模式组合模拟。对于每个故障模式只有 5 种的 20 个组件，这将导致 5^{20} 次模拟，而当前算法版本的模拟为 100 次。采用组合测试的组合探测是解决这种问题的一种有发展前景的技术，这种技术通过将所有分量划分为一定规模的局部变量子集 $x<|COMP|$（x 称为组合强度），来降低计算量。这样做的好处是，具有多个激活故障的单个模拟将覆盖多个组件子集的这种局部组合。为了考虑这种效果，我们假设一个简单的场景，其中有两个模式 *OK* 和 F_1，以及三个组件 $\{c_1, c_2, c_3\}$，它们都可以以这两个模式中的任何一个为特征。此外，我们假设故障在整个仿真过程中都是活动的。一个详尽的方法，我们将需要模式 $|\boldsymbol{MODES}|^{|COMP|}=2^3=8$ 个仿真，而对于 $x=2$ 的组合强度，我们可以使用如表 3.4 所示的 4 个仿真。我们可以很容易地看到，对于大小为 2 的任何组件子集，以及对于该子集中组件的任何可能的模式赋值，至少有一个模拟具有这种模式赋值的特性。

表 3.4　对 $x=2$ 的仿真

项目	$\Delta(c_1)$	$\Delta(c_2)$	$\Delta(c_3)$
仿真 1	OK	OK	OK
仿真 2	OK	F_1	F_1
仿真 3	F_1	OK	F_1
仿真 4	F_1	F_1	OK

在文献[24]，我们概述了这样一个初步概念的扩展算法 1，并讨论了立即出现的几个问题（如利用结构性依赖信息的组合勘探），应该调查以及为了获得足够的信心解决这样一个实用目的概念的有效性。例如，在组合测试的上下文中，Kuhn 等展示了 $x=6$ 的强度在实践中应该足够了，但是这是否满足我们的目的仍然是一个开放的问题。由于我们通常有大量的组件（例如 100 个），因此要求强度为 $6 \ll |COMP|$ 可以显著减少所需模拟的数量。尽管如此，未来的研究将不得不证明采用这种概念的有效性。

3.7 总结

在决定是否为项目采用某种基于模型的诊断方法时,创建所需模型所需的资源和知识往往会阻止积极的决策。通过本章讨论的概念,我们解决了一些问题,这些问题使得所需的建模步骤变得非常困难。也就是说,我们展示了一种流行的建模语言如何自动地派生出一个包含因果规则的模型,然后我们可以将其用于外展诊断。我们使用 Modelica 的模拟引擎来计算这些规则,设计人员必须提供的唯一数据是其在 FMEA 期间无论如何都会考虑的数据。重要的是,Modelica 中可以定义有关组件故障模型和触发组件故障的输入向量的数据。特别是,设计人员可以在 Modelica 组件内添加多个行为,我们的方法将分别启用这些行为,以便模拟相应的行为,以获得所需的诊断模型。

推导出的外展诊断模型可用于解决命题角从句外展问题,该问题基本上由我们在创建因果规则时获得的数据和观察到的症状组成。这种基于模型的推理的优点是,它非常直观地反映了维护专家在考虑 FMEA 数据时的想法,但是它提供了正式背景的优点,因此可以进行自动推理。对于故障检测,我们讨论了三种不同的方法来触发诊断过程,即在观察到的信号的上下文中考虑误差或统计相关性。

到目前为止,我们一直将算法限制在单一故障模拟中。在未来的工作中,我们打算扩展我们的概念,包括使用组合勘探策略模拟具有多个故障的场景,如 3.6 节所述。正如我们所提到的,我们计划扩展该算法,并在我们的定义中包含更一般的临时故障激活。最后但并非最不重要的是,虽然我们展示了我们的方法对于一些示例的可行性,但我们还需要工业规模的案例研究作为示例。希望相应的结果有助于在实践中增加基于模型诊断的部署。

参考文献

[1] R. M. Alaoui, B. O. Bouamama, P. Taillibert. Diagnosis based on temporal band sequences – a empirical comparison to statistical approaches, in Proceedings of the Automation Congress, vol. 17 (2004), pp. 435 – 440

[2] M. N. Borazjany, L. Yu, Y. Lei, R. Kacker, R. Kuhn, Combinatorial testing of ACTS: a casestudy, in 2012 IEEE Fifth International Conference on Software Testing, Verification and Validation. 2012: 591 – 600. https://doi. org/

10. 1109/ICST. 2012. 146

[3] P. Bunus, O. Isaksson, B. Frey, B. Münker, Rodon – a model – based diagnosis approach for the DX diagnostic competition, in International Workshop on Principles of Diagnosis (DX) (2009)

[4] M. Catelani, L. Ciani, V. Luongo, The FMEDA approach to improve the safety assessment according to the IEC61508. Microelectron. Reliab. 50, 1230 – 1235 (2010)

[5] D. M. Cohen, S. R. Dalal, M. L. Fredman, G. C. Patton, The AETG system: an approach to testing based on combinatorial design. IEEE Trans. Softw. Eng. 23(7), 437 – 444 (1997). https://doi. org/10. 1109/32. 605761

[6] R. Davis, Diagnostic reasoning based on structure and behavior. Artif. Intell. 24, 347 – 410(1984)

[7] J. de Kleer, An assumption – based TMS. Artif. Intell. 28, 127 – 162 (1986)

[8] J. de Kleer, A general labeling algorithm for assumption – based truth maintenance, in Proceedings AAAI (1988), pp. 188 – 192

[9] J. de Kleer, B. C. Williams, Diagnosing multiple faults. Artif. Intell. 32(1), 97 – 130 (1987)

[10] J. de Kleer, B. Janssen, D. G. Bobrow, T. Kurtoglu, B. Saha, N. R. Moore, S. Sutharshana, Fault augmented Modelica models, in 24th International Workshop on Principles of Diagnosis (DX)(2013), pp. 71 – 78

[11] G. Friedrich, G. Gottlob, W. Nejdl, Hypothesis classification, abductive diagnosis and therapy, in International Workshop on Expert Systems in Engineering (1990)

[12] P. Fritzson, Object – Oriented Modeling and Simulation with Modelica 3. 3 – A Cyber – Physical Approach, 2nd edn. (Wiley – IEEE Press, New York, 2014)

[13] C. S. Gray, R. Koitz, S. Psutka, F. Wotawa, An abductive diagnosis and modeling concept for wind power plants, in 9th IFAC Symposium on Fault Detection, Supervision and Safety of Technical Processes (2015)

[14] S. Hannes, Automated Measurement Evaluation for Combustion Analysis (AV Akademik – erverlag, Riga, 2016). https://www. akademikerverlag. de/catalog/details//store/de/book/978 – 3 – 639 – 67777 – 5/automated – measurement – evaluation – for – combustion – analysis; https://dl. acm. org/cita-

tion. cfm? id =3002640

[15] P. G. Hawkins, D. J. Woollons, Failure modes and effects analysis of complex engineering systems using functional models. Artif. Intell. Eng. 12, 375 – 397 (1998)

[16] R. Koitz, F. Wotawa, On the feasibility of abductive diagnosis for practical applications, in 9th IFAC Symposium on Fault Detection, Supervision and Safety of Technical Processes (2015)

[17] D. R. Kuhn, R. N. Kacker, Y. Lei, Sp 800 – 142. Practical combinatorial testing. Tech. rep. (2010). http://nvlpubs. nist. gov/nistpubs/Legacy/SP/nistspecialpublication800 – 142. pdf

[18] D. Lee, B. Lee, J. W. Shin, Fault detection and diagnosis with modelica language using deep belief network, in Proceedings of the 11th International Modelica Conference, Versailles(2015), pp. 615 – 623. https://doi. org/10. 3384/ecp15118615

[19] E. Loiez, P. Taillibert, Polynomial temporal band sequences for analog diagnosis, in 15th International Joint Conference on Artificial Intelligence, IJCAI' 97 (1997), pp. 474 – 479

[20] K. Lunde, Object oriented modeling in model based diagnosis, in Modelica Workshop 2000 Proceedings (2000), pp. 111 – 118

[21] I. Matei, A. Ganguli, T. Honda, J. de Kleer, The case for a hybrid approach to diagnosis: arailway switch, in 26th International Workshop on Principles of Diagnosis, (2015), pp. 225 – 234. http://ceur – ws. org/Vol – 1507/dx15paper29. pdf

[22] R. Minhas, J. de Kleer, I. Matei, B. Saha, Using fault augmented modelica models for diagnostics, in 10th International Modelica Conference (2014)

[23] B. Peischl, I. Pill, F. Wotawa, Abductive diagnosis based on modelica models, in 27th International Workshop on Principles of Diagnosis (DX) (2016). No archival proceedings

[24] I. Pill, F. Wotawa, Model – based diagnosis meets combinatorial testing for generating anabductive diagnosis model, in 28th International Workshop on Principles of Diagnosis(DX'17), ed. by M. Zanella, I. Pill, A. Cimatti, Kalpa Publications in Computing, vol. 4(EasyChair, 2018), pp. 248 – 263. https://easychair. org/publications/paper/7t86

[25] R. Reiter, A theory of diagnosis fromfirst principles. Artif. Intell. 32(1), 57-95 (1987)

[26] M. Sachenbacher, P. Struss, Automated qualitative domain abstraction, in International Joint Conference on Artificial Intelligence (2003), pp. 382-387

[27] M. Sachenbacher, P. Struss, Task-dependent qualitative domain abstraction. Artif. Intell. 162 (1-2), 121-143 (2005). https://doi.org/10.1016/j.artint.2004.01.005

[28] R. Sterling, P. Struss, J. Febres, U. Sabir, M. M. Keane, From modelica models to fault diagnosis in air handling units, in Proceedings of the 10th International Modelica Conference, Lund(2014)

[29] P. Struss, Deviation models revisited, in Working Papers of the 15th International Workshop on Principles of Diagnosis (DX-04) (2004)

[30] J. Voas, G. McGraw, Software fault injection: inoculating programs against errors. Softw. Test. Verif. Reliab. 9(1), 75-76 (1999)

[31] F. Wotawa, Failure mode and effect analysis for abductive diagnosis, in Proceedings of International Workshop on Defeasible and Ampliative Reasoning (DARe-14) (2014)

第4章 基于离散事件系统的动态过程环境鲁棒数据驱动故障检测

Edwin Lughofer

4.1 简介

在当今日益复杂的工业系统中,对(在线)过程[3]的监督至关重要,以确保其生命周期的无故障延续,从而减少生产过程中浪费的可能性。这也可以减少对操作员(半在线系统)或系统/控制组件(在完整的在线安装中)的错误反馈,以防导致整个过程进入“错误的方向”。过程或系统故障甚至可能导致某些情况中的操作员面临风险(如考虑泄漏管道传输排放气体)[11]或系统组件过长的停机时间,这将使该过程不可操作。这甚至可能导致重要机器停止运转。理想情况下,生产出的次品应保持在较低水平,以免由于交付有缺陷或不完整的物品而显著增加生产成本或使客户失望[37]。

因此,故障检测的概念,作为检测系统中故障发生的业务,已被视为欧洲若干公司和(应用)研究计划的主要优先事项之一:例如,在地平线 2020 计划中存在与未来工厂轨道相关的若干目标,其特别要求在故障检测和诊断以及预测性维护的领域内进行开发。故障检测的概念由 IFAC 技术委员会 SAFEPROCESS 正式定义为“确定系统中存在的故障和检测时间”。他们还将故障定义为“相对于系统可接受/通常/标准行为,系统的至少一个属性或变量出现了不被允许的偏差”。[58]。

文献中现存的故障检测技术可以大致分为[108]:

(1)微分方程,对系统内的物理定律进行建模[33,57];

(2)故障模型,基于系统经验丰富的操作人员的专业知识[31];

(3)基于数据驱动模型的故障检测,作为过程变量之间相互关系和依赖关系的无故障参考[11,106]。

前两种技术主要受其(高)开发工作的限制,即使成功,也要持续数月,从而为公司和/或研究设施带来了巨大的成本。为了减少这些成本,在过去几年中出现了使用数据驱动方法,机器学习方法和/或融合方法在多传感器系统[42]中自动提取这些依赖性。这种方法导致了所谓的基于数据驱动系统识别的故障检测(FD),其中学习的模型被称为系统识别(SysID)模型[75,94,112]并且反映了所考虑的变量之间的高维关系。然后将这些模型用作系统标定无故障情况的监控参考。与其他数据驱动(更多单变量)FD技术形成对比,后者依赖于基于记录测量的异常行为监控[25]、基于频率的测量信号分析[20,98],或自回归移动平均模型[122],SysID模型不需要在信号中进行任何无故障情况的重现(典型),因此适用于更广泛的测量信号。

故障检测系统中的一个特殊挑战是在早期阶段检测故障,理想情况是尽可能早地在组件或产品的质量发生更严重的故障或下降趋势之前发生。这通常使得通过表面检查[21,52]或结构健康监测[45]进行后验检查的应用效率低且不实用。因此,能够随时间跟踪系统状态的过程/系统变量的使用,从而包含关于已经处于"处理阶段"的离散时间点的系统状态的信息,是更有意义的。图4.1提供了现实世界工艺(冷轧厂轧机)的一个例子,该图显示了特定时间范围内特定过程变量(由传感器测量的值)的发展。显然,过程变量的传感器信号开始在样

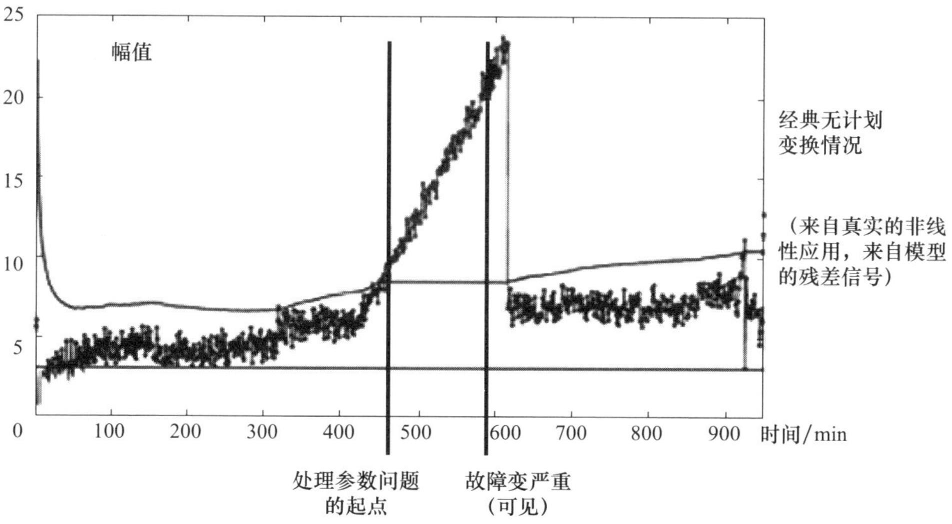

图4.1 在真实故障变得可见和可识别之前问题开始得更早——来自磨粉机条件检测的真实例子[105]

品#450 周围出现漂移(超过显示为实线的公差带),但真正的失效出现很晚,在钢板产品(表面)上变得明显的时候才出现,即在样品#600 附近,在这种情况下,时间间隔为 150min = 2.5h。因此,在这种情况下,早期对操作员给予适当的警告来去掉不良产品,因此将减少浪费和成本。

因此,本章我们通过使用两种特定类型的数据驱动的 SysID 模型监控过程变量,即因果关系网络和基于分布的参考模型,集中于故障的全自动早期检测。因此,我们假设过程变量通过多个传感器以一定频率定期记录,这些传感器通常位于不同的空间位置之间,以便从系统内的不同位置收集数据,并充分融合它们[42]。我们将讨论几种众所周知的最先进技术以及最近推出的两种数据驱动 FD 模型的方法(见 4.3 节和 4.4 节)。所有这些中的基本 FD 思想,是新的输入状态(在新记录的样本中反映)根据它们对无故障参考模型的“偏离度”进行检查,并且在违反一定容差水平时,故障可以报警。

当系统存在显著动态时,将对因果关系网络和基于分布参考模型的方法带来冲击。这时,需要(定期)更新参考模型以包括系统的最新趋势。由于对新样本的错误预测和量化,将导致高误报(导致错误警报)和漏报(导致未命中)。来自数据驱动模型[28,66]的渐进式学习领域以及不断发展的系统[12,62,77]技术,可用于建立具有合理稳定性——可塑性权衡和良好参数收敛的模型更新(将在 4.5 节中详细描述)。然而,特别是在 FD 系统中,主要问题是如何区分预期的变化(即常规系统动力学,漂移等)[64,67]和非预期的变化,后者通常指向系统中即将出现的问题/故障,因此不应将其集成到模型更新中(以更好地警告系统操作员)。在这两种情况下,极有可能超过图 4.1 所示的信号容差带。因此,不能可靠地实现无须操作员干预的自动区分。在本章的最后(4.6 节),我们将讨论并提出一个概念,即如何将离散事件信号[102]与预测映射结合使用并改变隔离(作为故障隔离的一种形式[65])实现自动区分。迄今为止,文献中尚未涉及这种区分和形成一种混合动态 FD 系统的组合方法。

因此,本章的组织安排如下:首先,我们将以更详细地的方式说明在动态多传感器网络中进行 FD 时的问题(4.2 节),然后描述了建立因果关系网络和基于分布的各种方法。传感器网络中记录的多个通道的参考模型,以及如何根据这些模型类型实现故障和异常检测(4.3 节和 4.4 节)。在 4.5 节中,我们通过演示参考模型如何随时间更新和演变的方式,将描述扩展到系统中存在重要动态的情况。最后,我们提出了一个概念,用于自动区分预期和非预期的更改(4.6 节),可以使用更可靠的故障检测和更稳定的模型更新。

4.2　问题陈述

在依赖于数据驱动的 SysID 模型的 FD 方法的背景下，通常从多传感器网络收集大量数据，其中各种传感器可以包含不同的信道，并且这些信道也可以位于空间（本地）站点之间。典型的传感器网络示例如图 4.2 所示，包含位于不同位置的五个传感器，每个传感器包含一个或多个通道，通道通过进入传感器的线表示。我们假设通道随时间动态连续测量并通过中央数据库接收器（底部框）记录。传感器#2、#3 和#4 被连接，因此可以交换信道数据并在其信道视图上执行部分建模。数据融合并存储在中央数据库服务器（底盒）中，该服务器连接到所有传感器（和包括的通道），因此能够与来自过程控制系统的事件信号一起并行处理所有 16 个通道。数据的同步和融合是一项复杂的挑战，特别是在大数据应用中，但不是本章讨论的重点。因此我们参考文献[2,63]，假设数据驱动的建模阶段可以在中央数据库服务器上执行。

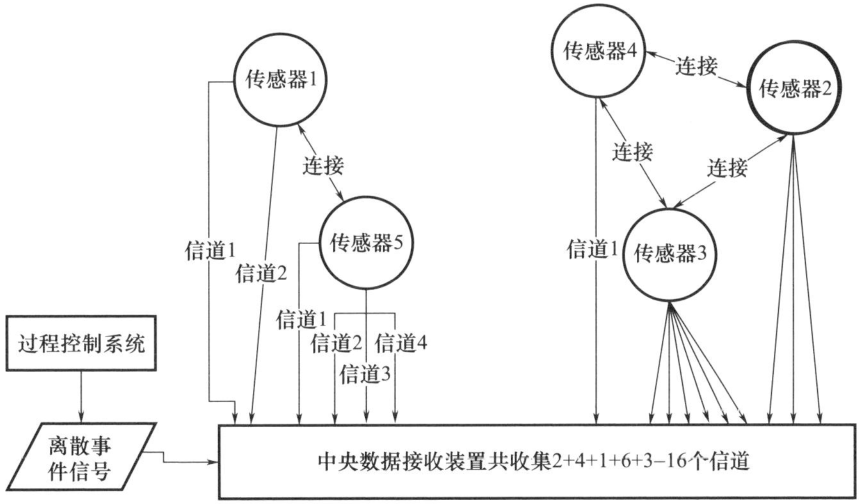

图 4.2　带有 5 个空间分布传感器的多传感器网络示例，每一个传感器测量一个或者多个信号，这些信道收集到中央数据接收装置中；来自过程控制系统的离散事件信号也可以流入该数据接收装置

原则上，每个传感器可以单独进行建模和 FD，例如在灵巧或智能传感器的芯片设备上嵌入人工智能组件[18,41]。然而，这相对于在中心站点执行建模来说，通常导致系统通道之间出现过小的部分关系视图。特别是，该方式排除嵌

入高 FD 能力的一些重要通道,因此可能导致特定故障检丢概率的增加。特别是在那些高维比低维更好的模型中,故障检测概率丢失表现更明显。另一方面,采用在中心站点执行建模的方式,故障的隔离更容易。

数据驱动建模方法的目的是,仅根据数据在所有 M 个可用信道之间的联系建立尽可能多的关系,可完全由恰当的学习过程自动完成。该模型理想地包括大多数通道,以便接近参考模型“全覆盖”情况,这种方法降低了监视任何潜在故障的可能性。为了正确处理系统动态并处理任何常规变化(如系统漂移[64]或非静止环境条件[101]),建立的参考模型可以随时间更新,并具有高稳健性。整个模型还可能包括一些额外的统计帮助测量,需要与“真实”模型同步更新。

一旦预期和非预期的变化发生,选择用于更新模型的测量是必不可少的,这两者通常会导致违反模型 f(参见下面的 4.3 节和 4.4 节)。这是因为只有在前一种情况下才应更新模型以反映新的操作模式等,否则系统中的故障/失效/问题将被错误地学习到模型中。因此,我们在 4.6 节中提出了一个新的概念,即如何区分预期的变化和非预期的变化。这个概念的提出基于变化隔离和离散事件信号与过程变量之间影响分析的组合。这种组合导致混合动态系统,其中事件信号(如清晰的开关或参数设置)起着重要作用,因为它们经常引起系统和连续传感器测量流中的预期变化。

理想地,故障和异常检测以及用于区分预期和非预期变化(漂移)的概念是在基于实例的级别上完成的,即对于每个新记录的样本实例,可以确定它是否源于故障或异常系统情况。这去掉了使用过去的数据卡盘、滑动窗口等时会发生的延迟。在接下来的 4.3 节和 4.4 节中,重点在于数据驱动参考模型的故障检测概念,这些模型能够在基于实例的级别上完全运行。

4.3 基于因果关系网络的基残差故障检测(基于模型)

这种方法建立在(测量)数据[94]的线性或非线性系统识别之上。基本的内在动机是发现某些系统变量之间的因果关系和依赖关系,这些关系基本上存在于通道之间,用于表征系统状态并且由一个或多个传感器随时间永久记录(也称为过程值)(见图 4.2)。关键点在于,这可以以完全无监督的方式完成,这意味着不需要提供有关当前过程/系统/产品状态的质量信息。因此:

(1)这种方法的自动化能力可以给予非常高的期望。

(2)可以完全避免在历史数据样本[87]标签成本方面的注释工作。与用于故障检测的分类方法[34,74]相比,这里 ML 分类器被训练成基于预标记数据的分类器,没有必要提前收集数据并将其分成故障和非故障阶段。

(3)有可能在早期发现问题,因为在工业工厂或生产项目本身上发现故障之前,变量间相互关系会偏离变量间正确的相互关系。例如,对于若干工业应用,这可以在文献[92,105,108]中进行验证,并且当以高预测质量和高输出预测的高信度实现映射时,结果真实度非常高。

这些情况触发了对各种(在线)质量控制系统的广泛适用性,这里质量信息和/或分析模型[117]不必事先提供。

在质量控制环境中使用这种无监督自动化方法的基本动机是,表示系统中用于标称无故障情况(即常规过程情况)的各种状态,并检查来自产品的新的在线数据,这些数据代表产品适合模型的程度[84],通常用映射和近似表面来表示。图 4.3 显示了在发动机试验台[11]上建立三维特征图故障情况的一个例子。新的在线数据样本显示为虚线点,该数据明显偏离实际功能趋势(引擎图的表面),因此在包含残差适当性分析时可以正确检测为故障,见下文(本例显示在图 4.3 中,这些问题实际上是由泄漏的管道引起的)。

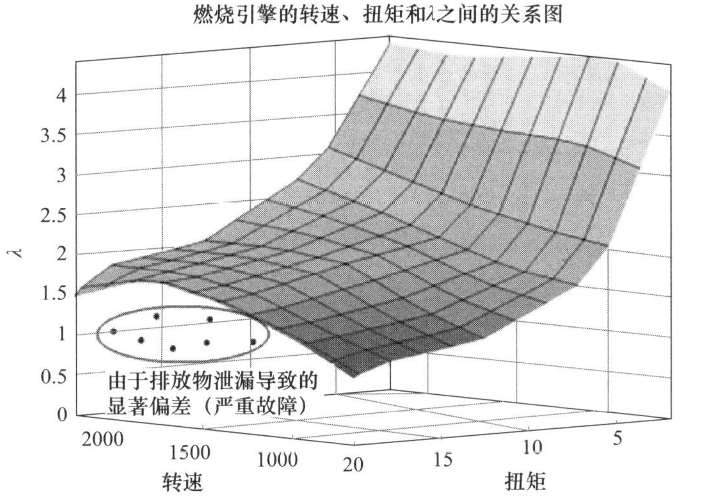

图 4.3　引擎特征图(彩色面)作为一个模型来描述转速、扭矩和 λ 之间的因果关系;数据点代表系统中已经造成的故障,显著偏差暗示着系统的潜在故障(见彩插)

通常,在完整的因果关系网络中存在几个这样的因果关系映射,然后可以检查新样品的违规和偏差(详见 4.3.2 节)——来自微观的这种网络的一个例子。流体芯片生产过程如图 4.4 所示,其中节点代表各种通道 = 在这种情况下的过程值(来自传感器)。暗(红色)突出显示的节点作为目标出现,白色仅作为部分因果关系映射的输入；输入/输出关系由箭头给出，箭头自动定义所有这些映射（例如，目标宿 S0 可以使用 T11、T21、T144、P125、P126 和 T143 作为输入的因果映射来表示）。运营商和专家也可以使用这种因果关系网络来获得对系统过程和可解释性目的的见解。例如，图 4.4 所示的网络包含测量信道之间依赖性清晰聚类结构，该结构可以被用于芯片生产过程的参数调整。

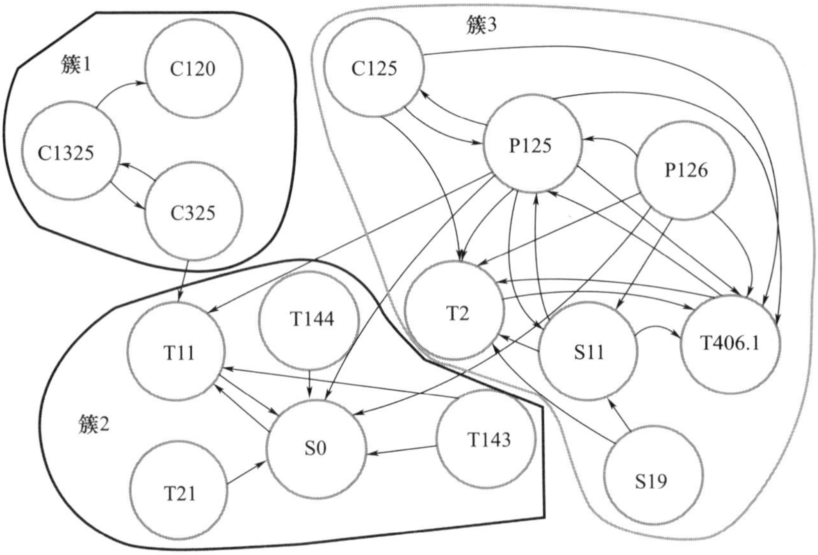

图 4.4　工业生产领域（微射流）典型的关系网络；黑（红）节点代表目标信道的高质量关系，所有流顶点代表输入信道到这里（见彩插）

4.3.1　因果关系网络的建立

整个建模框架的一个中心目标是在通道之间建立尽可能多的高质量映射，以确保对参数空间的良好覆盖。这也降低了监视系统中任何即将发生的问题和潜在故障的可能性：涉及的（分布式）信道越多，系统的检测能力越高。为了以公平的方式判断模型质量并避免过度影响，单独的验证数据非常重要[51]。

采用数据驱动系统识别的因果关系网络典型建模框架如图 4.5 所示，其组成部分将在下面以分项的方式进行说明。每个信道将数据集馈送到大块，意味着每个信道固定为网络中的目标（汇）节点一次，并且尝试建立基于剩余信道的因果映射。而我们假设从多传感器网络获得 M 个通道（与图 4.2 相比）。理想情况下，它包含各种系统状态和模式——如何在此方向上最佳地建立“丰富”数据集通常取决于应用程序。

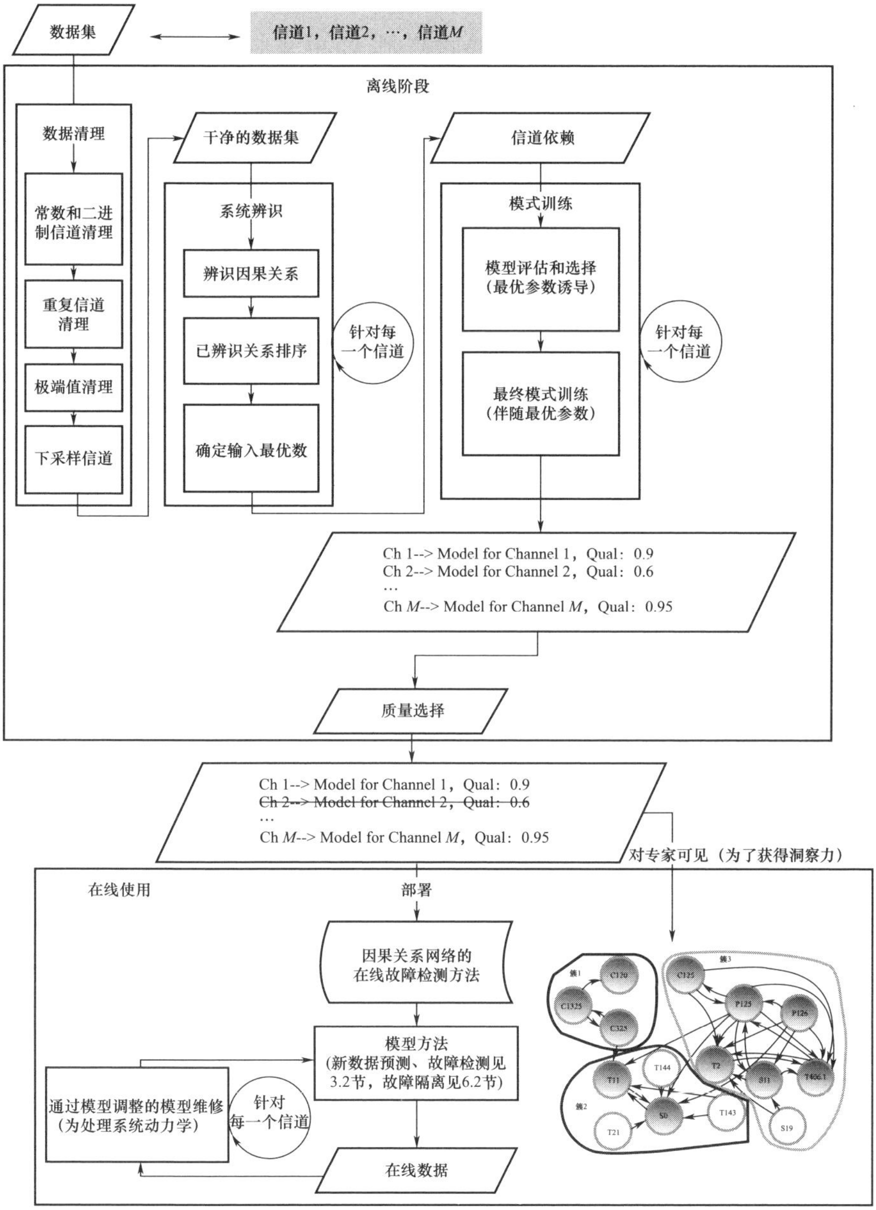

图4.5　针对全覆盖方法在传感器记录的M个信道之间建立因果关系的典型数据驱动系统辨识架构（记录储存在数据集中）

1. 数据清理

前两个组件是依赖于应用程序的，包括关于提前删除哪些通道的问题，例如没有关于系统故障信息内容的通道,看起来非常稳定的通道(它们在建模过程中没有贡献)或这些通道都是简单的复制,简单复制会导致虚拟的相关性。在这里,可以包括一些关于频道预选的专家知识,基于她/他的专业知识,知道哪些频道对系统过程有重大影响,哪些频道不影响系统过程。这有助于减少维数效应问题,维度效应通常会导致数据模型训练期间的过度补偿[51]。同时,可以利用图 4.2 所示的空间传感器结构进行特殊应用,例如,仅选择那些传感器位置与当前目标传感器位置相近的通道,构建数据驱动模型的输入(见下文)。

异常值的去除涉及样本级的预处理,异常值的去除对确保后续建模的鲁棒性非常重要。这是因为异常值的特征在于数据的意外偏差,其表示错误情况(例如在数据记录期间出现)。来自信道的数据流分配是未知的。因此,任意分布方法是一种有希望的选择,它在统计意义上放松了对数据密度和包络的严格解释。可以通过在特征空间中与训练数据中主要趋势距离,来表征异常值的非典型发生。主要趋势也可以通过样本对 $\text{dist}(x_i,x_j)$ 之间的平均距离 av_{dist} 来表征。然后是将具有非常高于平均高距离数的样本记录到其他样本,即通过以下方式计算每种样本 x_i 的一种异常值:

$$\text{Deg}_i = \frac{\text{card}(\text{cand}_i)}{N-1}\text{card}(\text{cand}_i) = |\{x_j \mid i \neq j, \text{dist}(x_i,x_j) \geqslant \text{av}_{\text{dist}}\}| \quad (4.1)$$

测量与样品 x_i 具有高于平均距离样品的比例。如果该比例高,则样本可被识别为异常样本,因为明显偏离距离之间的主要平均趋势。一旦提取了所有离群度 $\text{Deg}_i, i=1,\cdots,N$,基于其有序列表 $\text{Deg}_i, i^* \in \{1,\cdots,N\}$ 和 $\text{Deg}_i \geqslant \text{Deg}_{(i-1)^*}$ 的功能趋势形状提取阈值。

2. 系统识别

对于每个单个通道(选择一次作为目标),引出与其余通道的相互关系。每次迭代都需要一个通道 $\text{ch}_1,\cdots,\text{ch}_m$ 作为要识别的关系的目标(=“原因”),并在剩余的那些通道中搜索最佳可能组合以“解释”目标(=“原因的影响”)。这可以正式表达为

$$\text{ch}_i(t) = f_i(\text{ch}_{i1},\cdots,\text{ch}_{iL}) \quad (\forall i=1,2,\cdots,M) \quad (4.2)$$

通常,使用剩余通道的子集,即 $L<M$ 旨在尽可能小,以减少维数效应的干扰[51];确定最佳输入数 L 的可能方法是变量排序方法[48]或特征空间变换方法,特征空间变换方法通过多种手段提取最本质的组成成分,如有不同变量的偏最小二乘分析[7]、曲线分量分析[32]、随机邻值嵌入[54]或因子分析[15]。

式(4.2)中函数 f 的选择很大程度上取决于当前数据集和包含的学习问题。例如,如果预计系统中存在显著的非线性,则线性模型不是一个合适的选

择;或者,如果专家给出一些解释要求(因此他们想核实和检查模型),应避免使用神经网络或支持向量机等黑盒模型。具有可解释性保证技术的模糊系统[80]或符号公式(通过遗传编程(GP)[1]或快速函数提取(FFX)获得的紧凑符号公式表示[90])是更好的替代方案。通过将建模问题解释为回归问题,给出了建立 f 的有希望的方法。这具有有利的副作用,在通道信号不平滑的情况下充当一种滤波器,显示突然的变化,然而这不是指示故障,而是基本上由于过程的性质引起。为了在视觉上强调这一点,回归过程的例子及其对故障检测的有利影响如图 4.6 所示。

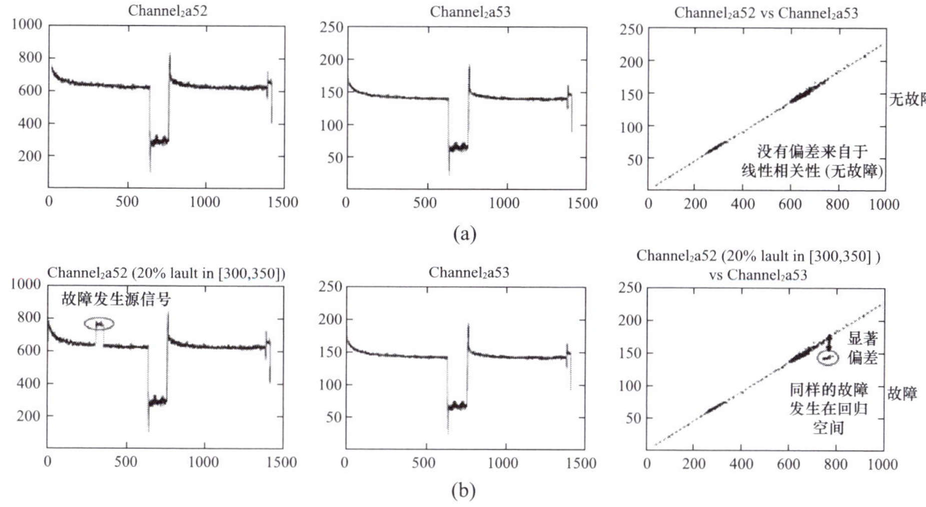

图 4.6　(a)伴随显著的不连续(信号中的突然变化)的源相关测量信道,当在它们(右图)中建立光滑回归模型的时候,该信道消失在结果-幅值空间连接点;(b)故障在第一信道的影响(用省略号代表):它的样式(在样本 350 和 400 之间)不能可靠的被识别为异常,但是在源信号中的无故障突然变化(样本 600 和 700 之间),然而在结果-幅值空间(右图)中,这些故障样本相对于回归曲线(如直线部分所示)出现了明显的偏离。

式(4.2)表示导致因果关系映射的经典静态情形。通常,系统中存在动态因果关系,其需要时间组件的整合以便在原因和结果之间建立足够的预测范围。这导致了功能定义:

$$ch_i(t) \leftarrow f_i(ch_{iL}(t-n_1), ch_{iL}(t-n_1-1), \cdots, ch_{iL}(t-n_2), \cdots, ch_{iL}(t-n_1), \cdots, ch_{iL}(t-n_2)\ \forall i = 1, 2, \cdots, M \tag{4.3}$$

在文献[106]中,提出了一种通过采用信道空间变换来提取动态关系的系统识别方法,其组成部分(包括由于滞后引起的正交变换和信道扩展)在整个工作流框架中得到很好的可视化。

3. 检查过程的建模能力

一旦为每个目标通道确定了输入,每个子问题的建模能力就可以通过Gamma 测试[38]来证实;目的是检查均方误差(MSE)如何实现最小化,这与所选模型结构/体系结构无关。作为 Gamma 测试的侧面输出,回归梯度提供了有关研究过程复杂性的有用信息[104]。

4. 模型培训与评估

一旦输入被识别为所有目标$ch_1,\cdots,ch_m$(并检查建模能力)训练模型,即从训练数据中提取它们的结构和参数,其具体算法取决于所选择的功能映射结构f(参见上面的讨论)。评估方法通常使用N倍交叉验证策略[114]或重复引导[36]以在预定义的学习参数网格上引出最佳参数设置。这取决于模型选择技术,因为对于每个设置,构建自己的模型,其基于模型精度和模型复杂性之间的权衡——具有较低复杂性的模型,但是通常优选相似的精度,这样对于新样本来说不太容易拟合过度[27]。

一种直接的模型选择技术简单地使用从统计评估程序(如最小 CV 误差)实现的最小误差,当使用不同的参数进行设置时,通常以网格状方式排列。然而,该技术没有考虑模型的复杂性或灵敏度。特别是,在模型选择过程中,较低复杂度的模型应具有与较高复杂度的模型相似或相同的精度。经常应用的可能性是整合关于训练数据选择的模型灵敏度,其可以通过在不同折叠上获得的模型误差的方差来测量。这样一来,文献[19]中一个突出的选择就是复杂度最低的模型,但仍然没有明显低于误差最小的模型,即其误差位于具有最低误差的模型的 1 - sigma 灵敏度带内。图 4.7 示例性地展示了如何以这种方式进行模型选择。其他技术包括在误差计算中直接惩罚模型复杂度,如 Akaike 信息准则、贝叶斯信息准则及其扩展,见文献[27]。

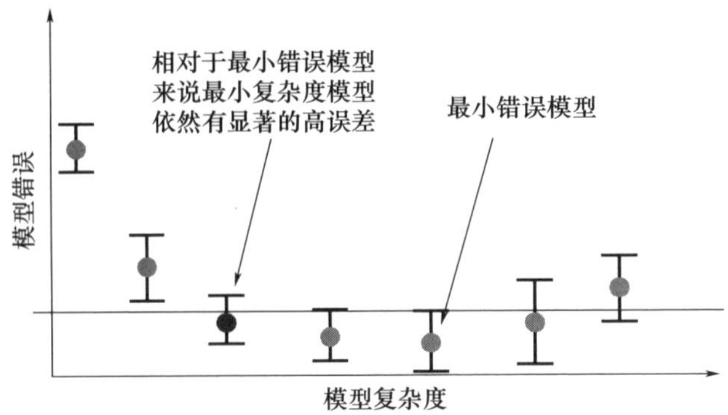

图 4.7 增强模型选择示例通过不同数据集支撑/引导训练的时候,仍然考虑模型的敏感性(通过垂直向的点表示)

5. 模型评估

目的是检查新的未见(在线)数据的预期模型质量。然后,仅对具有足够质量的模型及其不确定性信息(保证间隔)进行进一步处理以进行故障检测(参见后续部分)。这是因为对于低质量模型,由于不准确预测的传递,通常会出现许多错误警报和预测丢失情况。

足够高质量Q_i可以理解为高预期质量PQ_i和高输出确定性Cert_i的组合,例如当将确定性输出标准化为[0,1]时,可以将其加入到加权凸组合中:

$$Q_i = \alpha P\,Q_i + (1-\alpha)\cdot \mathrm{Cert}_i > \mathrm{threshold} \tag{4.4}$$

如果式(4.4)成立,则信道chi_i作为目标出现的模型可以用于残差分析,因此也可以在最终的因果关系网络中建立。PQ_i表示模型的预期预测质量,例如可以在训练过程中通过 K－倍交叉验证的调整R^2度量来测量,其由下式给出:

$$\mathrm{CV}(\overline{R^2}) = \frac{1}{K}\sum_{i=1}^{K}\left[1 - \frac{\dfrac{1}{N/K-p-1}\sum_{K=(i-1)(N/K)+1}^{i(N/K)}(y_k-\hat{y}_k)^2}{\dfrac{1}{N/K-1}\sum_{K=(i-1)(N/K)+1}^{i(N/K)}(y_k-\bar{y})^2}\right] \tag{4.5}$$

模型 p 的复杂性,通常由输入的数量(＋非线性模型结构组件的数量)和目标 y 的平均值$\bar{y}$的组成。显然,更高的 p 会导致对更复杂模型的惩罚。Cert_i表示输出确定性,通常通过信息间隔、误差条、训练折叠/自举的灵敏度等来衡量[30],参见后续章节。

模型评估的另一个观点是建立因果关系网络和嵌入映射的可靠性,以便能够识别系统中的故障和故障模式。由于其视觉和透明度的原因,专家可以从“系统的角度”(即医学、物理、生物学意义上)轻松检查结构是否可靠和必要。这包括检查是否包含重要变量、关系是否合理等。如果是这样,我们可以假设数据在潜在故障模式方面有一些意义,因为这些通常会影响(一个或多个)重要变量并违反了这些变量之间的有效关系。将在后续章节中研究这些违反行为的检测。

4.3.2 高级残差生成和分析

假设在可用的因果关系网络中具有 $m \leqslant M$ 个高质量映射。现在,当一个新的在线样本 $x=(ch_1(t),\cdots,ch_m(t))$记录时间 t,其中包含来自所有 M 个通道的值。然后,首先为每个目标通道ch_i引出该值的相应子集,即$x_{\mathrm{sub}}=(ch_{i1}(t),\cdots,ch_{iL}(t))$,然后在静态情况下可以将其发送到模型中,如式(4.2)中所定义的,用于接收信道 i,$\overline{ch_i}$的预测。在高模型质量的情况下,预期预测接近测量值,因此残差

$$res_i(t) = \frac{ch_i(t) - \overline{ch_i}(t)}{cert_i} \tag{4.6}$$

是小的。在动态情况下，所有频道的过去记录$ch_{i1}(t-1),\cdots,ch_{iL}(t-1),ch_{i1}(t-n_2),\cdots,ch_{iL}(t-n_2)$需要存储（例如，在包含$n_2$个样本的环形缓冲区中）。然后可以通过式(4.3)处理这些以获得$\overline{ch_i}(t)$，当前时间实例 t 的预测来自n_2-n_1过去信道值$ch_{i1},\cdots,ch_{iL}$，该信道值在式(4.3)中使用，即来自

$$ch_{i1}(t-1),\cdots,ch_{iL}(t-1),ch_{i1}(t-n_2),\cdots,ch_{iL}(t-n_2)$$

在(4.6)中，$cert_i$表示归一化因子，其对于将残差调整到模型输出不确定性是重要的。当前预测的输出不确定性越高，残差变得越不可信。在这种情况下，高（非典型）残差不一定表示异常。因此，通过标准化可以防止可能的和潜在的错误警报。或者换句话说，对于预测高度不确定的模型，允许大带宽的预测值，可能不会将明显偏离映射的样本评估为异常。另一方面，对于产生非常确定的预测模型，与实际映射趋势的微小偏差可以分类为具有高可能性的异常。图 4.8 显示了二维示例的误差条（具有不同宽度）的 3 个示例，作为围绕实线的虚线。

可以在训练过程中估计模型的不确定性，并以各种形式进行测量。最方便的方法是通过单独验证数据的预期误差来估计它，例如可以使用交叉验证错误[114]或自举[36]方法的近似来估计它，参见文献[51]中的第 7 章用于误差估计方法的比较。

模型不确定性的更准确表示可以通过局部误差条或置信区间来实现[49]。这些方面考虑了输入空间局部部分的不确定性变化，因此在某些部分，模型输出可能比其他部分更加确定，如图 4.8 中的示例所示。对于线性模型，这种误差很容易计算（通常基于反映内部参数不确定性的 Fisher 信息矩阵）[94]，但在非线性模型的情况下更为复杂，因为需要针对所选择的特定开发和推导模型体系结构和内部模型结构[81,97]。

然而，式(4.6)定义的残差的大小可能不足以区分正常和异常系统行为。随着时间的推移，残余信号的趋势更多，这使得当前残差的出现不典型。此外，非常困难甚至不可能提前设定固定的可靠阈值（超过该阈值，触发警报），阈值可以很好地区分正常和真实的异常行为。残差信号的示例和幅度阈值的不适当设置（来自实际应用案例）在图 4.9 中提供，左侧示例展示出了在固定阈值（值为 3）情况下的检测结果，其具有对于同一应用程序中的第一次初始试错运行，它是一个很好的默认值。显然，由于无法遵循残留信号的自然（无故障）动态趋势，它会导致过多的误报。

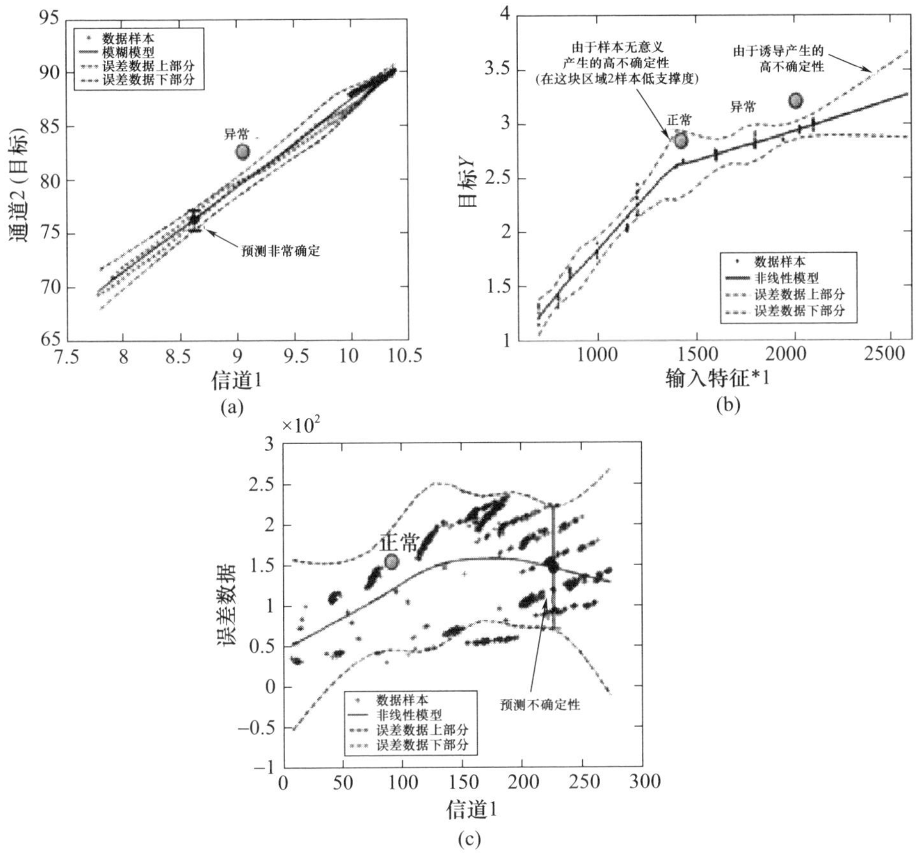

图4.8 通过虚线显示模型不确定性的3个示例,这些模型围绕固态模型走向;灰色的大点代表新引入的样本,在所有情况下该样本具有和预测值同样的偏差(=到模型实线的垂直偏差)。可是,非常明显在处于预测区域之外(如(a)和(b)的右部)的比在预测区域之内(如(c)和(b)的左部)的更像异常

因此,为了放弃固定阈值并使警报级别动态自适应,有必要随时间分析残余信号如何发展演变。在文献[106]中,引入了统计导向的容差带,其检查假设新的残差是否落在单变量高斯过程模型之外。因此,公差带定义为

$$tolband_i(t)=\mu_i(t)+n\cdot\sigma_i(t) \tag{4.7}$$

因子 n 通常设置为(在中间)2 或 3,以便检索 2 - sigma 或 3 - sigma 区域,覆盖 95.9% ~99.6% 的常规情况。因此,幅度为[0,∞]的固定阈值收缩到在 2 或 3 之间的局部相对阈值。过去值的平均值 $N_i(t)$ 和标准差 $\sigma_i(t)$ 可以在连续的滑动窗口上以递增或递减方式更新(因此,不需要重新估计[106]):

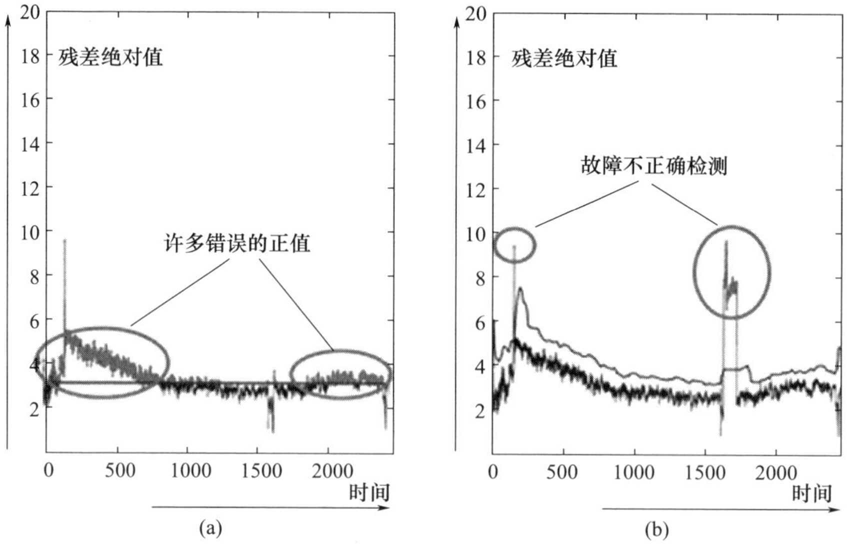

图 4.9 (a)残差信号线和一个固定阈值 3(如同打开一些初始的数据集),导致一些错误警报,通过红色点代表;(b)同样的动态容差带,避免了错误的警报,在初始的地方和显著跳跃到末尾的地方仍然被某些样本的异常值超过(因此能够被检测)(见彩插)

$$\mu_i(t)=\frac{N_1\mu_i(t-1)+res_i(t)-res_i(t-T)}{N_2} \tag{4.8}$$

$$\sigma_i(t)=\frac{1}{N_2}\{N_1\sigma_i(N-1)+N_2\Delta\mu_i(t)^2+[N_i(t)-res_i(k)]^2- N_2\Delta\mu_i(t-T)^2-[\mu_i(t-T)-res_i(t-T)]^2\} \tag{4.9}$$

而对于所有的 $t<T, res_i(t-T)=0, \mu_i(t-T)=0, N_1=t-1, N_2=t$ 成立,对于所有的 $t<T, N_1=N_2=t, \Delta\mu_i(t)=\mu_i(t)-\mu_i(t-1)$。

然后,这导致动态自适应阈值,如图 4.9(b)所示:完全避免了错误警报,但仍然检测到开始时基于峰值的(异常类型)故障,因此在流的末尾突然出现故障更长、更严重。请注意,仅当信号保持在公差带内时才会触发更新公差阈值 μ 和 σ。在检测到故障的情况下,并且保持恒定,使得它们没有被错误地调整以包括故障情况。

4.3.3 增强的残差分析

在数据中存在明显高噪声水平的情况下,前一部分中提到的策略可能偏向于明显的错误警报,这导致其(通常轻微的)超过容差带,通常在一定的时间间隔内发生。

为了克服这种情况发生，在文献[108]中提出了在线滤波技术，其可以基于滑动窗口概念，在来自时间流的增量自适应学习场景中应用。这种方法采用不同类型的滤波器，即修改移动平均滤波器（适用于单通道方式），中值平均滤波器（由于在滑动窗口上重新估计而适应），以及具有可参数化数量的良好高斯滤波器（适用于单程方式）。四个实际应用场景的结果显示 ROC（接收器操作曲线）的明显性能提升：这些曲线可视化假阳性率（x 轴）与真阳性率（y 轴）。曲线越快，其下面积越大，该方法的性能越好。发动机测试台使用基于因果关系网络的滤波器增强残差分析的性能示例如图 4.10 所示，其中每个映射通过稀疏模糊推理学习方案（称为 SparseFIS[82]）实现。绘制了过滤和非过滤残差（两种线型和颜色）的 ROC 曲线。当在公差带中使用不同的阈值水平时获得这些曲线，其值由式（4.7）中的因子 n 引导（这里使用 $n=1,2,\cdots,8$），并绘制假阳性（FP）和从（在线）测试集（包括已知故障）获得的真阳性（TP）速率作为坐标系中的点（FP，TP）。较高的 AUC（曲线下面积）指向更好的方法。因此，显然，移动中值滤波器可以显著提高性能。

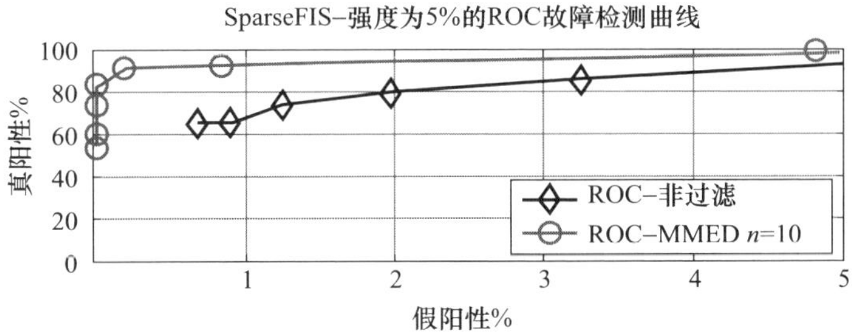

图 4.10 使用基于因果关系网络的滑动中位数滤波器（MMED）增强残差分析时，故障检测性能得到显著提升（滤波通过 Sparse FIS 方法实现）[82]

另一个增强涉及从多于一个模型提取的残差信号的多变量分析，即来自因果关系网络内的若干映射。假设有 m 个高质量模型可用，这将导致剩余信号的 m 维空间，可以在这个空间中以样本方式猜测（绘制）为静止点，因为假设连续测量和收集所有通道并排在中央槽（4.2 节，图 4.2）。对于二维情况，图 4.11 显示了这种残留信号空间的示例性实现。在这个联合特征空间中，非典型事件的特征在于密度分布的显著偏差，反映了标称的无故障情况[16]。因此，假设这些分布是从第一在线阶段估计的，即从因果关系模型中检索的初始信号值估计的。文献中存在各种方法来表征和建立特征空间中样本的分布，同时识别新数据块中的偏差和新颖性内容，参见文献[26,88]。这些将在 4.4 节中更详细地讨论。

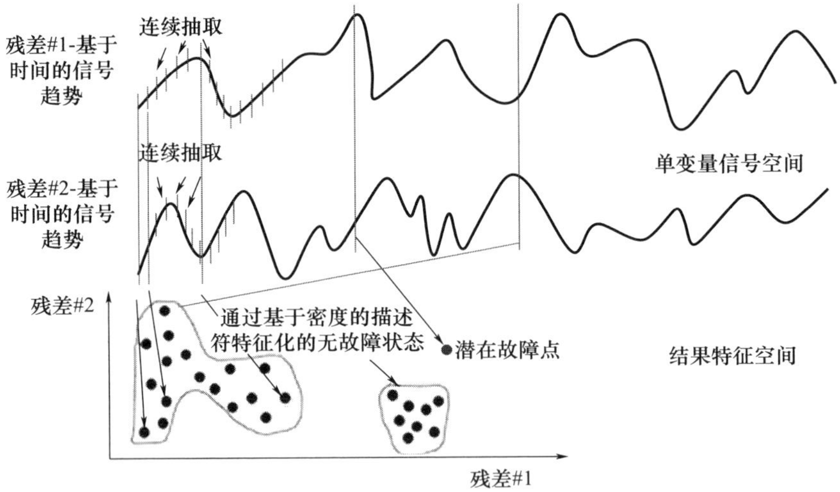

图 4.11　数据从基于时序的残差信号(上行)转换到二维结果特征空间(下行);无故障状态通过基于密度的描述符特征化,该描述符通过包络线强调。一个新样本(黑点)落在了某些区域外,因此制造了一个潜在故障的可能性

另一种以单变量方式处理残余信号的方法在文献[81]中得到证明。这是4.3.2节中讨论方法的更通用形式,这里不假设残余物在标称无故障情况下大致服从正态分布。因此,它使用单变量信号中的趋势分析概念,使用回归信息及其周围的信任带。一旦新样本(或一堆新样本)落在该频带之外,其表征信号的最新趋势,则可能指示问题/故障。下面的图4.12提供了一个例子。新加载

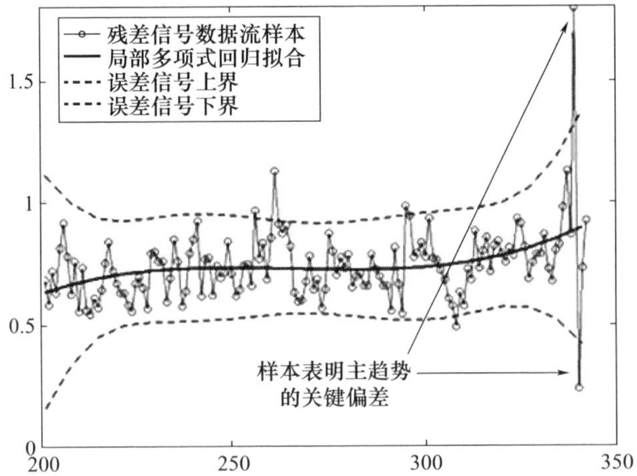

图 4.12　典型的残差信号(它的绝对值),从采样200到340之间有一些微小、规则的波动,但突然跳至一个不典型的值(用箭头显示),误差造成的局部趋势置信区域如虚线所示

的点表示最近过去值的 2 倍以上的显著跳跃而导致的异常。这种趋势可以通过使用递归(加权)最小二乘(R(W)LS)方法[75]逐步进行样本更新,这是卡尔曼滤波器[61]的修改形式,包括用于实现的卡尔曼增益逆 Hessian 矩阵的快速更新(二阶信息以确保稳健收敛)。包含平滑遗忘因子机制[113]非常重要,以便始终代表信号的最新局部趋势。

4.4　无监督特征空间中非典型事件的识别(基于分布)

这是当今数据驱动故障检测方法中的第二个主要研究方向,并且通常在没有描述系统内因果关系或依赖关系模型可用时应用。在这个意义上,式(4.6)中定义的残差不能被明确地计算,因此它们的信号不会随着时间的推移用 4.3 节中描述的任何技术进行分析/跟踪。

可能有几种情况导致无法找到因果关系:

(1)系统变量之间不存在显著的隐式关系或依赖关系,因此可以提取具有足够质量的模型,即系统不是“可建模的”。

(2)(复杂的,高度非线性的)因果关系模型的提取需要相当长的时间,特别是当通道数量非常广泛和/或参数的详细优化(在统计评估程序中)过于耗时的时候。

(3)数据未被充分记录,因此如果没有显著的过度拟合,就无法可靠地建立高维因果关系模型。

(4)应该使用新的在线数据进行快速模型更新(理想情况下是实时)以考虑系统动态,这在巨大的因果关系网络中可能是不现实的。

4.4.1　(全局)主成分空间中的偏差分析

这个概念的基本原理,例如,在文献[96]或文献[115]中用于在线故障检测,是为了引出新的输入数据样本 x 适合数据主成分空间的程度,通过从载入 $p_1,\cdots,p_M$ 表示,这些数据提取自原始 $N\times M$ 训练数据矩阵 $\boldsymbol{X}$(包括作为行的 N 个样本和作为列的所有 M 个传感器通道)。主成分技术平等地处理所有过程值,并在多维空间中搜索连续的正交方向,这最好地解释了数据中包含的方差[60]。方向是原始特征的线性组合,因此表示原始主坐标系的旋转。这导致(无故障)数据相对于其在高维特征空间中某些方向上方差伸长的最佳表示。它不要求具体的依赖关系,变量之间的关系存在于系统中,因此这种因果关系网络的限制被取消了。

为了减小维数，通常使用 k 个加载的子集（对应于协方差矩阵的 k 个最大特征值 $\Sigma = \boldsymbol{X}^{\mathrm{T}}\boldsymbol{X}/(N-1)$，其中 k 通过反映“数据最佳捕获变化的标准”引出。通常，标准是饱和度阈值（例如 95% 或 98% 的数据），或者它可以通过累积方差解释曲线[60]中的拐点动态引出。现在的基本思路是使用减少的主成分空间，并根据两个标准检查新样本如何进入它：

（1）它沿着预计的组成空间偏离数据中心——称为 T^2 统计。

（2）它与主成分空间的正交偏差——称为 Q - 统计量。

两个偏差概念在图 4.13 中可视化，假设二维（减少的）主成分空间（由两个正交轴跨越）和三维原始数据空间：样本（由粗体交叉标记）出现在三维空间中，它与主成分空间的偏差程度（有时也称为能量[96]）由 Q 统计量来衡量：

$$Q = e * e^{\mathrm{T}} \tag{4.10}$$

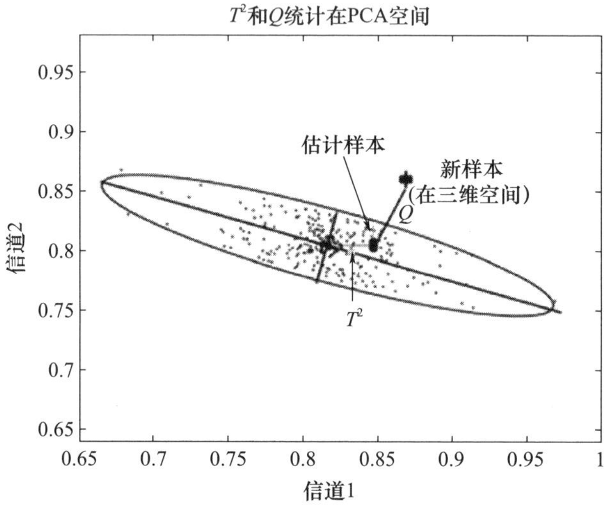

图 4.13　数据样本集的 T^2 和 Q 统计；新的样本如粗胖十字所示，该样本出现在三维空间中，椭圆平面代表着在二维平面中减少的 PCA 空间

使用 $e = x - x\boldsymbol{P}_k\boldsymbol{P}_k^{\mathrm{T}}$，其中 $\boldsymbol{P}_k$ 包含 k 个第一（主）加载作为列向量。它可以与统计的动态阈值进行匹配，根据某个重要级别直接从数据中提取，因此不需要调整[24]。其对 PCA 空间中心的预计偏差由 T^2 统计数据计算：

$$T^2 = \sum_{i=1}^{k} \left(\frac{t_i}{\lambda_i}\right)^2 \tag{4.11}$$

式中：t_i 表示当前数据样本中第 i 个分量的分数；λ_i 是第 i 个分量的特征值。它可以从根本上与 Fisher - Snedecor 分布的临界值进行比较[24]。

4.4.2 部分局部主成分空间的分析

上述方法能够以全局方式对数据方差行为进行建模,因为它在整个输入空间中提取所有样本的协方差矩阵,然后在数据的影响区域中定义椭球,如图4.13中的黑色实线所示。但是,在实际环境中,数据可能分布在不同的本地区域,这些区域不一定是连接的,并且不遵循相同的趋势;例如,可能存在各种操作模式或瞬态条件——这甚至是检索覆盖整个使用空间的“丰富”数据集的理想情况(如果不是这种情况,则操作模式可以动态地显示并且应该被集成在这个问题上,又需要局部结构,见后续的4.5节)。

一个例子如图4.14所示。在那里,不同的局部云以不同的点标记和颜色(绿色、蓝色、红色)表示。当连接在一起时,前两个主要分量的全局表示将导致由两条正交(虚线)直线和大而不准确的椭圆体表示的轴。

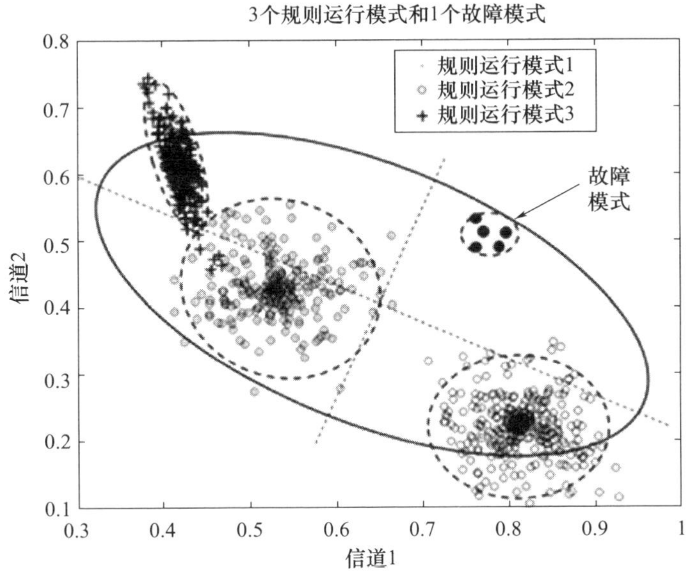

图4.14 不同的局部数据云由不同的点生成器生成,代表不同(正常,无故障)系统状态,大的黑点代表属于异常行为的新样本(以前没有见过),大的实心椭圆是从所有样本中(不精确)抽取协方差矩阵所得到的形状——故障模式不能从不精确的球面中检测到,可以从更精确的局部中检测到(见彩插)

在这种情况下,预聚类步骤将有助于识别数据云的实际数量,并且能够针对每个云执行部分主成分分析。在批处理,离线模式中应用的可能的(基于原型的)聚类技术是Gustafson-Kessel聚类[47]或矢量量化的广义变体[79]。两者都使用 Mahalanobis 距离度量来更新完整数据集上的多次迭代内的所有聚类协方差矩阵的逆。然后,如在全局情况下,任何与识别的椭球(每个簇一个)的显著偏差(根据本地 Q 统计或T^2统计量)可能指向异常或其他即将出现的问题。

4.4.3 基于混合模型和(广义)数据云的高级可能性

文献[68]中提出了一个可能的重要扩展,它将故障检测中经典主成分方向的使用扩展到概率主成分(PPCA)的使用[116],它嵌入了局部降维,从而起到了较小的作用。样本协方差矩阵[通过$(p\times q)$个输入 = 参数替代 $p(p+1)/2$ 参数,通常 $q \ll p$]。通过这种方式,与使用完整样本协方差矩阵相比,它的维数损失更少。

在文献[93]中提供了进一步的扩展,其中概率主成分分析(principal component analysis,PCA)的混合用于表示单个操作模式/条件(而不是单个 PPCA)。这为表示具有任意形状的样本云中出现的正常操作模式行为提供了更大的自由度。有趣的是,PPCA 的混合物是一类简约高斯混合模型(parsimonious gaussian mixture models,PGMM)的特例[91]。

尽管 PCA 的混合可以更好地表示在特征空间中诱导任意分布的样本的操作模式,但是它仍然借助于严格的数学构造嵌入 $a(n)$(部分局部)椭圆体描述。为了放宽这种严格的定义和模式组件的基本公式,文献[29]的作者利用了更为宽松的数据云概念(根据文献[9]中的原始定义)用于故障检测和识别目的。云只是由其中心μ_i表示,通过接近云的邻近点的平均值计算,以及密度度量。后者可以通过以下方式计算不同属于云的每个样本:

$$D_i(x) = \frac{1}{1 + \left|\left|x - \mu_i\right|\right| + \dfrac{1}{N_i \sum\limits_{k=1}^{N_i} x_k - \left|\left|\mu_i\right|\right|^2}} \tag{4.12}$$

使用N_i到目前为止看到并且属于云 i 的数据样本的数量,x 是计算密度的当前样本,并且是所有N_i样本的平均值。

文献[9]已经表明这相当于柯西(Cauchy)分布的经典定义,但可以以递归方式精确更新。因此,云由样本密度区域宽松地表示,而不需要固定的预定形状,因此比协方差矩阵估计和部分局部 PCA 更一般地适用。传统的基于聚类和基于云的特征空间划分的比较如图 4.15 所示。

4.4.4 非线性外壳的一类分类器

通过正常操作模式的一类分类表示,来实现基于云的方法的进一步泛化。

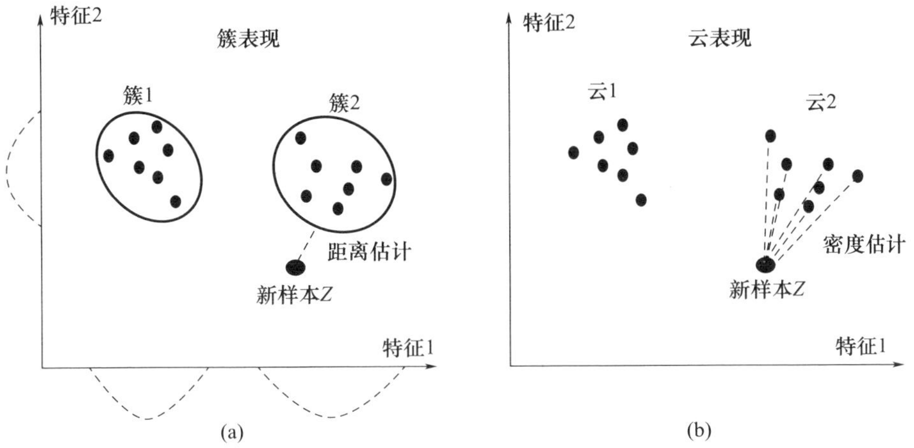

图 4.15 (a)簇表现操作模式定义在平常的椭圆形状中(正如原先方法所示);
(b)云是一个松散的样本密度描述——新样本 Z 按照它的密度被划分到最近的云[9]

基本思想是通过非线性和必要时内部嵌入数据的复杂包络来表征无故障数据。然后包络定义了故障与非故障之间的决策边界。通过使用不同类型的一类分类器,建立复杂的线性边界有不同的可能性。最方便的选择之一是单类 SVM 分类器[89],它能够模拟具有非常复杂形状的数据云和在部分局部区域上出现的广泛分布(即部分局部区域样本嵌入云,不一定连接)。最重要的参数是内核宽度大小,它可以控制非线性程度,并且可以通过反向交叉验证方法[126]进行优化,这种方法不需要任何监督样本(目标值可用)。图 4.16 中提供了该宽度的不同参数化的示例。

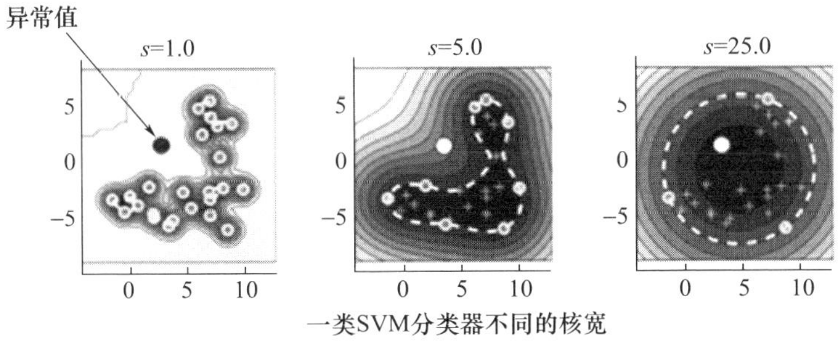

图 4.16 SVM 分类器参数不同导致不同的计算复杂度

结构元素是支撑向量,其是位于船体边界上或靠近船体边界的采样点。在内核宽度较低($s=1$)的情况下,引起船体的高度非线性形状,并且由黑点标记的样本被识别为异常值,其可以表示新状态(在通过增加确认时)样本意义。在宽度较高($s=25$)的情况下,诱导无故障训练样本的几乎球形表征,导致样本云的更大范围。在文献[26,40,88]中,单类 SVM 已成功应用于异常和故障检测。

所有无监督方法的适用范围都有一个非常重要的注意事项:它们可以应用于原始样本信号(原始过程值),从原始样本信号中提取的特征以及以相同方式提取的残留信号。基本上总是可以将多变量输入信号传输到多维特征(样本)空间,如图 4.11 所示。

4.5 用于处理系统动力学的自适应参考模型

当系统动力学较低且环境影响是静止的或已知对过程影响很小时,上述建模方法可行。然而,在系统/过程随着时间的推移嵌入显著动态以及在非静止环境的情况下,离线训练模型通常随着时间的过去而变得过时。这导致其预测性能的逐渐恶化[101],这也降低了它们的故障检测能力。例如,根据式(4.6),在因果关系网络中预测目标的大误差也会导致残差中的大误差。这意味着残差不具有代表性,并且频繁误报的可能性变得非常高。此外,未包含在历史数据中将要发生的新过程状态,操作模式[69]或系统行为或过程设置中的简单变化(导致漂移)[64]通常不能由模型充分表示。这通常会导致模型推理处理过程中的严重外推情况,这些情况已知存在风险并导致错误的模型行为[77,第4章]。

为了解决这样的系统动态,有必要尽快调整和升级模型,理想情况下是基于来自传感器(网络)新传入记录的单通道在线方式调整和升级的[22]。单次通过意味着数据流顺序通过模型更新引擎,并且不需要重新委托旧样本[44]:一旦通过更新引擎处理样本或整个样本块,它就被永远丢弃。这使得它非常适用于快速在线(甚至实时)训练目的[22]。在线意味着更新引擎能够完全自主地工作而无须任何用户干预或没有任何(时间密集的)批量重新设计阶段需要模型和/或过程专家[17,50]。这使得它在维修和维护的工作强度和人力节省方面非常有效。

在更新故障检测的参考模型时,基本上可以有三个概念:

(1)参数的增量调整[109]:这涉及在离线阶段估计的模型参数更新。这考虑了模型的动态调整以处理变化和增加参数重要性(改进)。通常,这是以递归方式进行的,这导致与(假设的)批量离线解决方案的精确收敛,这将获得目前为止所见的所有数据。因此,可以制定具有明确优化目标的目标函数,其以递增的单程方式解决[55,118]。

(2)模型结构的变化是通过对模型组件(神经元、模糊规则、支持向量等)

进行演化和修剪,并使用增量学习方法[81]:这可以解释知识的扩展和收缩,以便能够整合新模式和陈述并删除过时的模式。重要的是确保模型的紧凑性和防止不断增长的结构,不断增长的结构将导致显著的计算负担。来自演化(智能)系统领域的技术是解决这些任务的适当选择[12,62,77]。

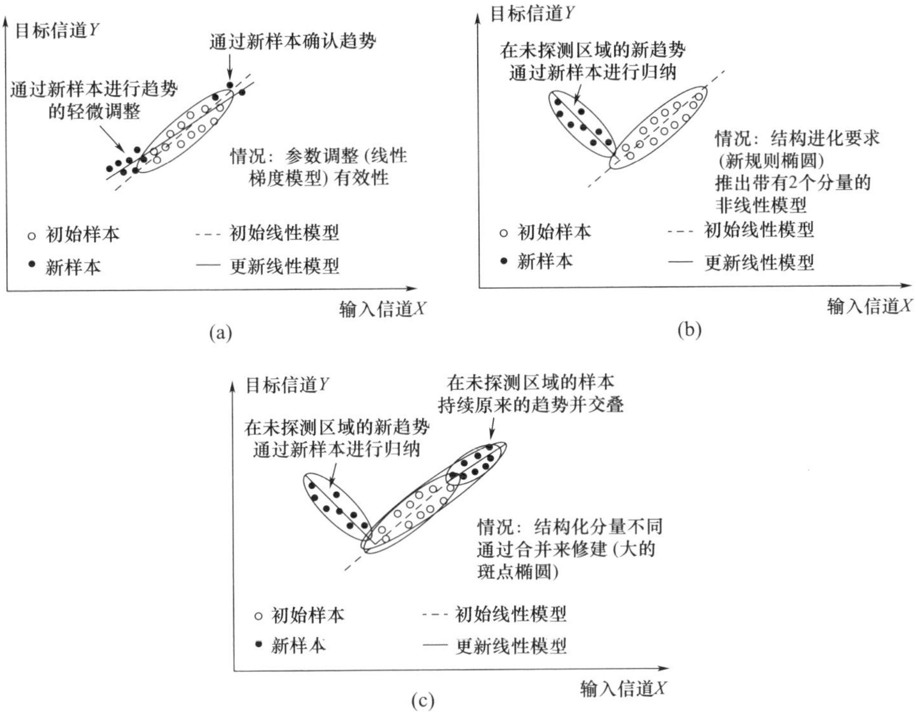

图 4.17　(a)参数调整(线性梯度模型)对于跟踪下部区域的轻微更新趋势是充分的情况;(b)需要分量进化以满足决定由于新样本出现导致的非线性趋势情况(非线性模型带有两个分量);(c)结构化修建(合并)可以完成减少模型复杂度(这里有两个簇在侧边代表同样的功能趋势)

(3)通过更新原始或转换特征空间中输入要素的影响,来改变模型的输入结构[71];这解释了系统中包含的关系(变量/渠道之间)的重大变化。例如,当引入新的起始点[23]或产品类型[59]时,这些变化通常会改变生产过程。在原始空间中,它通过在线特征选择[119]和加权机制[85]来解决。后者以连续,平滑的方式起作用而没有明显的结构变化。这导致比清晰的移除或邻接特征更高的稳定性。在变换空间中,可以进行无监督 PCA[120]和监督形式 PLS[123]中的主成分的增量更新。

图 4.17 演示了一个二维回归建模示例(输入通道 X 在 Y 上回归),显示在

哪些情况下只需更新参数(a),结构组件需要进化(b),结构组件应合并(c)。

4.5.1 自适应因果关系网络

在因果关系网络领域,更新可以在特定的部分映射内以及通过在节点之间添加或删除箭头来改变整个网络结构(与图 4.4 相比)。

部分映射通常以回归模型的形式出现,即具有连续目标和一些输入通道(原始或转换的通道)。因此,在线性参数的情况下,递归更新通常由递归(加权)最小二乘估计器完成,因为有利的收敛性质,参见文献[77,第 2 章]。它基于(加权)最小二乘函数,定义为

$$\hat{w}(k+1)=\hat{w}(k)+\nu(k)[y(k+1)-r^{\mathrm{T}}(k+1)\hat{w}(k)] \tag{4.13}$$

$$\nu(k)=\frac{P(k)r(k+1)}{\frac{\hat{}}{\psi(x(k+1))}+r^{\mathrm{T}}(k+1)P(k)} \tag{4.14}$$

$$P(k+1)=\frac{1}{\hat{}}[\boldsymbol{I}-\nu(k)r^{\mathrm{T}}(k+1)]P(k) \tag{4.15}$$

用线性参数向量,$P(k)=[R(k)^{\mathrm{T}}Q(k)R(k)+\lambda\boldsymbol{I}]^{-1}$(脊正则化)反向加权 Hessian 矩阵(在批处理理学习阶段优化 λ)和 $r(k+1)=[1x_1(k+1)x_2(k+1)\cdots x_p(k+1)]^{\mathrm{T}}$第$(k+1)$个数据样本的回归量值包含 p 个输入变量。^表示遗忘因子,它控制指数遗忘的程度(=随着时间的推移越来越多地超过旧样本),默认值等于1(不遗忘)。

忘记在一个非常动态的过程中提高灵活性可能很重要,从而更准确地代表最新趋势;然而,旧样本的过快加权可能导致灾难性的遗忘,从而导致模型性能的显著恶化[4]。从这个意义上说,遗忘因子的适当设置是一个具有挑战性的问题。在文献[110,113]中已经提出并讨论了基于跟踪变化强度水平的自适应方法。符号 ψ 表示可以单独给予实际样本 $x(k+1)$ 的权重(不同于常规的预定义遗忘权重)。因此,在更新过程期间,不同的样本可以接收不同的"重要性"度。每当样本接收到低权重时,卡尔曼增益 $\gamma(k)$ 变为接近 0 的值,并且 P 和 w 的更新是边际的。这种更新机制具有在每个迭代步骤中收敛的巨大优势,因为优化函数是(凸)抛物线并且更新步骤等效于高斯-牛顿迭代步骤[13]。另一方面,缺点是在复杂模型结构的情况下它可能会过度,因为它没有整合任何惩罚或正则化项目。因此,在高维输入的情况下,诸如广义 RLS(GRLS)[121]、稀疏 RLS[14]或具有扩展[127]的基于内核的 RLS 可以是更稳健的选择。

对于非线性参数(在非线性模型中定义结构组件的大小、方向和形状),可

以应用高级增量优化技术,如增量 Levenberg - Marquardt 或增量 Gauss - Newton 算法,参见文献[95]一系列可能的算法。当使用关于模型复杂性和特征空间覆盖的惩罚术语扩展常规最小二乘问题时,需要更复杂的增量优化算法[86],以降低过度覆盖的风险。文献[12,77,95]中提出了一系列可能的算法。

通常,预测映射是非线性机器学习或软计算(回归)模型,其包含若干结构组件[(模糊)规则、神经元、符号公式项等],模拟系统的不同部分。这使其有机会以足够的精度(通用近似定理[124])来模拟系统中包含的任何非线性程度,并且基于新数据对数据进行扩展和收缩,通常很少受到已经学过的成分(和隐含的参数)的(收敛)“干扰”[76]。通过使用来自不断发展智能系统领域的概念和方法,可以实现扩展预测映射的组件演化[12,62,77]。例如,在(神经)模糊系统或神经网络中添加新的模糊规则或神经元通常通过检查新数据样本的新内容信息来完成:如果它们指示新的(类型的)知识,例如,通过以下方式验证:与已经学过的结构高度不同[70],它们是代表新运行模式/系统状态的潜在候选者。因此,必须增加模型的复杂性并因此增加模型的非线性度。然而,新知识也可能源于即将出现的问题或系统中的故障趋势,这些问题或故障趋势不应该集成到模型中。以全自动方式进行适当区分仍然是一个尚未解决的问题,并将成为4.6节以下的主要焦点。

用于映射收缩检查的组件修剪方法:包含在模型组件中的冗余信息[80,83],例如,考虑两个显著重叠的高斯分布,这些高斯分布可以在不丢失重要信息的情况下合并;用于部分模型没有访问更长的时间框架,因此变得过时[8,56]! 修剪是有益的。

关于网络级别的结构变化(添加、修剪箭头),这可以或多或少等同于增量子空间学习[71]:输入(特征)可以随时间改变其重要性级别,因此可能被丢弃,甚至可能被丢弃在流学习过程的不同阶段重新激活。到目前为止,后一个问题只是松散处理。在特征称重的方向上已经有了第一次尝试,它们赋予最重要的特征比重要特征更高的权重[85,99]。然后在增量模型更新步骤期间使用权重来减少维数灾难,从而提高模型的精度[85],因为在学习过程中可以忽略具有低权重的特征。冗余特征在解释(与目标的因果关系方面)没有用,但冗余特征可能获得与重要特征类似的高权重。最近,文献[6]中的方法通过单独地每个局部区域的局部特征选择部分地解决了这个问题。具有低权重的输入特征可以看作未在网络中表示,因此可以丢弃往返于它们的箭头。可以分配到边缘的权重以告知用户预期从输入到目标的影响有多大。

4.5.2 基于自适应分布的参考模型

这种形式的参考模型与因果关系网络的不同之处在于它们以完全无监督的方式建立。因此,不可能依赖于新样本上的优化函数和先行预测误差的经典递归自适应方法,来更新线性和非线性参数。

我们现在讨论4.4节中各种参考模型类型的增量更新可能性。

对于4.4.1节中描述的基于PCA的方法:主要分量空间可以通过逐个调整加载矢量(PCA方向)来更新,迭代地在已经更新的分量上进行新点的分解,如文献[120]中所做的那样,这导致特征轴的连续逐步(小)旋转;然而,当输入变量的平均值随时间发生显著变化时,或者通过更新协方差矩阵 $\boldsymbol{\Sigma}$ 时可能会出现一些问题,当包括秩 -1 时,可以以更稳定递归的方式建立协方差矩阵修改项目[78]:

$$\boldsymbol{\Sigma}(\text{new}) = \frac{N}{N+1}\boldsymbol{\Sigma}(\text{old}) + \frac{N}{(N+1)^2}(\bar{x}(N) - x_{N+1})^{\mathrm{T}}(\bar{x}(N) - x_{N+1}) + \Delta(N+1) \tag{4.16}$$

式中:N 表示到目前为止看到的样本数;x_{N+1} 表示新样本;$\bar{x}(N)$ 表示所有输入特征的平均值,直到样本 N;$\Delta_{i,j}(N+1) = (\overline{x_i}(N+1) - \overline{x_i}(N+1))(\overline{x_j}(N+1) - \overline{x_j}(N+1))$,即变量 i 和 j 中从样本 N 到$(N+1)$的平均偏移度乘以彼此(→排名 -1 修改)。另一方面,这需要在每个更新步骤中对协方差矩阵进行特征分解以获得更新的负载,这可能是时间密集的。

(1)对于4.4.2节中描述的部分局部主成分空间:将常规模式分解为各种主要组件(由于数据云的性质,见图4.14),基于新样本的重要新内容,模型更新概念依赖于调整已经可用的组件(使用上述技术)和新组件的演变之间的权衡。文献[69]提出了一个显著的解决方案,其中作者应用了一个自适应模糊分类器,它可以根据聚类演化标准[建立在不断发展的参与式学习概念(evolving participatory learning concept,EPL)[73]中]识别出新的状态。这与规则演化标准直接相关。因此,如果创建新集群,它会自动在模糊分类器中生成新规则。在违反演化标准时,只要最接近规则的成员资格值足够低,就会请求来自运营商的反馈,这意味着样本明显不属于已有的规则。否则,最活跃规则的后续类将用作新规则的模式。这种方法的工作流程在下面的图4.18中可视化。该反馈包括模式的类型(=常规操作模式或故障类别)。从这个意义上说,它只能以半监督、半自动的方式工作,而不是完全无人监督的自动方式。在发展中的系统模块中,全自动方法仍然是一个悬而未决的问题,我们将通过使用离散事件系统提出解决方案，参见 4.6 节。

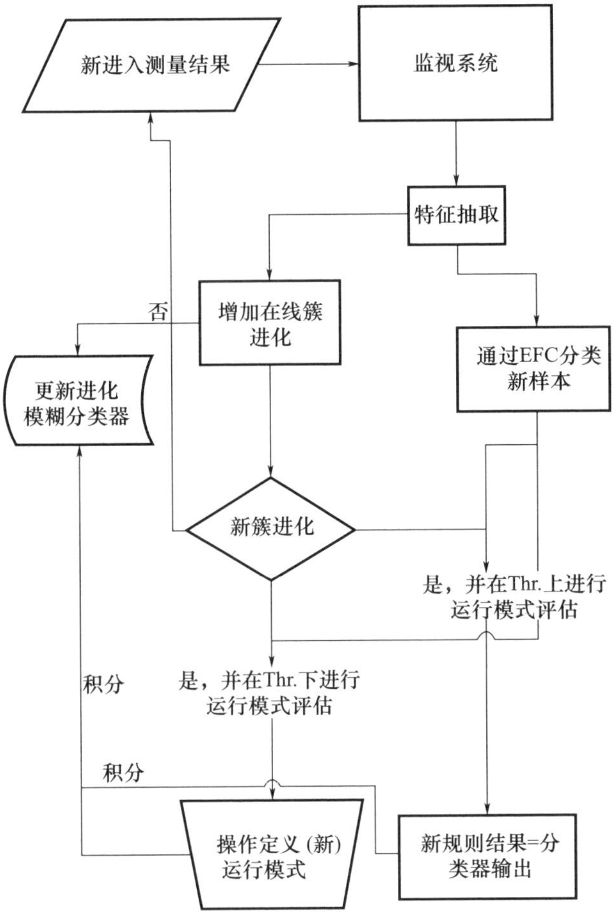

图 4.18　为更新系统模型分类器工作流基于新进入样本归纳旧的和新的系统状态——按照使用中的方法[69]

（2）对于 4.4.3 中描述的广义数据云：提供了关于数据分布的一般化观点，可以通过使用文献[8,10]中最近和文献[100]中扩展的递归密度估计器概念来实现样本密度信息到云的更新。在文献[29]中，作者使用这些概念以在线单通道方式进行故障和异常检测，同时还可以根据需要添加新的云。如果显著连续的新样本落在云的影响区域的两倍之外（因此被视为异常值）并且异常值的密度（存储在过去异常值的向量中）高于平均密度（递归计算）所有现有的云，一个新的云进化。将每个（演进的）云视为操作模式，其可以是正常模式或异常（故障）模式。基于所有数据样本上的平均密度（当其低于阈值时）的过滤阶段被应用以便预先区分异常模式和正常模式。然后,演进的云始终自动与下一个整数索引的新故障模式相关联。从这个意义上讲,不需要操作员干预来确定新状态是异常还是正常,以及它是否为新的异常状态。但是,这种方法需要两个特定的(基于应用程序的)功能,这些功能发送到不断发展的云模型方法中,以区分新的常规模式和故障模式。

(3)对于更复杂的非线性表示,其形状和大小的更新变得更加复杂。在一类 SVM(最广泛使用的方法)的情况下,可以通过过去的出版物[72,111]中建议的增量技术更新支持向量完成。有些嵌入了自动演化支撑向量的可能性,以显著扩展模式或在特征空间的其他部分演化新的模式。但是,在这里,新的常规模式和故障情况模式之间的自动适当区分的问题仍然存在。

4.6 动态系统中预期和非预期变化之间的区别

在初步讨论的模型更新机制中盲目地使用,(动态)在线过程期间记录和可用的所有数据流样本。他们尝试通过最佳原则和概念逐步优化参数并根据所有这些样本最大化模型精度来演化结构。现在,可能会发生系统中的变化或漂移,这些变化或漂移指向系统中潜在的问题(故障),而在其他情况下,根据过程设置的变化或环境中的变化而自然发生。我们称前者为非预期的变化或非预期的漂移,后者为预期的变化或预期的漂移。

现在,区分预期和非预期的变化是一项重要任务。这是因为在模型更新期间应该考虑前者以确保模型的充分灵活性,特别是在漂移发生后进一步保证高模型性能(参见 4.5 节),而后者不应该被集成到模型中。模型更新通常会导致模型性能下降。这种区别在动态故障检测(和诊断)中更加不稳定系统,如:

(1)动态变化和故障两者出现不可预测和变化的可能性通常比其他环境高得多。

(2)故障模式的集成将使模型忘记如何检测这类故障,从而导致故障检测性能的恶化,以正确检测这些类型的故障,这些故障已被错误地学习到模型中[无偏差将再次可见,因为故障模式是(错误地)更新的参考模型的一部分]。

理想情况下,这种区别也应该完全自动地和自动地进行,而无须昂贵的操作员干预。这放弃了半监督自适应和演进学习系统的使用,例如,如图 4.18 所示,需要操作员对每个新检测模式的反馈。此外,区别应尽可能一般适用,并不限于特定应用。这放弃了对故障和非故障模式的基于专家的类似模式描述使用,例如以故障特征[5,46]的形式,其指示预期的违规趋势和/或残差的强度水平。有人可能会认为由断层引起的变化受到的强度水平高于常规动力学引起的变化,反之亦然。例如,当检查图 4.1(在 4.1 节中)时,有人可能会认为样本#300周围的小漂移是系统中的常规动态波动(=预期的变化),而认为样本#400后的大漂移是真正的故障——在这种特殊情况下是正确的,并且甚至可以通过残差信号分析方法正确处理。然而,这不能通过足够的精确度来推广,因为非预期的变化可能很小(例如 5% 的故障水平),但是在其他情况下预期的变化可能很大。

4.6.1 指示(预期)过程变更的离散事件信号

我们方法的基本思想是利用在线过程中离散事件信号的存在,来区分预期和非预期变化。离散事件信号是一种基于时间的离散状态的动信号,其转换由事件触发。事件不仅可以遵循物理定律,而且通常由来自外部的人为规则或规则引起(例如环境变化或过程设置的切换)。例如,在当前工厂大多数传统生产系统中,用于生产特定产品的参数设置或费用类型,在生产过程[39,103]期间可以从一个特定的值设置改变为另一个。图 4.19 显示了嵌入参数设置变化的轧机生产过程离散事件信号的一个特定示例,包括导致 5 个状态的 4 个事件。

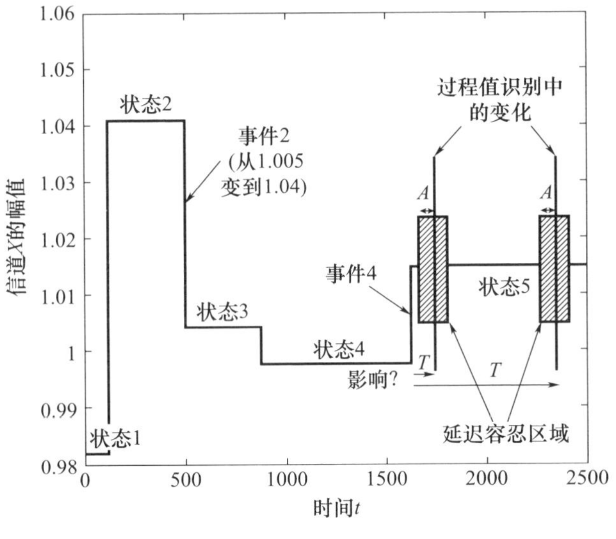

图 4.19 一个包含 5 个事件典型随时间变化的离散时间信号(=新鲜的变化),包含 2500 个样本(=在这种情况中 24h 正常运行时间);两个处理中可识别的变化通过垂线和容差区域表示,容差区域(已知的,探测到的)代表事件发生和它们作用于处理之间的延时

通常,此类更改会影响系统,使之前建模的关系和相互依赖关系不再有效或不再部分有效。因此,在这些变化期间或之后记录的在线样本表现为模型的显著偏差(异常)。

4.6.2 通过离散事件的混合和变化隔离来识别预期变化

现在的基本思想是:

(1)检查这些离散事件信号中的变化事件是否发生在潜在故障候选者被引出时间段之前或期间(通过4.3节和4.4节中描述的任何方法),受到影响的延迟水平;

(2)如果是这样,检查是否在通道(=影响过程变量)中发生了故障候选(因为显著违反参考模型),这些信道实际上可能受到"发生前"变化事件的影响。

如果两者都是真的,则变化可能是预期的(因此故障候选者不被确认为真实故障)并且模型应该被自动更新以便将其知识扩展到新状态并且避免进一步的错误警报。如果上述(1)和(2)不是这种情况,则该变化可能是非预期的变化,因此故障的可能性非常高。因此,应该警告操作员,然后谁可以提供最终反馈。这导致在发生预期变化(并且没有真正的故障)的情况下减少误报(向操作员提供虚假信息)。

4.6.2.1 过程变更的延迟启发

关于第一个问题,在一些情况下,可能存在可获知的离散事件(例如过程设置变化)与其对过程的实际影响(以及包括的变量/值)之间的(预期的)时间延迟的专家知识。在其他情况下,可以在实验设计(design of experiment, DoE)阶段[43]内引出延迟,其中测试各种事件设置(由DoE引导)并且随时间记录相应的过程变量。然后,与在这些映射中的理想预测范围的搜索过程相关联地建立事件和过程变量之间的预测映射(优化地平线的长度和映射的准确性之间的权衡)。然后,后者可以与事件和过程变化之间的固有延迟相关联。然后可以将找到的(或已知的)延迟L与在离散事件的发生和由参考模型检测为故障候选的实际过程变化之间经过的持续时间T进行匹配。某个公差区域A可能是有用的,因为变化的检测也可能受到某些延迟的影响(取决于方法的准确性)。如果持续时间落在容差区域内,即

$$L \in [T-A, T+A] \tag{4.17}$$

由于离散事件和检测到的过程变化之间的持续时间与已知延迟类似,因此变化可能是预期的变化。该可能性的级别由更改隔离组件(后续部分)验证,该组件

检查检测到的过程变化是否位于至少一个过程通道可能受到离散事件的影响（包含在任何参考模型中）。

4.6.2.2 变更隔离的变更位置

确定哪些通道最有可能受到变化影响是一项重要任务，或者换句话说，传感器网络中的哪个位置导致违反参考模型。故障隔离的概念[35,46,107]是一种有前途且广泛使用的方法，用于执行此类任务，其中违反的参考模型用作搜索的基础。在将每个模型违规视为流程变更而不一定是故障的情况下，可以直接将其用于变更隔离。

在使用基于残差的因果关系网络方法情况下（4.3 节），可以通过利用多模型性质来理想地研究变化/故障隔离问题，因为可能出现或不出现各种信道。一个模型（作为输入或目标）具有不同的影响水平。例如，如果一个频道出现在许多不同的违规模型中（=提取的残差信号超过公差带的模型），则该信道中发生的变化更可能发生在仅出现在一个违反模型中的另一个变化中。然而，这也可能取决于该通道对违反模型的目标的影响，违反模型的质量和违规强度，即公差带是否略有或显著超过。根据文献[107]中的考虑，我们建议采用以下隔离指标：

（1）当前样本中的模型梯度（沿着每个输入变量）作为影响变量程度的度量；

（2）模型质量，通过统计评估程序（如交叉验证）确定R^2的系数来测量；

（3）模型违规程度通过残差与其周围动态公差带之间的距离来衡量（与图 4.9相比）。

这些累积在所有违反的模型$f_1,\cdots,f_v$。形式上，检测到的变化仅基于单个（违反）模型f_i出现在通道x_j中的相对可能性，其中通道x_j作为输入或目标变量出现，由下式给出：

$$\mathrm{ind}_{ij} = |\mathrm{grad}_{ij}| \cdot \mathrm{qual}_i \cdot \mathrm{viol}_i \tag{4.18}$$

使用qual_i，在初步离线训练过程中获得的交叉验证R^2测量的第 i 个模型的质量（假设 K 折叠）：

$$R^2(CV) = \frac{1}{K}\sum_{i=1}^{K} \frac{\sum_{k=(i-1)*(\frac{N}{K})}^{i*(\frac{N}{K+1})} [\hat{y}(k) - \bar{y}(k)]^2}{\sum_{k=(i-1)*(\frac{N}{K})+1}^{i*(\frac{N}{K+1})} [\hat{y}(k) - \bar{y}(k)]^2 + \sum_{k=(i-1)*(\frac{N}{K})+1}^{i*(\frac{N}{K+1})} [y(k) - \hat{y}(k)]^2} \tag{4.19}$$

式中：$\bar{y}$表示目标值的平均值，因此表示具有恒定表面的虚拟模型viol_i的计算方法是

$$\text{viol}_i = \frac{\text{res}_i}{\text{tolband}_i} \tag{4.20}$$

即它测量残差与公差带的比例，其总是大于1，否则模型不会被违反。梯度grad_{ij}的计算取决于用于在因果关系网络内建立部分映射的模型架构/结构，但是一旦模型可以表示为可微分的函数形式，通常可以引出，例如，所有类型的线性回归模型以及神经网络、模糊系统或符号回归公式的情况。

然后，变化影响或出现在通道x_j中的可能性由下式给出：

$$\text{lik}_j = \text{Agg}\{f_i \in \text{F\_viol}(x) \mid x_j \in f_i\}(\text{ind}_{ij}) \tag{4.21}$$

使用 Agg 聚合运算符和 F_viol(x)当前样本 x 中的违规模型集合，通过 F_viol(x)中任何违反模型中涉及的所有 N 个通道中的最大似然性进行归一化：

$$\text{lik}_j(\text{normed}) = \frac{\text{lik}_j}{\max_{k=1,2,\cdots,N}(\text{lik}_k)} \tag{4.22}$$

在这个意义上，与最大程度相似但程度略低的变量被认为是潜在的隔离候选者$\text{iso}_1,\cdots,\text{iso}_k$，因为其$\text{lik}_j$（正则化后的）值将接近1；与最大值相比具有低可能性的其他通道将被分配接近0的值并且可以忽略。

4.6.2.3　隔离候选者与离散事件信号的杂交以识别预期的变化

之后，可以检查是否有任何事件$e_1,\cdots,e_l$在检测到过程变化（候选）之前发生时对任何隔离候选者$\text{iso}_1,\cdots,\text{iso}_k$都有（时间延迟）影响，即是否满足

$$\exists_{j=1,\cdots,k}(\text{qual}_j(\text{fpred}_j(e_{\text{full}})\rightarrow \text{iso}_j)\geqslant \text{thr}\,\hat{}\,\exists_{j=1,\cdots,k}(\text{infl}(e_i)\rightarrow \text{iso}_j)=\text{sign}_\alpha \tag{4.23}$$

第一个条件检查在完整的事件信号集$e_{\text{full}}=(e_1,\cdots,e_l)$和任何隔离通道（预测范围位于$[T-A,T+A]$区间）之间是否存在高质量的预测映射，第二个条件检查是否有任何事件$e_1,\cdots,e_l$对任何孤立的候选者都有显著的影响（可以通过ANOVA 方差分析[53]、基于预先记录的数据分析、基于专家知识的综合分析而得到）。

（1）如果式（4.23）成立，则变化是预期变量的可能性很高，并且可以更新模型以考虑变更，以将变更/扩展的系统行为集成到其结构中（根据4.5.1节中讨论的技术）。

（2）如果式（4.23）不成立，则可能无意更改过程，因此会向操作员触发故障报警。

在基于无监督分布模型的情况下，变更隔离是更复杂的高维度，因为基于

分布的模型被用作参考,其中涉及所有或更大的信道子集。在 PCA 或基于部分 PCA 的方法的情况下,通道在最重要(高度排名)的组件上加载可以用作指示用于描述分布多少的重要通道。然后,这些载荷可以代替式(4.18)中的梯度,并且违规度$viol_i$可以被解释为样本与云表面的比例距离。

最后一个注意事项是 SCADA 系统,其中事件可能以非常高的频率出现,因此模型维护的时间分数可能变得占主导地位。另外,事件仅涉及维护,只要它们是重要的,即能够触发通过上述方法之一检测到的过程变化(=潜在故障候选者)(因此,其他事件被自动过滤)。然后,通过使用 4.3 节和 4.4 节中描述的增量学习和演化方法,以单通道、样本方式更新模型来完成维护。根据我们的经验,即使在高维情况下,这些都是非常快速的实时操作方法,比基于过去样本和滑动窗口的重新校准快得多,因此模型更新没有明显的延迟。类似的考虑因素适用于变化隔离组件,因为式(4.18)中的值可以快速计算(梯度可以通过差异商来近似计算)。

致谢

感谢奥地利研究资助协会(FFG)在"未来的 IKT"计划范围内项目"从质量控制中的异构数据源生成过程反馈(mvControl)"的资助(合同#849962)。

参考文献

[1] M. Affenzeller, S. Winkler, S. Wagner, A. Beham, Genetic Algorithms and Genetic Programming: Modern Concepts and Practical Applications (Chapman & Hall, Boca Raton, FL, 2009)

[2] S. Agarwal, D. Starobinski, A. Trachtenberg, On the scalability of data synchronization protocols for PDAs and mobile devices. IEEE Netw. 16(4), 22 – 28 (2002)

[3] J. Aguilar – Martin, Qualitative control, diagnostic and supervision of complex processes. Math. Comput. Simul. 36(2), 115 – 127 (1994)

[4] D. Albesano, R. Gemello, P. Laface, F. Mana, S. Scanzio, Adaptation of artificial neural networks avoiding catastrophic forgetting, in International Joint Conference on Neural Networks 2006 (2006), pp. 1554 – 1561

[5] C. Alcala, S. Qin, Reconstruction – based contribution for process monitoring.

Automatica 45(7), 1593 – 1600 (2009)

[6] S. Alizadeh, A. Kalhor, H. Jamalabadi, B. Araabi, M. Ahmadabadi, Online local input selection through evolving heterogeneous fuzzy inference system. IEEE Trans. Fuzzy Syst. 24(6), 1364 – 1377 (2016)

[7] M. Andersson, A comparison of nine pls1 algorithms. J. Chemometr. 23, 518 – 529 (2009)

[8] P. Angelov, Evolving Takagi – Sugeno fuzzy systems from streaming data, eTS +, in Evolving Intelligent Systems: Methodology and Applications, ed. by P. Angelov, D. Filev, N. Kasabov(Wiley, New York, 2010), pp. 21 – 50

[9] P. Angelov, R. Yager, A new type of simplified fuzzy rule – based system. Int. J. Gen. Syst. 41(2), 163 – 185 (2012)

[10] P. Angelov, X. Zhou, Evolving fuzzy – rule – based classifiers from data streams. IEEE Trans. Fuzzy Syst. 16(6), 1462 – 1475 (2008)

[11] P. Angelov, V. Giglio, C. Guardiola, E. Lughofer, J. Luján, An approach to model – based fault detection in industrial measurement systems with application to engine test benches. Meas. Sci. Technol. 17(7), 1809 – 1818 (2006)

[12] P. Angelov, D. Filev, N. Kasabov, Evolving Intelligent Systems—Methodology and Applications (Wiley, New York, 2010)

[13] K. Aström, B. Wittenmark, Adaptive Control, 2nd edn. (Addison – Wesley Longman, Boston, MA, 1994)

[14] B. Babadi, N. Kalouptsidis, V. Tarokh, SPARLS: the sparserls algorithm. IEEE Trans. Signal Process. 58(8), 4013 – 4025 (2010)

[15] D. Bartholomew, F. Steele, J. Galbraith, I. Moustaki, Analysis of Multivariate Social Science Data. Statistics in the Social and Behavioral Sciences Series, 2nd edn. (Taylor & Francis, London, 1993)

[16] S. Bay, K. Saito, N. Ueda, P. Langley, A framework for discovering anomalous regimesin multivariate time – series data with local models, in Symposium on Machine Learning for Anomaly Detection, Stanford, 2004

[17] A. Bifet, G. Holmes, R. Kirkby, B. Pfahringer, MOA: massive online analysis. J. Mach. Learn. Res. 11, 1601 – 1604 (2010)

[18] P. Boltryk, C. J. Harris, N. M. White, Intelligent sensors – a generic software approach. J. Phys. Conf. Ser. 15, 155 – 160 (2005)

[19] L. Breiman, J. Friedman, C. Stone, R. Olshen, Classification and Regres-

sion Trees (Chapman& Hall, Boca Raton, FL, 1993)

[20] E. Brusa, L. Lemma, D. Benasciutti, Vibration analysis of a sendzimir cold rolling mill and bearing fault detection. Proc. Inst. Mech. Eng. C J. Mech. Eng. Sci. 224(C8), 1645 - 1654(2010)

[21] P. Caleb - Solly, J. Smith, Adaptive surface inspection via interactive evolution. Image Vis. Comput. 25(7), 1058 - 1072 (2007)

[22] V. Carvalho, W. Cohen, Single - pass online learning: performance, voting schemes and online feature selection, in Proceedings of the 12th ACM SIGKDD International Conference on Knowledge Discovery and Data Mining (ACM Press, New York, 2006), pp. 548 - 553

[23] C. Cernuda, E. Lughofer, P. Hintenaus, W. Märzinger, T. Reischer, M. Pawlicek, J. Kasberger, Hybrid adaptive calibration methods and ensemble strategy for prediction of cloud point in melamine resin production. Chemom. Intell. Lab. Syst. 126, 60 - 75 (2013)

[24] C. Cernuda, E. Lughofer, G. Mayr, T. Röder, P. Hintenaus, W. Märzinger, J. Kasberger, Incremental and decremental active learning for optimized self - adaptive calibration in viscose production. Chemom. Intell. Lab. Syst. 138, 14 - 29 (2014)

[25] V. Chandola, A. Banerjee, V. Kumar, Anomaly detection: a survey. ACM Comput. Surv. 41(3), 1 - 58 (2009)

[26] H. Chen, P. Tino, X. Yao, A. Rodan, Learning in the model space for fault diagnosis. IEEE Trans. Neural Netw. Learn. Syst. 25(1), 124 - 136 (2014)

[27] G. Claeskens, N. Hjort, Model Selection and Model Averaging (Cambridge University Press, Cambridge, 2008)

[28] L. Cohen, G. Avrahami - Bakish, M. Last, A. Kandel, O. Kipersztok, Real - time data mining of non - stationary data streams from sensor networks. Inf. Fusion 9(3), 344 - 353 (2008)

[29] B. Costa, P. Angelov, L. Guedes, Fully unsupervised fault detection and identification based on recursive density estimation and self - evolving cloud - based classifier. Neurocomputing 150(A), 289 - 303 (2015)

[30] D. Cox, D. Hinkley, Theoretical Statistics (Chapman & Hall, London, 1974)

[31] J. C. da Silva, A. Saxena, E. Balaban, K. Goebel, A knowledge - based

system approach for sensor fault modeling, detection and mitigation. Expert Syst. Appl. 39, 10977 – 10989 (2012)

[32] S. J. Delany, P. Cunningham, A. Tsymbal, L. Coyle, Curvilinear component analysis: a self – organizing neural network for nonlinear mapping of datasets. IEEE Trans. Neural Netw. 8(1), 148 – 154 (1997)

[33] S. Ding, Model – Based Fault Diagnosis Techniques: Design Schemes, Algorithms, and Tools (Springer, Berlin, 2008)

[34] D. Dou, S. Zhou, Comparison of four direct classification methods for intelligent fault diagnosis of rotating machinery. Appl. Soft Comput. 46, 459 – 468 (2016)

[35] H. Efendic, A. Schrempf, L. D. Re, Data based fault isolation in complex measurement systems using models on demand, in Proceedings of the IFAC – Safe process 2003 (IFAC, Washington, DC, 2003), pp. 1149 – 1154

[36] B. Efron, R. Tibshirani, Improvements on cross – validation: the .632 + bootstrap method. J. Am. Stat. Assoc. 92(438), 548 – 560 (1997)

[37] C. Eitzinger, W. Heidl, E. Lughofer, S. Raiser, J. Smith, M. Tahir, D. Sannen, H. van Brussel, Assessment of the influence of adaptive components in trainable surface inspection systems. Mach. Vis. Appl. 21(5), 613 – 626 (2010)

[38] D. Evans, A. Jones, A proof of the gamma test. Roy. Soc. 458, 2759 – 2799 (2002)

[39] X. Fang, J. Du, Z. Wei, P. He, H. Bai, X. Wang, B. Lu, An investigation on effects of process parameters in fused – coating based metal additive manufacturing. J. Manuf. Process. 28(2), 383 – 389 (2017)

[40] D. Fernάndez – Francos, D. Martínez – Rego, O. Fontenla – Romero, A. Alonso – Betanzos, Automatic bearing fault diagnosis based on one – class v – svm. Comput. Ind. Eng. 64(1), 357 – 365 (2013)

[41] L. Fortuna, S. Graziani, A. Rizzo, M. Xibilia, Soft Sensor for Monitoring and Control of Industrial Processes (Springer, London, 2007)

[42] H. Fourati, Multisensor Data Fusion: From Algorithms and Architectural Design to Applications (CRC Press, Taylor & Francis Group, Boca Raton, FL, 2015)

[43] G. Franceschini, S. Macchietto, Model – based design of experiments for pa-

rameter precision: state of the art. Chem. Eng. Sci. 63(19), 4846 – 4872 (2008)

[44] J. Gama, Knowledge Discovery from Data Streams (Chapman & Hall/CRC, Boca Raton, FL, 2010)

[45] V. Giurgiutiu, Structural Health Monitoring: Fundamentals and Applications: With Piezo – electric Wafer Active Sensors (Academic, San Diego, CA, 2007)

[46] D. Gorinevsky, Bayesian fault isolation in multivariate statistical process monitoring, in Proceedings of the American Control Conference, San Francisco, CA (2011), pp. 1963 – 1968

[47] D. Gustafson, W. Kessel, Fuzzy clustering with a fuzzy covariance matrix, in Proceedings of the IEEE CDC Conference 1979, San Diego, CA (1979), pp. 761 – 766

[48] I. Guyon, A. Elisseeff, An introduction to variable and feature selection. J. Mach. Learn. Res. 3, 1157 – 1182 (2003)

[49] F. Harrel, Regression Modeling Stratcgics (Springer, New York, 2001)

[50] L. Hartert, M. Sayed – Mouchaweh, Dynamic supervised classification method for online monitoring in non – stationary environments. Neuro computing 126, 118 – 131 (2014)

[51] T. Hastie, R. Tibshirani, J. Friedman, The Elements of Statistical Learning: Data Mining, Inference and Prediction, 2nd edn. (Springer, New York, 2009)

[52] W. Heidl, S. Thumfart, E. Lughofer, C. Eitzinger, E. Klement, Machine learning based analysis of gender differences in visual inspection decision making. Inf. Sci. 224, 62 – 76(2013)

[53] T. Hill, P. Lewicki, Statistics: Methods and Applications (Stat Soft, Tulsa, 2007)

[54] G. Hinton, S. Roweis, Stochastic neighbor embedding. Adv. Neural Inf. Process. Syst. 15, 833 – 840 (2003)

[55] M. Hisada, S. Ozawa, K. Zhang, N. Kasabov, Incremental linear discriminant analysis forevolving feature spaces in multitask pattern recognition problems. Evol. Syst. 1(1), 17 – 27(2010)

[56] G. Huang, P. Saratchandran, N. Sundararajan, An efficient sequential learning algorithm forgrowing and pruning RBF (GAP – RBF) networks. IEEE

Trans. Syst. Man Cybern. B Cybern. 34(6), 2284 -2292 (2004)

[57] R. Isermann, Fault Diagnosis Systems: An Introduction from Fault Detection to Fault Tolerance (Springer, Berlin, 2009)

[58] R. Isermann, P. Ballé, Trends in the application of model - based fault detection and diagnosisof technical processes. Control. Eng. Pract. 5(5), 709 -719 (1997)

[59] H. Jiang, C. Kwong, W. Ip, T. Wong, Modeling customer satisfaction for new product development using a PSO - based ANFIS approach. Appl. Soft Comput. 12(2), 726 -734 (2013)

[60] I. Jolliffe, Principal Component Analysis (Springer, Berlin, 2002)

[61] R. Kalman, A new approach to linear filtering and prediction problems. Trans. ASME J. BasicEng. 82, 35 -45 (1960)

[62] N. Kasabov, Evolving Connectionist Systems: The Knowledge Engineering Approach, 2nd edn. (Springer, London, 2007)

[63] B. Khaleghi, A. Khamis, F. O. Karray, S. N. Razavi, Multisensor data fusion: a review of thestate - of - the - art. Inf. Fusion 14(1), 28 - 44 (2013)

[64] I. Khamassi, M. Sayed - Mouchaweh, M. Hammami, K. Ghedira, Discussion and review on evolving data streams and concept drift adapting. Evol. Syst. (2017, on - line and in press). https://10.1007/s12530 -016 -9168 -2

[65] J. Korbicz, J. Koscielny, Z. Kowalczuk, W. Cholewa, Fault Diagnosis - Models, Artificial Intelligence and Applications (Springer, Berlin, 2004)

[66] P. Laskov, C. Gehl, S. Krüger, K. Müller, Incremental support vector learning: analysis, implementation and applications. J. Mach. Learn. Res. 7, 1909 -1936 (2006)

[67] D. Leite, R. Palhares, C. S. Campos, F. Gomide, Evolving granular fuzzy model - based control of nonlinear dynamic systems. IEEE Trans. Fuzzy Syst. 23(4), 923 -938 (2015)

[68] A. Lemos, Adaptive fault detection and diagnosis using evolving intelligent systems, in Proceedings of the IEEE Evolving and Adaptive Intelligent Systems Conference (EAIS) 2016, Natal (2016)

[69] A. Lemos, W. Caminhas, F. Gomide, Adaptive fault detection and diagnosis using an evolvingfuzzy classifier. Inf. Sci. 220, 64 -85 (2013)

[70] G. Leng, X. J. Zeng, J. Keane, An improved approach of self – organising fuzzy neural network based on similarity measures. Evol. Syst. 3(1), 19 – 30 (2012)

[71] Y. Li, On incremental and robust subspace learning. Pattern Recogn. 37 (7), 1509 – 1518 (2004)

[72] Z. Liang, Y. Li, Incremental support vector machine learning in the primal and applications. Neuro computing 72(10 – 12), 2249 – 2258 (2009)

[73] E. Lima, M. Hell, R. Ballini, F. Gomide, Evolving fuzzy modeling using participatory learning, in Evolving Intelligent Systems: Methodology and Applications, ed. by P. Angelov, D. Filev, N. Kasabov (Wiley, New York, 2010), pp. 67 – 86

[74] D. Liu, Y. Zhang, Z. Yu, M. Zeng, Incremental supervised locally linear embedding for machinery fault diagnosis. Eng. Appl. Artif. Intell. 50(C), 60 – 70 (2016)

[75] L. Ljung, System Identification: Theory for the User (Prentice Hall PTR, Prentice Hall, Upper Saddle River, NJ, 1999)

[76] E. Lughofer, FLEXFIS: a robust incremental learning approach for evolving TS fuzzy models. IEEE Trans. Fuzzy Syst. 16(6), 1393 – 1410 (2008)

[77] E. Lughofer, Evolving Fuzzy Systems—Methodologies, Advanced Concepts and Applications (Springer, Berlin, 2011)

[78] E. Lughofer, On – line incremental feature weighting in evolving fuzzy classifiers. Fuzzy Sets Syst. 163(1), 1 – 23 (2011)

[79] E. Lughofer, eVQ – AM: an extended dynamic version of evolving vector quantization, in Proceedings of the 2013 IEEE Conference on Evolving and Adaptive Intelligent Systems (EAIS), Singapore (2013), pp. 40 – 47

[80] E. Lughofer, On – line assurance of interpretability criteria in evolving fuzzy systems —achievements, new concepts and open issues. Inf. Sci. 251, 22 – 46 (2013)

[81] E. Lughofer, C. Guardiola, On – line fault detection with data – driven evolving fuzzy models. J. Control Intell. Syst. 36(4), 307 – 317 (2008)

[82] E. Lughofer, S. Kindermann, SparseFIS: data – driven learning of fuzzy systems with sparsity constraints. IEEE Trans. Fuzzy Syst. 18(2), 396 – 411 (2010)

[83] E. Lughofer, J. L. Bouchot, A. Shaker, On – line elimination of local redundancies in evolving fuzzy systems. Evol. Syst. 2(3), 165 – 187 (2011)

[84] E. Lughofer, C. Eitzinger, C. Guardiola, On – line quality control with flexible evolving fuzzy systems, in Learning in Non – stationary Environments: Methods and Applications, ed. byM. Sayed – Mouchaweh, E. Lughofer (Springer, New York, 2012), pp. 375 – 406

[85] E. Lughofer, C. Cernuda, S. Kindermann, M. Pratama, Generalized smart evolving fuzzy systems. Evol. Syst. 6(4), 269 – 292 (2015)

[86] E. Lughofer, S. Kindermann, M. Pratama, J. Rubio, Top – down sparse fuzzy regression modeling from data with improved coverage. Int. J. Fuzzy Syst. 19(5),1645 – 1658 (2017)

[87] E. Lughofer, R. Richter, U. Neissl, W. Heidl, C. Eitzinger, T. Radauer, Explaining classifier decisions linguistically for stimulating and improving operators labeling behavior. Inf. Sci. 420, 16 – 36 (2017)

[88] S. Mahadevan, S. Shah, Fault detection and diagnosis in process data using one – class support vector machines. J. Process Control 19(10), 1627 – 1639 (2009)

[89] L. Manevitz, M. Yousef, One – class svms for document classification. J. Mach. Learn. Res. 2,139 – 154 (2001)

[90. T. McConaghy, Fast scalable, deterministic symbolic regression technology, in Genetic Programming Theory and Practice IX, ed. by R. Riolo et al. Genetic and Evolutionary Computation (Springer Science + Business Media, Heidelberg, 2011), pp. 235 – 260

[91] P. Mcnicholas, T. Murphy, Parsimonious gaussian mixture models. Stat. Comput. 18(3), 285 – 296 (2008)

[92] L. Mendonça, J. Sousa, J. S. da Costa, An architecture for fault detection and isolation based on fuzzy methods. Expert Syst. Appl. 36(2), 1092 – 1104 (2009)

[93] T. Nakamura, A. Lemos, A batch – incremental process fault detection and diagnosis using mixtures of probabilistic PCA, in Proceedings of the Evolving and Adaptive Intelligent Systems (EAIS) Conference 2014 (IEEE Press, Linz, 2014)

[94] O. Nelles, Nonlinear System Identification (Springer, Berlin, 2001)

[95] L. Ngia, J. Sjöberg, Efficient training of neural nets for nonlinear adaptive filtering using a recursive Levenberg – Marquardt algorithm. IEEE Trans. Signal Process. 48(7), 1915 –1926(2000)
[96] P. Odgaard, B. Lin, S. Jorgensen, Observer and data – driven – model – based fault detection inpower plant coal mills. IEEE Trans. Energy Convers. 23(2), 659 –668 (2008)
[97] W. Penny, S. Roberts, Error bars for linear and nonlinear neural network regression models(1998). http:\citeseer. nj. nec. com/penny98error. html
[98] K. Pichler, E. Lughofer, M. Pichler, T. Buchegger, E. Klement, M. Huschenbett, Fault detection in reciprocating compressor valves under varying load conditions. Mech. Syst. Signal Process. 70 –71, 104 –119 (2016)
[99] M. Pratama, S. Anavatti, E. Lughofer, C. Lim, An incremental meta – cognitive – based scaffolding fuzzy neural network. Neuro computing 171, 89 – 105 (2016)
[100] M. Pratama, J. Lu, E. Lughofer, G. Zhang, M. Er, Incremental learning of concept drift using evolving type – 2 recurrent fuzzy neural network. IEEE Trans. Fuzzy Syst. 25(5), 1175 –1192(2017)
[101] M. Sayed – Mouchaweh, E. Lughofer, Learning in Non – stationary Environments: Methods and Applications (Springer, New York, 2012)
[102] M. Sayed – Mouchaweh, E. Lughofer, Decentralized fault diagnosis approach without a global model for fault diagnosis of discrete event systems. Int. J. Control. 88(11), 2228 –2241 (2015)
[103] M. Schrenk, S. Krenn, M. Ripoll, A. Nevosad, S. Paar, R. Grundtner, G. Rohm, F. Franek,Statistical analysis on the impact of process parameters on tool damage during press hardening. J. Manuf. Process. 23, 222 230 (2016)
[104] A. Seifi, H. Riahi – Madvar, Input variable selection in expert systems based on hybrid gammatest – least square support vector machine, ANFIS and ANN models, in Advances in Expert Systems (Springer, Berlin, 2012)
[105] F. Serdio, E. Lughofer, K. Pichler, T. Buchegger, H. Efendic, Residual – based fault detection using soft computing techniques for condition monitoring at rolling mills. Inf. Sci. 259, 304 –320 (2014)
[106] F. Serdio, E. Lughofer, K. Pichler, M. Pichler, T. Buchegger, H. Efendic,

Fault detection inmulti – sensor networks based on multivariate time – series models and orthogonal transformations. Inf. Fusion 20, 272 – 291 (2014)

[107] F. Serdio, E. Lughofer, K. Pichler, M. Pichler, T. Buchegger, H. Efendic, Fuzzy fault isolation using gradient information and quality criteria from system identification models. Inf. Sci. 316, 18 – 39 (2015)

[108] F. Serdio, E. Lughofer, A. C. Zavoianu, K. Pichler, M. Pichler, T. Buchegger, H. Efendic, Improved fault detection employing hybrid memetic fuzzy modeling and adaptive filters. Appl. Soft Comput. 51, 60 – 82 (2017)

[109] M. Shabanian, M. Montazeri, A neuro – fuzzy online fault detection and diagnosis algorithmfor nonlinear and dynamic systems. Int. J. Control. Autom. Syst. 9(4), 665 – 670 (2011)

[110] A. Shaker, E. Lughofer, Self – adaptive and local strategies for a smooth treatment of drifts indata streams. Evol. Syst. 5(4), 239 – 257 (2014)

[111] A. Shilton, M. Palaniswami, D. Ralph, A. Tsoi, Incremental training of support vector machines. IEEE Trans. Neural Netw. 16(1), 114 – 131 (2005)

[112] S. Simani, C. Fantuzzi, R. Patton, Model – Based Fault Diagnosis in Dynamic Systems Using Identification Techniques (Springer, Berlin, 2002)

[113] C. So, S. Ng, S. Leung, Gradient based variable forgetting factor RLS algorithm. Signal Process. 83(6), 1163 – 1175 (2003)

[114] M. Stone, Cross – validatory choice and assessment of statistical predictions. J. R. Stat. Soc. 36(1), 111 – 147 (1974)

[115] M. Tamura, S. Tsujita, A study on the number of principal components and sensitivity of fault detection using PCA. Comput. Chem. Eng. 31(9), 1035 – 1046 (2007)

[116] M. Tipping, C. Bishop, Probabilistic principal component analysis. J. R. Stat. Soc. Ser. B Stat. Methodol. 61(3), 611 – 622 (1999)

[117] L. Wang, R. Gao, Condition Monitoring and Control for Intelligent Manufacturing (Springer, London, 2006)

[118] W. Wang, J. Vrbanek, An evolving fuzzy predictor for industrial applications. IEEE Trans. Fuzzy Syst. 16(6), 1439 – 1449 (2008)

[119] J. Wang, P. Zhao, S. Hoi, R. Jin, Online feature selection and its applications. IEEE Trans. Knowl. Data Eng. 26(3), 698 – 710 (2004)

[120] J. Weng, Y. Zhang, W. S. Hwang, Candid covariance – free incremental

principal component analysis. IEEE Trans. Pattern Anal. Mach. Intell. 25 (8), 1034 - 1040 (2003)

[121] Y. Xu, K. Wong, C. Leung, Generalized recursive least square to the training of neural network. IEEE Trans. Neural Netw. 17(1), 19 - 34 (2006)

[122] M. Yang, V. Makis, ARX model - based gearbox fault detection and localization under varying load conditions. J. Sound Vib. 329 (24), 5209 - 5221 (2010)

[123] X. Q. Zeng, G. Z. Li, Incremental partial least squares analysis of big streaming data. Pattern Recogn. 47, 3726 - 3735 (2014)

[124] Y. Q. Zhang, Constructive granular systems with universal approximation and fast knowledge discovery. IEEE Trans. Fuzzy Syst. 13(1), 48 - 57 (2005)

[125] Y. Q. Zhang, Combining uncertainty sampling methods for supporting the generation of meta - examples. Inf. Sci. 196(1), 1 - 14 (2012)

[126] E. Zhong, W. Fan, Q. Yang, O. Verscheure, J. Ren, Cross validation framework to choose amongst models and datasets for transfer learning, in Proceedings of the Joint European Conference on Machine Learning and Knowledge Discovery in Databases, Banff, AB (2010), pp. 547 - 562

[127] P. Zhu, B. Chen, J. Principe, A novel extended kernel recursive least squares algorithm. Neural Netw. 32, 349 - 357 (2012)

第5章 基于临界状态距离滤波的工业控制系统网络攻击检测和阻塞方法①

Franck Sicard, Éric Zamai, Jean-Marie Flaus

5.1 简介

本章描述了工业控制系统(ICS)的组件和体系结构,以及这些系统的主要用途,并详细阐述ICS的漏洞及其产生的原因,主要讲述历史上针对控制命令系统进行成功攻击的案例。并详细介绍了控制指挥系统中ICS的特殊性和网络安全问题。

5.1.1 工业控制系统

工业控制系统(ICS)是网络层和物理层的结合,其共同作用以实现目标工业环境。如今,它们应用在许多关键基础设施行业,如能源生产和分配(电力、水、石油和天然气等)、制造系统、运输系统、卫生服务或国防[1]。针对ICS的类型和物质架构可以找到很多类型(如图5.1所示)。CIM(计算机集成制造)架构在几个层级中形成ICS。根据组件的处理能力和决策权,每一层都有不同的信息。本章用SCADA体系结构代替了ICS体系结构,详情见5.1.1.3节。

5.1.1.1 第0级:传感器和执行机构

工业控制系统(ICS)的目的是通过在生产流程上的交互,将原材料转化为

① F. Sicard (✉) · É. Zamai · J. - M. Flaus
Univ. Grenoble Alpes, CNRS, Grenoble INP, G - SCOP, 38000 Grenoble, France
e - mail: franck. sicard@ grenoble - inp. fr

M. Sayed - Mouchaweh (ed.), Diagnosability, Security and Safety of Hybrid Dynamic and Cyber - Physical Systems, https://doi.org/10.1007/978 - 3 - 319 - 74962 - 4_5

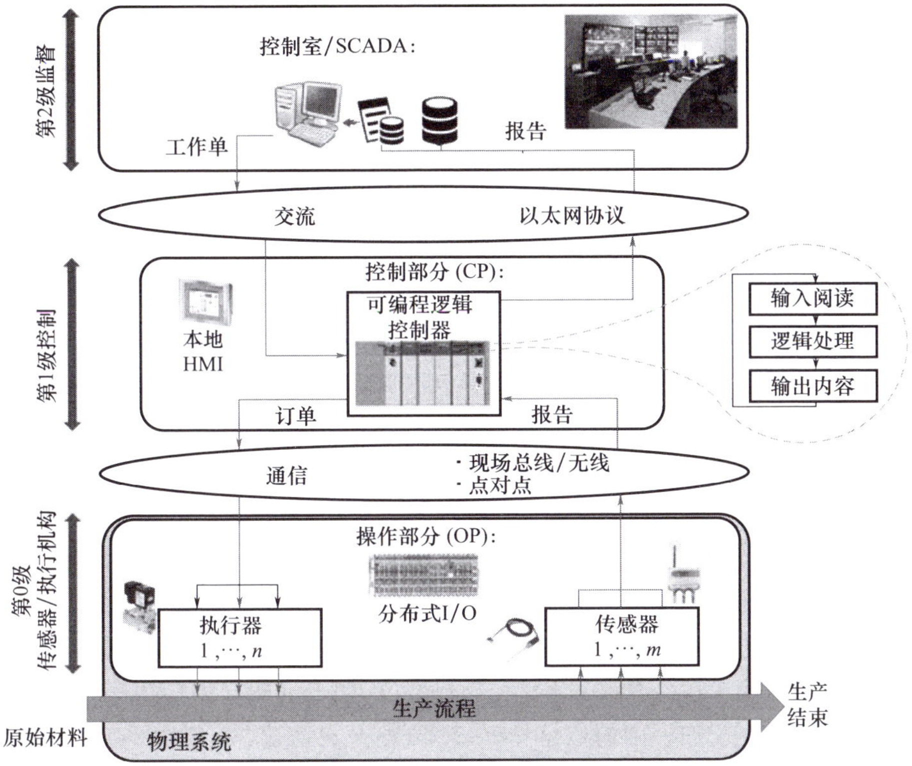

图5.1 从功能角度看具有CIM实时水平的ICS架构图

成品。也就是说,控制系统必须通过对过程的操作,将其从初始状态带到最终状态(生产流程),以保证生产率和可靠性。

传感器和执行器将网络层和物理层紧密连接。传感器将物理测量数据转换成电信号传输到上层(第1级)。执行器将电信号从数字层转换为机械运动,以便对生产流程起作用。这些组件构成了操作部分(OP),相当于CIM体系结构中的第0级。OP和生产流程称为物理系统。

5.1.1.2 第1级:控制

这一层必须从现场设备(第0级)、控制执行器(第0级)获取数据,并与操作员(本地HMI)和控制室(第2级)通信。主要设备为可编程逻辑控制器(PLC),可实时控制过程。为此,PLC重复由三个步骤组成的扫描周期:①PLC获取物理系统的传感器测量值;②PLC中嵌入的逻辑程序(控制律)运行并确定必须在系统上应用的动作;③将命令发送到执行器。

第1级也称为控制部分(CP)。

5.1.1.3 第2级:监控(SCADA)

第2级在ICS中有几个目标。它从较低层收集数据,以显示该过程的图像。通过HMI和SCADA,操作员和经理能够监控生产流程。工作指令被传送到第一级以调整控制律或避免过程中的损坏。最后,第2级与上层通信。这一层次也称为控制室。在文献中可查到"SCADA"这一术语,它既可以指ICS架构(此时,SCADA指代ICS同义词,即SCADA架构),也可以指代CIM中的第2级(若其指代第2级,SCADA仅代表ICS的监控部分)。

5.1.1.4 通信网络

通信网络连接不同的层级。ICS最初使用模拟或离散输入/输出(I/O)或专有协议(现场总线)进行通信,但在最新的体系结构中,设备主要使用TCP/IP协议。这样可以增加数据传输的体量和速度。但是,通过引入从信息技术(IT)继承的技术,ICS中出现了新的漏洞(见5.1.2节)。此外,(诸如Wireless HART或ISA100)等无线协议越来越受到学术界和工业界的关注。与此同时,这些协议是网络安全问题的关键所在。在第1级和第2级之间,通信[2-3]必须传输少量数据(B/b),但这种传输响应时间很短(10ms/ms),主要是点对点连接或现场总线以用于通信。这些总线主要是:专有协议,如Profibus(西门子)或Fipway1(施耐德电气);特定应用协议,如AS-i,CAN;开放协议,如Modbus。无线协议越来越多地用于信息物理系统中的低层通信[4],如传输传感器值(SmartGrid,工业4.0等)。

相反,第2级和第1级之间的数据通信必须具有较长响应时间(min-s/ms)及较大的容量(Kb/B)。这些协议[2-3],如Profinet(西门子),以以太网TCP /IP协议为基础。如今,一种允许连接所有架构的协议以统一工业通信协议被开发出来。这就是以太网/IP [5],它基于以太网TCP/IP协议,遵守IEEE 802.3或EtherCAT[6]等最新规范,这是一种以太网现场总线,便于与上层CIM架构连接,并通过IEC和ISO标准化。

5.1.1.5 其他级别

我们在本章研究中,仅关注CIM架构的第0~2级。不讨论涉及生产流程的调度和全局管理的上层(第3级和第4级)。

5.1.2 ICS漏洞及攻击

自20世纪初以来,ICS一直是黑客攻击的目标,黑客利用组件或架构上的漏洞进行网络攻击[7-8]。由于工业系统的重心是解决生产问题(生产力和安全)，而不考虑安全问题，因此其成为黑客们攻击的目标。IT 技术的使用引入了新的漏洞。此外，网络攻击还会对生产过程(停产、维护时间、恢复时间等)、环境(对人类、健康、生态、社会等的负面影响)、公司(经济损失、负面形象等)造成重大损害[1,7]。

在 McLaughlin[8]、Khorrami[9] 和 RISI 数据库[10] 中可以找到完整的网络攻击列表。不过，我们将重点关注三次重大袭击。

(1) Maroochy Shire 污水泄漏事件(澳大利亚，2000)：一名前员工使用 SCADA 设备，倾倒了 80 万 L 未经处理的污水，造成了巨大的生态破坏。

(2)震网病毒(Stuxnet)(伊朗，2010)[12]：Stuxnet 揭示了网络攻击可以做什么。这种计算机蠕虫通过 USB 密钥植入到工业网络中。它通过感染安装了西门子 Step7 编程软件的计算机来攻击西门子 S7 PLC。Stuxnet 发出错误命令，要求提前淘汰离心机。同时，对数据传感器进行欺骗以防止操作员检测到异常操作。

(3)钢厂袭击和电网袭击(德国，2014；乌克兰，2015)[13-14]：这是里程碑式的攻击，因为攻击者使用办公网络进入工业网络并破坏流程。

ICS - CERT[15] 提供了最新的漏洞列表。此外，除了影响第 2 级的 DOS(拒绝服务)或 DDOS(分布式拒绝服务)，中间人(MITM)或重放攻击等经典 IT 攻击外，第 1 级和第 0 级固有的其他攻击也可以在 ICS 上进行。因此，随机攻击发送信息时没有考虑过程状态或过程知识；序列攻击[16-17] 打破了控制律的序列逻辑，对数据被拦截和欺骗的[18] 进行假数据注入攻击。为了完成这一系列攻击，我们引入了在[8-9] 中开发的 PLC 攻击，如修改控制律、更改配置或攻击固件。

由于 ICS 有可以利用的漏洞，可以执行攻击。的确，控制命令系统的组件、体系结构和环境可以用来执行如文献[8,19]中所述的攻击。表 5.1 和图 5.2 总结了本节中出现的漏洞和攻击。

表 5.1 按层分类的 ICS 的一些漏洞

位置	漏洞	效果
SCADA	代码注入	完整性
SCADA	DOS	可用性
SCADA	信息披露	保密性
SCADA	缓冲区溢出	可用性
控制室/HMI	各种攻击(病毒、蠕虫、恶意软件、勒索软件等)	Integrity/confidentiality/availability

续表

位置	漏洞	效果
通信级别 2 - 1	数据欺骗	完整性
通信级别 2 - 1	通信中断	可用性
PLC	固件修改	完整性
PLC	缓冲区溢出	可用性
PLC	配置修改	完整性
PLC	控制律改变	可用性
通信级别 1 - 0	订单/报告数据欺骗	完整性
通信级别 1 - 0	通信中断	可用性
智能设备	数据欺骗	完整性

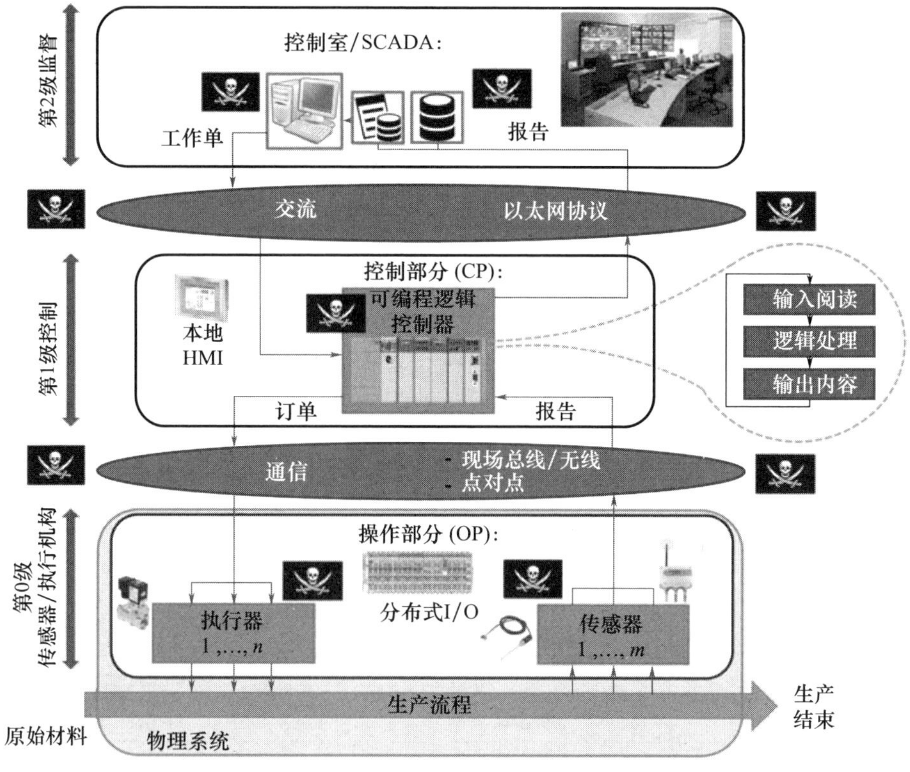

图 5.2　ICS 的主要漏洞和潜在攻击点

5.1.3 问题

部分问题的存在是因为 IT 技术已部署在 ICS 中而未考虑安全方面。然而，与信息系统(IS)相比,ICS 具有特殊性,因此很难甚至完全不可能使用经典解决方案。表 5.2 列出了 ICS 和传统 IS 之间的一些差异。

表 5.2 工业控制系统与信息系统的差异

信息技术(IT)	运营技术(OT)
仅控制数字系统	控制网络物理系统
无实时性要求	严格实时限制
优先事项:保密性、完整性、可用性	优先事项:可用性、完整性、保密性
协议/通信内容标准化	协议和技术的异构堆叠
大物质资源(内存)	有限物质资源
运行可暂停,频繁更新	连续生产(7×24 小时),更新不频繁

此外,传统 IS 中应用的解决方案不能用于 ICS。实际上,加密解决方案提出了遵守实时约束和加密密钥管理的问题。杀毒软件的使用处理需要时间并更新的病毒数据库。员工培训、定期备份和增强的访问控制也需要时间高效率。最后,防火墙和 IDS 是 ICS 安全的关键组件,可在各个层面运行。然而,带宽、架构中的集成、响应时间、缺乏工业协议的知识以及 ICS 中资源的有限可用性使它们的集成复杂化。

我们的研究集中在 ICS 体系结构的第 1 级和第 0 级,以带来特定于自动化的知识。因此,我们工作的主要目标是检测 OP 和 CP 之间的网络攻击。实际上,由于 ICS 架构容易受到攻击,因此阻止 PLC 和执行器之间的命令是阻止任何非法行为的最后屏障。对偏差的预测也可以同样的思路以避免堵塞。然而,我们工作的主要问题是如何在容易出错的环境中区分攻击和失败。实际上,确实,攻击和故障一样,都会造成服务中断,但攻击存在一定意图性。Nguyen[20] 指出了四个失败的原因:人为因素、设备、配方和产品。我们工作的科学问题是图 5.3和表 5.3 所列受危害环境中攻击的区分。在 ICS 体系结构中出现了一个关于检测位置及其集成的技术问题。

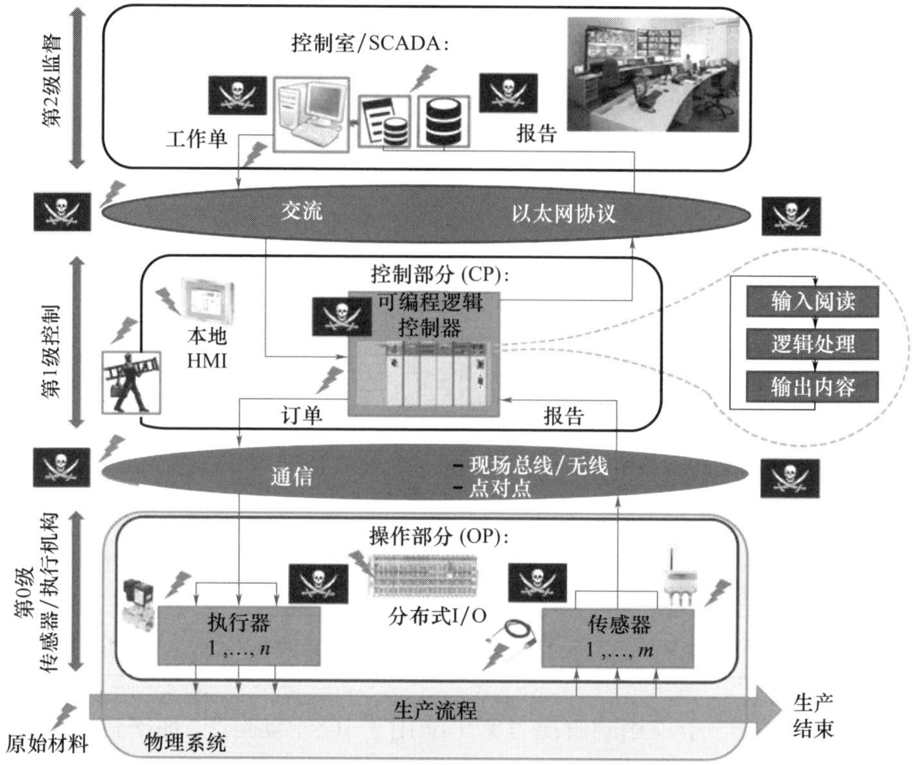

图 5.3 ICS 体系结构中攻击与故障的叠加

表 5.3 基于 Nguyen[20] 的 ICS 故障的来源、原因和位置

位置	来源	原因
Levels 2, 1. and 0	人为因素	缺乏全局视野
Levels 2. 1. and 0	人为因素	无论自愿与否,都可能犯错
Levels 2, 1. and 0	人为因素	不可替代/适应能力
Levels 2, 1. and 0	设备	因装配不当,制造不良或使用不当引起损坏
Levels 2, 1. and 0	设备	快速且不受约束的技术革新
Level 2	工作订单	在无压力环境下测试
Level 0	产品	不合格原料 损坏的装备 过早磨损

在本章中,我们提出了一种使用第 0 级和第 1 级之间的过滤器来保护 ICS 免受网络攻击的方法。这些过滤器基于控制和操作部件的模型,分析交换的信

息来检测异常。利用状态间距离概念的机制能够阻止命令以保护系统,并预测偏差以避免阻塞。该方法在检测到异常后,利用轨迹概念进行判别,区分攻击和失败。我们将讨论这方面的限制。

本章组织如下。在 5.2 节中,简要介绍了处理集成电路安全问题的工作的最新进展。然后,详细介绍了该方法的原理。介绍了滤波器的获取方法、工作原理、距离的概念及其改进。5.4 节是一个研究案例,在将我们的方法应用于一个例子之后,讨论了优点和缺点,特别是对检测到异常的识别。最后对未来的工作进行了总结和展望。

5.2　网络安全的现状

正如 5.1.3 节所解释的,我们保护 ICS 免受网络攻击的方法是基于第 1 级与第 0 级之间的自动化知识。因此,系统监控领域的方法(特别是检测问题的方法)可以为 ICS 的安全提供解决方案。本节介绍在安全和安保领域中可以有效保护 ICS 免受网络攻击的方法。

5.2.1　从安全的角度来看

在安全研究领域,入侵检测系统(IDS)通常被用来检测对计算机系统和网络的攻击。Denning[21] 在 1987 年提出了一个 IDS 框架,该框架现在仍然在 IS 中使用并且非常有效。入侵检测是一种后验安全措施,在入侵后进行检测。IDS 根据机密性、可用性和完整性自动识别违反系统安全策略的行为。为此,IDS 基于探测从环境中获取的数据进行保护。因此,探测器在网络中的位置是保证良好检测的关键。图 5.4 给出了 IDS 探头的主要功能。Mitchell 和 Chen[22] 将 IDS 形式化,在选择检测方法和数据源时必须考虑 IDS 的不同方面。一些 IDS 检测行为模型(行为方法)的偏差,另一些依赖于异常行为知识库(特征方法)。监控网络的 IDS 称为网络入侵检测系统(NIDS),使用主机数据的 IDS 称为主机入侵检测系统(HIDS)。

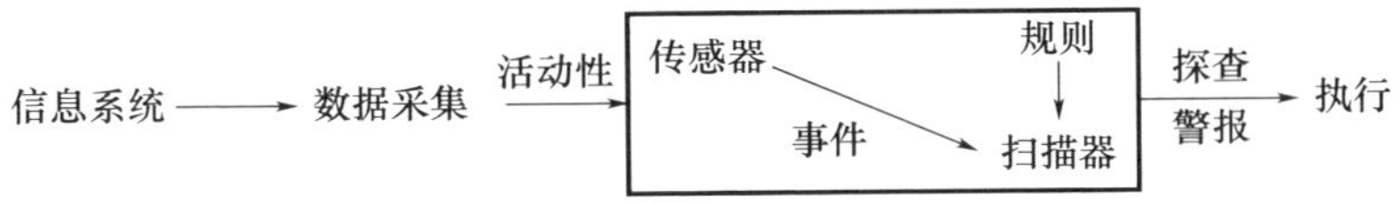

图 5.4　入侵检测系统(IDS)探头的主要功能及运行示意图

基于 NIDS 的研究侧重点在工业协议中使用的消息结构的规范。因此,

Cheung 等[23]建议指定功能代码,异常代码和协议标识符。Goldenberg 和 Wool[24]在 PLC 和控制室之间进行模型交换而不考虑语义。Barbosa[25]基于入侵降低交换周期的假设,研究网络中交换包的频率和数量。最后,在文献[26]中,Barbosa 提出了一种基于动态白名单的方法。需要在客户机地址、服务器地址、通信端口和通信协议上标识网络的正常行为。

有些工作侧重于集成电路体系结构中具有处理能力的组件。由于组件的特殊性和资源的可用性约束,对集成电路的 HIDS 的研究要少于 NIDS。Zimmer 等[27]提出了一种基于执行时间分析的方法来处理具有实时约束组件中的任务。Bellettini 和 Rrushi[28]研究了一种检测内存错误访问的机制。状态机的定义遵循内存的演化。最后,McLaughlin[29]开发了几种方法,用于在将代码完整性或订单发送到系统之前验证它们。

签名方法是基于对特定行为的识别,如 Pan 等在文献[30]中所使用的方法。这种方法的主要问题是不检测零日攻击。根据定义,这些攻击在执行时是未知的。它涉及定期更新要保护的数据库。行为方法(或基于模型的方法)似乎更适合,因为 ICS 控制物理过程,研究了系统的规格,确定了保证系统安全、可靠和安全的规则。这些规范可以用数学方程(定量方法)或模型(定性方法)表示。

尽管定量方法允许知道过程的状态变量,然而,系统的复杂性、非线性或缺乏可用数据使数学建模变得困难甚至不可能。定性方法通过过程建模(我们可以做什么)和控制建模(我们想做什么)来描述系统。过程知识的有趣用法可以在文献[31-32]中找到。在通过为每个变量设置运行范围来确定进程的安全区之后,作者使用临界状态距离的概念来检测攻击。评估距离决定了安全状态和临界区域之间的距离越来越近。需要四个基本假设:①关键状态的设置必须是已知的和相对较小的子系统;②黑客必须干扰系统状态为了破坏过程;③监测进化的关键是允许使用法律命令检测攻击;④通过监测系统状态,故障或网络攻击可以区分。关于距离概念的更多细节见 5.3.1.4 节。

5.2.2 从安全角度出发

正如在介绍中所解释的那样,我们探讨的问题与已经确立的经典的检测问题相关联,其中已知不同的方法来检测系统中的故障。在 Zamaï[33]中,有三种方法引起了我们的注意:

(1)参考模型[34]:过程模型是控制部分的参考,定义了系统的正常行为。每次从 CP 传输到 OP 之前,都会在参考模型上测试订单,以检查是否满足发送此请求的所有条件。通过将接收到的报告与参考模型中的状态进行比较，可以检测出 OP 中的故障。该方法保证了系统当前状态的精确表示。

(2)仿真器方法[35]：它将来自操作部分(流程)和仿真器(模型)的数据相比较。任何不一致都表明流程失败。此方法不检测命令上的任何错误。

(3)过滤方法[36]：它基于两个称为过滤器的验证块。CP 和 OP 之间的过滤器是控制过滤器。该块确保相对于预测订单和系统的当前状态(检测到命令失败)发出的订单的一致性。第二个块称为报告过滤器，它位于 OP 和 CP 之间。过滤器确认实现过程请求的服务(检测过程失败)。

如图 5.5 所示，Filter 方法似乎是一个有趣的解决方案，它具有以下几个优点：在执行器执行控制过滤器(控制故障)或 CP 考虑报告过滤器(流程故障)执行前交换的信息的准确性。此外，过滤器允许实现模型，从而在检测机制中引入过程知识。最后，在实际的 ICS 体系结构中集成过滤器是非侵入性的。但是，必须修改过滤器的位置。事实上，过滤器不能像故障检测那样位于 PLC 内部，因为 PLC 容易受到网络攻击(见 5.1.2 节)。

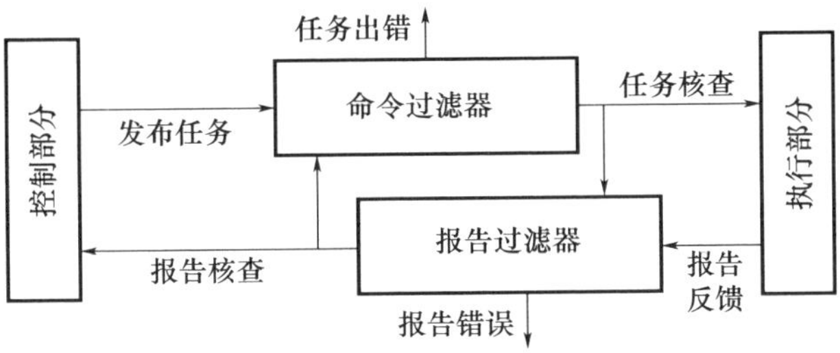

图 5.5　D. Cruette 定义的滤波方法示意图

5.2.3　安全与保障：相互强化

如文献[7]中所述，安全性和保障性是截然不同但相关的概念。安全性研究影响系统、货物和人员环境的意外风险(故障、事故等)[37]。保障性处理与恶意行为和网络安全相关的危险，重点关注数字向量的恶意行为。文献[7]中列出了四种相互依存关系：

(1)条件依赖：尊重安全需求决定安全水平，反之亦然；

(2)相互加强：安保措施有助于系统的安全，反之亦然；

(3)对抗：安全或保障要求或措施导致冲突的情况；

(4)独立：无相互作用。

在我们的研究中，将利用 IDS 与滤波器方法相结合的优点来实现相互增强。实际上,基于行为和主机的 IDS 提供了一个很好的解决方案,即到临界状态的距离。事实上,零日攻击被检测到,系统的模型可以使用。因此,安全所需的风险评估将确定这些关键状态。此外,作为网络中的探测器,过滤器将位于执行器(控制过滤器)和 PLC(报告过滤器)之前,以最小化攻击面和安全的数据传输。最后,过滤方法已经证明了其在安全领域中用于检测故障的功效,并且允许在 ICS 中检查甚至阻止订单和报告。我们的方法导致保护 ICS 免受第 1 - 0 级网络攻击的解决方案,这与文献中的其他方法或专注于保护 2 - 1 级别的工业解决方案不同。

5.3 用距离概念过滤 ICS 网络安全

本节将解释过滤器的概念方法以及它们在 ICS 架构中的集成和运行。最后,解释了距离的概念,以便预测偏差,并在必要时区分攻击和失败。

5.3.1 方法

该方法基于三个步骤:①步骤 1 是离线的——识别临界状态;②步骤 2 是建立系统模型,探索导致禁止状态的序列;③步骤 3 是在线的——这是基于距离概念的检测机制。步骤 0 说明了集成电路体系结构中过滤器的集成。主要目标是根据分析系统交换信息的模型获取控制和报告的过滤器。如果是这样,信息可能会被其中一个块阻塞,以防止损坏。检测到异常后,过滤器将尝试确定是故障还是攻击。

5.3.1.1 步骤 0:集成到 ICS 架构中

如 5.2 节所述,过滤器是基于 ID 和过滤器的方法。在第一种方法中,探测器部署在网络中,以便用系统策略分析交换的数据。因此,信息系统(Information System, IS)中不存在探头数量限制。在集成电路中,为了保护材料架构,需要在架构中使用最少的探针就可以实现过滤器。过滤方法通过两个验证模块来完成这一目标:控制过滤器和报告过滤器。然而,过滤器最初是直接在 PLC 中实现的。如 5.1 节所示,可编程逻辑控制器在多个方面容易受到网络攻击。过滤器可能损坏,系统可能受到攻击。

为了提高效率,过滤器必须位于 PLC 或与工业网络相连的任何电子设备之外,并尽可能靠近必须保护的部件。与执行器的连接是通过数字链路或工业协议实现的,但与集成电路中使用的执行器隔离。这种配置可以减少黑客的攻击面。执行器与集成电路分离,控制过滤器就像一个电源开关。例如,如果 PLC

通过数字输出和 Modbus 协议与执行器通信，则控制滤波器应尽可能靠近设备（最后一个分布式 I/O 模块）。该验证块通过数字输出和另一个 Modbus 通道与执行器通信。因此，执行机构受到控制过滤器的保护。

报告过滤器以与控制过滤器相同的方式从传感器获取数据，并将其传输到 PLC。在逻辑处理之前，攻击者可能会破坏此通信以及 PLC 内的数据。然而，该模块的主要目的是通过预测报告传输物理系统的当前状态和距离，从而成为控制过滤器的信任锚。这也是为什么只有控制过滤器才能阻止我们的方法中的信息。

最后，两个过滤器之间的通信位于与工业网络隔离的不同网络上。攻击者不能影响控件或报表过滤器交换的数据的一致性、可用性或完整性。此外，过滤器是不受网络攻击的，例如通过限制内存访问或上传模型的条件。过滤器内的算法以及它们之间的通信不会受到攻击，从而保证了工业控制系统（ICS）的可靠安全解决方案。过滤器实施示意图见图 5.6。

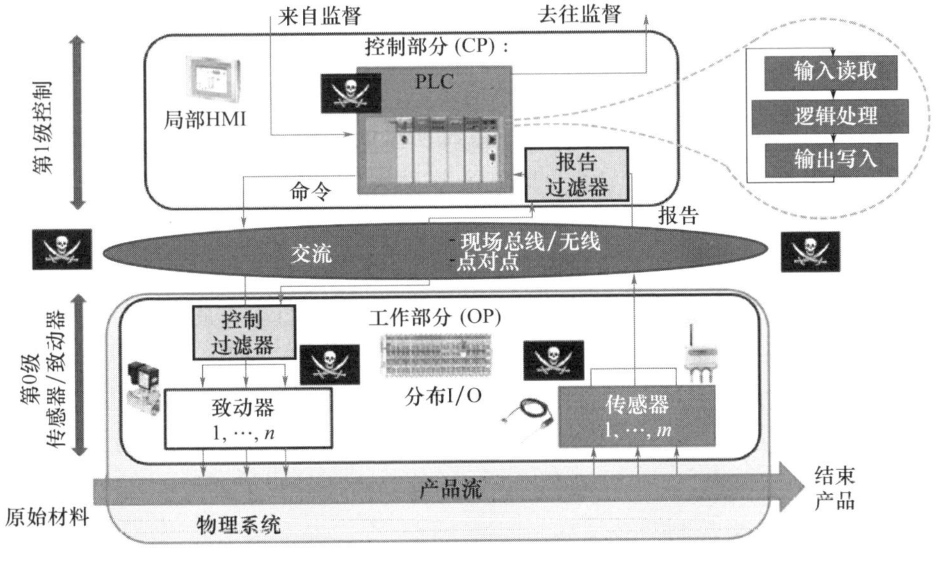

图 5.6 ICS 结构过滤器的执行用来减少黑客攻击面

开发的方法在第 1 级到第 0 级之间的 ICS 体系结构中提出了简单、可靠和安全的实现。然而，检测机制现在是基于下面几节介绍的算法。

5.3.1.2 步骤 1：风险评估

第一步是基于风险评估中所做的工作。对过程的关键部分进行分析，以确定故障模式并确定导致这些关键状态的原因。Fourastier 和 Pietere Cambacedes[7]通过验证一个实体在给定条件下满足一个或多个要求的能力来确定这一分析。

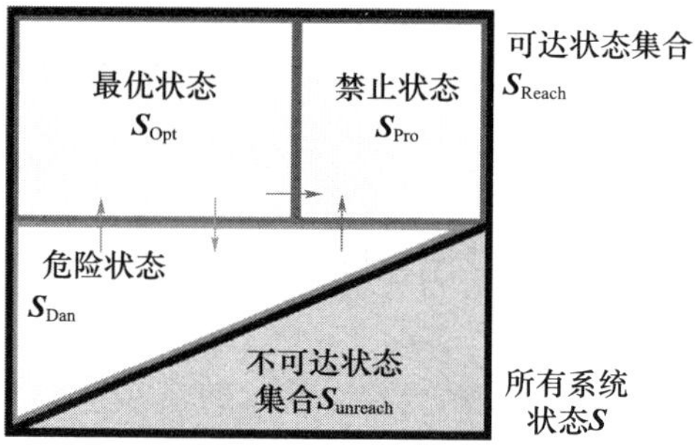

图 5.7　在一个 ICS 中不同状态集合的说明

风险评估是设计过滤器和防止网络攻击的强大工具。实际上,当黑客对一个集成电路发动攻击时,他们总是通过使系统进入临界状态来降低过程(最终产品、生产设备、配置等)。此外,与失败相反,攻击总是试图破坏系统的服务(生产流)。

如 Mitchell 和 Chen[22]以及图 5.7 所示,可以用一种独特的状态来定义 ICS。风险评估识别系统的关键状态和建模系统所需的参数。实际上,这种方法旨在保护 ICS 中最敏感的部分,而不是整个基础设施。在我们的研究中,使用了 ANSSI 推荐的 EBIOS 标准[38]。

在本章中,小写字母表示状态,大写字母表示状态集。因此,系统状态集 S 中的状态s_i由系统的传感器和执行器值以及阶跃状态组成。此状态s_i表示系统的当前状态。一组可能的系统动作 A 中的动作a_j是 PLC 输出,与执行器可应用于生产流程的指令相对应。一个给定的状态s_i可以达到或不取决于动作的效果。本研究只关注一组可达到状态。这样的状态只能同时在一个子集中:

(1)带$S_{Opt} \subset S_{Reach}$的最佳状态$S_{Opt}$涉及过程的运行和 PLC 中控制法施加的约束。可编程逻辑控制器被编程为使系统保持在此安全状态的子集。

(2)危险状态S_{DAN}和$S_{DAN} \subset S_{Reach}$。在这一部分中,违反了控制法所施加的约束,不会对流程造成重大损害。

(3)禁止状态S_{Pro}满足$S_{Pro} \subset S_{Reach}$。违反了控制法的约束和过程的完整性,导致系统及其环境的严重退化。必须避免此子集,并且系统在进入此子集之前停止。

综上所述,A_{Opt}代表了一组遵守控制法的命令,分别代表了S_{Pre}和A_{Pre}以及过滤器预测的一组状态和命令。

5.3.1.3 步骤 2:系统状态探索

步骤 1 确定了这样一个事实,即 ICS 每次都处于一个独特的状态子集中。风险评估突出了关键状态的子集。这些状态会损坏系统(生产流程、设备等)及其环境。一旦确定了原因和后果,我们描述了一对{状态s_i;动作a_j},这样,如果动作$a_j \in A$ 应用于系统状态$s_i \in \boldsymbol{S}_{\text{Reach}}\{\boldsymbol{S}_{\text{Pro}}\}$,则结果状态$s_{i+1}$属于禁止状态$\boldsymbol{S}_{\text{Pro}}$的子集。这被称为 context。

应该注意的是,了解系统的操作效果可以检测导致临界状态的 context。因此,步骤 2 的目标是探索系统的所有不同状态,在不同的子集中对它们进行分类,并列出所有 context。我们系统的先验知识允许识别导致一个或多个禁止状态的序列。5.3.1.4 节将说明如何计算当前状态和禁止状态之间的距离。建模物理系统所需的所有参数都源于风险评估步骤。事实上,检测机制是基于这一步骤,在这一步骤中,必须检测的临界状态以及表示系统的参数被推导出来。

为此,需要系统的控制模型和过程模型。第一个模型组织和安排必须在系统上执行的操作,以便以最快和最安全的方式达到流程的最终状态。它代表了我们想要在系统上实现的目标。我们选择用 Petri 网描述控制模型。这种表示法允许简单地表达约束,特别是序列属性(任务调度)、并行性(同时执行多个任务)、互斥(执行一个活动会阻止其他任务的执行)和同步(等待一个或多个任务的结束)。在执行其他任务之前进行特殊活动。Petri 网是一个地点/过渡网。图形和数学文字允许明确表达前后条件以及标记,以确定过渡。对于控制模型,位置表示发送到操作部分的动作,转换是由传感器发送的报告。过程模型根据对动作及其对系统影响的描述,详细描述了所有可到达的状态。它表示在这个过程中可以做什么。在过程模型中,操作部分的控制部分可以执行有限数量的动作,从而限制状态的数量。采用自动机进行建模以表示过程。在这项工作中,只有确定性有限自动机 M 被用来说明网络攻击的检测机制。然而,对于更复杂的系统,混合自动机也可以像文献[39]或文献[40]中那样使用。这种自动机是一个具有离散连续分量的动态系统的形式模型。以下五个组合定义了自动机 M:

$$M=\{S_n, A_m, \delta, S_0, \boldsymbol{S}_{\text{final}}\} \tag{5.1}$$

(1)S_n是系统可能状态的有限集,换句话说位于$\boldsymbol{S}_{\text{Reach}}$的向量$\boldsymbol{s}_i$可以是最优状态的子集$S_{\text{Opt}}$、危险状态$S_{\text{DAN}}$或禁止状态$S_{\text{Pro}}$,其中 n 表示状态$\boldsymbol{s}_i$的总数。

(2)A_m是系统可以执行的最终订单集。即前一部分中定义的集合,m 表示动作数。

(3)δ 是表示状态和顺序之间关系的转换函数。这些关系将通过模拟系统的演化来改变自动机。要做到这一点,每个动作都必须以其对过程的影响为模型(见下文)。

(4) $S_0 \subset \boldsymbol{S}_{\text{Reach}}$ 是系统的初始状态集。

(5) $S_{\text{final}} \subset \boldsymbol{S}_{\text{Reach}}$ 最终状态是一组最终状态。当达到其中一个最终状态时,自动装置中的进化停止。

为了获得系统的所有可达到状态,我们首先需要定义过渡函数,该函数模拟每个执行器对生产流程的影响、条件和相关约束。要做到这一点,需要用到亨利的成果[41],将列出流程的每个操作的行为。因此,我们定义了一个转换函数 δ,它将与状态函数 s' 成对{状态 s;动作 a}关联起来。在应用函数 δ 和 S_{i+1} 之前,在函数 δ 之后获得的一组状态,我们这样表示 S_i:

$$\forall s \in S_i \subset S_n, \forall a \in A_m, s' = \delta(s,a) \in S_{i+1} \subset S_n \tag{5.2}$$

基于式(5.2),我们将转换函数 δ 归纳为状态集。因此,通过将动作集 A_i 应用于一组状态 s_i 来获得子状态 S_{i+1},从而:

$$S_{i+1} = \{s' = \delta(s,a) \mid s \in S_i \subset S_n, \in A_m\} \tag{5.3}$$

该算法通过过渡函数 δ 计算 s_i 的图像。因此,自动机 M 代表了过程的演化。M 从初始状态 s_0 ($S_i = s_0$) 开始,并通过应用每个可能的阶数 $a_i \in A_m$ 计算演变 S_{i+1}。然后,如果在前一次迭代中已经探索了某些状态 s',也就是说,$s' \in \cup S_i$,则集合 S_{i+1} 会减小。这些状态不会被考虑,因为它们已经被满足,这意味着这条路径已经被研究过:相似的行为导致相似的状态。因此,对于 S_i 的每个状态,计算图像到算法在找到最终状态时结束。S_{i+1} 的状态包括:

(1)初始状态 S_0: $S_{i+1} \cap S_0 \neq \{\varnothing\} \leftrightarrow \exists s' \in S_{i+1}$,因此 $s' \in S_0$。

(2)禁止状态的 $s' \in S_{\text{Pro}} \subset S_{\text{Reach}}$,因为当达到这些状态时,不可能进一步发展工艺(生产流程受到严重影响): $S_{i+1} \cap S_{Pro} \neq \{\varnothing\} \leftrightarrow \exists s' \in S_{i+1}$,因此 $s' \in S_{\text{Pro}}$。令 F 是 S_{Pro} 和 S_{Reach} 之间的交集。

(3)循环 ω:已经满足一个或多个状态 s',这意味着已经研究了该路径: $S_{i+1} \subset \cup S_i \leftrightarrow \exists s' \in S_{i+1}$ s. t. $s' \in \cup S_i$。这些状态称为系统的先前状态,构成了集合 s_{Pre}。令 P 为 S_{i+1} 与 $\cup S_i$ 的交集。

该算法通过在过程模型上应用每个可能的序列来探索系统的所有可能的组合。通过删除已经计算的状态和选择系统建模参数,可以防止组合爆炸。因此,在每次迭代中探索一个独特的分支。

导致禁止状态 s_{Pro} 的环境列在集合 S_{Pro} 中。这些上下文很容易识别,因为式(5.2)中定义的状态 $s' \in S_{i+1}$ 也属于禁止状态子集 $s' \in S_{\text{Pro}}$。为了计算距离概念,导致临界状态环境的理论与 Genc 和 Lafuture[42] 或 Chen 和 Kumar[43] 中发展的可预测性理论非常相似。一种预测程序,在建立故障发生前至少预测 m 步故障。这些工作为故障预测提供了显著的结果,但它们没有考虑前面章节中解释的网络攻击的环境。事实上,在其他方法中通常系统的正常和异常行为必须进行定义,在我们的方法中则需要。在我们的方法中,只需要指定正常的行为即可。尽管有相似之处,但我们的工作更多地集中在从当前状态到最近临界状态的距离(系统轨迹的在线预测),而不是确定导致禁止状态的环境(无法或尚未预测攻击时的保护)。在过程模型上应用控制律阶数A_{Opt},得到最优状态S_{Opt}。一组危险状态S_{DAN}对所有未在先前的S_{Pro}和S_{Opt}子集中分类的状态进行重新分组。

在本步骤的最后,设计了控制模型和过程模型,并识别了导致禁止状态的序列。下面的步骤利用这些结果建立了检测机制。

5.3.1.4 步骤 3:检测机制

步骤 1 识别导致系统关键状态环境,步骤 2 允许我们编写一种算法,用于对所有可到达状态进行分类,并确定导致禁止状态的序列。在步骤 3,检测机制被实施到过滤器中,以阻止"错误"的命令,并尽可能预测偏差。这两个目标与过滤器的检测部分相关联。故障和网络攻击之间的区别是在检测到异常之后进行的。

"静态"规则:立即阻塞。

过滤器这一部分的目的是确定导致临界状态的环境。为此,将当前环境(即当前的对顺序和状态)与步骤 2 中由自动机 M 获得的,包含在 Matlab 结构化禁止状态中的环境进行比较。这些上下文与禁止状态之前的状态一致,并与一项行动相关。如果当前环境与此结构中包含环境之一匹配,则顺序将被阻止。此机制仅在控制过滤器中实施。实际上,这个块是 ICS 体系结构中防止执行命令的最后一道屏障。报告过滤器也可以停止报告,但向 CP 发送错误报告不会立即造成危险。事实上,如果此报告导致错误的顺序,导致严重状态,则控制过滤器会阻止报告。因此,报告过滤器中没有植入这种检测机制。规则 R 是导致禁止状态的一组上下文,例如:

$$R = \text{true} \leftrightarrow \exists s' \in S_{i+1} \subset S_n,\ \exists s \in S_i \subset S_n,\ \exists a \in A_m, s' = \delta(s,a) \in S_{\mathrm{Pro}} \quad (5.4)$$

规则是一种静态安全措施,通过阻止错误的顺序来保护系统免受即时危险。然而,步骤 2 提供了控制和过程模型,在下一节中用于预测偏差。事实上,在这一段中,我们通过使用具有较短预测范围的算法进行预测。

"动态"检测:预期可能的偏差。

过滤器这一部分的主要目标是识别偏差并向操作员发送警报。为此,通过改进步骤 2 提出的算法,提高了该方法的预测水平。过滤器不会在禁止状态之前查看以前的状态,而是在树形图中提前检测可能的偏差。因此,通过了解系统的当前状态,可以确定某些操作是否合法。在这个意义上,定义了与临界状态的距离概念,并告知了当前状态与禁止状态的接近程度。Carcano[31] 已经宣布了一个有趣的距离概念,但它不能用于离散系统;我们将解释为什么定义它。距离是基于当前状态 s 和临界公式 $\boldsymbol{\Phi}$ 表示的禁止状态的比较。$\boldsymbol{\Phi}$ 被定义为系统必须遵守的一组约束条件c_i。距离 d 被定义为两种类型的距离计算(d_1和d_v)之间的最小$d_{\min}$,如下所述:

$$d:\mathcal{R}^n \times \mathcal{R}^n \rightarrow \mathcal{R}^+, s \in \mathcal{R}^n$$

$$d(s,\boldsymbol{\Phi}) = \min_j d_{\min}(s,C_j), d_{\min} = d_1 = \sum_i^n |s_i - c_i| \text{或}$$

$$d_{\min} = d_v = \#\{i \mid s_i \neq c_i\} \tag{5.5}$$

d_1通过分量计算两个状态分量之间的间隙,d_v根据不同分量的数目计算两个矢量之间的差。到临界状态的距离是当前状态和临界公式之间的最小距离d_1或d_v。这个概念很有趣,因为可以计算当前状态和禁止状态之间的距离,从而向操作员提供信息。此外,还可以计算到最佳状态的距离,以了解过程是否遵循最佳轨迹。综上所述,在步骤 2 模型的基础上,检测偏差的速度比静态规则快。然而,距离的概念只为连续值提供了相关的信息。事实上,对于有或没有传感器的离散系统,距离信息是无用的。如果对系统采取的措施偏离了控制法,则系统将直接进入危险或禁止状态。这样的距离不能提供任何信息。例如,系统可以与禁止状态保持 10 的距离,发送命令可能导致禁止状态。为了开发混合自动机模型系统的检测机制,必须将距离的概念扩展到离散值。

基于 5.3.1.3 节开发的模型距离概念处于禁止状态之前,由要应用的操作的数量来丰富。因此,对算法进行了改进,以计算从当前状态到禁止状态的最短可能方式,也就是说,在禁止状态之前,可以应用于进程的最小操作数。步骤 2 算法的自适应(如算法 5.1 所示)返回禁止状态前的阶段数、导致该状态的顺序和状态路径。因此,在步骤 2 中,我们这样表示一个集合转换函数:

$$\text{对于 } a \in A_m, \forall S' \subset S_n, \forall S \subset S_n, S' = \Delta(S,a) \tag{5.6}$$

因此,距离概念可以定义为从状态 $s \in S_i \subset S_n$ 达到禁止状态的最小迭代次数:

$$D(s \mid S_{\text{Pro}}) = \min_n \Delta^n(S_i,a) \in S_{\text{Pro}} \; \forall s \in S_i \subset S_n, \forall a \in A_m \tag{5.7}$$

这个解决方案提供关于临界状态的信息,与下棋时预测将死局的方法相同。

算法 5.1 从状态 $S \in S_i \subset S_n$ 中找到最近的禁止状态(最短可能路径法)

```
函数发现最近的禁止状态
Iteration 0
WHILE (Stop≠0)
Iteration = Iteration + 1
S' = Δ(S_i, A)
IF (S'∩S_Prev ≠ {∅}) THEN
        S' = S' \P
        S_Prev = S_Prev ∩ S'
ELSE
        S_Prev = S_Prev ∩ S'
ENDIF
IF (S'∩S_Pro ≠ {∅}) THEN
S' = S' \F
      Stop = 0
ENDIF
        S' = S_i
DONE
End
```

在算法的最后,计算了从起始状态 s 到最近禁止状态 S_{Pro} 的路径和距离 $D(s|S_{\text{Pro}})$。

综上所述,异常检测是有效的,过滤器保护系统不受异常影响:堵塞即时危险和预测偏差。当接收到要检查的数据时,过滤器按以下步骤进行:

(1)环境评估(立即危险的封锁);

(2)重建当前状态,计算离散值的最短到禁用状态的路径,以及连续部件在 Carcano 意义上的距离,这样,过滤器就可以计算系统不需要执行的动作以及与禁止状态的距离;

(3)检查实际数据和之前计算结果(必要时向监督部门发送警报)。

必须区分两种类型的攻击:野蛮攻击和连续攻击。与最后一类攻击相反,在残酷的攻击中,黑客希望尽快使系统进入禁止状态。根据环境和式(5.4),规则保护系统免受野蛮攻击。最终,这些攻击不容易预测。距离的概念更适合连续攻击来检测与控制律的偏差(见算法 5.1)。

在检测的情况下,将检查以前的控制序列,以确定此检测的原因是故障还是攻击。识别的主要假设是假设攻击者总是试图立即或稍后损坏系统。所以,距离总是趋向于0。相反,失败是一个非特定的事件,它会准时地将距离趋向于0。因此,识别是基于步骤2中开发的模型。事实上,在图5.8中,系统的正常行为的特征是,发送命令和预期命令之间的距离轨迹始终等于零(a1)。同样,测量预测状态和最佳状态之间的差距距离等于零(a2)。最后,进入禁止状态的最短路径的轨迹随状态变化而变化(a3)。在攻击过程中,如果过滤器检测到发送的指令与最佳指令不同,则距离与0不同(b1)。因此,预期的最佳状态与当前状态不同,它们之间的距离增加(b2)同时到禁止状态的最短距离减少(b3)。距离的概念结合了控制律模型,可以检测到对ICS的一些攻击;但是,如果攻击者模仿失败或在特定时刻发起攻击,我们的方法将阻止攻击,但不会区分失败。这一方面在5.4节"应用实例"中有详细说明。

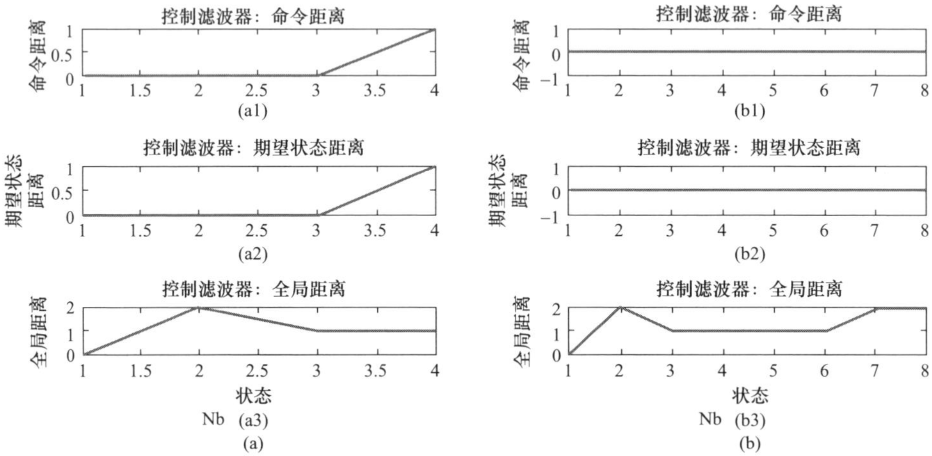

图5.8 一个具有正常行为系统(a)和一个在攻击下系统(b)通过控制滤波器的轨迹计算

轨道的概念,即跨越时间的距离演化,必须在未来的工作中发展。还将开发与以前状态和控制模型相关的算法。

5.3.2 关于ICS网络安全过滤器

如5.3.1.1节所述,过滤器分为两个验证模块:一个控制过滤器,用于分析指令和报告过滤器,另一个将传感器发送的数据与其他过滤器的信息相关联。本节提供了过滤器及其实施的详细信息。

控制过滤器接收来自PLC的评估命令和来自报告过滤器的信息(预测订单和上次验证报告的列表)。滤波器利用规则和轨迹检测机制分析指令。最后,指令可以是:

(1)已验证。因此,指令发送到执行机构,数据传输到报告过滤器,作为已验证的指令和预期报告列表。

(2)通过警报进行验证。之前的程序是相同的,但会向操作员发出警报。

(3)停止。因此,过滤器阻止订单,它不会传输到操作部件,并向报告过滤器和控制室发送警报。

报告过滤器从操作部件的传感器和控制过滤器的信息(预期报告和最后确认的指令列表)接收数据。算法计算到禁止状态的距离。然后,将报告发送到控制部分,并将数据传输到控制过滤器(预期订单列表和最后验证的报告)。

这些过滤器的集中在 5.3.1.1 节说明,控制过滤器位于执行机构之前,并在 PLC 之前报告过滤器,作为其他过滤器的信任锚。两个过滤器之间的通信可以认为是安全的(如在不同于工业网络的网络上)。过滤器的编程将通过验证块内的解释器减少漏洞,从而用模型保护代码。

控制和报告过滤器处理的图示见图 5.9。

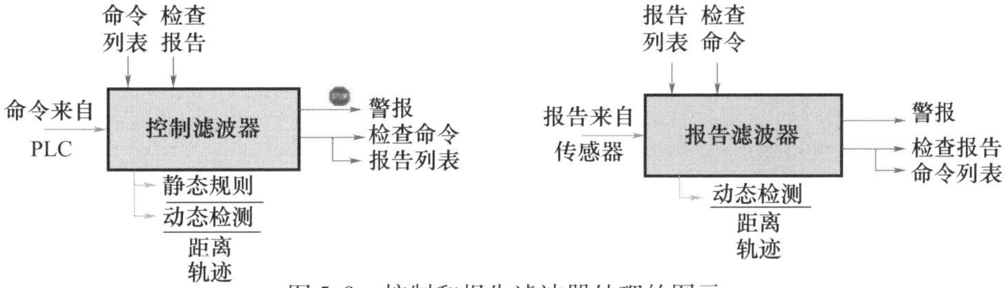

图 5.9　控制和报告滤波器处理的图示

5.4　应用实例

为了说明这一工作,我们使用了文献[17]的一个众所周知的例子。如图 5.10所示,该系统由三个油箱组成。两个罐 T_1 和 T_2 的内部容量分别包含产品 A 和产品 B。每个罐将其产品排放到一个熔化罐 T_3 中,以生产产品 C。通过打开阀门 V_1 和 V_2 完成过滤阶段。液位传感器显示罐中产品的高度。该系统使用三个传感器:H_0表示罐 T_3 的排放量,H_1表示产品 A 的排放量,H_2表示产品 B 的排放量。控制法采用的是 T_1,然后是 T_2。当传感器H_2被激活时,阀 V_3 打开以排放 T_3。新的生产周期开始了。

风险评估步骤仅确定当储罐 T_3 中的液位超过传感器H_2时,该系统达到的一个禁止状态。此外,已经确定了描述该过程的必要参数。因此,系统由向量定义,设置如下:

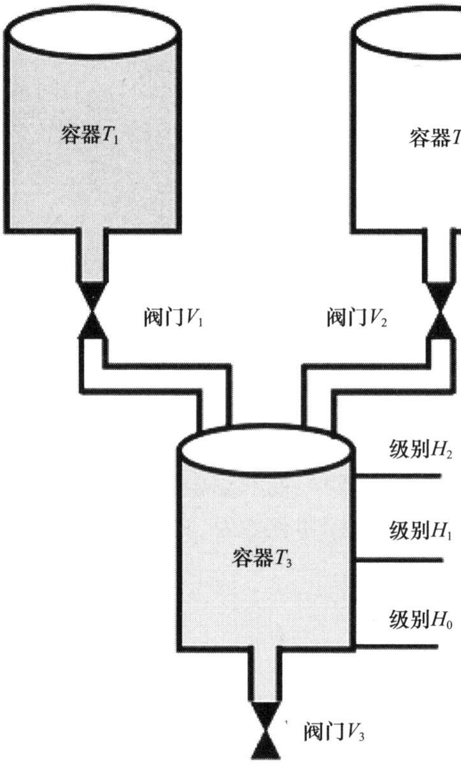

图 5.10 应用说明:2 个容器流出产品在 T_3 中

(1)状态向量 $\boldsymbol{S}$ 代表系统的正确行为,本模型不考虑故障。因此,向量 $\boldsymbol{S}$ 由传感器和执行器值组成,作为 $\boldsymbol{S}=[$传感器值;执行器状态$]=(H_i,V_1,V_2,V_3)$,其中$H_i\in\{0\cdots2\}$,$V_1\in\{0,1\}$,$V_2\in\{0,1\}$,$V_3\in\{0,1\}$,其中H_i表示状态向量中激活的传感器(0 为没有激活传感器,1 为传感器H_1激活,2 为传感器H_2被激活)。一组状态 $\boldsymbol{S}$ 最多包括 25 个状态(24 个可能状态和 1 个禁止状态)。

(2)顺序向量表示可以在系统上执行的操作。$\boldsymbol{a}=(a_1,a_2,a_3)$和$\boldsymbol{a}_i\in\{0$ 关闭阀门V_i,1 打开阀门$V_i\}$。

(3)可到达状态集S_{Reach}由 13 个状态组成,其中包含 6 个最佳状态$S_{\text{Opt}}=\{[0000],[1100],[1000],[2010],[2000],[0001]\}$,1 个禁用状态 $S_{\text{Pro}}=S_{\text{Overflow}}$和 6 个危险状态$S_{\text{Dan}}=S_{\text{Reach}}(S_{\text{Opt}}\cap S_{\text{Pro}})=\{[1010],[2110],[0101],[0011],[0111],[2100]\}$。

(4)不可达集$S_{\text{Unreach}}=S\backslash S_{\text{reach}}$包含 12 个状态。

在这个例子中,我们假设在系统上执行一个命令会立即过滤/排放水箱,从而直接激活上/下液位传感器。通过消除简化假设(这有助于说明所提出的检测算法),探索步骤最终确定:25 个可能状态中的 24 个为可到达状态,其中 9 个为最佳状态,14 个为危险状态,1 个为禁止状态。

禁止状态和危险状态在某种意义上是不同的,我们将试图避免第一种状态(例如,以 $\delta([2\ 0\ 0\ 0],[1\ 0])$ 为特征的溢出),而其他状态则是最佳状态和禁止状态之间的过渡(这些状态既不是临界状态,也不是最佳状态)。例如,当 T_3 为空时,通过阀门 V_1 和 V_2 对储罐 T_3 的关闭状态[2 1 1 0]。控制模型直接从系统的控制规律出发设计,在本节开头的解释中进行了描述。过程模型由自动机 M 获得,用于获取导致表 5.4 中禁止状态重新分组的环境和序列:

$$M = \{S_{25}, A_8, \delta, S_0, S_{\text{final}}\} \tag{5.8}$$

使用S_{25}系统的可能状态集,A_8可应用的命令集(所有可能的组合),S_0初始状态($S_0=[0000]$),最终由初始状态S_0、禁止状态S_{Overflow}或循环组成的最终状态集S_{final},以及转换功能 δ。例如,最终状态的特征是:

表 5.4 系统风险评估

禁止状态S_{Pro}	命令 $a \in A_8$	在动作 $a \in A_8$ 之前过程状态处于 $s \in S_{25}$
情况 1:只有一个命令		
容器溢出	打开V_1或者V_2:[1 0 0]或者[0 1 0]	传感器H_2激活:$s=[2\ x\ x\ x]$
情况 1:多重命令		
容器溢出	打开V_1或者V_2:[1 0 0]或者[0 1 0]	传感器H_2激活:$s=[2\ x\ x\ x]$
容器溢出	打开V_1和V_2:[1 1 0]	传感器H_2或H_1激活:$s=[2\ x\ x\ x]$或者 $s=[1\ x\ x\ x]$

$$\forall s \in S_{25} \backslash S_{\text{Pro}}, a_3 \in A_8 \text{ s. t. } s' = \delta(s, a_3) = s_0 \tag{5.9}$$

执行勘探状态步骤:在一组可能的状态中,只有 13 个状态是可到达的。识别出导致临界状态的 26 个和 69 个上下文。然后,在步骤 3 中,计算到临界状态的距离,并根据具体情况实施检测机制。关于 ICS 架构中的位置(上下文和距离)。我们的系统模拟了“中间人”攻击。当黑客发起攻击时,所有命令都会被拦截,并被预先定义的命令取代。在本例中,顺序 $a \in A_8$ 替换为顺序$a_{\text{attack}} \in A_8$,并重放打开阀$V_1$的控制律$a_1=[100]$的第一个动作。

在第一个周期中,过滤器检测不到偏差,因为攻击符合最佳顺序。系统从一个最佳状态(初始状态)变为另一个最佳状态(油箱关闭)。传感器H_1激活前一切正常。然后,PLC 发送$a_2=[010]$命令打开阀门V_2,但此操作被a_{attack}替代。发送指令是因为上下文不会导致禁止状态。此外,从远处看,由于达到过滤状态，控制过滤器不会检测到问题。当算法考虑到动作序列时，会发出警报，警告操作员已向进程发送了坏命令。当传感器H_2被激活时，指令a_3 = [001]被发送到排水罐T_3。当控制滤波器收到此命令时，它将被阻止，因为其中一个安全规则已被违反，应用a_{attack}将导致禁用状态。有所偏差也是可能的，因为控制法在这次袭击中几次都没有得到遵守。因此，收到的指令和预期指令之间的距离不等于零。

现在，对攻击的预测进行了研究。考虑一个遵守控制律的攻击序列，发送了一个填充命令而不是排空命令。控制过滤器立即阻止指令，因为它直接导致禁止状态。与上一个例子相反，过滤器无法预测阻塞，因为攻击者对系统有很高的了解，并且攻击发生在正确的时刻以防止预期。但是，物理系统没有损坏。

考虑一个攻击，它用$a_{attack2}$ = [110]替换任何命令，打开两个阀门V_1和V_2。在第一个循环中，当控制过滤器收到此指令时，会发出两个警报。一个原因是违反了控制律约束，系统偏离了最佳轨迹，另一个原因是子状态很快导致禁用状态(3 次转换)。过滤状态后，传感器H_0、H_1和H_2被激活。当控制过滤器收到$a_{attack2}$时，由于不遵守其中一个安全规则，指令被阻止。区别识别攻击，因为顺序不遵守控制律，阀门故障不会打开这些部件。因此，过滤器检测到对 ICS 的攻击并识别。

最后，我们的系统发生故障，传感器H_1发生故障。发送订单a_1的可编程逻辑控制器将不接收事件H_1激活，但H_2激活。实际上，控制过滤器将接收等待事件H_1的指令。报告过滤器将通过接收激活的事件H_2检测异常，而事件H_1是预期的。不能只根据距离来区分。事实上，失败和攻击是造成这种异常的可能原因。例如，攻击者可能会注入一个错误的报告，使控制法失效。在本例中，系统受到保护，以防损坏，但无法区分。

这些例子表明，攻击类型和黑客知识会影响过滤器对预期和区分标准的性能。因此，模拟故障的攻击是不可能区分的。但是，过滤器通过防止非法命令的执行来保护系统，从而使系统处于禁止状态。为了完成我们的案例研究，在排空罐 T_3 之前，在产品 C 上添加一个加热步骤。我们的过程模型变成了混合自动机，因为系统中出现了一个连续的组件(温度)。为了监测这一变量的演变，有必要在卡卡诺意义上使用距离。因此，如果温度接近一个临界区域(例如过高)，过滤器将能够检测到它并停止水箱的加热。当系统有连续变量时，这个机制就完成了前面的机制。

5.5 结论和前景

5.5.1 结论

工业控制系统被用于许多关键的基础设施和应用领域，以确保生产力和安全。从信息系统中引进以太网 TCP/IP 或其他与之相关的技术，改进了这些信息系统的若干方面。然而，这一解决办法也带来了尚未预见和确定的脆弱性。因此，黑客利用漏洞攻击 ICS，严重损害物理系统、商品和人员。这项工作突出了需要探测机制来停止坏秩序和预期偏差。因此，主要的问题是区分一次进攻，从失败引导到科学问题。在现有架构中遇到了技术障碍。

我们的方法建议以安全（入侵检测系统）和安全解决方案（过滤方法）作为相互加强的基础。我们的研究为第 1 级和第 0 级提供了一个解决方案，作为保护系统的最后一个保险。本发明提供了检测网络攻击的先进技术和合成这些非常精密的块的方法。集成在 ICS 架构中是容易的，并减少了攻击者的表面接触。设计方法的优势在于临界状态的风险评估，以及必要的参数和 Petri 网，以及测定机械的确定型亚硝酸盐汽车模型。因此，对关键状态的任何行动都受到控制。通过计算到禁止状态的最短距离，来预测离散系统偏差，并显示 ICS 是否接近禁止状态。对混合系统的检测机制的适应性和连续成分，也得到了较高的注意。应用例显示了我们保护这些系统的方法的优点。

然而，距离概念本身并不能提供区分攻击失败的解决办法。轨迹概念随着时间的推移，与状态的预先序列和行动开放的新视角相关联。

5.5.2 观点

攻击和失败之间的区别显然是我们工作之一。事实上，它们都会导致安装服务的丢失，但在发生攻击时，黑客总是试图将系统置于禁止状态，以使其无法工作。因此，通过研究发送到进程的距离和顺序的演变，我们的工作将能够识别攻击。为此，在研究当前和禁止状态之间距离演变的同时，也研究了发送命令的演化。实际上，一个方法可以完全接近一个禁止状态，并尊重控制法。例如，打开充满水箱的阀门的命令符合控制法，但会使禁止的过流状态更加接近。如果顺序命令违反了控制律，黑客可能会损坏系统。这种方法的局限性在于当黑客模拟系统故障时识别攻击。如果未确定禁止状态，或者缺少一些参数来描述系统，则风险评估步骤可能会产生另一个问题。机器学习是一个很好的解决方案,可以赋予过滤器自适应能力。此解决方案将在未来的工作中进行研究。然而,在网络攻击环境下,学习方法面临着几个问题,主要是学习结构和计算的数据量和数据质量。

此外,本章只考虑了组合约束条件,通过在过程模型中加入时间窗,改进了检测机制。本章提出了一种保护工艺关键部件的方法。它只关注 CIM 体系结构的较低层次,这使得通过只针对最关键的部分来降低所研究系统的复杂性成为可能。这意味着并非所有系统都受到保护。这一方法在更高层次上的适用性问题将被提出,因为知道复杂性也将增加。因此,在大系统的情况下,需要改进我们的方法来处理多个离散模式。

然而,我们的方法对这个案例给出了很好的结果,并将对更大的案例进行测试。最后,该解决方案将在实际工业平台上实施,研究时间检测和体系结构对检测率的影响。

致谢

这项研究得到了总部设在法国布鲁兹的陆军将军(DGA)信息部的支持。

参考文献

[1] K. Stouffer, V. Pillitteri, S. Lightman, M. Abrams, A. Hahn, Guide to Industrial Control Systems (ICS) Security, National Institute of Standards and Technology, NIST SP 800 - 82r2(2015)

[2] J. Clarhaut, N. Dupoty, F. Ebel, J. Hennecart, F. Vicogne, Cyberdéfense: La sécurité del'informatique industrielle (domotique, industrie, transports) Editions (ENI, France, 2015)

[3] E. D. Knapp, Industrial Network Security: Securing Critical Infrastructure Networks for Smart Grid, Scada, and Other Industrial Control Systems, 2nd edn. (Elsevier, Waltham, 2014)

[4] Y. Ashibani, Q. H. Mahmoud, Cyber physical systems security: analysis, challenges and solutions. Comput. Secur. 68, 81 - 97 (2017)

[5] ODVA, EtherNet/IP - CIP on Ethernet Technology (2016)

[6] Ether CAT Technology Group, EtherCAT: The Ethernet Fieldbus (2012)

[7] Y. Fourastier et al. , Pietre Cambacedes, Cybersecuritg of industrial facllities:

defending digital systems. Editions,2015 法国非英文期刊
[8] S. McLaughlin et al. , The cybersecurity landscape in industrial control systems. Proc. IEEE104(5), 1039 - 1057 (2016)
[9] F. Khorrami, P. Krishnamurthy, R. Karri, Cybersecurity for control systems: a process - aware perspective. IEEE Des. Test 33(5), 75 - 83 (2016)
[10] RISI - The Repository of Industrial Security Incidents, 09 Sept 2016. [En ligne]. Disponiblesur: http://www. risidata. com/Database/event_date/asc. Consulté le: 09 Sept 2016
[11] M. Abrams, J. Weiss, Malicious Control System Cyber Security Attack Case Study - Maroochy Water Services (Secur. Water Wastewater Syst, Australia 2008)
[12] N. Falliere, L. O. Murchu, E. Chien, W32. stuxnet dossier. Symantec Security Response,Version 1. 4, févr. (2011)
[13] R. M. Lee, M. J. Assante, T. Conway, German steel mill cyber attack, in SANS ICS 2014 (2014)
[14] R. M. Lee, M. J. Assante, T. Conway, Analysis of the Cyber Attack on the Ukrainian PowerGrid, in SANS ICS 2016 (2016)
[15] ICS - CERT, ICS - CERT/The Industrial Control Systems Cyber Emergency Response Team, 15Sept 2016. [En ligne]. Disponible sur: https://ics - cert. us - cert. gov/. Consulté le: 15 Sept 2016
[16] M. Caselli, E. Zambon, F. Kargl, Sequence - aware intrusion detection in industrial control systems, in Proceedings of the 1st ACM Workshop on Cyber - Physical System Security (NewYork, NY, 2015), pp. 13 - 24
[17] W. Li, L. Xie, Z. Deng, Z. Wang, False sequential logic attack on SCADA system and its physical impact analysis. Comput. Secur. 58, 149 - 159 (2016)
[18] Y. Wang, Z. Xu, J. Zhang, L. Xu, H. Wang, G. Gu, SRID: state relation based intrusion detection for False data injection attacks in SCADA, ed. by M. Kutyłowski, J. Vaidya, in Computer Security - ESORICS 2014 (Springer, Heidelberg, 2014), pp. 401 - 418
[19] J. Graham, J. Hieb, J. Naber, Improving cybersecurity for industrial control systems, in 2016 IEEE 25th International Symposium on Industrial Electronics (ISIE) (2016), pp. 618 - 623
[20] D. - T. Nguyen, Diagnostic en ligne des systèmes à événements discrets complexes: approchemixte logique/probabiliste, (Université Grenoble Alpes,

Français, 2015)

[21] D. E. Denning, An intrusion – detection model. IEEE Trans. Softw. Eng. 13 (2), 222 – 232 (1987)

[22] R. Mitchell, I. – R. Chen, A survey of intrusion detection techniques for cyber – physical systems. ACM Comput. Surv. 46(4), 1 – 29 (2014)

[23] S. Cheung, B. Dutertre, M. Fong, U. Lindqvist, K. Skinner, A. Valdes, Using model – based intrusion detection for SCADA networks, in Proceedings of the SCADA security scientific symposium, vol. 46 (2007), pp. 1 – 12

[24] N. Goldenberg, A. Wool, Accurate modeling of Modbus/TCP for intrusion detection in SCADA systems. Int. J. Crit. Infrastruct. Prot. 6(2), 63 – 75 (2013)

[25] R. R. R. Barbosa, R. Sadre, A. Pras, Difficulties in modeling SCADA traffic: a comparative analysis, in Passive and Active Measurement, vol. 7192 (Berlin, Germany, 2012), pp. 126 – 135

[26] R. R. R. Barbosa, R. Sadre, A. Pras, Flow whitelisting in SCADA networks. Int. J. Crit. Infrastruct. Prot. 6(3 – 4), 150 – 158 (2013)

[27] C. Zimmer, B. Bhat, F. Mueller, S. Mohan, Time – based intrusion detection in cyber – physical systems, in Proceedings of the 1st ACM/IEEE International Conference on Cyber – Physical Systems (New York, NY, 2010), pp. 109 – 118

[28] C. Bellettini, J. L. Rrushi, A product machine model for anomaly detection of interposition attacks on cyber – physical systems, ed. by S. Jajodia, P. Samarati, S. Cimato, in Proceedings of The Ifip Tc 11 23rd International Information Security Conference (Springer, Boston, 2008), pp. 285 – 300

[29] S. McLaughlin, Blocking unsafe behaviors in control systems through static and dynamic policy enforcement, in Proceedings of the 52nd Annual Design Automation Conference, (NewYork, NY, 2015), pp. 55:1 – 55:6

[30] S. Pan, T. H. Morris, U. Adhikari, V. Madani, Causal event graphs cyber – physical system intrusion detection system, in Proceedings of the Eighth Annual Cyber Security and Information Intelligence Research Workshop (New York, NY, 2013), pp. 40:1 – 40:4

[31] A. Carcano, A. Coletta, M. Guglielmi, M. Masera, I. Nai Fovino, A. Trombetta, A Multi dimensional critical state analysis for detecting intrusions

in SCADA systems. IEEE Trans. Ind. Inform. 7(2), 179 – 186 (2011)

[32] I. N. Fovino, A. Coletta, A. Carcano, M. Masera, Critical state – based filtering system for securing SCADA network protocols. IEEE Trans. Ind. Electron. 59(10), 3943 – 3950 (2012)

[33] É. Zamaï, Architecture de surveillance – commande pour les systèmes à événements discrets complexes, PhD thesis, Université Paul Sabatier – Toulouse III (1997)

[34] M. Combacau, M. Courvoisier, A hierarchical and modular structure for FMS control and monitoring, in Proceedings [1990]. AI, Simulation and Planning in High Autonomy Systems(1990), pp. 80 – 88

[35] L. E. Holloway, B. H. Krogh, Monitoring behavioral evolution for on – line fault detection, inIFAC/IMACS International Conference "Fault Detection, Supervision and Safety for TechnicalProcesses", SAFEPROCESS'91 (Baden Baden, Germany, 1991), pp. 313 – 319

[36] D. Cruette, J. P. Bourey, J. C. Gentina, Hierarchical specification and validation of operating sequences in the context of FMSs. Comput. Integr. Manuf. Syst. 4(3), 140 – 156 (1991)

[37] J. M. Flaus, Risk Analysis: Socio – technical and Industrial Systems (Wiley, Somerset, 2013)

[38] ANSSI. Ebios méthode de gestion des risques (2010)

[39] G. Zhou, G. Biswas, W. Feng, A comprehensive diagnosis of hybrid systems for discrete and parametric faults using hybrid I/O automata, in 9th IFAC Symp. Fault Detect. Superv. And Safety Tech. Process. SAFE PROCESS 2015, vol. 48, issue 21 (2015), pp. 143 – 149

[40] A. Favela, H. Alla, J. M. Flaus, Modeling and analysis of time invariant linear hybrid systems, in 1998 IEEE International Conference on Systems, Man, and Cybernetics, 1998, vol. 1 (1998), pp. 839 – 844

[41] S. Henry, E. Zamaï, M. Jacomino, Logic control law design for automated manufacturing systems. Eng. Appl. Artif. Intell. 25(4), 824 – 836 (2012)

[42] S. Genc, S. Lafortune, Predictability of event occurrences inpartially – observed discrete – event systems. Automatica 45(2), 301 – 311 (2009)

[43] J. Chen, R. Kumar, Stochastic failure prognosability of discrete event systems. IEEE Trans. Autom. Control 60(6), 1570 – 1581 (2015)

第6章 使用米利状态机对交换系统进行主动诊断

Jeremy Van Gorp, Alessandro Giua, Michael Defoort, Mohamed Djemaï

6.1 介绍

交换系统是一种同时涉及连续和离散动力学的系统,可以用来描述广泛的物理和人工系统(即电力转换器、多缸系统、传动系统等)。交换系统在过去十年中被广泛研究[15],且研究方向大都集中在稳定问题上[2,14,15,18]。在电力电子领域,自 20 世纪 50 年代开始,电力转换器应用于牵引系统、电源或数字放大器。在这些系统中,20 世纪 90 年代初出现的多细胞转换器是基于一系列基本换流单元的关联。多细胞转换器是一种有趣的开关系统,在控制、观察和诊断等方面都有广泛的研究。它的结构能够减少由于功率半导体的换向而产生的损耗,同时成本较低。如果未违反或修改控制规则(容错控制),则电池或开关阻塞或内部组件老化可能会导致系统出现紧急情况。

如果不及时发现和隔离故障,则不仅影响设备和周围环境,对操作人员来说,也是非常有害的。而且,通常如果没有隔离故障,即如果没有确定已经发生的故障的确切性质,则不能应用容错控制器[16,23]。使用各种方法对故障检测和隔离(FDI)进行了广泛的研究[8,11-12]。基于观察者的 FDI 技术依靠与观察者一起进行的测量来估计输出,以检测故障。已经使用不同的方法研究了混合系统的可观察性和观察者设计问题。Z - 可观察性概念是在文献[13]中引入的,用于研究某些特定类别的混合系统的可观察性。使用文献[24]中的类似方法,提供了可观察性概念的概括。例如,分析冗余,即测量和估计变量之间的数学关系,以便检测可能存在的故障,可以通过对奇偶性空间的分析或使用 Bond Graph 来计算。但是,由于多单元转换器的特殊结构,对于开关的每个固定配置,状态分量只能部分地观察到。已经为该系统提出了混合观测器[7,25,27,28],但是它们不能轻易地实时应用于解决故障观测问题。

在离散事件系统(DES)框架中也提出了一些贡献。对于自动机[20](I－可诊断性)和 Petri 网[4-5],在出现多次故障的情况下,为可诊断性提供了必要和充分的条件。对于 DES,可诊断性分析和在线诊断由诊断程序计算,其中可用的测量值被视为诊断程序的输入。在每个可观察到的事件发生之后,它会导致一个估计状态,该状态可能是“正常”或“故障”或“不确定”。

DES 诊断中使用的经典模型是有限状态机(FSM),并且系统被视为事件的自发生成器。但是,在许多物理系统中,系统的发展是由控制输入驱动的,而可诊断性条件既取决于系统结构,又取决于控制策略。因此,一些研究提出了使用监督者的主动诊断,以同时确保系统的控制和诊断性。在文献[1]中提出了一种算法,该算法在检测到故障时将系统控制在可诊断状态。但是,采用这种方法后,系统可能会跨越不可诊断的区域,以便隔离故障。在文献[6,21]中,使用诊断程序来阻止将系统驱动到不可诊断区域的可控事件。对于多细胞转换器,满足与可诊断性相关的稳定性条件的控制律设计是复杂的。实际上,与系统相关的不可观察事件定义了诊断程序中的不确定状态,并且无法满足可诊断性条件。在我们的方法中,文献[1]的算法得到了扩展。与诊断者相关联的不确定状态集被划分以便区分不确定状态,这可以由故障解释,但与名义模型的演变相一致,与已经检测到故障发生的不确定故障状态相区分,并可以应用适当的控制输入进行识别。

本章提出了一种用于交换系统的主动诊断算法。对文献[26]中引入的算法进行了扩展和实验验证。在此,我们假定驱动系统发展的唯一控制输入由切换功能表示。该功能指定激活模式。此外,由于模式之间的每个转换,也可以使用离散输出,以检测和隔离故障。在这些假设下,可以使用米利状态机(MM),即具有输入和输出的自动机来表示系统。实际上,如果适当地选择,则可以使用施加到 MM 的输入来将诊断者引导出不确定状态的集合,从而改善检测过程。在这种情况下,重新定义文献[21]中的诊断程序,以引入不确定状态和不确定故障状态。自动机的某些过渡,包括与故障相对应的过渡,可能会在没有控制输入的情况下发生,并且可能无法观察到。

在正常情况下,控制输入由控制器根据给定的规范进行选择,并且诊断员会观察其演变。尽管诊断者的状态可能不确定(即故障可能已经发生或可能没有发生),但只要可以用名义模型解释观察到的演变,诊断者就不会产生警报。因此,从文献[20]的意义上说,这样的系统可能是不可诊断的。然而,当诊断者检测到异常行为时,即在没有故障发生的情况下无法解释的演变,将产生警报,并且如果需要,控制目标将隔离故障。可以根据测试理论[3]中定义的众所周知的归位序列概念来确定故障隔离序列。

FSM 测试程序的研究最初是作为计算机科学的基础研究[3]。在文献[10]中,研究了基于测试的故障诊断算法。在文献[22]中,测试理论被应用到使用输入/输出自动机的诊断中。他们认为状态错误与我们的方法相反,在该方法中,错误是由过渡上的不可观察事件建模的,因此更为笼统。在文献[19]中考虑了确定用于解释的 Petri 网的同步序列的问题,即将系统驱动到已知状态的输入序列。本章提出了一种适用于 MM 的故障隔离序列计算的自适应算法,以及一种用于主动诊断的通用算法。如果可以针对诊断程序的每个不确定故障状态计算出相应的隔离顺序,则使用诊断程序和在线测试算法之间的互连,就可以隔离开关系统的每个故障。

本章组织如下。6.2 节讨论了问题的形成,并介绍了系统和诊断程序建模。在 6.3 节中,定义了一个测试条件;提出了一种计算故障隔离序列的算法;为了解决故障诊断问题,提出了一种基于 MM 诊断与测试相结合的算法。6.4 节给出了在 2 单元转换器上的仿真结果和在 3 单元转换器上的实验结果,以强调所提出方法的有效性。

6.2 问题陈述和建模

6.2.1 DES 诊断准备

此后,在此基础上,对文献[21]和诊断程序建模中的一些定义进行了重新表述,以考虑故障的不确定状态。用于诊断的经典 DES 方法[20,21]考虑了由确定性有限自动机(DFA)建模的系统:

$$G=(X,\Sigma,\delta,x_0) \tag{6.1}$$

式中:X 为状态集;Σ 为事件集;$\delta: X\times\Sigma\rightarrow X$ 为(部分)过渡函数;x_0 为系统的初始状态。假设x_0状态是已知的。

模型 G 解释了系统的正常和错误行为,由 G 生成的前缀闭合语言 $L(G)$ 来描述,即 Σ^* 的子集,其中 Σ^* 表示 Σ 的 Kleene 闭合。事件集 Σ 划分为 $\Sigma=\Sigma_o\cup\Sigma_{uo}$,其中$\Sigma_o$表示可观察事件集,$\Sigma_{uo}$表示不可观察事件集。故障事件集定义为$\Sigma_f\subseteq\Sigma_{uo}$,可以划分为 m 个不同的故障类$\Sigma_f=\Sigma_{f_1}\cup\Sigma_{f_2}\cup\cdots\cup\Sigma_{f_m}$。

让我们重新定义投影算子 $P:\Sigma^*\rightarrow\Sigma_o^*$[21],使得

$$P(\epsilon)=\epsilon$$
$$P(\sigma)=\sigma(若\ \sigma\in\Sigma_o)$$
$$P(\sigma)=\epsilon(若\ \sigma\in\Sigma_{uo})$$
$$P(s\sigma)=P(s)P(\sigma)(若\ s\in\Sigma^*,\sigma\in\Sigma)$$

式中:ϵ 为虚词。因此,P 只是从跟踪中擦除了不可观察的事件。在 $L(G)$ 中具有共域的逆投影算符是关系 $P^{-1}:\Sigma_o^*\to 2^{L(G)}$,它与可观察事件的每个单词相关联,该可观察事件与可能已生成它的迹线集合(即 $P^{-1}(w)=\{s\in L(G)\mid P(s)=w\}$)相关联。在下文中,我们将用 $s\in\Sigma^*$ 表示 DFA 生成的事件轨迹,用 $w=P(s)\in\Sigma^*$ 表示观察到的单词,即生成轨迹的可观察投影。

DFA G 的诊断问题在于,在给定观察到 $w\in\Sigma_o^*$ 的情况下,确定是否发生了故障,即是否触发了 $\Sigma_f\subseteq\Sigma_{uo}$ 中标记为故障事件的过渡并找到故障类别。这可以使用诊断器,即在可观察事件的字母上的 DFA 来完成。

定义 1 给定一个包含一系列事件 $\Sigma=\Sigma_o\cup\Sigma_{uo}$ 及一组故障集 $\Sigma_f=\Sigma_{f_1}\cup\Sigma_{f_2}\cup\cdots\cup\Sigma_{f_m}$ 的 DFA G。设 $\mathcal{F}=\{F_1,F_2,\cdots,F_m\}$ 为与故障类关联的一组标签。式(6.1)定义的 DFA 的诊断程序是 DFA:

$$Diag(G)=(Y,\Sigma_o,\delta_y,y_0)$$

因此,$Y\subseteq(X\times\{N\})\cup(X\times 2^{\mathcal{F}})$,即诊断程序的每个状态都是成对出现:

$$y=\{(x_1,\gamma_1),(x_2,\gamma_2),\cdots,(x_k,\gamma_k)\}$$

式中:$x_i=X,\gamma_i=N$ 或者 $\gamma_i\subseteq\mathcal{F}(\gamma_i\neq\varnothing)$,$i=1,2,3,\cdots,k$。此处,$N$ 为正常(没有发生故障),F_i 表示发生了 F_i 类故障。

诊断程序的初始状态 y_0 被定义为 $\{(x_0,N)(x_1,\gamma_1),(x_2,\gamma_2),\cdots,(x_k,\gamma_k)\}$,即从已知的初始状态 x_0 开始,如果存在不可观测的痕迹 s_i,其中 $i=1,3,\cdots,k$,投影为 ϵ。初始状态 y_0 还包含所有 (x_i,γ_i),使得 B 可以通过轨迹 s_i 到达。同时 γ_i 表示可能在 s_i 中发生故障或没有发生故障的情况下,发生 N 的故障。

$\delta_y(y_0,w)=y_w$,当且仅当

$$y_w=\{(x,N)\mid(\exists s\in P^{-1}(w))\delta(x_0,s)=x\wedge s\cap\Sigma_f=\varnothing\}$$
$$\cup\{(x,\gamma_i)\mid(\exists s\in P^{-1}(w))\delta(x_0,s)=x\wedge i\in\{1,2,\cdots,m\},$$
$$s\cap\Sigma_{fi}\neq\varnothing\wedge\gamma_i=F_i\}$$

即在 $Diag(G)$ 中执行一个 w,产生一个状态 y_w,包括:

(1)可以在 $P^{-1}(w)$ 中执行一个不包含故障事件的字符串 G 中到达 x 的所有 (x,N);

(2)可以在 $P^{-1}(w)$ 中执行对于每个 $\gamma_i\subseteq\mathcal{F}$,包含 Σ_{fi} 故障事件的字符串 G 中

到达 x 的所有(x,γ_i)。

对于每个状态,$Diag(G)$中的 $y=\{(x_1,\gamma_1),(x_2,\gamma_2),\cdots,(x_k,\gamma_k)\}$,诊断价值 $\varphi(y)$是这样关联的:

若$\gamma_i=N(i=1,2,3,\cdots,k)$则 $\varphi(y)=N$(无故障状态);

若存在 $i,j\in\{1,2,3,\cdots,k\}$使得$\gamma_i=N$ 且$\gamma_j\subseteq\mathcal{F}$,则 $\varphi(y)=N$(不确定状态);

若$\gamma_i\neq N$ 且$\gamma_i=\gamma_j(i,j=1,2,3,\cdots,k)$,则 $\varphi(y)=F$(隔离故障状态);

若$\gamma_i\neq N(i=1,2,3,\cdots,k)$且$\gamma_i\neq\gamma_j(i,j=1,2,3,\cdots,k)$,则 $\varphi(y)=U_F$。

因此,诊断器允许将每个观察到的 w 与诊断状态 $\varphi(y_w)$相关联,其中$y_w=\delta_y(y_0,w)$是诊断器在初始状态y_0执行 w 到达 Diag(G)的状态。

注 1:根据定义 1,如果诊断值为 $\varphi(y)=U_F$,则表示故障的检测是可信的,而故障的隔离仅在 $\varphi(y)=F$ 时才有可能。如果在具有 $\varphi(y)=F$ 的诊断程序中不存在相应的状态,则故障不可诊断。

本章的目的是设计一种算法来解决一类大型开关系统的故障诊断问题。

6.2.2 切换系统建模

在本章中,我们提出一种可以解决切换系统诊断问题的方法,这类切换系统一般用以下模型表示:

$$\begin{cases}\dot{\mathfrak{x}}(t)=\mathfrak{U}_{\eta(t)}(\mathfrak{x}(t),\mathfrak{f}(t))\\ \mathfrak{D}(t)=\mathfrak{C}_{\eta(t)}(\mathfrak{x}(t),\mathfrak{f}(t))\end{cases}\tag{6.2}$$

其中:$\mathfrak{x}(t)$为连续状态;$\mathfrak{D}(t)$为连续输出量;$\mathfrak{f}(t)$为故障矢量;$\eta(t)$为分段常数的切换函数且 $\eta(t):[0,\infty)\to\{1,2,\cdots,\mathfrak{N}\}$,$\mathfrak{N}$ 表示已知的离散模式或子系统数量。一般来说,函数 $\eta(t)$ 可以取决于外部控制输入、状态$\mathfrak{x}(t)$和故障矢量 $\mathfrak{f}(t)$。测量的变量为输出信号$\mathfrak{D}(t)$且若其为可观察的,最后的连续状态应为 $\mathfrak{x}(t)$。在这里,可以考虑系统参数、执行器或传感器上的故障,忽略多个故障的情况。此后,我们假设系统(6.2)的所有连续变量都可以用离散变量集表示。

在大多数现有的 DES 框架下的诊断研究中,事件集仅基于来自系统的一个信息(输入或输出信号),而混合模型可以表示系统的复杂动态(连续和离散)。因此这类系统需要更准确的诊断方法。针对这类使用 DFA 形式的交换系统,需要设计一种新的诊断方法,即将系统视为 MM。使用这种特定的建模,可以通过输入和输出信号的组合来丰富离散事件集。一个事件将由一对输入/输出定义。这个想法是为了强调 DFA 和 MM 之间的等效性,以便使用先前重新定义的

DFA 形式来推导 MM 诊断程序。

切换的系统可以建模为 MMs，其中输入事件对应于系统的活动模式，输出事件对应于传感器读数。

MM 的形式是一类结构：

$$M=(X,I,O,\zeta,\lambda,x_0) \tag{6.3}$$

式中：X 为离散状态集；I 和 O 分别为输入和输出事件的集合；$\zeta:X\times I\to X$ 为过渡函数；$\lambda:X\times I\to O$ 为输出函数；x_0 为系统的初始状态。

在这里，我们认为输入事件集可以划分为 $I=I_c\cup I_{uc}$。I_c 中的事件为可控事件，即它们表示由外部控制输入触发的受控转换。I_{uc} 中的事件为不可控事件，即它们表示在没有外部控制输入触发的情况下可能发生的自主转换。故障事件集 $I_f=I_{f_1}\cup\cdots\cup I_{f_m}$ 为 I_{uc} 的子集。注意，MM 的转换函数在可控输入事件集合上是完全的，即对于任何 $x\in X$ 及 $i\in I_c$，$\zeta(x,i)$ 是明确的。这意味着无论机器处于何种状态，都可以应用可控输入。我们还假设输出事件 O 集合可以包含表示转换的特殊符号 $\varnothing$，该转换的发生不会生成可度量的输出事件。

为了便于诊断，可以很容易地将 MM 转换为具有相同状态集和 $\Sigma=I\times O$ 的等效 DFA。在 DFA 中，MM$\zeta(x,i)=\bar{x}$ 与输出函数 $\lambda(x,i)=o$ 之间的转换可以用转换 $\delta(x,(i,o))=\bar{x}$ 来表示。DFA 不可观测事件的集合是 $\Sigma_{uo}=I_{uc}\times\{\varnothing\}$，可以将故障事件集重新定义为 $\Sigma_f=\{I_f\times\{\varnothing\}\}$ 和 $\Sigma_o=\Sigma\backslash\Sigma_{uo}$。一旦 MM 转换为等效的 DFA，就可以设计诊断程序来解决诊断问题。下面给出了一个示例，以强调 MM 和 DFA 之间的等价性，同时给出了相应的诊断方法。

例 1 假设 MM $M=(X,I,O,\zeta,\lambda,x_0)$ 中，$X=\{1,2,3\}$，$I=\{a,b,\varepsilon_1,\varepsilon_f\}$，$I_c=\{a,b\}$，$I_{uc}=\{\varepsilon_1\}$，$I_f=\{\varepsilon_f\}$，$O=\{o_1,o_2,o_3,\varnothing\}$，$x_0=\{1\}$，转换及输出函数如下：

ζ	a	b	ε_1	ε_f
1	3	2		
2	1	2	1	
3	2	3		1

λ	a	b	ε_1	ε_f
1	o_1	o_2		
2	o_3	o_2	$\varnothing$	
3	o_2	o_1		$\varnothing$

从第一个表的第一行中可以看出，在 MM M 中，存在状态 1 到状态 2 和状态 3 的转换，使用输入事件记录 b 和 a，其中 $\zeta(1,a)=3$，$\zeta(1,b)=2$。与第二个表相关联，相应的输出事件为 $\lambda(1,a)=o_1$，$\lambda(1,b)=o_2$。利用所提出的模型，可以推导出该 MM 的等效 DFA。(a,o_1) 和 (b,o_2) 为使用了 DFA 的形式的新表

示法$\boldsymbol{\Sigma}_o$中的两个状态。等效的DFA如图6.1(左)所示,其中可见事件集为$\boldsymbol{\Sigma}_o=\{(a,o_1),(a,o_2),(a,o_3),(b,o_1),(b,o_2)\}$,不可观测事件组为$\boldsymbol{\Sigma}_{uo}=\{(\varepsilon_1,\varnothing),(\varepsilon_f,\varnothing)\}$,错误事件集为$\boldsymbol{\Sigma}_{f_1}=\{(\varepsilon_f,\varnothing)\}$(这里仅考虑单独故障类型),此DFA的诊断程序如图6.1(右)所示,其中$Diag(G)$的每个状态y在方括号中标记有其相应的诊断值$\varphi(y)$。

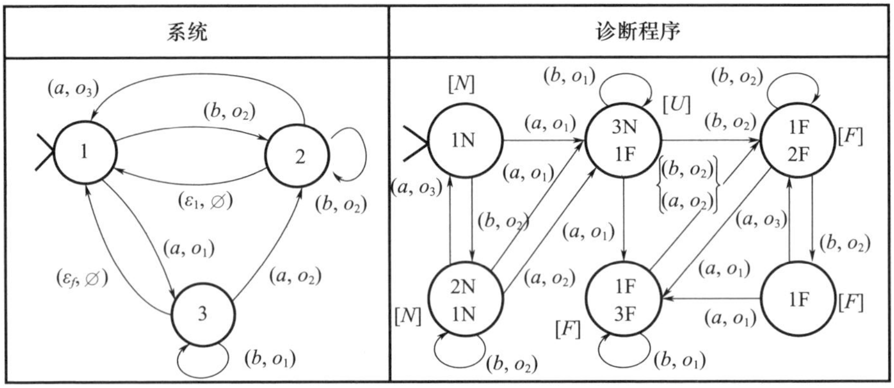

图6.1　DFA G诊断自动机$Diag(G)$

下一部分将设计一种算法,以便即使在诊断程序中存在不确定的故障状态(即$\varphi(y)=\boldsymbol{U_F}$),也可以检测和隔离故障。

6.3　活跃诊断

假设在正常情况下,MM的控制输入(即系统的切换顺序)由控制器选择,以满足给定的目标。与控制器并行,使用一个诊断程序来检测系统的演化。当没有检测到故障时,诊断程序和控制器之间不存在交互,即诊断处于诊断值为N或u的状态,在这种情况下,诊断行为实际上可能是一种名义上的演化,并不会产生警报。但是,当检测到一个错误时(当$\varphi(y)=\boldsymbol{U_F}$时),由于安全原因,控制目标暂停,并应用故障隔离程序。在这里,控制目标和主动诊断之间的权衡没有被研究。

特别是,如果诊断程序处于状态$\boldsymbol{F}$,则故障已被隔离,因为它确切地知道发生了哪些故障类。相反,当诊断程序处于不确定的故障状态U_F时,根据测试程序选择控制输入序列,设计一个隔离故障的主动诊断程序[21],识别已经发生的故障的类别。

6.3.1 测试条件

在本小节中，在式(6.3)中定义的 MM 的主动诊断过程，包括寻找一个隔离故障的控制输入序列。为了设计所提出的算法，我们需要定义一个函数，该函数为诊断程序的每个状态 $y \in Y$ 和每个控制输入序列 $\alpha \in I_c$ 指定对的集合(y', $\boldsymbol{\beta}$)，其中，$y' \in Y$ 是观察到 $\boldsymbol{\beta} \in O$ 时达到的诊断状态。

定义 2 给出诊断程序(定义 1)与 DFA 等价于 MM 方程(6.3)，我们定义了下面的函数 $f: Y \times I_c^* \to 2^{Y \times O^*}$，例如，设所有 $y \in Y$ 和所有 $\alpha \in I_c^*$：

$$f(y,\alpha) = \{(y',\boldsymbol{\beta}) \mid \delta_y(y,\sigma) = y',$$
$$\sigma = (i_1,o_1)(i_2,o_2)(i_k,o_k),$$
$$\alpha = i_1 i_2 \cdots i_k, \boldsymbol{\beta} = o_1 o_2 \cdots o_k\}。 \tag{6.4}$$

命题 1 输入序列 $\alpha \in I_c^*$，将故障从不确定的故障状态$y_u \in Y$ 中隔离出来。当且仅当 $\varphi(y_u,\alpha) = U_F$时

$$f(y_u,\alpha) \subseteq \{(y_i,\boldsymbol{\beta}_i) \mid \varphi(y_i) = F\} \tag{6.5}$$

很明显，证明条件(6.5)是一个序列。隔离故障的必要条件，自诊断是一个确定性的自动机，$(y',\boldsymbol{\beta}),(y'',\boldsymbol{\beta}) \in f(y,\alpha)$意味着$y' = y''$。诊断的状态，达到了通过应用一个给定的控制输入序列 α，从观察到的输出序列 β 是完全已知的。这确保了条件(6.5)也是充分的。

从命题 1 可以推导出 MM 方程(6.3)的主动可诊断条件。

命题 2 由 MM 方程(6.3)建模的切换系统是可主动诊断的，使用 MM 诊断(对应于定义 1)，前提是至少有一个控制输入序列对其诊断的每个不确定故障状态验证命题 1。

注 2：上述命题 2 与文献中通常考虑的主动诊断能力定义略有不同[1,21]。在本研究中，为了突出输入/输出转换，并设计一个自适应的算法来解决切换系统的主动诊断问题，我们使用了一个 MM 模型对系统及其诊断程序进行建模。

该方法的灵感来自测试理论[3]中研究的归航序列的概念。寻的序列是一个输入序列，它带来一个 MM(带输出)从未知状态到已知状态，即通过观察输出序列应用输入序列之后，就可以明确地确定 MM 的当前状态(有关详细信息，请参阅文献[3])。实际上，我们的目标是在 MM 诊断程序中找到一个控制输入序列，该序列通过观察输出序列来隔离故障或消除故障类的歧义。

对于一个满足命题 2 的系统，可以确定一个隔离故障的序列，使用以下方法计算所有对应于不确定故障状态集的故障求解序列。

6.3.2 运算法则

在介绍我们提出的算法之前,让我们考虑以下示例。

例2 考虑图6.2中的MM。有三个不同的故障类,即$\sum f_1 = \boldsymbol{F}1$,$\sum f_2 = \boldsymbol{F}2$,$\sum f_3 = \boldsymbol{F}3$。

其中,$X = \{1,2,3,4,5,6,7\}$,$I = \{a,b,c,d,F_1,F_2,F_3\}$,$I_{f_1} = \{F_1\}$,$I_{f_2} = \{F_2\}$,$I_{f_3} = \{F_3\}$,$I_{uc} = I_f$,$I_c = \{a,b,c,d\}$,$O = \{1,2,\varnothing\}$,$x_0 = \{1\}$。相应的诊断程序包含41种状态,这里不详细介绍。我们的方法是应用一种检测和隔离已发生的故障的算法。在下面的图中,为了解释算法,我们选择按步骤分解诊断程序。图6.3和图6.4展示了诊断程序在构建过程中的两个部分,以实现故障检测和隔离。图6.3为MM诊断结果。它有唯一的名义状态(1 N,2 **F**1,3 **F**2,5 **F**3),因为我们假设MM诊断机中的不确定状态U不是故障状态。此诊断程序显示允许故障诊断或仅允许检测的转换。它有四个不确定故障状态U_F和三个孤立故障状态$\boldsymbol{F}$。

考虑到图6.2中初始状态为1的系统,以$(b,\varnothing)(d,2)$为例,可以检测到故障,但不能隔离故障。在诊断端(图6.3),该序列导致不确定故障状态(6 **F**1,7 **F**2)和$\varphi(y) = U_F$。当检测到故障时,出于安全原因,称控制目标暂停。

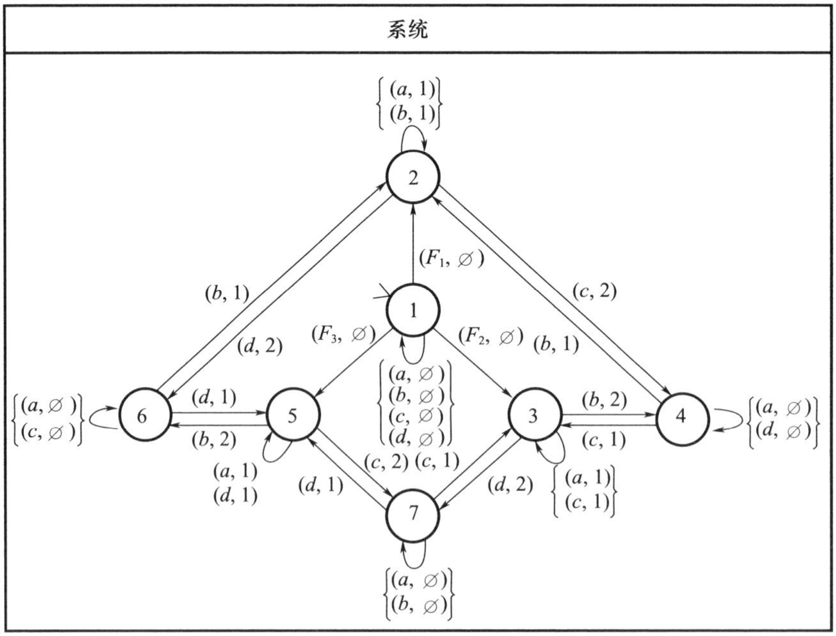

图6.2 带有三个故障类的MM实例

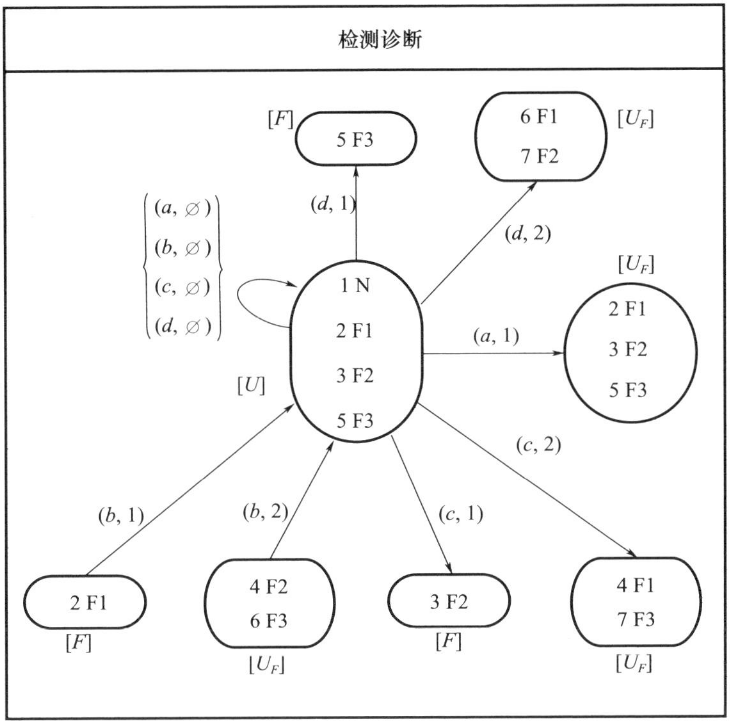

图 6.3 MM 检测步骤的诊断

图 6.4 给出了 MM 积极诊断,提出了一种基于 MM 诊断的故障隔离序列计算方法。当序列 $\alpha \in I_c^*$,由 $k=1$ 事件定义,可以观察到隔离步骤。它突出的可获得检测步骤后观察$\|\alpha\|=k=1$ 事件,$\|.\|$是一个字符串的长度。我们的离线目标是对这部分诊断程序进行分析,为检测的 MM 诊断程序的每个不确定故障状态,找到一个故障隔离序列(图 6.3)。其思想是在不输入 $\alpha \in I_c^*$ 及$\|\alpha\|=k$ 的情况下增加U_F的检测步骤。

由图 6.4 可知,在每个不确定故障状态下,都可以对一个事件的所有序列进行检测。考虑到诊断器上的条件(6.5),控制输入事件 b 可以作为状态(4 **F**1,7 **F**3)(蓝色状态)和(6 **F**1,7 **F**2)(绿色状态)的故障隔离序列。确实,观察相应的输出事件是否为∅或者 1,我们可以隔离故障 F1 或 F2 或 F3。对于不确定的故障状态,事件 b 不是有效的隔离序列。(4 **F**2,6 **F**3)(紫色状态)和(2 **F**1,3 **F**2,5 **F**3)(红色状态),这个序列没有验证命题 1,因为它导致了不确定的故障状态(4 **F**2,6 **F**3)或(2 **F**2,2 **F**3)。输入事件 c 可以作为状态的故障隔离状态(4 **F**2,6 **F**3)。如果对应的输出事件为∅,则可以隔离故障 **F**3;如果输出

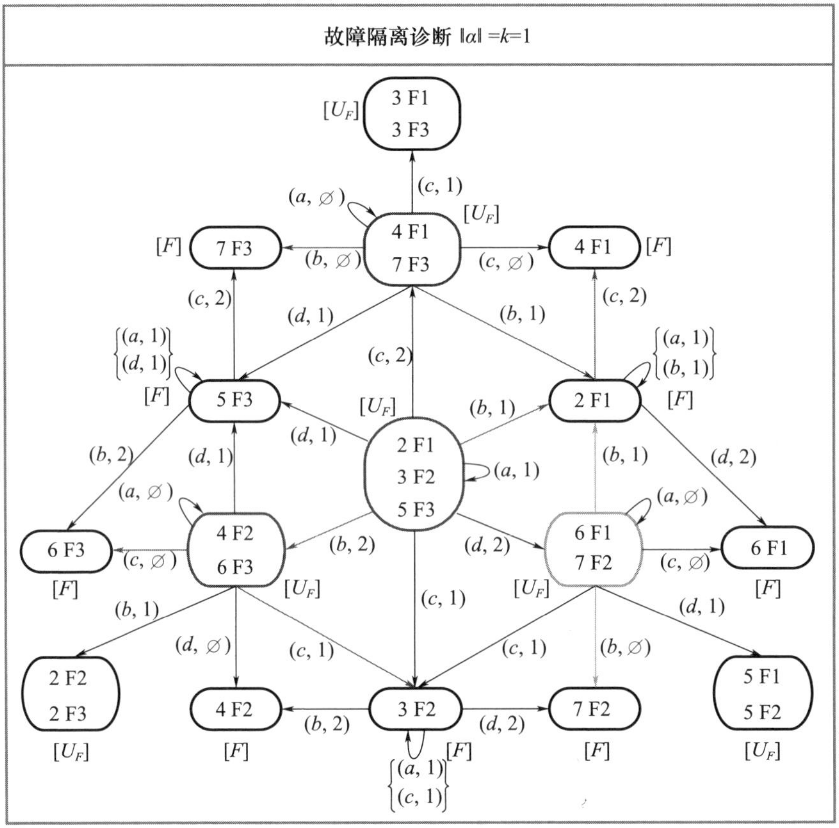

图 6.4　MM 主动诊断故障隔离步骤，条件(6.5)满足（见彩插）

事件为 1，则可以隔离故障 **F**2。按照这种策略，不确定故障状态（2 **F**1，3 **F**2，5 **F**3）需要 $\|\alpha\| = 2$。此后，我们没有给出 $k = 2$ 的相应诊断条件，但从图 6.4 中，我们可以提出故障隔离序列 *bc*，而 *bb* 不是有效的隔离序列。

提出的思想是利用测试理论，在归位序列的基础上，对检测步骤中的每个不确定故障状态（U_F）计算最小故障隔离序列。

函数归位序列可以离线计算所有的故障隔离序列。

函数 引导序列（*Diag*（*G*））

---

1. 输入：诊断程序集 $Diag(G) = (Y, \Sigma 0, \delta_y, y_0)$
2. 创建一组 $\psi' = \varnothing$
3. 令 $y_{ui} \in Y$

3.1 如果 $\varphi(y_{ui})=U_F$, $\exists\sigma\in\sum_o$, $\exists y\in Y$,其中 $\varphi(y)=N$ 或 U, $\delta_y(y,\sigma)=y_{ui}$

3.1.1 使 $\alpha_{ui}=\varepsilon$(ε 为空)

3.1.2 使 $k=1$

3.1.3 当 $\alpha_{ui}=\varepsilon$

- 如果 $\exists\,\alpha_{ui}=\varepsilon$, $\|\alpha\|=k$ 和验证命题 1 的状态 y_{ui}

$$\alpha_{ui}\leftarrow\alpha$$

- 其他

$$k\leftarrow k+1$$

如果

结束时

3.1.4 $\varphi'=\varphi'\cup\{(y_{ui},\alpha_{ui})\}$

如果

结束

4. 输出:$\varphi'=\{(y_{u1},\alpha_{yu1}),\{(y_{u2},\alpha_{yu2})\}\cdots\{(y_{ui},\alpha_{yu3})\}\cdots\}$所有双相结合故障状态 y_{ui} 最小故障隔离序列和一个不确定的故障状态与最小故障隔离序列 αy_{ui}。

一个满足命题 2 的系统,函数归并序列是允许寻找最小故障隔离序列集,从而隔离故障,在它被发现后,要尽可能快。实际上,在函数归并序列中,步骤 3.1,验证在不确定故障状态 y_{ui} 与状态 y 之间存在转换,使 $\varphi(y)=N$ 或 U,设计该函数的目的是当一个不确定的故障状态 y_{ui} 找不到序列时,增加序列 k 的大小。为了将每个不确定的故障状态组合在一起,可以提出一组对故障隔离序列。如果故障不可诊断,则此函数可以返回空集,变量 k 趋于无穷。

根据示例(图 6.2),可以将功能归位序列应用于 MM 诊断程序(图 6.3),以便找到所有的最小故障隔离序列。下面的算法是一个应用的例子。该函数仅对两种不确定故障状态进行了说明(第 3.1.4 行和第 4 行之间的步骤对应 MM 诊断学的其他不确定故障状态,为了简化表示法,本章不做详细说明),第 4 行计算的输出用于所有不确定的故障状态。

函数在 MM 诊断中的应用(图 6.3) *Diag*(*G*)

1. 输入:与 MM 对应的诊断图 6.2 *Diag*(*G*)

2. 创建一个集合 $\psi'=\varnothing$

3. 对于$y_{ui}=(6\ \boldsymbol{F}1,7\ \boldsymbol{F}2)$（或$y_{ui}=(4\ \boldsymbol{F}1,7\ \boldsymbol{F}3)$）

3.1　$\varphi(y_{ui})=U_F$，$\exists\boldsymbol{\sigma}=(d,2)$（或$\exists\boldsymbol{\sigma}=(c,2)$），$\exists y=(1\boldsymbol{N},2\boldsymbol{F}1,3\boldsymbol{F}2,5\boldsymbol{F}3)$，其中，$\varphi(y)=U$，例如$\delta_y(y,\boldsymbol{\sigma})=y_{ui}$。

3.1.1　令$\alpha_{ui}=\varepsilon$

3.1.2　令 $k=1$

3.1.3　虽然$\alpha_{ui}=\varepsilon$

• $\exists\alpha=b$，例如$\|b\|=1$ 和 b 验证命题 1 为状态$(6\ \boldsymbol{F}1,7\ \boldsymbol{F}2)$（或$(4\ \boldsymbol{F}1,7\ \boldsymbol{F}3)$）

$$\alpha_{ui}\leftarrow b$$

3.1.4　$\psi'=\psi'\cup\{((6\boldsymbol{F}1,7\boldsymbol{F}2),b)\}$

4. 输出：$\psi'=\begin{Bmatrix}((6\boldsymbol{F}1,7\boldsymbol{F}2),b),((4\boldsymbol{F}1,7\boldsymbol{F}3),b),\\((4\boldsymbol{F}1,6\boldsymbol{F}3),c),\\((2\boldsymbol{F}1,3\boldsymbol{F}2,5\boldsymbol{F}3),bc)\end{Bmatrix}$

提出的 MM 主动诊断算法可以用 Algo－算法 1 进行总结。

算法 1　主动诊断程序

---

1. 计算 $\varphi=HomingSequence(Diag(G))$

2. 回路

2.1　系统标称控制（根据控制目标定义）

2.2　跟踪 MM 主动诊断程序中发生的事件(i,o)

2.3　如果检测到故障$(\varphi(y)=U_F$ 或 $F)$

2.3.1　停止控制目标

2.3.2　若 $\varphi(y)=F$

• 使用 MM 诊断程序隔离故障

2.3.3　否则

• 应用归位序列 α_y 对应于$(y,\alpha_y)\in\psi'$

• 跟踪 MM 诊断程序中发生的事件(i,o)，以达到最终状态 $y_f\in Y$，使 $\varphi(y_f)=F$，并隔离故障

2.3.4　停止

结束

在算法 1 之后，在第一步中，利用函数归位序列离线计算所有最小故障隔离序列，针对每个不确定故障状态计算出 MM 诊断机的检测步骤。在第二步中，可以应用标称控制，MM 诊断器跟踪发生的事件(i,o)（诊断值$\varphi(y)$可以等于N、U、U_F或F），如果检测到故障，则中断控制目标。如果诊断值$\varphi(y)=F$，则故障类被隔离，算法结束。如果只检测到故障即$(\varphi(y)=U_F)$，则应用相应的故障隔离序列，以达到诊断的目的。

6.4　多细胞转换器的应用

在本节中，我们将所提出的诊断演算法应用于多细胞转换器。仿真结果表明，该算法具有良好的性能 2 单元(4 模式)转换器。3 单元(8 模式)转换器的实验结果重点讨论了该方法的有效性，证明了该算法可以推广到这类切换系统中，并能实时应用。

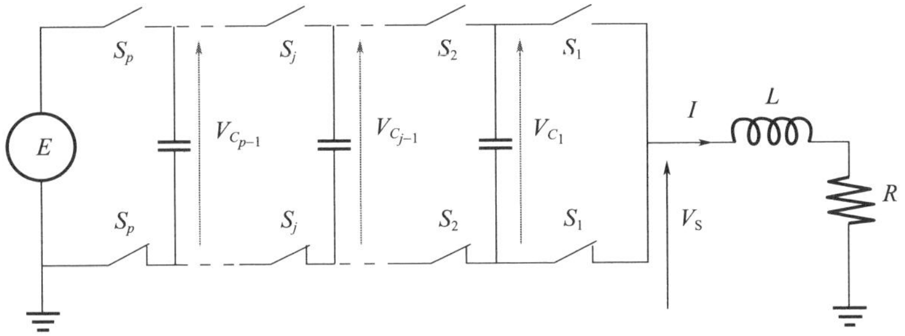

图 6.5　与感应负载相关的多细胞转换器

6.4.1　多细胞转换器建模

多细胞转换器是基于p元换相细胞的组合。电流从电源E通过不同的开关流向输出。该变换器的结构如图 6.5 所示，显示了离散变量(即开关)导致的混合行为。注意，因为存在$(p-1)$浮动电容，也有连续变量，即电流和电压。

负载为电阻R和电感L时，变换器的动力学可以用以下微分方程表示：

$$\begin{cases}\dot{I}=-\dfrac{R}{L}I+\dfrac{E}{S}S_p-\sum\limits_{j=1}^{p-1}\dfrac{V_{C_j}}{L}(S_{j+1}-S_j)\\ \dot{V}_{Cj}=\dfrac{I}{C_j}(S_{j+1}-S_j),j=1,2,\cdots,p-1\end{cases} \tag{6.6}$$

式中：I为负载电流；C_j为电容；V_{Cj}为第j个电容的电压；E为电源电压。这里假

设只能测量输出电压V_s:

$$V_s = E S_p - \sum_{j=1}^{p-1} V_{C_j}(S_{j+1} - S_j) \tag{6.7}$$

每个换相单元由二进制信号$S_j \in \{0,1\}$控制。信号$S_j = 1$表示第j个单元的上开关为“开”,下开关为“关”,而$S_j = 0$表示上面的开关是“关”,下面的开关是“开”。

注3:式(6.6)和式(6.7)定义的系统在经典意义上是不可观测的。事实上,如果$\forall j \in \{1,2,\cdots,p\}$,$S_j = 0$或$S_j = 1$,事实上,无法估计内部电压$V_{c_j}$。

需要强调的是,为了使工业生产标准化,每个单元的电气开关约束应该是相似的。这个要求意味着一个唯一的电压开关约束$\dfrac{E}{p}$。因此,决定控制信号S_j演化的离散控制律,保证了负载电流和电容电压的同时调节,使得

$$V_{c_j,\text{ref}} = j\frac{E}{p} \quad (\forall j \in \{1,2,\cdots,p\}) \tag{6.8}$$

驱动程序将控制策略应用到每个单元的开关上[2单元转换器见图6.6(左)],$[S_1,\cdots,S_p]^{\mathrm{T}} \in \{0,1\}^p$是描述系统的配置或模式布尔向量。

假设控制律是使用PWM模块来计算的(图6.6(左)),开关序列是已知的,它取决于期望的负载电流。由于暂态周期很短,只能考虑每种模式的稳态值。因此,混合控制策略被定义为2^p模式。它产生一个阶梯行为的输出电压,即$V_S \in \left\{0,\dfrac{E}{p},\dfrac{2E}{p},\cdots,E\right\}$。为了降低半导体在不同换向过程中的谐波含量和开关损耗,该控制将输出电压的变化限制在$\dfrac{E}{p}$范围内。实际上,该控件一次操作一个元器件。

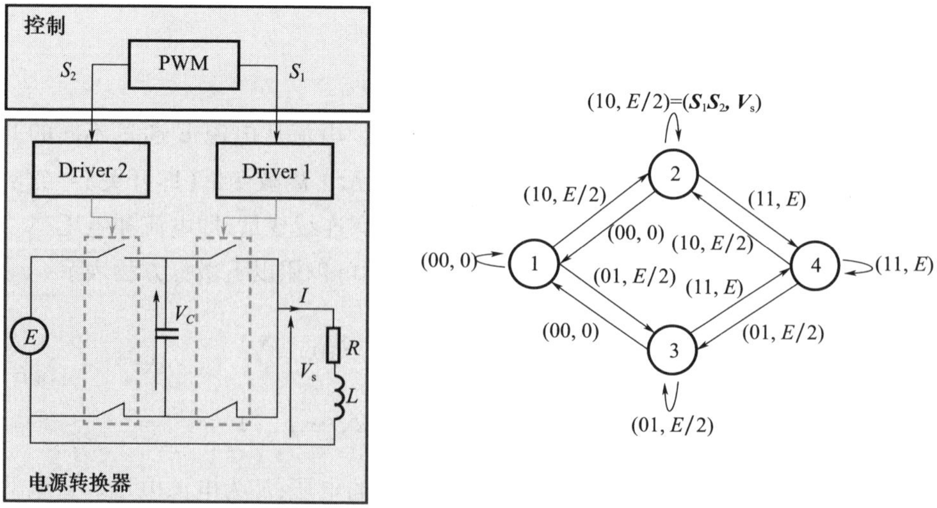

图6.6 基于PWM控制的2单元转换器拓扑结构及其公称特性

6.4.2　2 单元转换器的主动故障诊断

在不失一般性的情况下，为了简化符号，我们考虑情形 $p=2$。无论如何，所提出的方法可以很容易地应用于任何 p。

6.4.2.1　2 单元转换器建模

图 6.6 描述了与感应负载相关的 2 单元转换器的拓扑结构，以及其公称模式的相应 MM，其中控制信号 S_1S_2 表示输入事件，与 V_s 相关的离散值是输出集。

二单元变换器的模型涉及电容器的参考电压为 $V_C=\dfrac{E}{2}$，如忽略暂态信号时，输出电压定义为 $V_s\in\left\{0,\dfrac{E}{2},E\right\}$。

在此工作中，只考虑发生在换向单元上的故障。有可能是由于一个错误的驱动程序，整流单元被阻塞。对于 2 单元转换器，可以定义 4 个故障。故障事件集为 $\sum f=f_1\cup f_2\cup\overline{f_1}\cup\overline{f_2}$，其中 $f_j(\overline{f_j})$ 表示 j - 单元在 $S_j=1$ 中被阻塞（$S_j=0$）。故障状态按对应的标称状态表示，例如，故障状态 $2\overline{f_2}$ 是故障状态 $\overline{f_2}$ 存在时的等效状态 2。

图 6.7 显示了 2 单元转换器的 MM 表示。对应表 6.1，输出集为 $O=\{\varnothing,0,1,2\}$。输出集表示输出电压的变化。输入集是 $I=\{\varepsilon_{\mathrm{f}},s_1s_2,\overline{s_1}s_2,s_1\overline{s_2},\overline{s_1}\,\overline{s_2}\}$，用 $I_{\mathrm{uc}}=\{\varepsilon_f\}\cdot S_j$ 表示控制律 $S_j=1$。每个过渡边都用输入和输出的值标记。该系统有无法观察到的故障，由一对（$\varepsilon_f,\varnothing$）记录。

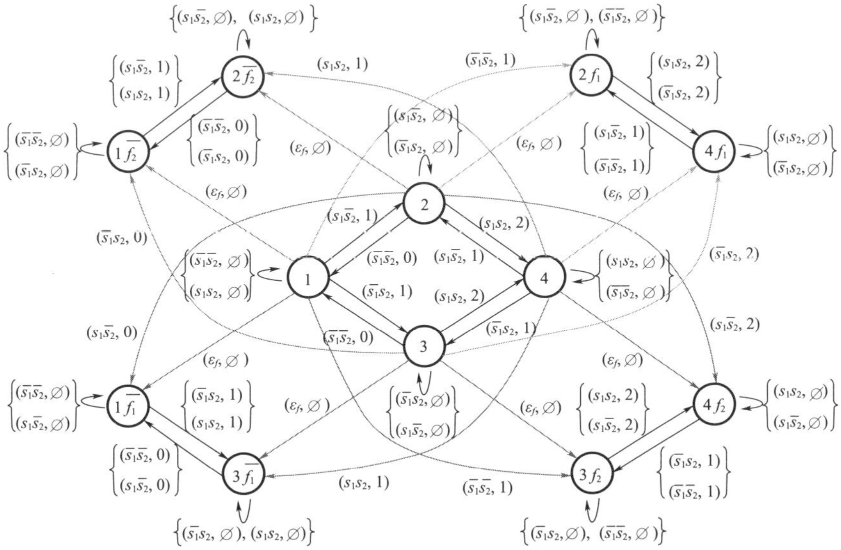

图 6.7　MM 为考虑 2 单元转换器建模（（S_2,S_1），V_s 变量）为可观测量

表 6.1　2 单元转换器的输出电压变化及输出集

$0=\{\varnothing,0,1,2\}$	V_s变量
$\varnothing$	无变异
0	$E/2$ 到 0
1	0 或 E 到 $E/2$
2	$E/2$ 到 E

注 4:转换器 MM(图 6.7)包含可观察到的故障,这些故障是基于输入和输出之间的系统物理考虑(连接到输出值V_s)。专家可以将这些错误与不同的错误类关联起来。表 6.2 给出了由与其故障类关联的事件表示的可见故障。

表 6.2　与故障类相关的可见故障

故障事件	类型
$(\overline{s_1}s_2,2)$	f_1
$(s_1\overline{s_2},2)$	f_2
$(\overline{s_1}\,\overline{s_2},1)$	f_1,f_2
$(s_1s_2,1)$	$\overline{f_1},\overline{f_2}$
$(\overline{s_1}s_2,0)$	$\overline{f_2}$
$(s_1\overline{s_2},0)$	$\overline{f_1}$

当应用相同的控件时,MM 建模允许考虑更改传感器和读取,改进了故障检测程序。

6.4.2.2　与 2 单元转换器相关的算法

图 6.8 显示了 2 单元转换器所对应的诊断程序,该诊断程序由其等效的 DFA 建模,并假设在检测到故障时中断控制。诊断程序的每个状态都是一组(x_i,γ_i),其中$x_i\in X,\gamma_i\in\{N,f_1,\overline{f_1},f_2,\overline{f_2}\}$。需要指出的是,它有两个不确定的故障状态,即$(2\overline{f_2},3\overline{f_1})$和$(2f_2,3f_1)$。实际上,如果系统的状态是 1(或 4),则故障事件$(\overline{s_1}\,\overline{s_2},1)$[或$(s_1s_2,1)$]能够检测故障,但不能隔离故障。使用所提出的诊断程序,可以通过观察$(\overline{s_1}s_2,0)$,$(s_1\overline{s_2},0)$,$(\overline{s_1}s_2,2)$和$(\overline{s_1}s_2,2)$(见图 6.8)直接分离出状态$4f_1$,$4f_2$,$1\overline{f_1}$和$1\overline{f_2}$。通过经典的方法[21],从系统的状态 2 或状态 3 进行观测$(\overline{s_1}\,\overline{s_2},\varnothing)$和$(s_1s_2,\varnothing)$也会导致故障诊断。因此,总是可以检测到故障,但不能直接隔离故障。

与 MM 诊断相关联,利用函数归并序列,可以计算出故障隔离序列,消除状态$(2\overline{f_2},3\overline{f_1})$,与状态$(2f_1,3f_2)$之间的不确定性(见图 6.9)。输入事件$(\overline{s_1}s_2)$

利用粉体机建模方法对切换系统进行主动诊断,条件(6.5)可以是系统的故障隔离序列(输入事件$(s_1\overline{s_2}) \in I_c^*$ 也可以用)。

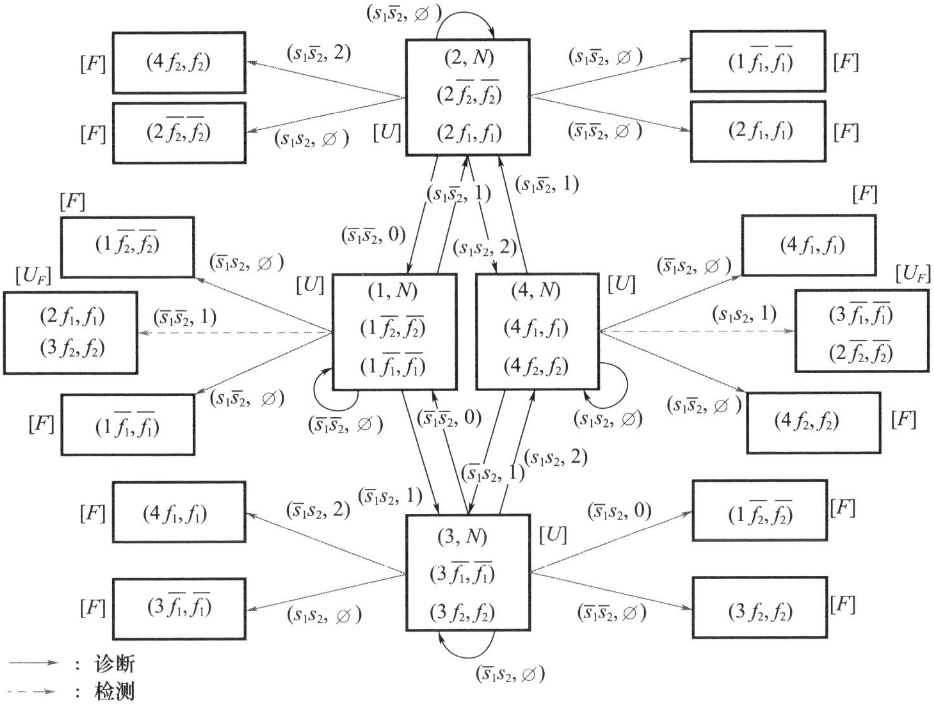

图 6.8 考虑到如果可以检测到故障,与 2 单元转换器相关联的诊断程序的一部分控制断开

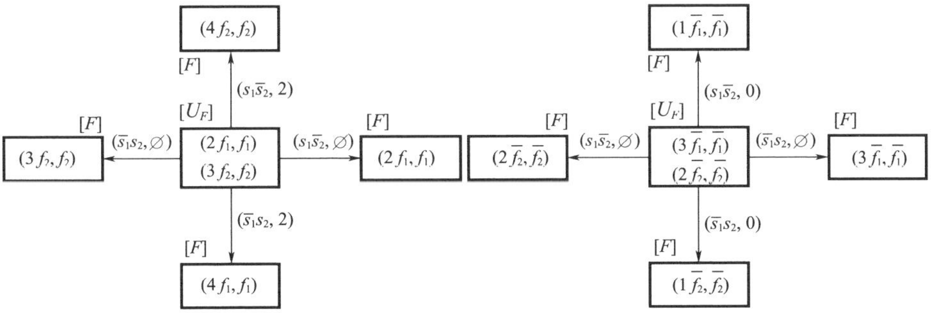

图 6.9 允许故障隔离的寻的序列[即$(s_1\overline{s_2})$和$(\overline{s_1}s_2)$,其中$\|\alpha\| = 1$]

注 5:图 6.8 中给出的诊断程序在初始状态x_0未知的情况下,不能隔离故障。这里,我们认为系统的初始条件是已知的,初始模式是无故障的。初始模式对应无控制模式(均为$s_j = 0$)(见图 6.5),用模式 1 定义。

6.4.2.3　仿真结果

在本节中，通过仿真验证了该方法的有效性。式(6.6)和式(6.7)采用Matlab/Simulink中PWM模块控制2单元转换器，采用无状态控制模块对DFA进行建模。仿真中使用的参数如下：

$$E = 60\text{V}, c = 400\mu\text{F}, R = 200\Omega, L = 0.1\mathbf{H}$$

图6.10(a)描述了断层的演化过程。为了提高故障诊断的效率，仿真中考虑了故障类型的影响$\{f_1, f_2, \overline{f_1}, \overline{f_2}\}$。图6.10(b)为故障检测重点，图6.10(c)为采用该策略的故障诊断。实际上，系统的复位是在每个故障之间实现的。状态是重新初始化在$x_0 = [V_{cref}, I_{ref}]^t = [30, 2]^t$和模式是1。图6.11显示了DFA模式的演变。

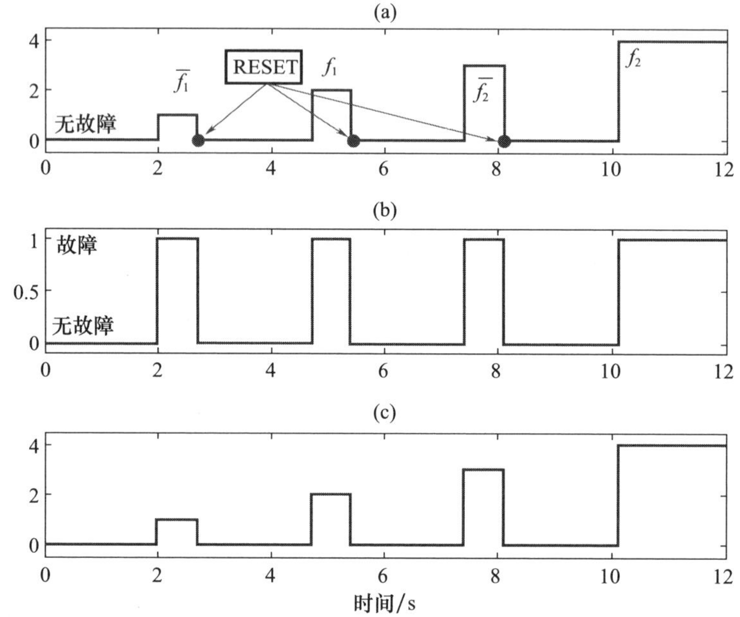

图6.10　基于主动诊断算法的故障检测与隔离

(a)故障演化；(b)使用建议的诊断程序进行故障检测；(c)使用图6.8和图6.9所示的诊断程序和序列进行隔离

从图6.10中可以看出，使用MM表示的诊断程序实现了目标，即故障模式被很好地检测和隔离。在图6.11中，可以看出断层$\overline{f_1}$和利用所提出的故障隔离方法，辨识了$\overline{f_2}$序列。实际上，这些故障在诊断程序中产生不确定的故障状态。利用测试理论，在图6.9所示的故障隔离序列中应用一个序列，即$(s_1\overline{s_2})$或$(\overline{s_1}s_2)$。这个序列取决于诊断程序的不确定状态。它可以消除不确定状态，隔离相应的故障。

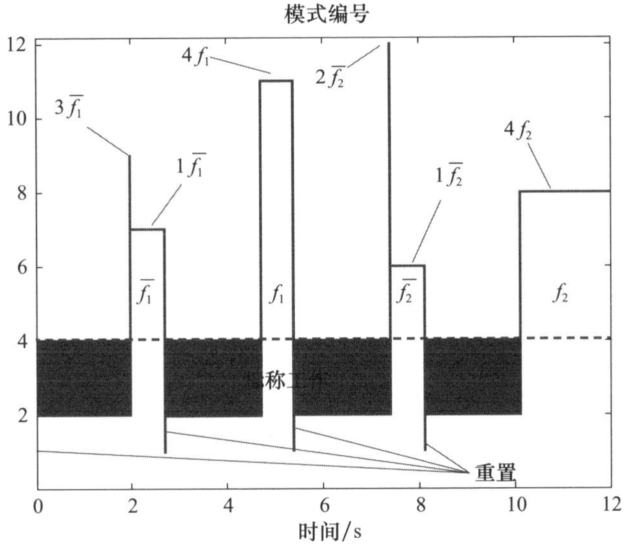

图 6.11　模式换向(公称和故障)

6.4.3　3 单元转换器的主动故障诊断

为了突出提出的主动诊断的性能,我们还进行了一些实验验证。

6.4.3.1　实验装置

为了验证该策略的有效性,在一个由 3 单元转换器组成的测试台上进行了实验研究。整个平台的示意图如图 6.12(a)所示。实验设置如图 6.12(b)所示。

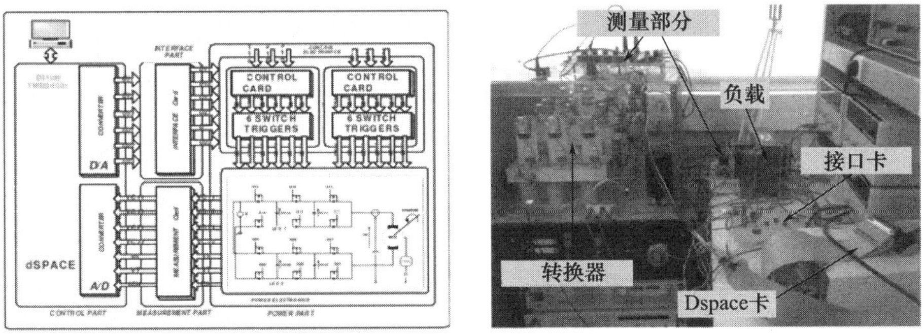

(a)　　(b)

图 6.12　总体平台示意图(a);实验设置示意图(b)

电源模块由一个三脚的 3 单元转换器组成。经鉴定获得的台架标称特征为$c_1=40\times10^{-6}\mathbf{F}$,$c_2=40\times10^{-6}\mathbf{F}$,$E=60\mathrm{V}$。

测量部分由测量浮动电容电压的电压传感器和测量负载电流的电流传感器组成。添加了一个低通滤波器。

计算机采用 Mathworks 软件和基于浮点 DSP（TMS320C31）和 Control Desk 软件的 DSP1103 接口 Dspace 卡，实现实验状态的可视化。为了获得最佳的分辨率，Dspace 选择了最小的采样周期，即 $T_{\mathrm{ech}}=7\times10^{-5}\mathbf{s}$。

根据该方案设计的三个控制输入由接口 Dspace 卡进行计算和传递。接口卡可以通过绝缘来保护电力电子的 DSP。

负载由电感和电阻组成：$R=200\boldsymbol{\Omega}, L=1\mathbf{H}$。

图 6.13 描述了与标称模式的感应负载相关联的 3 单元转换器的 MM。

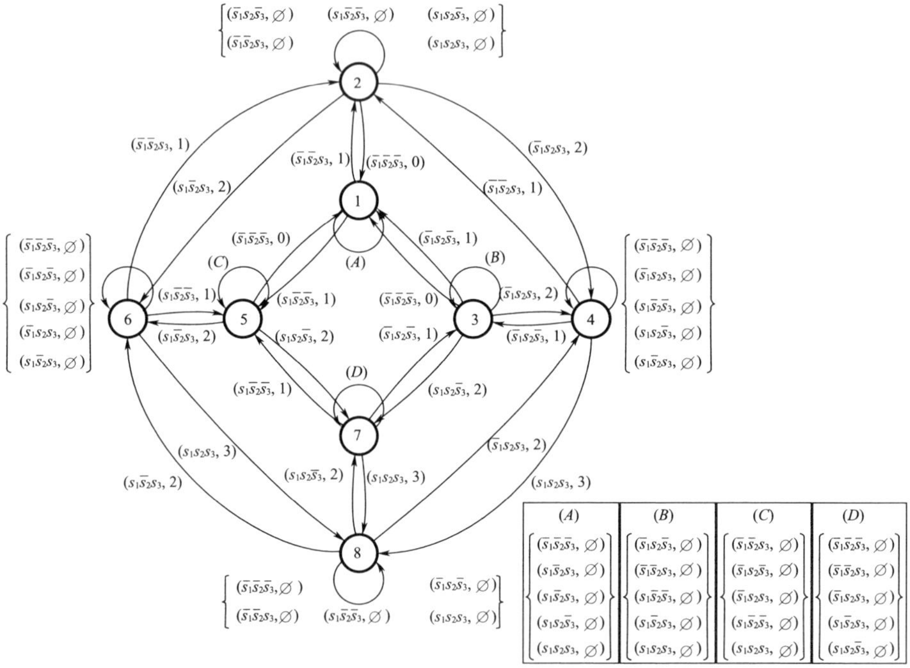

图 6.13　3 单元转换器公称 MM（无故障）

6.4.3.2　3 单元转换器建模

该模型涉及电容器的参考电压为 $V_{c_{1ref}}=\dfrac{E}{3}$ 和 $V_{c_{2ref}}=\dfrac{2E}{3}$。输出电压定义为 $V_s\in\left\{0,\dfrac{E}{3},\dfrac{2E}{3},\boldsymbol{E}\right\}$（考虑系统处于稳定状态）。与 2 单元转换器类似，可以用 6 个定义故障事件集 $\sum f=f_1\cup f_2\cup f_3\cup\overline{f_1}\cup\overline{f_2}\cup\overline{f_3}$（与转换器的每个单元相关联）。输出集

$O=\{\phi,1,2,3\}$，对应表 6.3。输入集是 $I=\left\{\begin{matrix}\varepsilon_f, s_1s_2s_3, \overline{s_1}s_2s_3, s_1\overline{s_2}s_3, \overline{s_1s_2}s_3, \\ s_1s_2\overline{s_3}, \overline{s_1}s_2\overline{s_3}, s_1\overline{s_2s_3}, \overline{s_1s_2s_3}\end{matrix}\right\}$，初始条件输出集为 $x_0=[V_{c_1},V_{c_2},I]^T=[0,0,0]^T$，系统的初始模态是 1。

表 6.3　3 单元转换器输出电压变化及输出设置

$0=\{\varnothing,0,1,2,3\}$	$\boldsymbol{V}_s$ 变量
$\varnothing$	无变异
0	$\boldsymbol{E}/3$ 到 0
1	0 或 $2\boldsymbol{E}/3$ 到 $\boldsymbol{E}/3$
2	$\boldsymbol{E}/3$ 或 $\boldsymbol{E}$ 到 $2\boldsymbol{E}/3$
3	$2\boldsymbol{E}/3$ 到 $\boldsymbol{E}$

注 6：如有故障 $\overline{f_1}$ 或 $\overline{f_2}$ 或 $\overline{f_3}$ 发生，那么 $V_s\in\left\{0,\dfrac{E}{3},\dfrac{2E}{3}\right\}$。如果故障 f_1 或 f_2 或 f_3 发生，那么 $V_s\in\left\{\dfrac{E}{3},\dfrac{2E}{3},\boldsymbol{E}\right\}$。当发生故障时（当一个单元被阻塞时），系统变得类似于 2 单元转换器（4 种模式）。

注 7：本工作考虑系统处于稳态。在实施过程中，要有一段过渡时期来完成控制目标 $[V_{C_{1\text{ref}}},V_{C_{2\text{ref}}},I_{\text{ref}}]^{\text{T}}=[20,40,0,17]^{\text{T}}$。因此，在每次复位后，系统在 x_0 处重新初始化，并在主动诊断过程中考虑与其瞬态时间相对应的延迟。

在本章中，与 3 单元转换器相关的诊断程序并没有详细介绍，以便简化符号。诊断算法的步骤与 2 单元转换器相同。实验结果表明，该方法可推广应用于该类系统，并具有较好的实时性。

6.4.3.3　实验结果

图 6.14(a) 描述了断层的演化过程。为了突出该方法的实时性和有效性，在实验中考虑了 $\{f_1,f_2,f_3,\overline{f_1},\overline{f_2},\overline{f_3}\}$ 各种故障。为了与控件交互，这些错误是手动生成的。在每个故障之间实现系统复位[见图 6.15(b)]。图 6.15 和图 6.16 分别展示了 DFA 的实际模式的演变和转换器的状态演变。对于每个故障类，将初始化诊断程序，并且控制将确保状态调整。在图 6.16 中，给出了各故障之间转换器的公称工作情况。当检测到一个故障时，中断控制并应用一个故障隔离序列来隔离它。

从图 6.14 中可以看出，使用 MM 表示的诊断程序实现了目标，即故障模式被很好地检测和隔离。在图 6.15 中，可以看出故障的识别方法与 2 单元转换器相同，并且使用了故障隔离序列。

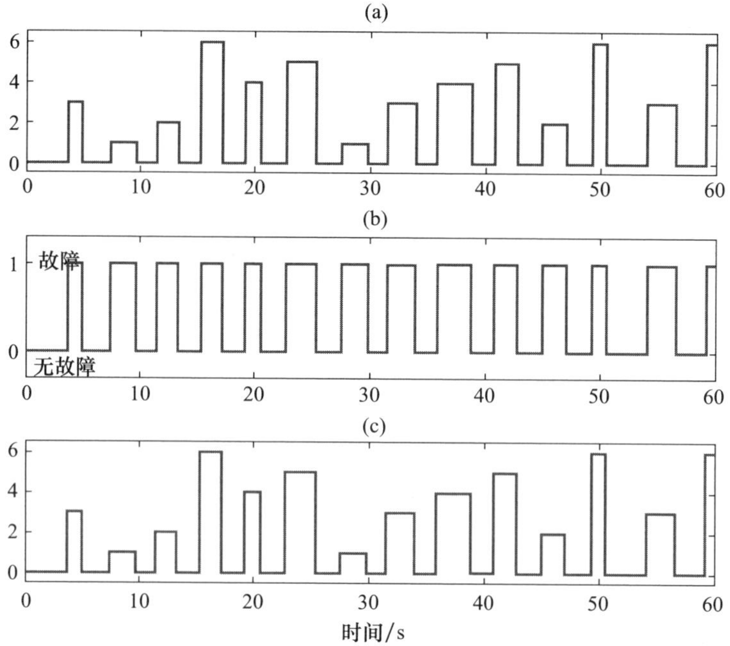

图 6.14 故障检测和隔离，使用提出的主动诊断算法的 3 单元转换器
(a)故障演化；(b)使用建议的诊断程序进行故障检测；(c)使用诊断程序和寻的序列进行隔离

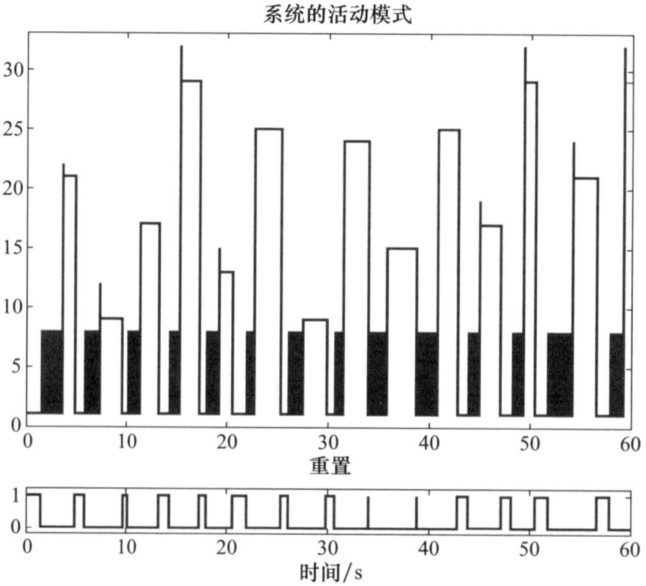

图 6.15 3 单元转换器的模式转换(标称和故障)

3 单元转换器的状态演化及参考见图 6.16。

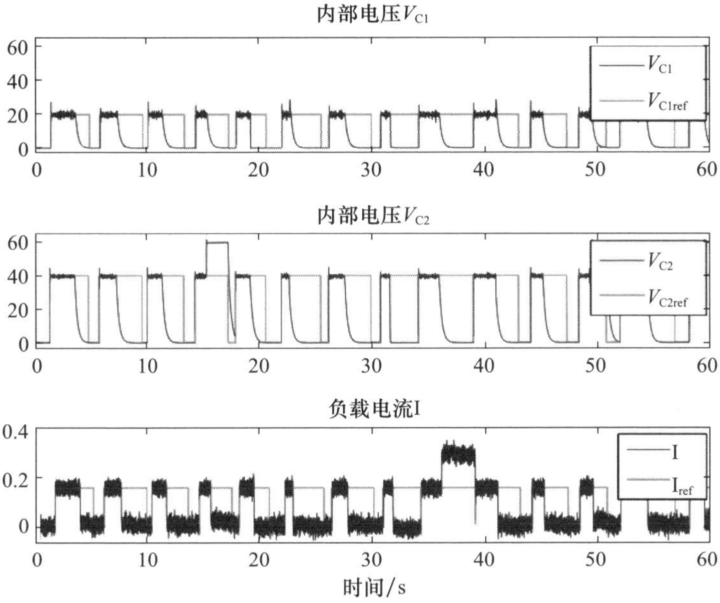

图 6.16 3 单元转换器的状态演化及参考

6.5 结论

针对一类可能不满足可诊断条件的切换系统,设计了一种主动诊断方法。利用粉体机器建模来定义适当的诊断,减少了不确定状态子集。利用该表示法推导出故障的可诊断性条件。如果 MM 诊断满足这些条件,则可以使用所提出的诊断与测试过程相结合的算法来解决故障诊断问题。对级联多细胞转换器进行了故障细胞检测和隔离的研究。在 2 单元转换器上的仿真结果详细说明了所提算法的有效性。在 3 单元变换器上的实验结果表明,该方法可以推广到这类交换系统,并能实时应用。

参考文献

[1] M. Bayoudh, L. Travé – Massuyès, An algorithm for active diagnosis of hybrid systems casted in the DES framework, in 2nd IFAC Workshop on Dependable Control of Discrete Systems(2009), pp. 329 – 334

[2] M. S. Branicky, Multiple Lyapunov functions and other analysis tools for switched and hybrid systems. IEEE Trans. Autom. Control 43(4), 475 – 482 (1998)

[3] M. Broy, B. Jonsson, J. – P. Katoen, Model – Based Testing of Reactive Systems, ed. by M. Leucker, A. Pretschner. Lecture Notes in Computer Science, vol. 3472 (Springer, Berlin, 2005)

[4] M. P. Cabasino, A. Giua, S. Lafortune, C. Seatzu, A new approach fordiagnosability analysis of Petri nets using verifier nets. IEEE Trans. Autom. Control 57(12), 3104 – 3117 (2012)

[5] M. P. Cabasino, A. Giua, C. Seatzu, Diagnosis using labeled Petri nets with silent or undistin – guishable fault events. IEEE Trans. Syst. Man Cybern. A 43(2), 345 – 355 (2013)

[6] M. Daigle, G. Biswas, Improving diagnosability of hybrid systems through active diagnosis, in Safe process09 (2009), pp. 217 – 222

[7] M. Defoort, J. Van Gorp, M. Djemaï, K. Veluvolu, Hybrid observer for switched linear systems with unknown inputs, in 7th IEEE Conference on Industrial Electronics and Applications(2012), pp. 594 – 599

[8] P. M. Franck, Fault diagnosis in dynamic systems using analytical and knowledge – based redundancy – a survey and some new results. Automatica 26(3), 459 – 474 (1990)

[9] J. Gertler, Fault detection and isolation using parity relations. Control. Eng. Pract. 5(5), 653 – 661 (1997)

[10] Q. Guo, R. M. Hierons, M. Harman, K. Derderian, Heuristics for fault diagnosing when testing from finite state machines. J. Softw. Test. Verif. Reliab. 17(1), 41 – 57 (2007)

[11] I. Hwang, S. Kim, Y. Kim, C. E. Seah, A survey of fault detection, isolation, and reconfiguration methods. IEEE Trans. Control Syst. Technol. 18 (3), 636 – 653 (2010)

[12] R. Isermann, Fault Diagnosis of Technical Process – Applications (Springer, Heidelberg, 2006)

[13] W. Kang, J. P. Barbot, L. Xu, On the Observability of Nonlinear and Switched Systems. Lecture Notes in Control and Information Sciences (Springer Berlin, 2009)

[14] D. Liberzon, Switching in Systems and Control. Systems and Control: Foundations and Applications (Birkhäuser, Boston, MA, 2003)

[15] H. Lin, P. J. Antsaklis, Stability and stabilizability of switched linear systems: a survey of recent results. IEEE Trans. Autom. Control 54(2), 308 - 322 (2009) 6 Active Diagnosis for Switched Systems Using Mealy Machine Modeling 173

[16] L. Maharjan, T. Yamagishi, H. Akagi, J. Asakura, Fault - tolerant operation of a battery - energy - storage system based on a multilevel cascade PWM converter with star configuration. IEEE Trans. Power Electron. 25(9), 2386 - 2396 (2010)

[17] K. Medjaher, J. Andrews, C. H. Bérenguer, L. Jackson (eds.), A bond graph model - based fault detection and isolation, in Maintenance Modelling and Applications. Chapter 6 : Fault Diagnostics (Det Norske Veritas, Akershus, 2011), pp. 503 - 512

[18] S. Pettersson, B. Lennartson, Hybrid system stability and robustness verification using linear matrix inequalities. Int. J. Control 75(16 - 17), 1335 - 1355 (2002)

[19] M. Pocci, I. Demongodin, N. Giambiasi, A. Giua, Testing experiments on synchronized Petri nets. IEEE Trans. Autom. Sci. Eng. 11(1), 125 - 138 (2014)

[20] M. Sampath, R. Sengupta, S. Lafortune, K. Sinnamohideen, D. C. Teneketzis, Failure diagnosis using discrete - event models. IEEE Trans. Control Syst. Technol. 4(2), 105 - 124 (1996)

[21] M. Sampath, S. Lafortune, D. Teneketzis, Active diagnosis of discrete - event systems. IEEE Trans. Autom. Control 43(7), 908 - 929 (1998)

[22] M. Schmidt, J. Lunze, Active diagnosis of deterministic I/O automata, in 4th IFAC Workshop on Dependable Control of Discrete Systems (2013), pp. 79 - 84

[23] W. Song, A. Q. Huang, Fault - tolerant design and control strategy for cascaded H - bridge multilevel converter - based STATCOM. IEEE Trans. Ind. Electron. 57(8), 2700 - 2708 (2010)

[24] A. Tanwani, D. Liberzon, Invertibility of switched nonlinear systems. Automatica 46(12),1962 - 1973 (2010)

[25] J. Van Gorp, M. Defoort, M. Djemai, N. Manamanni, Hybrid observer for the multicellular converter, in Proceedings IFAC ADHS 12 (2012), pp. 259 –264

[26] J. Van Gorp, A. Giua, M. Defoort, M. Djemai, Active diagnosis for a class of switched systems, in IEEE 52nd Annual Conference on Decision and Control (2013), pp. 5003 –5008

[27] J. Van Gorp, M. Defoort, K. Veluvolu, M. Djemai, Hybrid sliding mode observer for switched linear systems with unknown inputs. J. Franklin Inst. 351 (7), 3987 –4008 (2014)

[28] J. VanGorp, M. Defoort, M. Djemai, K. Veluvolu, Fault detection based on higher –order sliding mode observer for a class of switched linear systems. IET Control Theory Appl. 9(15), 2249 –2256 (2015)

[29] S. Yoon, S. Kim, J. Bae, Y. Kim, E. Kim, Experimental evaluation of fault diagnosis in a skew – configured UAV sensor system. Control Eng. Pract. 19(2), 158 –173 (2011)

第7章 混杂动态系统的安全诊断性①

加布里埃拉·菲奥雷，埃琳娜·德桑蒂斯和玛丽亚·多梅尼卡·迪贝内代托

7.1 引言

混杂系统是以连续和离散动态相互作用为特征的多变量动态系统。混杂系统提供了强大的建模框架,应用在各种实际生活中(如智能电网、汽车和空中交通管理系统、无人驾驶车辆以及许多其他应用)。在这些应用中,物理过程(通过微分方程或差分方程描述)和计算机通信组件(离散化)紧密相关。在上述应用中,安全性至关重要,因为系统故障可能对被控制的物理系统和依赖该系统的人造成不可修复的损害[2-3]。即使这些损坏的复杂系统没有威胁到人的生命,但可能会造成巨大的直接或间接经济损失,从而对社会产生巨大影响。基于这些原因,针对混杂系统安全问题的研究是当前面临的最重要的挑战之一。在这方面,混杂系统的可监测性和可诊断性起着重要作用。实际上,能够描述系统混杂状态的可能性至关重要。特别地,当由于故障或攻击而导致系统失灵时,会产生某些具体状态,能够描述这些状态非常重要。

在处理混杂系统的安全性时,最重要的挑战之一是在面对恶意攻击时,能够为提高系统的快速恢复能力提供对策。一种可能的方法是,面对攻击时,能够重建系统的真实状态。基于这个原因,本章主要研究在系统被攻击的情况下,哪种

① G·菲奥雷(G. Fiore)、E·德桑蒂斯(E. De Santis)、M·D·迪贝内代托(M. D. Di Benedetto),意大利拉奎拉市DEWS卓越中心,意大利拉奎拉大学信息工程、计算机科学与数学系(DISIM)电子邮件:gabriella. fiore@ univaq. it; elena. desantis@ univaq. it; mariadomenica. dibenedetto@ univaq. it

穆阿玛·赛义德·穆沙韦主编《混杂动态系统与信息物理系统的诊断性、保障性与安全性》,https://doi. org/10. 1007/978 - 3 - 319 - 74962 - 4_7

条件下可以正确估计混杂系统的内部状态,并提供有效的算法进行估计。

系统的内部状态可以瞬时或在有限的时间间隔内重建。更确切地说,可监测性即基于输出的监测信息来确定当前离散状态和连续状态的可能性。但更为普遍的是,可诊断性与可监测性紧密相关,即检测混杂状态的特定子集,例如:在有限时间间隔内,基于监测手段,检测故障状态发生的可能性。

在过去的二十年中,有限状态机(FSM)的可诊断性得到了广泛研究。根据模型、有用的输出信息以及需要状态重建的目标,提出了多种方法(参见文献[18-19,24,27,37]列举的例子)。最近,分散式和分布式的诊断方法也有了研究进展[25-26,36]。在文献[28,38]中可以找到对离散事件系统诊断方法现状的详尽介绍。由于缺乏共同的理论基础,在文献[8]中,作者提出了一个统一的框架,其中可监测性和可诊断性是针对有限状态系统的状态空间的子集进行定义和表征。对于这类系统,没有考虑时间流。所以,对于有限状态机所得到的结果,一般不能直接应用于离散化与连续化相互作用的混杂系统。

在混杂域中,检查可诊断性并确定其可判定性和计算复杂性是比较困难的,还有几个问题仍在讨论中[7],在文献[1,9-12,21,23]中已经做出了一些论述。在文献[21,23]中,作者将混杂诊断问题作为一个模型选择问题来提出,以检测和隔离那些影响标称系统而产生偏差的故障部件。在文献[1]中,通过定义与模型特征变化相关的一组特征事件来抽象混杂系统的连续动态,用于合理化地丰富底层离散事件系统。基于这种抽象概念,混杂系统的可诊断性分析被转换成纯离散事件框架,并且为混杂系统的可诊断性提供了条件。在文献[11,12]中使用了类似的方法,当底层原始离散事件系统是不可诊断时,基于与离散状态相关联的连续动态之间的可识别性而生成事件特征。然而,并没有明确地描述出可识别性的概念。在文献[35]中,利用连续动态的可识别性,提出了在线诊断器的概念。在文献[10]中提出了一个抽象过程,它通过一个等效持续图(定时自动控制器的一个特殊子类)来验证混杂自动控制器的可诊断性。相反,在文献[9]中考虑到存在测量的不确定性,提出了一种基于轨迹的抽象概念。

在本章中,我们提出了混杂系统可诊断性的正式定义,并且在可用信息可能被外部攻击者破坏的情况下描述了这一特性。我们还提供了一个抽象的过程,用来确定混杂系统是否可诊断。更具体地讲,这个抽象过程结合了混杂动态系统的可用连续信息和离散信息,并获得抽象的有限状态机 M。然后,通过检查 M 的可诊断性,可以推断原始混杂系统的可诊断性。

检测某些特定混杂状态的发生是基于监测到的输出信息,该输出信息由连续输出和离散输出组成。我们假设连续输出信息的测量通过传感器检测系统的状态并向估计器发送信息,估计器用于重构系统的混杂状态。传感器的测量信号通过无线通信网络进行交换,并且可能受到恶意攻击的破坏。研究目的是,若输出的监测信息受到攻击,如何影响对混杂状态的估计。在本章中,我们使用基于模型的方法来研究混杂系统的可诊断性。为此,提出了基于机器学习算法的技术(如文献[29]中所述),但是基于数据和基于模型两种方法的比较不是本章所研究的内容。

这一章主要研究了以下问题。在 7.2 节中介绍了动态系统的安全状态估计问题。在 7.3 节中我们定义了仅仅基于连续输出信息的混杂系统模型,用于描述混杂系统中任意两个离散状态之间的区别性。在 7.4 节我们研究了混杂系统的离散结构。需要特别指出的是,由于混杂系统的可诊断性是通过研究抽象的离散事件系统来实现的,因此,我们提供了 FSM 的一般描述以及这类系统可诊断性的表征。在 7.5 节中,考虑到可用信息可能被外部攻击破坏的一般情况,我们提供了混杂系统可诊断性的正式定义。我们通过一个实例来推断混杂系统诊断能力这一抽象过程。最后,我们说明了混杂系统可诊断的充分条件。

注:在本章中,各符号表示如下。符号$\mathbb{N}$,$\mathbb{R}$分别表示非负整数和实数集合。$\boldsymbol{I}$ 表示恒等矩阵,$\boldsymbol{0}$ 表示具有适当维度的空矩阵(可以通过上下文进行简单的推导)。给定一个向量 $\boldsymbol{x} \in \mathbb{R}^n$,supp($\boldsymbol{x}$)是 $\boldsymbol{x}$ 中非零元素的指数集;$\|\boldsymbol{x}\|_0$是 supp($\boldsymbol{x}$)的基数,即 $\boldsymbol{x}$ 中非零元素的数目。如果$\|\boldsymbol{x}\|_0 \leqslant s$,则称向量 $\boldsymbol{x} \in \mathbb{R}^n$是 s - 稀疏。S_s^n表示包含所有 s - 稀疏向量 $x_i \in \mathbb{R}_n$ 的集合。给定函数 $\boldsymbol{y}: \mathbb{N} \rightarrow \mathbb{R}^p$,$y|[t_0, t_0+T-1]$是$\boldsymbol{y}$中样本 T 的集合,即

$$y|[t_0, t_0+T-1] = (y(t_0)^{\mathrm{T}} y(t_0+1)^{\mathrm{T}} \cdots y(t_0+T-1)^{\mathrm{T}})^{\mathrm{T}}$$

如果给定 $\Gamma \subset \{1,2,\cdots,p\}$, $|\Gamma| = s$, $y(t) \in \mathbb{S}_s^p$, supp$(y(t) \subseteq \Gamma)$,其中任意 $t \in \mathbb{N}$,则函数 $\boldsymbol{y}$ 被称为循环 s - 稀疏。

$\mathbb{CS}_s^{pT}$是包含所有循环 s - 稀疏向量 $\boldsymbol{y} \in \mathbb{R}^{pT}$的集合。给定一个矩阵 $\boldsymbol{M} \in \mathbb{R}^{n \times m}$和一个集合 $\Gamma \subset \{1,2,\cdots,n\}$,我们用矩阵$\overline{\boldsymbol{M}}_\Gamma \in \mathbb{R}^{(N-|\Gamma|) \times m}$表示从矩阵 $\boldsymbol{M}$ 中剔除相应行所得到的矩阵,该行的指数属于 Γ。对于一组 $Y \in X$,符号$\overline{Y}$表示 X 中的 Y 的补集,即$\overline{Y} = \{x \in X : x \notin Y\}$。$\varepsilon$ 表示空事件。对于字符串 $\boldsymbol{\sigma}$,$|\sigma|$表示它的长度,$\boldsymbol{\sigma}_i$表示第 i 个元素(其中 $i \in \{1,2,\cdots,|\boldsymbol{\sigma}|\}$),$\boldsymbol{\sigma}|[a,b]$表示字符串 $\boldsymbol{\sigma}(a)\boldsymbol{\sigma}(a+1)\cdots\boldsymbol{\sigma}(b)$,$P(\sigma)$是字符串的映射,也就是从 σ 中剔除空符号 ε 得到的字符串。

7.2 安全状态估计问题

假定一个物理过程，如图7.1所示，其中测量传感器通过无线通信网络发送到控制器。控制器估计系统的状态，并且基于该估计，将控制信号发送到执行机构。我们假设测量传感器可能被外部恶意攻击破坏，并且我们考虑到被攻击所破坏的传感器节点情况及攻击所影响到传感器和控制器之间的通信链路情况。例如，利用欺骗式测量传感器装置或发起欺骗攻击[33]。我们假设攻击没有特定的模型来表示，但是假设它是无界的，并且只影响一小部分传感器，即攻击强度可以是无界的，但是它是稀疏的。更确切地说，当攻击者能够在一组设备 p 上攻击节点 s 时，我们将其定义为 s - 稀疏攻击。我们假设实际受到攻击的节点数目是未知的，但是上界是已知的，即 $s \leqslant \bar{s} \ll p$。这样假设的原因是，在实际系统中，攻击不能到达整个监控设备集。我们还假定，攻击节点集是未知的，但随着时间的推移而固定。这与没有肆意攻击整个设备集的假设是相一致的。

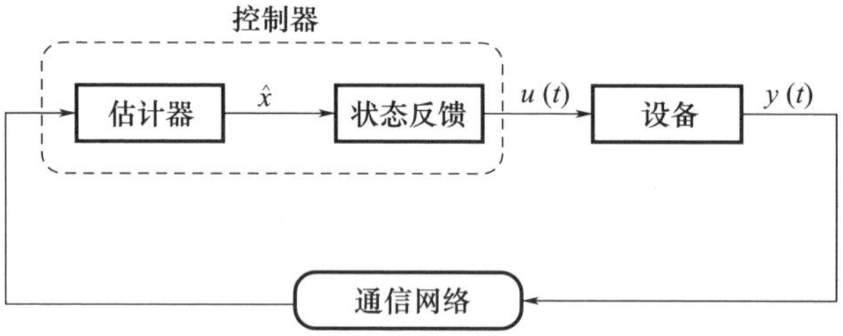

图7.1　控制系统的概念框图

当传感器可能被恶意攻击破坏时，估计系统的内部状态问题被称为“安全状态估计”问题[13]。

图7.1中，传感测量装置的输出信号 $y(t)$ 通过通信网络反馈给状态估计控制器，$\hat{x}$ 表示状态估计值。

混杂动态系统安全性的最新研究成果如下。在文献[14]中，作者提出了一种在一组固定的传感器和执行器被欺骗或攻击损坏时的线性时不变系统状态估计法。可以得证，如果被破坏的节点的数量小于某个阈值，那么通过压缩感知技术和实时纠错导出算法，可以精确地恢复系统的内部状态。在文献[30]中提出了该算法的计算效率，其中引入了强可监测性的概念，以及被攻击下的状态估计递归算法。为了克服组合性问题带来的局限性，在文献[32]中，作者将问题表述为可满足性问题,并基于可满足性模数理论范式提出了一个健全完整的算法。该方法推广到文献[31]中的非线性微分单调系统。在文献[5,16]中对攻击信号的稀疏性作出了相同的假设,但是在这里,作者假设一个更一般的情况,即其中被攻击节点集可以随时间改变。在文献[6]中使用了类似的方法,其中涉及了连续时间线性系统。

在这个框架中,受损的离散时间线性动态系统可以描述如下:

$$\begin{cases} x(t+1) = Ax(t) + Bu(t) \\ y(t) = Cx(t) + \boldsymbol{w}(t) \end{cases} \tag{7.1}$$

式中:$t \in \mathbb{N}$;$x(t) \in \mathbb{R}^n$是系统的状态;$y(t) \in \mathbb{R}^p$是输出信号;$u(t) \in \mathbb{R}^m$是输入信号;$\boldsymbol{w}(t) \in \mathbb{S}_s^p$是传感器测量中的 s - 稀疏攻击向量。在上述论文中,作者假设恶意攻击者仅能访问传感器子集$K_w \subset \{1,2,\cdots,p\}$,这意味着被攻击的节点集随时间(未知)而固定。仅假定数量或攻击的传感器小于$\bar{s}$。

假设 1 对传感测量装置的攻击是循环 s - 稀疏(简记为 s - 稀疏)。

粗略地说,假设 1 意味着我们知道被攻击的传感器集是有界的(即$|K_w| \leqslant s < p$),但我们不知道哪些节点实际受到损害。设对于时间 $t \in \mathbb{N}$,$w_k(t)$表示$\boldsymbol{w}(t) \in \mathbb{R}^p$的第 k 个分量,$k \in \{1,2,\cdots,p\}$,即 $\boldsymbol{w}(t)$对应于第 k 个传感器的分量。如果 $k \notin K_w$,那么对于任意的 $t \in \mathbb{N}$和第 k 个传感器$w_k(t)$都是安全的(即未受到攻击)。如果 $k \in K_w$,那么$w_k(t)$可以是任意值,这对应攻击者访问第 k 个传感器的情况。

上述工作均涉及线性或非线性系统的状态估计,不能直接应用于混杂系统。我们首次在本章中提出对混杂系统的安全状态估计问题的研究,将在下一节详细介绍。

7.3 混杂动态系统

在本节中,我们首先介绍线性混杂动态系统的一般模型(具体参见文献[7,20]),其连续输出可能被稀疏攻击破坏。此时,在任意两个离散状态混杂系统之间,为基于连续输出信息的可识别性提供条件,同时用于检测两个混杂系统之间的变迁。

7.3.1 混杂动态系统的定义

定义 1 线性混杂动态系统(LH - 系统)是一个数组。

$$H = (\Xi, \Xi_0, Y, h, S, E, G, R, \delta, \Delta) \tag{7.2}$$

式中：$\Xi = Q \times \mathbb{R}^n$ 是混杂状态空间，其中有限集 $Q = \{1, 2, \cdots, N\}$ 是离散状态空间，$\mathbb{R}^n$ 是连续状态空间。混杂状态 $\xi = (q, x)$（其中 $q \in Q$）是离散状态（也称为模或位置），$x \in \mathbb{R}^n$ 是连续状态。

$\Xi_0 = Q_0 \times \mathbb{R}^n \subset \Xi$ 是初始混杂态集，Q_0 是初始离散状态集。

$Y = Y_d \times \mathbb{R}^p$ 是混杂输出空间，其中有限集合 Y_d 是离散输出空间，$\mathbb{R}^p$ 是连续输出空间。

$h: Q \to Y_d$ 是离散输出函数。

S 是将线性动态系统 $S(q)$ 与每个离散状态 $q \in Q$（也用 S_q 表示）相关联的函数，由以下方程描述：

$$\begin{cases} x(t+1) = A_q x(t) + B_q u(t) \\ y(t) = C_q x(t) + \boldsymbol{w}(t) \end{cases} \tag{7.3}$$

式中：$t \in \mathbb{N}$；$x(t) \in \mathbb{R}^n$ 是系统的（连续）状态；$y(t) \in \mathbb{R}^p$ 是（连续）输出信号；$u(t) \in \mathbb{R}^m$ 是（连续）输入信号；$\boldsymbol{w}(t) \in \mathbb{S}_s^p$ 是对传感测量装置的 s - 稀疏攻击向量；对于任意 $q \in Q$，$A_q \in \mathbb{R}^{n \times n}$，$B_q \in \mathbb{R}^{n \times m}$，$C_q \in \mathbb{R}^{p \times n}$。

$E \subset Q \times Q$ 是容许离散变迁的集合，从离散状态 $i \in Q$ 到 $j \in Q$ 的变迁（也称为切换）由 (i, j) 表示。

$G: E \to 2^{R^n}$ 是与线性子空间 $G(e) \subseteq \mathbb{R}^n$，$e \in E$ 相关联的函数，称为保护集。

$R: E \times \mathbb{R}^n \to \mathbb{R}^n$ 是线性复位函数，其中 $R(e, x) = R_e x$，$R_e \in \mathbb{R}^{n \times n}$。

$\delta: Q \to \mathbb{R}^+$ 是与最小停留时间 $\delta(q)$（其中 $q \in Q$）相关联的函数。

$\Delta: Q \to \mathbb{R}^+ \cup \{\infty\}$ 是与最大停留时间 $\Delta(q)$（其中 $q \in Q$）相关联的函数。

为了说明 LH - 系统的时间变化，我们采用混杂时间集和执行态的概念，如下（参见文献[20,7]）。

混杂时间基 τ 定义为有限或无限的时间间隔序列 $[t_{k-1}, t_k]$（其中 $k = 1, 2, \cdots, \mathrm{card}(\tau)$），同时 $t_k > t_{k-1}$，$t_0 = 0$。给定混杂时间的基础上，瞬时时间 t_k 被称为变迁时间。时间基准 $\mathrm{card}(\tau) = L$ 可以是：

（1）有限，如果 L 是有限的，并且 $t_L \neq \infty$；

（2）无限，如果 $L = \infty$ 或 $t_L = \infty$；

（3）Zeno，如果 $L = \infty$ 且 $t_L \neq \infty$。

在本章中，我们假设 LH - 系统 H 是非 Zeno 的，也就是说，对于每个有限时间间隔，都会发生有限数量的变迁。我们还用 T 表示所有非 Zeno 混杂时基的集合，以及 U 表示容许控制输入集。

定义 2[7]　LH - 系统的执行是一个元组 $\chi = (\xi_0, \tau, u, \xi)$，其中：

$\xi_0=(q_0,x_0)\in\Xi_0$是初始混杂态；

$\tau\in T$ 是混杂时间基。变迁时间使得在每个离散状态下满足最小和最大停留时间约束，即

$$\delta(q(t_{k-1}))\leqslant t_k-t_{k-1}\leqslant\Delta(q(t_{k-1}))\quad(k=1,2,\cdots,L)$$

$u\in U$ 是持续控制输入；

$\xi:\mathbb{N}\to\Xi$ 表示混杂态的变化，定义如下：

$$\xi(t_0)=\xi_0$$

$$\xi(t)=(q(t),x(t))\quad(t\in[t_0,t_L))$$

式中：$q:\mathbb{N}\to Q$ 表示离散态的变化；$x:\mathbb{N}\to\mathbb{R}^n$ 表示连续态的变化。对于时间 $t\in[t_{k-1},t_k)$，$q(t)=q(t_{k-1})$，$x(t)$是对于混杂系统 $S(q(t_{k-1}))$中式(7.3)的唯一解，其中初始时间t_{k-1}，初始态 $x(t_{k-1})$，控制算法为

$$u\mid[t_{k-1},t),(q(t_{k-1}),q(t_k))\in E$$

$$x(t_k)=R_{q(t_k),q(t_{k+1})}x(t_k^-)$$

$$x(t_k^-)\in G((q(t_k),q(t_{k+1})))$$

给定执行态χ，则输出函数 $\boldsymbol{\eta}:\mathbb{N}\to Y$ 定义如下：

$$\boldsymbol{\eta}(t)=(y_d(t),y(t))$$

式中：$y(t)$是输出的连续分量；$y_d(t)$是输出的离散分量，使得

$$y_d(t_k)=h(q(t_k))\quad(k=0,1,\cdots,L-1)$$

$y_d(t)=\varepsilon,\forall t\in\mathbb{N}:t\neq t_k$。

LH－系统离散状态的时间变化由三元组(q_0,τ,q)描述。

7.3.2 安全模式识别度

可以通过重建 LH－系统的离散模式用来理解是哪一个连续动态系统正在发生变化。这可以通过仅使用离散输出信息或仅使用连续输出信息来完成，或者通过使用离散和连续的混杂信息。当离散信息不足以区分离散状态时，需要根据连续输出信息区分两个连续动态系统。因此，在本节中，我们介绍了两个动态系统S_i和S_j的可识别性，在 H 中，$(i,j)\in Q\times Q$。这将有助于为 LH－系统的诊断提供条件（详细介绍可以在文献[15,17]中找到）。

设y_i，$i\in Q$ 是初始状态 $x(0)=x_{0i}$时动态系统S_i有源时的连续输出变化，U是所有输入函数 $u:\mathbb{N}\to\mathbb{R}^m$的集合。通用输入序列 $u\mid[0,\tau-1)$是属于L_∞范数的集合$\mathbb{R}^{m\tau}$的密集子集的任何输入序列。

定义 3 两个线性系统S_i和S_j，其中$(i,j)\in Q\times Q$，对于一般输入和对传感器

的所有 s – 稀疏攻击都可以安全地识别(简记 s – 安全可识别)。如果存在 $\tau \in \mathbb{N}$,对于任意一对初始状态 x_{0i} 和 x_{0j},对于任何一对 s – 稀疏攻击向量 $\boldsymbol{w}_i|[0,\tau-1] \in \mathbb{CS}_s^{\tau p}$ 和 $\boldsymbol{w}_j\ |[0,\tau-1] \in \mathbb{CS}_s^{\tau p}$,对于任何通用输入序列 $u|[0,\tau-1]$,$u \in U$,使得$y_i|[0,\tau-1] \neq y_j|[0,\tau-1]$,如果线性系统$S_i$和$S_j$不能被安全地区分,则它们被称为 s – 不可安全区分。

为了描述 s – 安全可识别性,我们引入图 7.2 所示的增广线性系统S_{ij},它完全由三元组(A_{ij},B_{ij},C_{ij})描述,即

$$A_{ij} = \begin{bmatrix} A_i & 0 \\ 0 & A_j \end{bmatrix}, B_{ij} = \begin{bmatrix} B_i \\ B_j \end{bmatrix}, C_{ij} = [\, C_i \ \ -C_j \,] \tag{7.4}$$

式中:$A_{ij} \in \mathbb{R}^{2n\times 2n}$;$B_{ij} \in \mathbb{R}^{2n\times m}$;$C_{ij} \in \mathbb{R}^{p\times 2n}$。下面的矩阵也与增广系统$S_{ij}$相关:

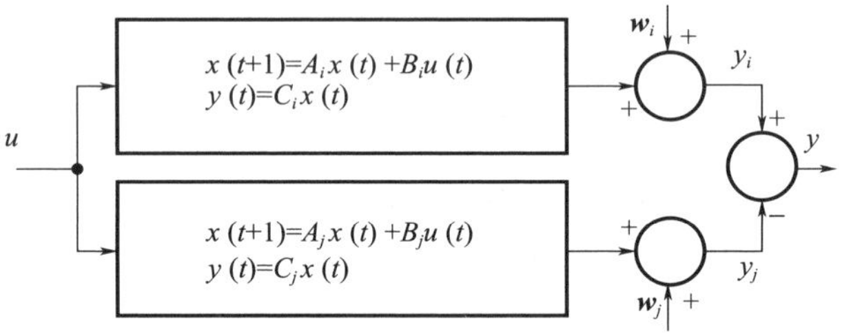

图 7.2 传感器和执行机构受到攻击:增广受控线性系统S_{ij}

$$\boldsymbol{O}_{ij} = \begin{bmatrix} C_{ij} \\ C_{ij}A_{ij} \\ \vdots \\ C_{ij}A_{ij}^{2n-1} \end{bmatrix} = [\, O_i^{(2n-1)} \ \ -O_j^{(2n-1)} \,]$$

$$\boldsymbol{M}_{ij} = \begin{bmatrix} 0 & 0 & \cdots & 0 \\ C_{ij}B_{ij} & 0 & \cdots & 0 \\ \vdots & \vdots & \ddots & \vdots \\ C_{ij}A_{ij}^{2n-2}B_{ij} & C_{ij}A_{ij}^{2n-3}B_{ij} & \cdots & C_{ij}B_{ij} \end{bmatrix} \tag{7.5}$$

式中:$\boldsymbol{0} \in \mathbb{R}^{p\times m}$是零矩阵,$\boldsymbol{M}_{ij} \in \mathbb{R}^{2np\times(2n-1)m}$、$\boldsymbol{O}_{ij} \in \mathbb{R}^{2np\times 2n}$是增广系统$S_{ij}$的 $2n$ 阶次可监测性矩阵,分别由相应的线性系统S_i和S_j的 $2n$ 阶次可监测性矩阵$O_i^{(2n-1)}$和$O_j^{(2n-1)}$组成。

给定 $\Gamma \subset \{1,2,\cdots,p\}$,$|\Gamma| \leqslant 2s$,$\boldsymbol{M}_{ij,\Gamma} \in \mathbb{R}^{2n(p-2s)\times(2n-1)m}$是由三元组($A_i$,$B_i$,$\overline{C}_{i,\Gamma}$)、($A_j$,$B_j$,$\overline{C}_{j,\Gamma}$)获得的矩阵。

定理 1 对于一般输入和所有对传感器的 s – 稀疏攻击,当且仅当对于任何

集合 $\Gamma,\Gamma\subseteq\{1,2,\cdots,\gamma\}$，$|\Gamma|\leqslant 2s$，矩阵$\boldsymbol{M}_{ij,\Gamma}\neq 0$，则两个线性系统$S_i$和$S_j$（$(i,j)\in Q\times Q$）是可安全区分的。

下面通过仅使用（损坏的）连续输出信息（假定控制信号是安全的）来检测 LH－系统的两个离散模式之间的切换情况提供条件。

定义 4　如果存在 $d\in\mathbb{N}$，使得对于任何切换时间$t_k\in\mathbb{N}$，对于任何一对 s－稀疏攻击向量$\boldsymbol{w}_i|[t_k,t_k+d]\in\mathbb{CS}_s^{dp}$和$\boldsymbol{w}_j|[t_k,t_k+d]\in\mathbb{CS}_s^{dp}$，对于任何通用输入序列 $u|[t_k,t_k+d)$，$u\in U$，$y_i|[t_k,t_k+d]\neq y_j|[t_k,t_k+d]$，则离散变换 $e=(i,j)\in E$，$G(e)=\mathbb{R}^n$被称为$\bar{x}$－可监测的，$\bar{x}\in\mathbb{R}^n$，如果对于任何$\bar{x}\in\mathbb{R}^n$，$\bar{x}$是可监测的，则该切换称为可监测的切换。

因为我们考虑模式 i 和模式 j 之间的切换，所以$y_i|[t_k,t_k+d]$表示具有初始状态$x_i(t_k)=x(t_k^-)$的线性系统S_i的连续输出，而$y_j|[t_k,t_k+d]$表示具有初始状态$x_j(t_k)=R_{ij}x(t_k^-)$的线性系统S_j的连续输出，$x(t_k^-)$表示在切换开始之前的连续状态，R_{ij}表示复位图。

命题 1　当且仅当一对（S_i,S_j）是 s－安全可识别时（即对于一般输入和对于所有 s－稀疏攻击是安全可识别的），存在离散切换 $e=(i,j)\in E$，$G(e)=\mathbb{R}^n$。

信号较弱的条件适用于$\bar{x}$可监测的切换。在这种情况下，一对线性系统（S_i,S_j）是不需要区分的。

命题 2　当且仅当$\bar{x}\notin\ker(\bar{O}_{i,\Gamma}-\bar{O}_{j,\Gamma}R_{ij})$时，存在离散切换 $e=(i,j)\in E$，$G(e)=\mathbb{R}^n$对于任意集合 Γ，使得$|\Gamma|\leqslant 2s$。

7.4　有限态系统

通过从离散动态学的连续演化中提取相关性，可以将 FSM 与 LH－系统相关联。因此，在本节中，我们提供了 FSM 的一些背景知识。此外，我们还回顾了 FSM 的可诊断性，在文献[8]中进行了定义。

7.4.1　FSM 的背景

定义 5　有限状态机（FSM）是一个数组

$$M=(Q,Q_0,Y_d,h,E) \tag{7.6}$$

式中：Q 是有限状态集；$Q_0\subset Q$ 是初始状态集；Y_d是有限输出集；$h:Q\rightarrow Y_d$是输出函数；$E\subset Q\times Q$ 是切换关系。

对于状态 $i\in Q$，我们可以推导出它的后继子集 $\mathrm{succ}(i)=\{j\in Q:(i,j)\in E\}$

及其前任子集 $\mathrm{pre}(i)=\{j\in Q:(j,i)\in E\}$。在本章中,我们提出以下标准假设:

假设 2(活跃度) 对于所有 $i\in Q$,$\mathrm{succ}(i)=\phi$。

在式(7.2)中定义的一类线性混杂系统的离散行为 $H=(\Xi,\Xi_0,Y,h,S,E,G,R,\delta,\Delta)$,通常用非确定性有限状态机 $M=(Q,Q_0,Y_d,h,E)$表示。给定时间基 τ,且 $\mathrm{card}(\tau)=L$,并且在 H 的离散状态的切换时间(q_0,τ,q)里,相关的 M 的相应状态变化由字符串 $\sigma(k)=q(t_{k-1}),k=1,2,\cdots,L$ 描述。

特别地,有限状态机 M 的状态执行是任意具有符号 Q 有限或无限字符串 σ,满足以下条件:

$$\begin{gathered}\sigma(1)\in Q\\ \sigma(k+1)\in\mathrm{succ}(\sigma(k))\quad(k=1,2,\cdots,|\sigma|-1)\end{gathered}\tag{7.7}$$

我们用Q^*表示具有 Q 中符号的所有有限和无限字符串的集合,用$\mathfrak{X}^*$表示所有状态执行的集合,用$\mathfrak{X}_{Q_0}^*$表示 $\sigma\in\mathfrak{X}^*$ 具有 $\sigma(1)\in Q_0$的状态执行的集合,用 $\mathfrak{X}$ 表示具有 $\sigma(1)\in Q_0$的无限状态执行的集合,因此 $\mathfrak{X}\subset\mathfrak{X}^*\subset Q^*$。给定一个集合 $\Psi\subset Q$,$\mathfrak{X}^{\Psi}$是在 Ψ 中具有最后符号的有限状态执行 $\sigma\in\mathfrak{X}^*\backslash\mathfrak{X}$ 的集合。

我们用 $h:\mathfrak{X}^*\to(Y_d\backslash\{\in\})^*$表示将对应的输出字符串关联到 M 的状态执行函数($\in$表示空事件)。即给定状态执行 $\sigma\in\mathfrak{X}^*$,以及对应的输出字符串 $s=h(\sigma(1))\cdots h(\sigma(|\sigma|))$,有

$$h(\sigma)=P(s)\tag{7.8}$$

假如 σ 是有限的,否则 $h(\sigma)=P(s_\infty)$,这里的s_∞是一个无限递归字符串,定义如下:

$$\begin{gathered}s_1=h(\sigma(1))\\ s_{k+1}=s_k h(\sigma(k+1))\quad(k=1,2,3,\cdots)\end{gathered}\tag{7.9}$$

给定状态执行 $\sigma\in\mathfrak{X}_{Q_0}^*$,$h^{-1}(h(\sigma))=\{\hat{\sigma}\in\mathfrak{X}_{Q_0}^*:h(\hat{\sigma})=h(\sigma)\}$。

给定$Q'\subset Q$,$\mathrm{reach}(Q')$是从Q'开始的状态集,即

$$\mathrm{reach}(Q')=\{i\in Q:(\sigma(1)\in Q')\wedge(\sigma(k)=i)\wedge(\sigma\in\mathfrak{X}^*)\}\tag{7.10}$$

7.4.2 FSM 可诊断性的定义

在本节,正如定义 5 所描述的 FSM,这里 $h:Q\to Y_d$。

给定一个集合$Q_c\subset Q$,我们研究从输出执行开始推断属于 FSM 执行期间的某个步骤的集合Q_c的状态的可能性。集合Q_c可以表示任意一组利害关系状态(包括故障状态和不安全状态)。

对于执行态 $\sigma\in\mathfrak{X}$,两种情况是可能的:

(1)对于某些 $k\in\mathbb{N}$，$\sigma(k)\in Q_c$；

(2)对于任意 $k\in\mathbb{N}$，$\sigma(k)\notin Q_c$。

如果第一条件成立，让k_σ表示 $k\in\mathbb{N}$的最小值，使得 $\sigma(k)\in Q_c$，即

$$k_\sigma=k\in\mathbb{N}:(\sigma(k)Q_c)\wedge(k=1\vee\sigma(l)\in Q_c),\forall l\in[1,k-1] \tag{7.11}$$

如果第二条件成立，则$k_\sigma\in\infty$。

定义 6　对于任何具有有限k_σ的字符串 $\sigma\in\mathfrak{X}$，任何字符串$\hat{\sigma}\in h^{-1}(h(\sigma|[1,k_\sigma+T]))$使得$\hat{\sigma}(k)\in Q_c$，如果存在 $T\in\mathbb{N}$，那么有限状态机 M 相对于集合 $Q_c\subset Q$（简而言之，Q_c可诊断）是可诊断的。

我们还提出了一种基于诊断器存在的Q_c诊断性的等价定义，如下：

定义 7　有限状态机 M 相对于一组$Q_c\subset Q$ 是可诊断的（简而言之，Q_c可诊断）如果存在 $T\in\mathbb{N}$和函数 $\mathfrak{D}:(Y_d\backslash\{\in\}^*\rightarrow\{0,1\})$称为诊断器，使得

i)假如$(\sigma(\hat{k})\in Q_c)\wedge(\hat{k}=1\vee\sigma(k)\notin Q_c,\forall k\in[1,\hat{k}-1])$，则 $\mathfrak{D}(h(\sigma|[1,\hat{k}_\sigma+T]))=1$；

ii)假如 $\mathfrak{D}(h(\sigma|[1,k]))=1\wedge((k=1)\vee(\mathfrak{D}(h(\sigma|[1,l]))=0,\forall l\in[0,k-1]$，则对于某些 $k\in[\max\{1,k-T\},k]$有 $\sigma(\hat{k})\in Q_c$。

下面的概念有助于回忆关于有限状态机(FSM)M 的Q_c诊断性结果，如文献[8]中所述。在本部分的其余部分中，我们提出以下假设。

假设 3　$\in\notin Y_d$。

我们定义下面的对称集：

$$\Pi=\{(i,j)\in Q\times Q:h:(i)=h(j)\} \tag{7.12}$$

$$\Theta=\{(i,j)\in Q\times Q:i=j\} \tag{7.13}$$

现在回忆一下 M 状态轨迹之间的不可区分性概念。

定义 8　假如$h(\sigma_1)=h(\sigma_2)$，称两个状态轨迹$\sigma_1\in\mathfrak{X}^*$和$\sigma_1\in\mathfrak{X}^*$是可区分的。假如存在$\sigma_1\in\mathfrak{X}_{\{i\}}$和$\sigma_2\in\mathfrak{X}_{\{j\}}$，使得$|\sigma_1|=|\sigma_2|=k$，且 $h(\sigma_1)=h(\sigma_2)$，则这对$(i,j)\in\Pi$是 k－向前可区分的。假如存在$\sigma_1\in\mathfrak{X}^{\{i\}}$和$\sigma_2\in\mathfrak{X}^{\{j\}}$，对于所有 $l\in[1,k]$和 $h(\sigma_1)=h(\sigma_2)$，使得$|\sigma_1|=|\sigma_2|=k$，$\sigma_1(l)\in\Sigma$，$\sigma_2(l)\in\Sigma$，则这对$(i,j)\in\sum\subset\Pi$是 Σ 中的 k－向后可区分的。

为了描述有限状态机的可诊断性，我们定义以下子集（计算这些集合的详细信息和递归算法参见文献[8]）：

(1)$S^*\subset\Pi$ 是成对$(i,j)\in\Pi$ 的极大集，使得存在两个不可识别态执行器$\sigma_1\in\mathfrak{X}^{\{i\}}\cap\mathfrak{X}_{Q_0}$。

(2)$F^*\subset\Pi$ 是成对$(i,j)\in\Pi$ 的极大集，对于任意 $k\in\mathbb{N}$，$k\geqslant1$，$(i,j)\in\Pi$ 是

k-向前不可识别的。

(3)Λ_k是$(i,j)\in S^*$的对集，其中$i\in Q_c, j\in \overline{Q}_c$（反之亦然，$i\in \overline{Q}_c j\in Q_c$）。对于$\Lambda_k$，存在两个不可识别态轨迹$\sigma_1\in \mathfrak{X}_{\{i\}}$和$\sigma_2\in \mathfrak{X}_{\{i\}}$，$|\sigma_1|=|\sigma_1|=k$，使得对于所有$l\in[1,k]$，有$\sigma_2(l)\in \overline{Q}_c$（或者反之，对于所有$l\in[1,k]$，$\sigma_1(l)\in \overline{Q}_c$）。

(4)$\Lambda^*\subset M(F^*\cap S^*)$的$(i,j)\in S^*$的对集，使得对于所有$\bar{k}\in\mathbb{N}$，存在$k\geqslant \bar{k}$，$(i,k)\in\Lambda_k$。

假如$(i,j)\in E, i\notin Q_c$，给定有限状态机$M=(Q,Q_0,Y_d,h,E)$，定义有限状态机$\widetilde{M}=(Q,Q_0,Y_d,h,\widetilde{E})$，这里$(i,j)\in\widetilde{E}$，$(i,j)\in E, i\notin Q_c$。设$\widetilde{S}^*$为从$Q_0$可到达的成对集合，该集合具有两个不可识别的状态变化，计算为$\widetilde{M}$。

下面的定理将有助于证明本章的主要结论。

定理 2[8]　假如当且仅当$\widetilde{S}^*\cap\Lambda^*=\emptyset$，则有限状态机$M$是$Q_c$-可诊断的。

备注 1　集合$\widetilde{S}^*\cap\Lambda^*$是$(i,j)\in\widetilde{S}^*$的对集，使得$i$或$j$两个状态只有一个属于$Q_c$；$i$和$j$是有限状态机$\widetilde{M}$的一对不可识别的状态执行的结束状态，初始状态为$Q_0$，使得这些执行中的一个永远不会越过集合$Q_c$；$i$和$j$是有限状态机$M$的一对任意长的不可识别的状态执行的初始状态，使得这些执行中的一个永远不会越过集合Q_c。

7.5　LH-系统的可诊断性

在这一节中，我们对 LH-系统的可诊断性进行了定义和描述。我们提出了一个 LH-系统可诊断性的正式定义。然后，我们提出了一个抽象的过程，可以用来确定混杂系统是否可诊断。更具体地说，我们的程序结合了可用的连续性和 LH-系统H的离散信息，得到抽象的有限状态机M。然后，通过检查M的诊断性，可以推断H的可诊断性。最后，建立了相应的可诊断性条件。

7.5.1　可诊断性的定义

给定如式(7.2)所示的线性混杂系统H，设U和Y分别表示H的所有输入和混杂输出序列的集合。在这一节中，我们提出以下假设。

假设 4　对于所有$q\in Q$，$\delta(q)\geqslant\delta_{\min}$。

假设 5　对于所有$q\in Q$，$\Delta(q)\neq\infty$。

定义 9　假如存在$T\in\mathbb{N}$和称为诊断器的函数$D:(U\times Y\times\mathbb{S}_s^p)\rightarrow\{0,1\}$，LH-线性混杂系统$H$对于$\Omega\subset\Xi$是$s$-可安全诊断的（即$s$-安全的，$\Omega$-可诊断的），使得：

i）假如 $\xi(\hat{t}) \in \Omega \wedge (\hat{t}=0 \vee (\xi(t) \notin \Omega, \forall t \in [0,\hat{t}-1], \hat{t}>0))$，则对于任意一般输入序列 $u|[0,\hat{t}+T-1], u \in U$，以及任意攻击序列 $w|[0,\hat{t}+T] \in \mathbb{CS}^{(\hat{t}+T)}p_s$，有 $D(u|[0,\hat{t}+T-1], \eta|[0,\hat{t}+T])=1$，$\eta|[0,\hat{t}+T]=(y_d|[0,\hat{t}+T], y|[0,\hat{t}+T]+w|[0,\hat{t}+T])$。

ii）对于任意一般输入序列 $u|[0,t-1], u \in U$，以及任意攻击序列 $w|[0,t] \in \mathbb{CS}_s^{tp}$，$D(u|[0,t-1],\eta|[0,t])=1$ 和 $(t=0 \vee (D(u|[0,t'-1],\eta|[0,t'])=0, \forall t' \in [0,t-1], t>0))$，则对于某些 $\hat{t} \in [\max\{0,t-T\},t]$，$\xi(\hat{t}) \in \Omega$。

以前的定义将有限状态机定义 7 中的可诊断性的概念推广到 LH－系统级。这里，考虑到连续输出信息可能被 s－稀疏攻击破坏的更一般的情况。

在下面的定义中考虑了传感器测量是安全的情况。

定义 10 如果存在 $T \in \mathbb{N}$ 和称为诊断器的函数 $D:(U \times Y) \to \{0,1\}$，LH－线性混杂系统 H 对于 $\Omega \subset \Xi$ 是可安全诊断的（即 Ω－可诊断的），使得

i）假如 $\xi(\hat{t}) \in \Omega \wedge (\hat{t}=0 \vee (\xi(t) \notin \Omega, \forall t \in [0,\hat{t}-1], \hat{t}>0))$，则对于任意一般输入序列 $u|[0,\hat{t}+T-1], u \in U$，有 $D(u|[0,\hat{t}+T-1], \eta|[0,\hat{t}+T])=1$，$\eta|[0,\hat{t}+T]=(y_d|[0,\hat{t}+T], y|[0,\hat{t}+T])$。

ii）对于任意一般输入序列 $u|[0,t-1], u \in U$，$D(u|[0,t-1],\eta|[0,t])=1$ 和 $(t=0 \vee (D(u|[0,t'-1],\eta|[0,t'])=0, \forall t' \in [0,t-1], t>0))$ 则对于某些 $\hat{t} \in [\max\{0,t-T\},t]$，$\xi(\hat{t}) \in \Omega$。

在文献[8]中提出了有限状态机的一些可诊断性定义，它们是关于检测临界状态所需的延迟以及确定发生交叉事件 $\sigma(k) \in \Omega$ 时间步长不确定性的参数。这种参数化方法可以扩展到线性混杂（LH）系统的情况，但是我们将此扩展留给以后的工作。

7.5.2 抽象过程

在本节中，我们提供了对抽象过程的详细描述，该抽象过程从线性混杂（LH）系统 H 开始，导出具有纯离散输出信息的 LH－系统，在可诊断性方面与 H 是等价的。

正如 7.3.2 节所定义的，设“～”表示关于离散模式集 Q 的 s－安全不可识别关系。我们将状态 $i \in Q$ 的等价类设为集合 $\{j \in Q | S_j \sim S_i\}$。该等价类集诱导出 Q 的一个分区，该分区被关系～称为 Q 的商空间，用 $Q/\sim$ 表示。对于每个等价类，我们可以将一个标签关联到一组标签 $Y_{\sim}$ 中。

这个抽象过程包括下面三个阶段。

步骤 0　给定式（7.2）的线性混杂系统 H，定义商空间 $Q/\sim$，并且关联一个

标签(在$Y_{\sim}$集中)到任意等价集。

步骤 1　$H \to H^{(1)}$,这里$H^{(1)}$线性混杂系统,该系统的初始态没有前身。

步骤 2　$H^{(1)} \to H^{(2)}$,这里$H^{(2)}$具有与离散切换相关联的附加输出。

步骤 3　$H^{(2)} \to H^{(3)}$,这里$H^{(3)}$是一个纯离散信息的线性混杂系统。

7.5.2.1　步骤 0

在第一步中,我们给出了线性混杂系统 H,导出了由 s - 安全不可识别关系诱导的商空间。这个阶段可以用下面的算法来表示。

```
procedure QUOTIENT SPACE(Q)
  Initialize Nclass = 0, class = zeros(N,N)
  while  Q≠∅ do
      Nclass + +, col = 1
      for i ∈ Q do
        class[Nclass,1] = i
                        Q = Q\i
        for j ∈ Q do
          Check thes - secure distinguishability property
          if M_{ij,Γ} = 0 , ∀Γ then
            class[Nclass,col] = j
                        Q = Q\i
          end if
      end for
    end for
  end while
  Return class
end procedure
```

然后,我们将集合$Y_{\sim}$中的标签关联到每个等价类。

7.5.2.2　步骤 1

LH - 系统$\mathcal{H}$由式(7.2)给出,如附录“从 Mealy 到 Moore”中所述。考虑相关的有限状态机(FSM)$M = (Q, Q_0, Y_d, h, E)$,并应用算法 **0**,以获得 FSM $M^{(1)} = (Q^{(1)}, Q_0^{(1)}, Y_d, h^{(1)}, E^{(1)})$,其中初始状态集没有前身,并且注入映射 $g: Q \to \mathbb{N}$由式(7.26)进行了定义。基于有限状态机(FSM)$M^{(1)}$,下面的 LH - 系统是这样定义的:

$$H^{(1)} = (\Xi^{(1)}, \Xi_0^{(1)}, Y, h^{(1)}, S^{(1)}, E^{(1)}, G^{(1)}, R^{(1)}, \delta^{(1)}, \Delta^{(1)}) \qquad (7.14)$$

式中

$$\Xi^{(1)} = Q^{(1)} \times \mathbb{R}^n$$

$$\Xi^{(1)} = Q^{(1)} \times \mathbb{R}^n$$

$$S^{(1)}(i) = S(i), S^{(1)}(g(i)) = S(i), i \in Q$$

$$G^{(1)}((i,j)) = G((i,j)), G^{(1)}((g(i),j)) = G((i,j)), (i,j) \in E$$

$$R^{(1)}((i,j)) = R((i,j)), R^{(1)}((g(i),j)) = R((i,j)), (i,j) \in E$$

$$\delta^{(1)}(i) = \delta(i), \delta^{(1)}(g(i)) = \delta(i), i \in Q$$

$$\Delta^{(1)}(i) = \Delta(i), \Delta^{(1)}(g(i)) = \Delta(i), i \in Q$$

命题3 当且仅当$H^{(1)}$是 s - 安全的、Ω - 可诊断的，LH - 系统 H 是 s - 安全的、Ω - 可诊断的。

证明直接遵循算法0。

7.5.2.3 步骤2

在本章的其余部分中，我们提出以下假设。

假设6 是为了便于符号化，考虑$H^{(1)} = H$。它是由 LH - 系统 H 和$H^{(1)}$在命题3中陈述的可诊断性之间的等价性引起的。

在本节中，我们描述如何获得 LH - 系统$H^{(2)}$，其中附加的二进制输出与每个离散切换相关联。特别地，如果可以从连续或离散的输出信息中检测到变化，则与具有逻辑值1的二进制信号相关联；否则，与具有逻辑值0的二进制信号相关联。与每个切换相关联的这个附加信号可以被建模为离散输入，因此$H^{(2)}$可以被描述为

$$H^{(2)} = (\Xi, \Xi_0, W_d = \{1,0\}, Y^{(2)}, h^{(2)}, S^{(2)}, E^{(2)}, G, R, \delta, \Delta) \quad (7.15)$$

式中：$Y^{(2)} = Y_d^{(2)} \times \{0\}$，$Y_d^{(2)} = (Y_d \cup Y_{\sim} \cup \{1,0\})^*$；$W_d = \{1,0\}$是有限离散输入空间（输入符号与离散切换相关联）；$h^{(2)}:(Q \cup W_d) \to Y_d^{(2)}$。$E^{(2)} \subset Q \times W_d \times Q$是容许离散切换集（被事件 $\omega \in W_d$所决定的从 $i \in Q$ 到 $j \in Q$ 的切换由三元组(i,ω,j)表示）。

关于离散输出函数，如下所示：

$$h^{(2)}(\omega) = \omega, \omega \in W_d$$

$$h^{(2)}(i) = \begin{cases} c(i) \circ h(i) & (i \in Q \wedge h(i) \neq \in) \\ c(i) \circ 0 & (i \in Q \wedge h(i) = \in) \end{cases} \quad (7.16)$$

式中：$c(i) \in Y_{\sim}$表示与离散状态 $i \in Q$ 所属的等价类相关联的标签，并且符号$\circ$表示连接两个字符串。

集合$E^{(2)}$的构设程序如下：

```
procedure SET E^(2)(H)
    Initialize E^(2) = ∅
    for (i,j) ∈ E do
if h(j) = ∈ then
        Case 1 The pair (S(i),S(j)) is s-securely
    distinguishable. According to Proposition 1 in Sect.7.3.2
    the transition (i,j) is observable, thus E^(2) = E^(2) ∪ {(i,1,j)}.
        Case 2 The pair (S(i),S(j)) is s-securely in distinguish-
    able and there exists a set Γ,|Γ|≤2s,such that (Ō_{i,Γ} = Ō_{j,Γ}R_ij).
        According to Proposition 2 in Sect.7.3.2 the tran-
    sition(i,j) can not be detected for any generic input
    function and for any value of the continuous state at
    the switching time instant, thus E^(2) = E^(2) ∪ {(i,0,j)}.
        Case 3 The pair E^(2) = E^(2) ∪ {(i,1,j)} is s-securely in-
    distinguishable but (Ō_{i,Γ} ≠ Ō_{j,Γ}R_ij) for any set Γ,|Γ|≤2s.
        According to Proposition 2 in Sect.7.3.2 the tran-
    sition(i,j) can be detected depending on the state at
    the switching time (that is x(t_k^-) ∉ ker(Ō_{i,Γ} - Ō_{j,Γ}R_ij), for
    any set Γ,|Γ|≤2s,thus E^(2) = E^(2) ∪ {(i,0,j)} ∪ {i,1,j}.
    else E^(2) = E^(2) ∪ {(i,1,j)}
    end if
  end for
end procedure
```

备注 2 $H^{(2)}$是具有纯离散信息的 LH－系统。事实上，允许区分连续动态的连续输出信息被重塑为与离散关联的离散输出转换（因此$H^{(2)}$由 Mealy 机建模）。

由于$H^{(2)}$和 H 对于 s－安全性 Ω－可诊断性不等价，因此需要进一步处理。

7.5.2.4 步骤 3

$H^{(2)}$的离散行为由 Mealy 机$M^{(2)}$描述，该机器可以（使用附录中描述的算法 1）转换为 Moore 机$M'^{(3)}=(Q^{(3)},Q_0^{(3)},Y_d^{(3)},h'^{(3)},E^{(3)})$，其中没有与离散转换相关联的信息。

通过有限状态机$M^{'(3)}$，可以导出 LH－系统

$$H^{'(3)}=(\Xi^{(3)},\Xi_0^{(3)},Y^{(3)},h^{'(3)},S^{(3)},E^{(3)},G^{(3)},R^{(3)},\delta^{(3)},\Delta^{(3)}) \quad (7.17)$$

式中

$$\Xi^{(3)}=Q^{(3)}\times\mathbb{R}^n$$
$$\Xi_0^{(3)}=Q_0^{(3)}\times\mathbb{R}^n$$
$$Y^{(3)}=Y_d^{(3)}\times\mathbb{R}^p$$
$$S^{(3)}(i,j)=S(f^{-1}(i))$$
$$G^{(3)}(i,j)=G(f^{-1}(i),f^{-1}(j))$$
$$R^{(3)}(i,j)=R(f^{-1}(i),f^{-1}(j))$$
$$\delta^{(3)}=\delta(f^{-1}(i))$$
$$\Delta^{(3)}=\Delta(f^{-1}(i))$$

式中：$f:Q\to2^Q$是在附录算法 1 中定义的映射集合的点。$c(i)\in Y_{\sim}$表示与离散状态$i\in Q^{(3)}$所属的等价类相关联的标签，离散输出函数$h^{'(3)}$被推导为：

对于$i\in Q_0^{(3)}$

$$h^{'(3)}(i)=\begin{cases}c(i)\circ0 & (i\in Q_0^{(3)}\wedge h(i)=\in)\\ c(i)\circ h(i) & (i\in Q_0^{(3)}\wedge h(i)\neq\in)\end{cases} \quad (7.18)$$

对于$i\in Q^{(3)}\backslash Q_0^{(3)}$

$$h^{'(3)}(i)=\begin{cases}t(i)\circ c(i)\circ0 & (i\in Q_0^{(3)}\wedge h(i)=\in)\\ t(i)\circ c(i)\circ h(i) & (i\in Q_0^{(3)}\wedge h(i)\neq\in)\end{cases} \quad (7.19)$$

式中：$t(i)$是表示通过使用连续输出信息来检测转换$(j,i)\in E^{(3)}$可能性的符号。特别地：

$$t(i)=\begin{cases}0 & (\text{假如对于任意 } j\in \mathrm{pre}(i),(j,i)\in E^{(3)}\text{不能被探测})\\ 1 & (\text{假如对于任意 } j\in \mathrm{pre}(i),(j,i)\in E^{(3)}\text{能够被探测})\end{cases} \quad (7.20)$$

从 LH－系统$H^{'(3)}$，通过仅将离散输出函数$h^{'(3)}$用$h^{(3)}$表示，可以推出

$$H^{(3)}=(\Xi^{(3)},\Xi_0^{(3)},Y^{(3)},h^{(3)},S^{(3)},E^{(3)},G^{(3)},R^{(3)},\delta^{(3)},\Delta^{(3)}) \quad (7.21)$$

为了便于记号，让ψ_i指示字符串$h^{'(3)}(i)$，让$\psi_i(k)$指示该字符串的第 k 个符号，即(例如，$\psi_i(1)$是字符串$h^{'(3)}(i)$的第一个符号)。离散输出函数(3)：$Q^{(3)}\to Y^{(3)}$的定义如下所示：

对于$i\in Q_0^{(3)}$，有

$$h^{(3)}(i)=\begin{cases}\psi_i=c(i)\circ h(i) & (\text{若 }\psi(2)\neq 0)\\ \psi_i(1)=c(i) & (\text{若 }\psi(2)\neq 0)\end{cases} \tag{7.22}$$

对于 $i\in Q^{(3)}\setminus Q_0^{(3)}$,有

$$h^{(3)}(i)=\begin{cases}\psi_i(2)\circ\psi_i(3)=c(i)\circ h(i) & (\text{若}\psi_i(3)\neq 0)\\ \psi_i(2)=c(i) & (\text{若 }\psi(1)=1\wedge\psi(3)=0)\\ \in & (\text{若 }\psi(1)=0\wedge\psi(3)=0)\end{cases} \tag{7.23}$$

7.5.2.5 抽象过程:一个实例

在这一节中,我们提出一个例子来更好地理解在 7.5.2 节中描述的抽象过程。其中,每个节点基于其相邻的和提供外部输入的其他 m 个外部节点的状态更新其状态$x_i\in\mathbb{R}$,$i=1,2,\cdots,n$。我们还假设测量节点 p 的状态。网络拓扑结构可以用无向图 $Y=(V,E)$表示,其中 $V=\{1,2,\cdots,n\}$是节点集,E 是边集。拓扑网络的离散时间整体动态可以写成

$$\begin{cases}x(t+1)=-Lx(t)+Bu(t)\\ y(t)=Cx(t)\end{cases} \tag{7.24}$$

式中:L 是图 $Y=(V,E)$推导出的拉普拉斯算子(具体参见文献[22]);$x\in\mathbb{R}^n$;$u\in\mathbb{R}^m$;$y\in\mathbb{R}^p$。

给定网络的标称动态、节点或断链改变了网络的拓扑,从而也改变了网络的总体动态。我们假设可以直接测量某些断链(通过离散标签表示某个链路/节点的活动或非活动状态),并且其中一些断链不能被测量(因此,可以用空事件 $\in$ 与它们相关联)。

我们可以通过 LH-系统来表示这个场景,其中每个离散状态 $q\in Q$ 与特定的网络拓扑相关联。如上所述,属于离散输出集Y_d的离散标签与每个离散状态相关联。此外,线性动态系统S_q与每个离散状态 $q\in Q$ 相关联:

$$\begin{cases}x(t+1)=-L_qx(t)+B_qu(t)\\ y(t)=C_qx(t)+\boldsymbol{w}(t)\end{cases} \tag{7.25}$$

式中:$\boldsymbol{w}(t)\in\mathbb{S}_s^p$表示连续输出测量的 s-稀疏攻击向量。

例如,我们假设所有的网络拓扑都可以用图 7.3 中的 LH-系统来表示。如 7.3.2 节所定义,设 ~ 表示离散模式 Q 集上的 s-安全不可识别关系,我们将状态 $i\in Q$ 的等价类设为集合$\{j\in Q\mid S_j\sim S_i\}$。这组等价类引出了 Q 的一个分区,它被关系 ~ 称为 Q 的商空间,用 $Q/\sim$ 表示。在这种情况下,我们假设 $Q/\sim=\{(1,2,3),(4,5)\}$。对于每个等价类,我们可以将一组标签$Y_\sim=\{\alpha,\beta\}$中的一个标签关联起来。

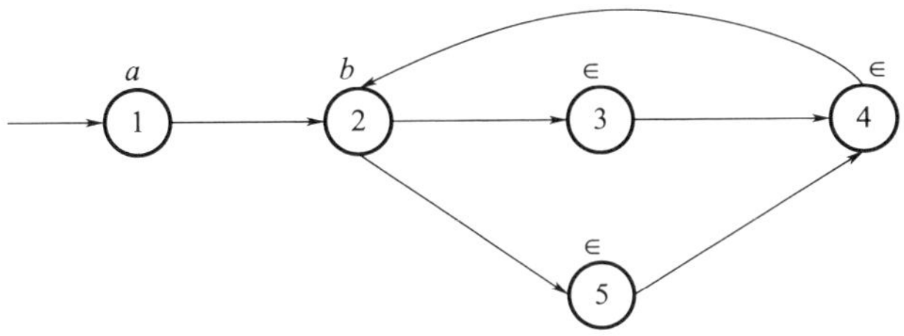

图 7.3 实例:LH - 系统代表了所有网络的拓扑结构

所提出的抽象过程的第一步得到的 LH - 系统由图 7.4 所示。

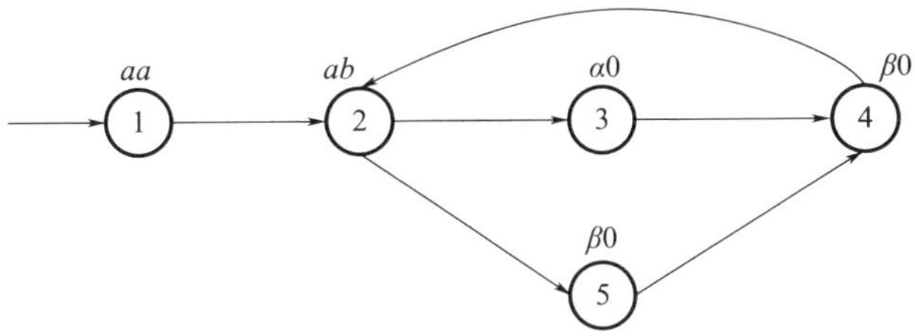

图 7.4 实例:由步骤 1 获得的 LH - 系统

如 7.5.2 节所描述,基于S_i和S_j的之间的 s - 安全可区别性,以及检测到离散转换 $e=(i,j)\in E$ 的可能性,抽象程序的第二步将附加的二进制输出到每个离散转换 $e=(i,j)\in E$。在步骤 2 的末尾,获得图 7.5 中的 LH - 系统。

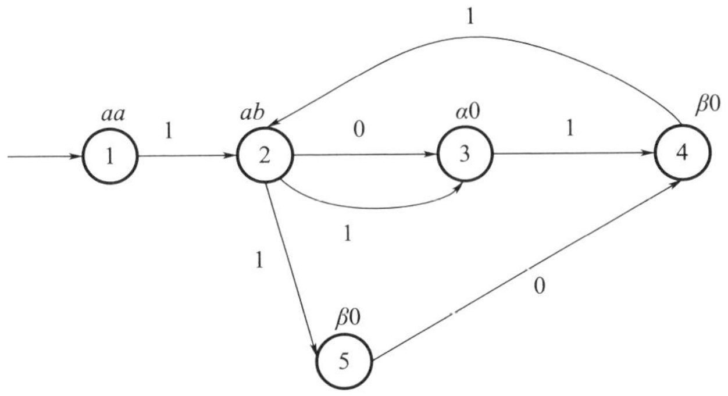

图 7.5 实例:由步骤 2 获得的 LH - 系统

与S_1和S_2相关的拓扑通过离散标记$\{a,b\}\in Y_d$测量,而与S_3、S_4和S_5相关的拓扑不能测量。

抽象过程的步骤 3 将步骤 2 结束时获得的 Mealy 机转换为 Moore 机,并进一步操作输出标签,如图 7.6 所示。

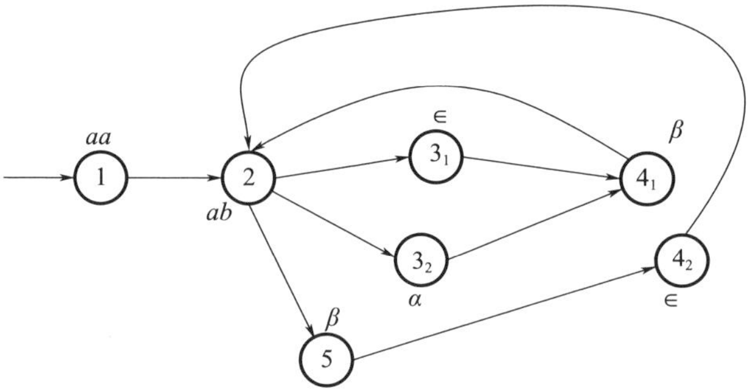

图 7.6 实例:由步骤 3 获得的 LH - 系统

7.5.3 检查安全可诊断性

由于 7.5.2 节中提出的抽象算法,可以通过具有纯离散输出(仅与离散状态相关)的 LH - 系统$H^{(3)}$来研究初始 LH - 系统 H 的 s - 安全性和 Ω - 可诊断性。

设 M 是与$M^{(3)}$相关联的 FSM,即 $M=(Q^{(3)},Q_0^{(3)},Y_d,h^{(3)},E^{(3)})$。在本节中,我们进行以下假设。

假设 7 $\Omega=Q_c\times\mathbb{R}^n\subset\Xi$,其中,$Q_c\subset Q$ 是利益离散状态集。

定理 3 假定假设 4、5、7 成立。若 M 是可诊断的($Q_c\subset Q^{(3)}$),则 H 是 s - 安全的、Ω - 可诊断的,且 $\Omega=Q_c\times\mathbb{R}^n$。

证明:如果有限状态机(FSM)M 是Q_c - 可诊断的,$Q_c\subset Q^{(3)}$,则存在 $T\in\mathbb{N}$,对于某些 $k\in[\max\{1,\hat{k}-T\},\hat{k}]$,有 $\sigma(k)\in Q_c$,使得离散输出信息 $h(\sigma|[1,\hat{k}])$能够推导。

因此,$H^{(3)}$是 Ω - 可诊断的,$\Omega=Q_c\times\mathbb{R}^n$,且相同的性质适用于$H'^{(3)}$。通过在附录中应用算法 1 获得$H^{(2)}$,以获得 Moore 机。因此,对于状态$q^{(2)}(k)=i$ 响应离散态$q^{(3)}(k)\in f(i)$。因此,$H'^{(3)}$的 Ω - 可诊断性意味着$H^{(2)}$的 s - 安全性和 Ω - 可诊断性,因为$H^{(2)}$还编码了关于任意两个离散态(i,j)的 s - 安全可识别的可能性信息,两个离散态属于相同等价类的,或探测它们之间的转换。$H^{(2)}$的 s - 安全性和 Ω - 可诊断性意味着 H 的 s - 安全性和 Ω - 可诊断性,因为对于 H 的任何执行都有$H^{(2)}$的执行,使得$q^{(2)}(k)=q(k)$。

定理 3 提供了充足的条件推导 s - 安全性和 Ω - 可诊断性,LH - 系统的 $\Omega=Q_c\times\mathbb{R}^n$是根据 7.5.2 节程序所描述,基于从 H 抽象出 FSMM 的可诊断性。实际上,在这个结果中,我们没有利用与过程时间有关的信息,因此,通过考虑这些附加信息,可以得到不守恒条件。

7.6 结论

在本章中,我们通过扩展文献[8]给出了 FSM 的可诊断性,引入了 LH－系统可诊断性的正式定义。当连续输出信息可能被敌方攻击者破坏时,我们还给出了 LH－系统可诊断性的定义。此外,我们提出了一个方法,通过结合可用的连续和离散信息,从原始混杂系统中获得抽象的 FSM。然后,基于抽象 FSM 的可诊断性条件,可以获得给定 LH－系统可诊断性的充分条件。在我们的模型中,连续输出信息可能被外部恶意攻击者破坏。这是因为混杂系统是处理各种安全关键应用的重要数学范例,所以研究混杂系统的安全问题尤其重要。

附　录

从 Mealy 到 Moore

根据离散输出信号的性质,可以使用 FSM 的两个变型[4]:

Moore 机:输出函数将离散输出关联到每个离散状态,无输出关联到离散转换;

Mealy 机:输出函数将离散输出关联到每个离散转换,无输出关到联离散状态。

可以将 Mealy 机转换为 Moore 机,并且有大量的文献讨论这种转换(有关此主题的详细描述,请参阅文献[7])。为了清楚起见,我们回顾一下在文献[7]中提出的程序。

首先,我们回顾称为算法 0 的程序,该算法将一个有限状态机 $M=(Q,Q_0,Y,h,E)$ 转换为一个有限状态机 $M^{(1)}=(Q^{(1)},Q_0^{(1)},Y^{(1)},h^{(1)},E^{(1)})$,其中初始状态集没有前身(即 $pre(i)=\varnothing,\forall i\in Q_0^{(1)}$)。算法 0 在文献[7]中进行了详细描述。

给定集合 $P=\{i\in Q_0:pre(i)\neq\varnothing\}$,我们定义入轨图 $g:Q\to\mathbb{N}$,其中

$$g(i)=i \qquad (i\in Q\backslash P)$$

$$g(i)\in\mathbb{N}\backslash Q \qquad (i\in P) \tag{7.26}$$

粗略地说,算法 0 将 i 和 $g(i)$(可以假设 $\mathbb{N}\backslash Q$ 中的任意值)一对状态中的任意状态 $i\in P$ 进行分割。

procedure ALGORITHM 0(M)

$$Q^{(1)}=Q\cup\{g(i),i\in P\}$$

$$Q_0^{(1)} = (Q_0 \backslash P) \cup \{g(i), i \in P\}$$
$$h^{(1)}(i) = h(i); h^{(1)}(g(i)) = h(i), i \in Q$$
$$E^{(1)} = E \cup \{(g(i), h): i \in P, (i, h) \in E\}$$

end procedure

现在我们描述称为算法 1 的过程，它把 Mealy 有限状态机 $M=(Q, Q_0, Y, h, E)$ 转换为 Moore 有限状态机$M'=(Q', Q_0', Y', h', E')$，其中$h'(w) = \in$ 用于任何转换$(i, w, j) \in E, w \in W_d$。

有限状态机 M 的每个状态被分解为一定数量的新状态，以每个新状态结束的任何转换使用相同的离散输入 $w \in W_d$。在不失一般性的情况下，我们现在假设有限状态机 M 是 $pre(i) \neq \emptyset, \forall i \in Q_0$（否则，可以使用算法 0 来实现）。

首先，对于任意状态 $i \in Q \backslash Q_0$，我们对离散输入子集$W_i \subset W_d$进行离散化，从而得出以下结论：

对于任意 $j \in p(i)$，则存在 $w \in W_i$，使得$(j, w, i) \in E$；

对于任意 $w \in W_i$，则存在 $j \in Q$，使得$(j, w, i) \in E$。

让μ_i成为子集W_i的基数。我们得到一个点到集合映射$f: Q \to 2^Q$，其中 $Q = \{i_h: i \in Q, h = 1, 2, 3, \cdots\}$，且

$$f(i) = \begin{cases} \{i_h, h = 1, 2, \cdots, \mu_i\} & (i \in Q \backslash Q_0) \\ \{i\} & (i \in Q_0) \end{cases} \tag{7.27}$$

对于给定的 $s \in Q$，$f^{-1}(s)$表示状态 $i \in Q$，使得 $s \in f(i)$。

最后，对有限状态机M'的离散输出空间Y'_d定义为：$Y'_d = \{h(w)^\circ s, w \in W_d, s \in Y_d\}$。

procedure ALGORITHM 1(M)

Initialize $Q' = Q, E' = E$

for $i \in Q$ **do**

$$Q' = (Q' \backslash \{i\}) \cup f(i)$$
$$E' = E' \backslash \{e \in E': (e = (j, w, i)) \vee (e = (i, w, j))\}$$
$$E' = E' \cup \{(j, w, i_h): (j, w, i) \in E, h = 1, \cdots, \mu_i\}$$
$$E' = E' \cup \{(i_h, w, j): (i, w, j) \in E, h = 1, \cdots, \mu_i\}$$

end for

for $s \in Q'$ **do**

$$h'(s) = h(w)^\circ h(f^{-1}(s)), w: (j, w, s) \in E'$$

end for

end procedure

参考文献

[1] M. Bayoudh, L. Travé – Massuyès, Diagnosability analysis of hybrid systems cast in a discrete – event framework. Discret. Event Dyn. Syst. 24(3), 309 – 338 (2014)

[2] A. A. Cárdenas, S. Amin, S. Sastry, Research challenges for the security of control systems, in Proceedings of the 3rd Conference on Hot Topics in Security, HOTSEC'08, Berkeley, CA. USENIX Association (2008), pp. 6:1 – 6:6

[3] A. A. Cárdenas, S. Amin, S. Sastry, Secure control: towards survivable Cyber – Physical Systems, in 2008 The 28th International Conference on Distributed Computing Systems Workshops (2008), pp. 495 – 500

[4] C. Cassandras, S. Lafortune, Introduction to Discrete Event Systems. SpringerLink Engineering (Springer, Berlin, 2009)

[5] Y. H. Chang, Q. Hu, C. J. Tomlin, Secure estimation based Kalman filter for Cyber – Physical Systems against adversarial attacks. Co RR, abs/1512.03853v2 (2016)

[6] M. S. Chong, M. Wakaiki, J. P. Hespanha, Observability of linear systems under adversarial attacks, in American Control Conference (ACC) (2015), pp. 2439 – 2444

[7] E. De Santis, M. D. Di Benedetto, Observability of hybrid dynamical systems. Found. Trends Syst. Control 3(4), 363 – 540 (2016)

[8] E. De Santis, M. D. Di Benedetto, Observability and diagnosability of finite state systems: a unifying framework. Automatica 81, 115 – 122 (2017)

[9] Y. Deng, A. D'Innocenzo, M. D. Di Benedetto, S. Di Gennaro, A. A. Julius, Verification of hybrid automata diagnosability with measurement uncertainty. IEEE Trans. Autom. Control 61(4), 982 – 993 (2016)

[10] M. D. Di Benedetto, S. Di Gennaro, A. D'Innocenzo, Verification of hybrid automata diagnos – ability by abstraction. IEEE Trans. Autom. Control 56 (9), 2050 – 2061 (2011)

[11] O. Diene, E. R. Silva, M. V. Moreira, Analysis and verification of the diagnosability of hybrid systems, in 53rd IEEE Conference on Decision and Control (2014), pp. 1 – 6

[12] O. Diene, M. V. Moreira, V. R. Alvarez, E. R. Silva, Computational meth-

ods for diagnosability verification of hybrid systems, in 2015 IEEE Conference on Control Applications (CCA) (2015), pp. 382 – 387

[13] H. Fawzi, P. Tabuada, S. Diggavi, Secure state – estimation for dynamical systems under active adversaries, in 2011 49th Annual Allerton Conference on Communication, Control, and Computing (Allerton) (2011), pp. 337 – 344

[14] H. Fawzi, P. Tabuada, S. Diggavi, Secure estimation and control for Cyber – Physical Systems under adversarial attacks. IEEE Trans. Autom. Control 59 (6), 1454 – 1467 (2014)

[15] G. Fiore, Secure state estimation for cyber – physical systems. Ph D thesis, University of L' Aquila, Department of Information Engineering, Computer Science and Mathematics, 2017

[16] G. Fiore, Y. H. Chang, Q. Hu, M. D. Di Benedetto, C. J. Tomlin, Secure state estimation for cyber physical systems with sparse malicious packet drops, in 2017 American Control Conference (ACC) (2017), pp. 1898 – 1903

[17] G. Fiore, E. De Santis, M. D. Di Benedetto, Secure mode distinguishability for switching systems subject to sparse attacks. IFAC – Papers On Line 50(1), 9361 – 9366 (2017). https://doi. org/10. 1016/j. ifacol. 2017. 08. 1442

[18] P. M. Frank, Fault diagnosis in dynamic systems using analytical and knowledge – based redundancy. Automatica 26(3), 459 – 474 (1990)

[19] F. Lin, Diagnosability of discrete event systems and its applications. Discret. Event Dyn. Syst. 4(2), 197 – 212 (1994)

[20] J. Lygeros, K. H. Johansson, S. N. Simic, J. Zhang, S. S. Sastry, Dynamical properties of hybrid automata. IEEE Trans. Autom. Control 48(1), 2 – 17 (2003)

[21] S. Mc Ilraith, G. Biswas, D. Clancy, V. Gupta, Hybrid Systems Diagnosis (Springer, Berlin, 2000), pp. 282 – 295

[22] M. Mesbahi, M. Egerstedt, Graph Theoretic Methods in Multiagent Networks (Princeton University Press, Princeton, 2010)

[23] S. Narasimhan, G. Biswas, Model – based diagnosis of hybrid systems. IEEE Trans. Syst. Man Cybern. Part A Syst. Hum. 37(3), 348 – 361 (2007)

[24] A. Paoli, S. Lafortune, Safe diagnosability for fault – tolerant supervision of discrete – event systems. Automatica 41(8), 1335 – 1347 (2005)

[25] Y. Pencolé, Diagnosability analysis of distributed discrete event systems, in

Proceedings of the 16th European Conference on Artificial Intelligence, ECAI' 04, Amsterdam (IOS Press, Amsterdam, 2004), pp. 38 –42

[26] W. Qiu, R. Kumar, Decentralized failure diagnosis of discrete event systems. IEEE Trans. Syst. Man Cybern. Part A Syst. Hum. 36(2), 384 – 395 (2006)

[27] M. Sampath, R. Sengupta, S. Lafortune, K. Sinnamohideen, D. Teneketzis, Diagnosability of discrete – event systems. IEEE Trans. Autom. Control 40 (9), 1555 –1575 (1995)

[28] M. Sayed – Mouchaweh, Discrete Event Systems: Diagnosis and Diagnosability (Springer Science & Business Media, New York, 2014)

[29] M. Sayed – Mouchaweh, E. Lughofer, Learning in Non – stationary Environments: Methods and Applications (Springer Science & Business Media, New York, 2012)200 G. Fiore et al.

[30] Y. Shoukry, P. Tabuada, Event – triggered state observers for sparse sensor noise/attacks. IEEE Trans. Autom. Control 61(8), 2079 –2091 (2016)

[31] Y. Shoukry, P. Nuzzo, N. Bezzo, A. L. Sangiovanni – Vincentelli, S. A. Seshia, P. Tabuada, Secure state reconstruction in differentially flat systems under sensor attacks using satisfiability modulo theory solving, in 2015 54th IEEE Conference on Decision and Control CDC) (2015), pp. 3804 –3809

[32] Y. Shoukry, M. Chong, M. Wakaiki, P. Nuzzo, A. L. Sangiovanni –Vincentelli, S. A. Seshia, J. P. Hespanha, P. Tabuada, SMT –based observer design for Cyber –Physical Systems under sensor attacks, in 2016 ACM/IEEE 7th International Conference on Cyber –Physical Systems (ICCPS) (2016), pp. 1 –10

[33] A. Teixeira, I. Shames, H. Sandberg, K. H. Johansson, A secure control framework for resource – limited adversaries. Automatica 51, 135 –148 (2015)

[34] S. Tripakis, Fault Diagnosis for Timed Automata (Springer, Berlin, 2002), pp. 205 –221

[35] J. Vento, L. Travé –Massuyès, V. Puig, R. Sarrate, An incremental hybrid system diagnoser automaton enhanced by discernibility properties. IEEE Trans. Syst. Man Cybern. Syst. 45(5), 788 –804 (2015)

[36] L. Ye, P. Dague, An optimized algorithm of general distributed diagnosability analysis for modular structures. IEEE Trans. Autom. Control 62(4), 1768 – 1780 (2017)

[37] T. – S. Yoo, S. Lafortune, Polynomial – time verification of diagnosability of partially observed discrete – event systems. IEEE Trans. Autom. Control 47 (9), 1491 – 1495 (2002)

[38] J. Zaytoon, S. Lafortune, Overview of fault diagnosis methods for discrete event systems. Annu. Rev. Control. 37(2), 308 – 320 (2013)

第8章 故障保护组件在信息物理系统中的诊断

阿贾伊·乔克拉，阿布舍克·杜贝，纳加布山·马哈德万，萨奇卜·哈桑和加博尔·卡尔赛①

8.1 简介

智能电网简称 CPS：它由物理组件（包括发电和传输子系统）与网络组件（例如智能传感器、通信网络、计算和控制软件）交互的网络组成。CPS 的可靠性操作至关重要。因此，这些系统配备有专门的保护装置，将故障部件从系统中移除。然而，如果故障保护单元出现故障，则子系统中不正确的局部缓解反而会导致更大的故障级联，甚至导致停电。在最近的大停电中[1]监测到了这种现象，其中一些线路出现继电器（保护装置）跳闸，使系统的其他部分过载。这些二次过载元件通过预定保护方案再次被隔离，导致三次效应等。这种多米诺骨牌效应发展到整个体系中，促使系统全面崩溃。

在这些信息物理系统中进行故障诊断的最终挑战是处理故障的复杂性：庞大的尺寸、大量的组件、异常和故障模式。此外，子系统通常是异构的，典型的方法是尝试和理解它们之间的相互作用，即使子系统来自不同的领域。过去，我们使用高级概念来模拟子系统之间的相互作用：①可监测的降级、异常、由故障模式引起的差异；②它们的传播；③它们向系统级故障（影响）的时间演化。这种称为定时故障传播图（TFPG）的方法已经应用于航空电子系统、燃料组件

① 阿贾伊·乔克拉，阿布舍克·杜贝，纳加布山·马哈德万，萨奇卜·哈桑和加博尔·卡尔赛，美国田纳西州纳什维尔市范德堡大学软件集成系统研究所，邮编：37212，电子邮箱：ajay. d. chhokra@ vanderbilt. edu；abhishek. dubey@ vanderbilt. edu；nag. mahadevan@ Vanderbilt. Edu；saqib. hasan@ vanderbilt. edu；gabor. karsai@ Vanderbilt. Edu， 穆阿玛·赛义德·穆沙韦主编《混杂动态系统和信息物理系统的诊断性保障性与安全性》，https://doi. org/10. 1007/978 -3 -319 -74962 -4_8

和软件组件集成[2-3]。基于离散事件模型,该模型捕获系统故障模式(原因)和差异(结果)之间的因果和时间关系,从而在考虑由操作模式和定时延迟施加的传播约束的同时对故障级联进行建模。在该图形模型中,节点表示故障模式和差异,边缘表示因果的方向,边缘的属性捕获边缘活动的条件(模式和时间延迟)。基于模型的故障诊断推理器接收时间告警形式的监测,该告警指示是否存在差异,并且使用演绎推理,生成关于故障模式的一组假设,该假设可以解释监测到的故障特征,即故障效应。

然而,利用定时故障传播图进行故障诊断的方法并不处理系统内置的自动故障保护机制。这样的局部故障保护部件被设计成掩盖故障影响,从而阻止级联故障。此外,这些故障保护组件引入故障模式,这些故障模式是保护组件的操作或缺乏操作所特有的。经典的 TFPG 模型不适合捕捉系统内置的专业化固有故障保护机制。例如,在电力系统中,已经有了自动保护网络元件的故障检测/保护系统(继电器和断路器)。由这些系统执行的任何保护操作都可归入以下类别:①校正并因此隔离故障发生的区域;②不正确:发生在不应该的时候;③备份,说明缺少另一个保护系统;④当考虑到它对全球或区域系统稳定性的影响时,之前的结果是不正确的。实际上,故障可由电力系统的物理组件(例如电缆)以及故障保护系统的组件(例如断路器/传感器)引入。此外,自主故障保护机制自动改变网络拓扑(即改变系统的模式)。

为了解决这个问题,我们已经开发了一个扩展的 TFPG 称为时间因果图(TCD)。TCD 模型是对时间故障传播图(TFPG)的一种行为扩充,它能够有效地对故障在各个领域的传播进行建模。基于 TCD 的诊断系统是分层的。下层使用称为监测器的本地离散事件诊断器,它是由故障管理控制器的行为规范生成的。更高级别的推理器基于本地监测器的输出产生系统级假设。该方法不涉及使用高逼真度模型的复杂实时计算,而是使用有效图算法解释监测到的异常。该方法适用于 CPS,包括基于本地信息阻止故障传播的监督控制器,而不考虑系统范围的影响。为了解释 TCD,我们使用电力系统领域的例子。

本章分为以下几个部分:8.2 节描述了背景和文献回顾,简要解释了电力系统故障管理组件误操作导致的级联现象(8.2.3 节)。8.3 节给出了方法概述,并详细描述了 TCD 建模形式和诊断方法。故障诊断方法在 8.4 节中结合电力系统实例进行描述,随后在 8.5 节中给出结论性意见。

8.2 背景

8.2.1 信息物理系统(CPS)诊断

诊断推理技术共享一个共同的过程,在该过程中系统被连续监控,并且所观察到的行为与预期的行为进行比较,以检测异常状况。在许多工业系统中,诊断仅限于通过阈值逻辑进行信号监测和故障识别,例如检测传感器读数是否偏离其标称值。故障传播是通过捕获系统中多个不同故障场景的传感器信号之间的定性关联来建模的。通常,这种关联好比人类专家在检测和隔离故障时所使用的关系。这种方法已经被有效地应用于许多复杂的工程系统,常用的工业诊断方法包括故障树[4-7]、因果图[8-9]、诊断字典[10]和专家系统[11-12]。

另外,基于模型的诊断(参见文献[13-15]及其参考文献)将实际系统的监测值与模型的预测值进行比较。使用状态方程[16]、有限状态机[17]、隐马尔可夫模型[18]和谓词/时间逻辑[19]等解析模型来描述标称系统行为。在存在故障时,系统的监测行为偏离模型所期望的标称行为。然后,根据模型类型和采用的方法,可以使用相关联的差异来检测、隔离和识别故障。在基于一致性的诊断中,使用标称系统模型来预测系统的行为,然后与系统实际行为的监测值进行比较,以获得与监测值和标称模型一致的最小故障分量集。一致性诊断是在文献[19]的逻辑框架中引入的,后来在文献[20]中推广。该方法已被应用于因果系统[21-22]和时间因果系统[23-24]诊断算法的开发。

这里提出的诊断方法在概念上与在文献[24]中提出的时间因果网络方法有关。然而,我们重点研究增量推理和诊断鲁棒性方面的传感器故障。本章提出的因果模型是基于在文献[25-26]中引入的时间故障传播图(TFPG)。TFPG 模型与文献[27-29]中提出的故障模型密切相关,并且用于集成故障诊断和过程控制系统[30]。在文献[31]中对 TFPG 模型进行了扩展,包括传播链路上的模式依赖约束,然后该约束可用于处理混合和交换系统中的故障场景。TFPG 建模和推理工具已经被开发并成功地用于集成故障诊断和过程控制系统中[30]。

此外,TFPG 模型的时间方面与文献[32]中提出的时间依赖的域理论概念密切相关。然而,这两种方法之间有几个主要的差异。特别地,基于 TFPG 的诊断实现了实时增量推理方法,该方法能够处理包括传感器/警报故障在内的多个故障。此外,底层的 TFPG 模型可以表示直接结合多模式系统动态的一般时间形式和逻辑依赖。

8.2.2 电力系统诊断

由于电力系统是我们的示例领域,我们现在简要回顾一下该领域的故障诊断方法,根据其基础技术,这些方法可分为三个主要分支:专家系统[33-36]、人工神经网络[37-40]和基于优化的解析模型[41-44]。此外,还提出了基于 Petri 网[45]和因果贝叶斯网络[46-50]的方法。专家系统是最早提出的解决电力系统故障诊断问题的技术之一。在文献[51]中提供了这样的基于知识的方法的全面调查。通常,专家系统由于知识数据库的维护和响应时间较慢而受到限制。此外,在没有警报和/或虚假警报时,基于方法的专家系统产生错误的假设。人工神经网络(ANN)是受生物系统启发的自适应系统。一般来说,这些方法受到收敛问题的影响。此外,每当网络拓扑发生变化时,由于权值取决于电力系统的结构,必须重新训练神经网络。多年来,已经设计出许多基于模型的分析方法,用于通过生成最佳故障假说来诊断故障,最佳故障假说能够最好地解释所有事件和异常。然而,这些技术严重依赖于关键的昂贵的计算量任务,例如目标函数的选择、系统行为的精确数学模型的开发和保护方案,这些能够极大地提高故障诊断的准确性。

8.2.3 级联现象:故障管理控制器防止误操作

网络系统中的级联故障被描述为触发一系列依赖事件的一组独立事件。电网中的这种级联故障通过增加对其他无故障部件的压力而连续地削弱整个系统,有时导致大面积停电。根据北美可靠性公司(NERC)的说法,无论是由于热过载、电压崩溃,还是由于故障隔离而失去同步,级联停电被认为是任何系统设备或负载的一种失控损失。

图 8.1 显示了电力系统中典型的停电方案。标称系统产生物理和网络部件的故障。这些故障模式改变了不同总线上的电压和电流。根据前面所说,快速动作保护装置(继电器)对这些变化作出反应。虽然这些动作旨在隔离故障分量并阻止故障传播,但它们可能产生意外的副作用,如支路过载、电压和/或频率崩溃,这些副作用可能导致系统的不稳定性。一组新的保护元件起作用来阻止这些次级效应。这些次级动作可能导致不同的三级效应,并且循环持续到系统,最终出现停电或者不再有保护动作的后果。

图 8.2 给示出了使用标准 IEEE 14 总线系统出现级联故障现象的简单例子。这大致是一个美国 20 世纪 60 年代的电力系统[52-53]。该系统由 14 个总线、5 个发电机、11 个负载和 20 个分支(传输线和变压器)组成。文献[52]提供

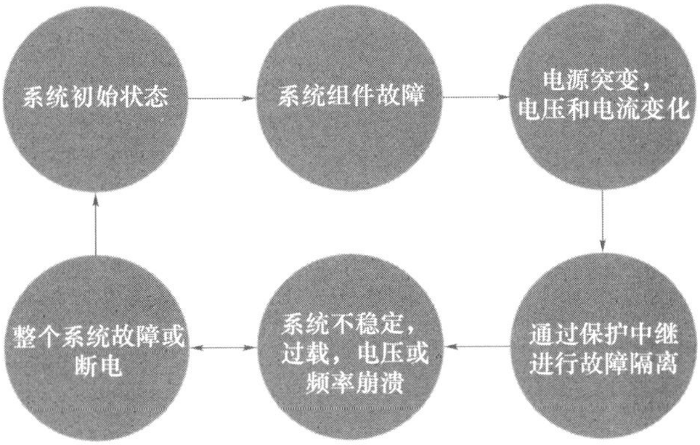

图 8.1 电力系统典型停电事故发展情况

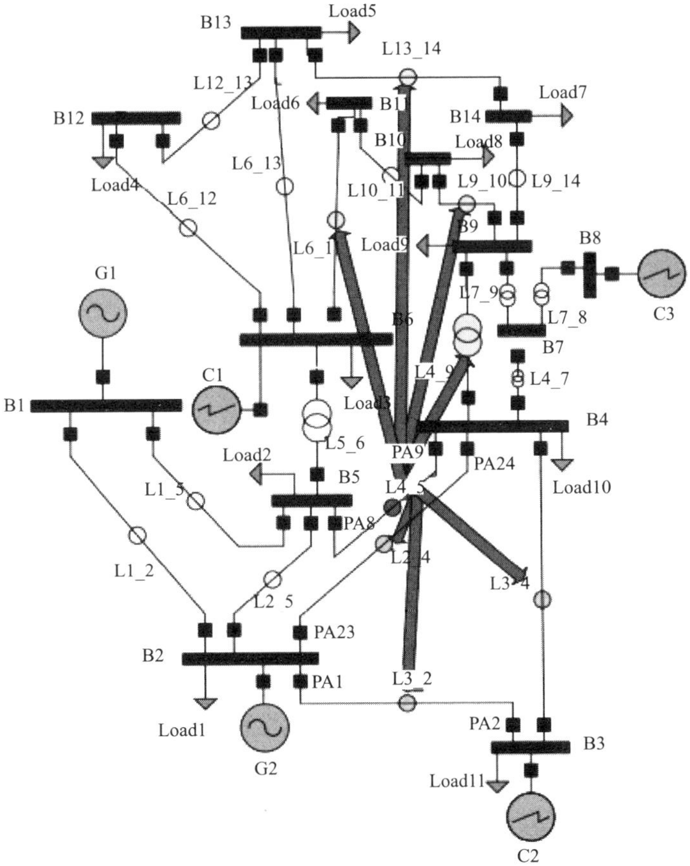

图 8.2 IEEE 14 总线系统的级联过程，在 L4_5 中初始停机导致 L3_4、L2_4 和 L2_3 停机，随后在 L6_11、L13_14、L9_10、L4_9 中停机，并最终导致停电

IEEE 公共数据格式[54]中的总线和分支数据,用于创建开放 DSS[55]仿真模型。三相接地故障注入线路 L4_5,故障通过跳闸线路隔离的。保护装置的这种控制动作导致线路 L3_4、L2_4 和 L2_3 过载。这些过载通过跳过这些线路来消除的。去除这些副作用会导致 L6_11、L13_14、L9_10、L4_9 的线路过载。这些过载支路的移除使系统总负荷的 40% 以上断电,被认为是灾难性的故障或停电。

8.3 时间因果图(TCD)

TCD 是离散模型,适当地模拟故障模式、异常及其在物理和网络系统中的传播。TCD 是时间故障传播图(TFPG)和时间触发自动机(TTAS)的组合。基于 TFPG 的模型和推理方案已用于诊断物理系统的故障,包括工业工厂[56-57]、航空航天系统[3]和软件系统[58]。

然而,在信息物理系统中,如果离散的控制器检测到故障部件,它试图阻止故障产生的影响。这些保护装置可以通过指示致动器改变它们的状态而引起系统监测。这些保护装置也会发生故障,利用故障对故障影响和控制命令的探测作出反应。基于推理的 TFPG 方案在解决物理系统及其相应保护组件(即异常检测器、模式检测器、执行器)的故障方面不是很有效。保护装置的故障诊断对于信息物理系统是至关重要的,其中如果不考虑部署的传感器、控制器和执行器的行为,就不可能对故障传播进行现实的评估。TCD 模型的第二个组件 TTA 负责对故障和非故障模式下的离散组件行为进行建模。

TCD 框架由分层事件驱动推理引擎组成,如图 8.3 所示。诊断系统由多个本地诊断器组成,称为监测器,用来跟踪保护装置的行为并估计物理和网络基础设施中是否存在故障(故障管理控制器通常用软件实现)。然后将这些估计传递给系统级推理器,该推理器创建与故障传播图在时间上一致的系统级假设。输电系统中可监测的事件包含通过继电器向断路器发送的命令、继电器相互发送的消息、断路器状态变化、物理故障检测报警等。下面描述 TCD 建模理论,这一理论包括 TFPG 的扩展。

8.3.1 用非确定性语义扩展 TFPG

时间故障传播图是一个标记定向图,其中节点要么是故障模式,要么是差异模式。差异造成故障,其中一些可能是可监测到的。TFPG 中的边缘表示故

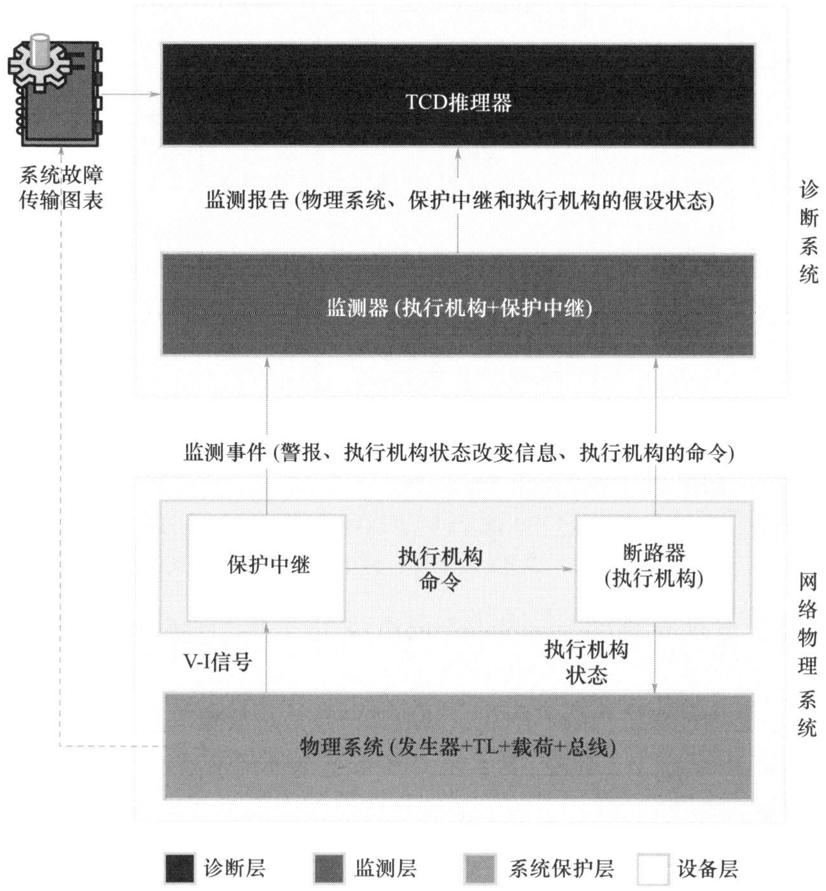

图 8.3　电力系统环境下时间因果型故障诊断框架方框图

障传播的因果关系，表示故障效应可以在边缘上传播的边缘标签捕获操作模式，以及故障效应的延迟时间（参见图 8.4）。以往，TFPG 的诊断推理器假定系统模式的正确性总是可用的。然而，在自校正信息物理系统（如电网）的情况下，系统模式或操作条件取决于源、汇和系统的拓扑状态。所有操作条件的标识，即唯一的系统模式计算量非常大。在本章中，我们使用由执行器状态决定的系统拓扑将操作条件（即模式）映射到故障传播。然而，在故障没有传播时，由于系统的拓扑结构而施加的这种约束被认为是有必要去识别的，但是没有必要声明故障将会传播。因此，我们需要用将不确定性与故障边缘关联起来的附加映射来扩展 TFPG 语言。

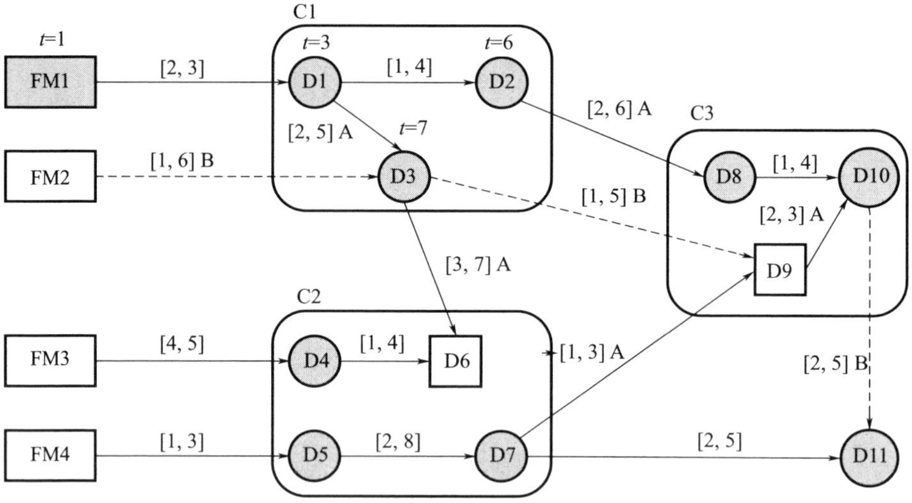

图 8.4　具有故障模式(FM)、差异(D)和故障传播链路(边缘)的 TFPG 模型。
边缘上的标签表示延迟(最小,最大)值和模态依赖关系(字母)

形式上,扩展的 TFPG 表示为一个元组$\{F_{physical}, D_{physical}, E, M, ET, EM, ND\}$,其中:

$F_{physical}$是物理系统中的一个非空的故障节点集。故障节点可以处于两个状态,要么由 ON 状态表示存在,要么由 OFF 状态表示不存在。故障节点表示系统或组件的故障模式,其状态表示故障模式是否存在。在随后的讨论中,我们将交替使用术语"故障节点"和"故障模式"。

$D_{physical}$是与物理故障的故障效应相关的差异节点的非空集合。

$E \subseteq V \times V$ 是连接所有节点 $V = F_{physical} \cup D_{physical}$ 的一组边集。

M 是一组系统模式非空集合。在每个时间实例 t 中,系统只能工作在一种模式下。

$ET: E \to I$ 是一个映射,它将 E 中的每个边缘关联为一个时间间隔$[t_{max}, t_{min}]$,它表示故障在边缘上传播的最小和最大时间。

$ET: E \to M$ 是在边缘活跃时将 E 中的每一个边缘与 M 中的一组模式相关联的映射。对于任何不依赖于模式的边缘 $e \in E$(即在所有模式中都是活跃的),$EM(e) = \phi$。

$ND: E \to \{$真,假$\}$ 是将边缘 $e \in E$ 与真或假关联起来的映射,其中 True 表示沿着边缘的传播,e 表示将发生,而 False 表示传播是不确定的并且可以发生。任何不确定边缘的目的节点被称为次要差异,而主要差异意味着特定的边缘。当相同的差异可以充当不确定和确定边缘的目的节点时,这些标签是关于边缘的。

8.3.2 故障管理控制器的行为建模

TCD 框架依赖于使用扩展时间触发自动器[59]来建模故障管理控制器与对象模型(TFPG 模型)之间的交互。然后,根据这些行为,我们可以合成用于诊断步骤的监测器。

数学上,扩展时间触发自动器可以表示为元组($\Sigma, Q, q_0, Q_m, F_{信息}, M, \alpha(F), \Phi, T$)。

事件集:Σ 是有限状态集,它包括可监测和不可监测事件,$\Sigma = \Sigma_{obs} \cup \Sigma_{unobs}$,$\Sigma_{obs} \cup \Sigma_{unobs} \neq \Phi$。可监测事件有警报、命令、离散组件间互相传递的信息,而不可监测事件与系统组件中故障的产生有关。

位置:Q 是位置有限集,$q_0 \in Q$ 是自动机初始位置,$Q_m \in Q$ 是标签位置有限集。

差异集:$D_{信息}$ 是一个与组件行为相关的差异有限集,划分为可监测和不可监测的差异集。

故障模式集:$F_{信息}$ 是与组件相关联的不可监测故障模式的有限集合。与 TFPG 中的故障节点类似,故障模式也具有 ON 和 OFF 两种状态。δ_t 是在 $F_{信息} \times \mathbb{R}_+$ 上去掉的函数,如果故障模式的状态为开,则该函数在时间 $t \in \mathbb{R}_+$ 上将故障模式 $f \in F_{信息}$ 映射为真,如果状态为关,则映射为假。

故障模式约束:$\alpha(F_{信息})$ 表示集合 $F_{信息}$ 成员上所有约束的集合。一个单独的故障模式约束 $\omega_t \in \alpha(F_{信息})$ 是一个归纳式的布尔表达式:

$$\omega_t = \delta_t(f) \mid \neg\ \delta_t(f) \mid \omega_{1,t} \wedge \omega_{2,t} \tag{8.1}$$

式中:$f \in F_{信息}$ 是一个故障模式;ω_1、ω_2 是故障模式约束。如果布尔表达式值为真,则故障模式约束为真,反之亦然。

定时约束:Φ 是一组定时约束,定义为 $\Phi = [n], (n) \mid n \in \mathbb{N}_+$,其中 $[n]$ 表示瞬时约束,而 (n) 表示周期约束。时序约束指定时间点样式,在这些时间点上自动器检查事件和故障节点约束。例如,对于当前状态的任何输出转换,周期性约束强制自动器周期性(每 4 个时间单位)地查找由边缘指定的事件,而在瞬时约束的情况下,自动器只检查一次。

模式映射:$\mathbb{M}: Q \rightarrow 2^m$ 是在故障传播图中将位置 $q \in Q$ 映射到模式 $m \in M$ 的函数。

边:$T \subset Q \times p(\Sigma) \times \Phi \times \alpha(F_{信息}) \times p(\Sigma) \times Q$ 是一个有限边界集合(边集)。边缘表示任何两个位置之间的转换。边缘的激活条件取决于定时、故障模式约束和输入事件。例如,边 $< q_1, \sigma_1, [n], \delta(f_1) \wedge \neg\ \delta(f_2), \sigma_2, q_2 >$ 表示从位置 q_1

到q_2的转换，具有 n 个时间单位的瞬时时间约束，故障模式$f_1,f_2 \in F_{信息}$上的故障模式约束 $\delta(f_1) \wedge \neg\ \delta(f_2) \in \alpha(F_{信息})$。$\sigma_1 \in \Sigma$ 是该转换所需的有效输入事件。$\sigma_2 \in \Sigma$ 表示在进行转换时生成的事件。从形式上看，转换表示为事件（定时约束）{故障约束}/事件。如果没有事件，那么只有当故障模式约束根据定时约束确定为真时，转换才有效。

8.3.3 界定控制器故障的监测器

监测器是离散有限状态机，它们使用由各自的跟踪设备产生的事件来诊断行为故障。在文献[60-61]的基础上，发展了许多用于生成动态系统离散诊断器的方法。然而，这里提出的监测器是手动创建的。由各种监测器产生的事件分为两类：离散组件的状态变化估计和差异检测。所检测到的异常以及对象和保护层中不同组件的局部状态估计由监测器传递到下一层进行系统级诊断。

8.3.4 组合诊断推理法

TCD 推理器依据故障传播图和各种监测器的输出来推测系统中监测到的异常。推理器试图以故障传播图中节点和边缘状态之间的一致性关系来解释监测结果。故障传播图中的节点状态可以归类为物理（实际）状态、监测状态和假设状态[57]。

物理状态对应于节点和边缘的实际状态。

监测状态与物理状态相同，但仅用于可监测节点。

假设状态是 TCD 推理器对节点的物理状态和自上次状态改变以来的时间估计。

每个推理器假设$h_f \in HSet_t$由一个映射 $HNode_t$组成，该映射与故障图中的每个节点关联一个评估、（ON，OFF）和时间估计(t_1,t_2)。时间估计(t_1,t_2)表示节点 v 的状态变化的最早和最新的时间估计，即从 ON 到 OFF 或反之亦然。假设的结构描述如下：假设是一个元组，其中元素基于时间一致性而相关。形式上，假设$h_f = \{f, terl, tlat, S, C, I, M, E, U\}$：

$f \in F_{信息}$是一个假设的物理故障模式，h_f和 f 是一组物理故障模式，如 8.3.1 节所定义。假设单个物理故障，该假设只列出了物理系统的每个元件中的一个故障以及保护系统中的多个故障。

$S \subseteq F_{信息}$是一组在系统中活动的故障集。这些故障与保护系统层中的组件有关，如 8.3.2 节所定义。

间隔$[terl, tlat]$是故障模式 f 可能被激活的最早和最晚估计时间。在当前设计中不支持保护层故障的时间估计。

$C \subseteq D_{\text{physical}}$是与假设$h_f$一致的一组差异集，其中$D_{\text{physical}}$是一组物理差异集，如8.3.1节所描述。这些差异被称为一致性差异。我们将集合 C 划分为两个不相交的子集，即 C_1 和 C_2，其中 C_1 由主要差异构成，C_2 包含二次差异。如果连接差异的故障传播 d 是确定的，则差异 d 记作h_f称为主要假设，否则称为次要假设，如8.3.1节所定义。

$E \subseteq D_{\text{physical}}$是根据$h_f$预期在将来激活的一组差异。该集合也被划分为 E_1 和 E_2，它们分别包含主差异和次差异。

$M \subseteq D_{\text{physical}}$是根据假设$h_f$丢失的一组差异，即与这些差异相关的警报应该已经发出信号。该集合也包括基于主差异和次差异两个不相交集 M_1 和 M_2。

$I \subseteq D_{\text{physical}}$物理是一组与假设$h_f$不一致的差异。这些是 f 域中的差异，但无法在当前模式中解释。

$U \subseteq D_{\text{physical}}$是不能被假设$h_f$所解释的一组差异，因为 $d \in U$ 和 $s \in f \cup S \cap C$ 之间没有故障传播链路，即差异不在 f 域中。

对于每个场景，推理器创建一个特殊的假设 $H0$（保守的），它将伪检测故障与每个触发警报相关联。

所生成假设的性质基于以下四个方面来度量：

合理性：它是给定假设解释当前故障及其失效特征的程度的度量。数学意义上表示为

$$合理性 = \frac{|C_1| + |C_2|}{|C_1| + |C_2 + |M_1|| + |I|}$$

鲁棒性：它是给定假设保持不变程度的量度。数学意义上表示为

$$鲁棒性 = \frac{|C_1| + |C_2|}{|C_1| + |C_2| + |M_1| + |E_1| + |E_2| + |I|}$$

等级：它是一个给定的假设（单个物理故障和多个网络故障），完全解释监测到的系统事件的度量。

$$等级 = |C_1| + |C_2| - |M_1| - |U|$$

故障模式计数：是由假设所列出多少失效模式的度量。推理器倾向于用有限数量的故障模式（即它遵循简约原则）来解释警报事件的假设。该度量在从最终假设报告中剔除 $H0$ 时起着重要的作用。

有三种事件类型调用推理器来更新假设。前两类是外部物理事件，它们与监视差异和系统模式的物理状态的改变有关。第三类事件是一个内部超时事件，对应于警报的期望。一个物理事件可以正式描述为一个元组 $e = (da, t)$，其中 $da \in D_0 \cup M$ 是一个可监测的差异或一个系统模式。超时事件被描述为元组

$e = <h_f$,任何与差异 da 有关的警报都应该由时间 t 发出信号。图 8.5 和图 8.6 给出了推理器对三种不同事件类型响应的基本算法的概述。

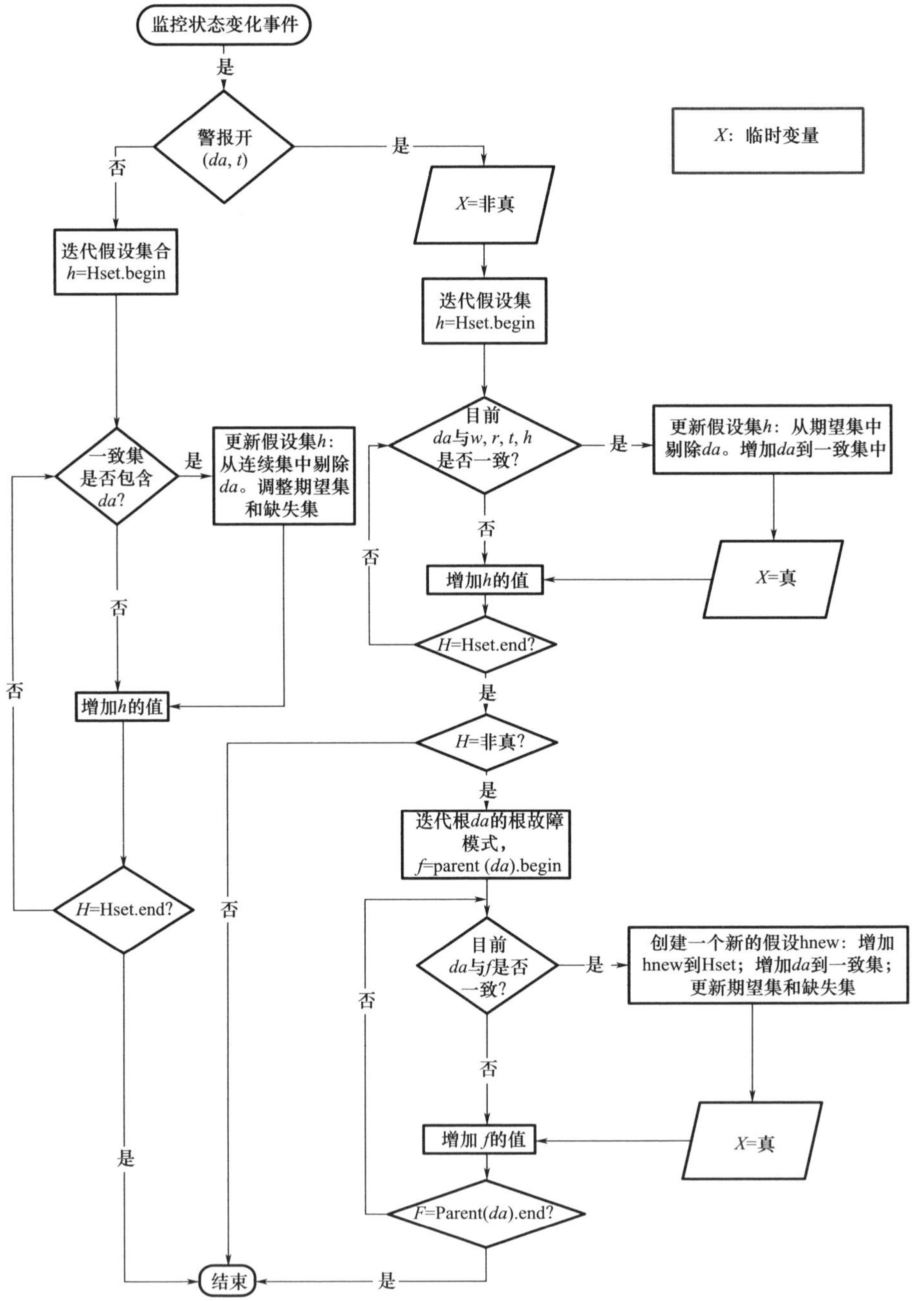

图 8.5　处理监控状态变化事件流程图

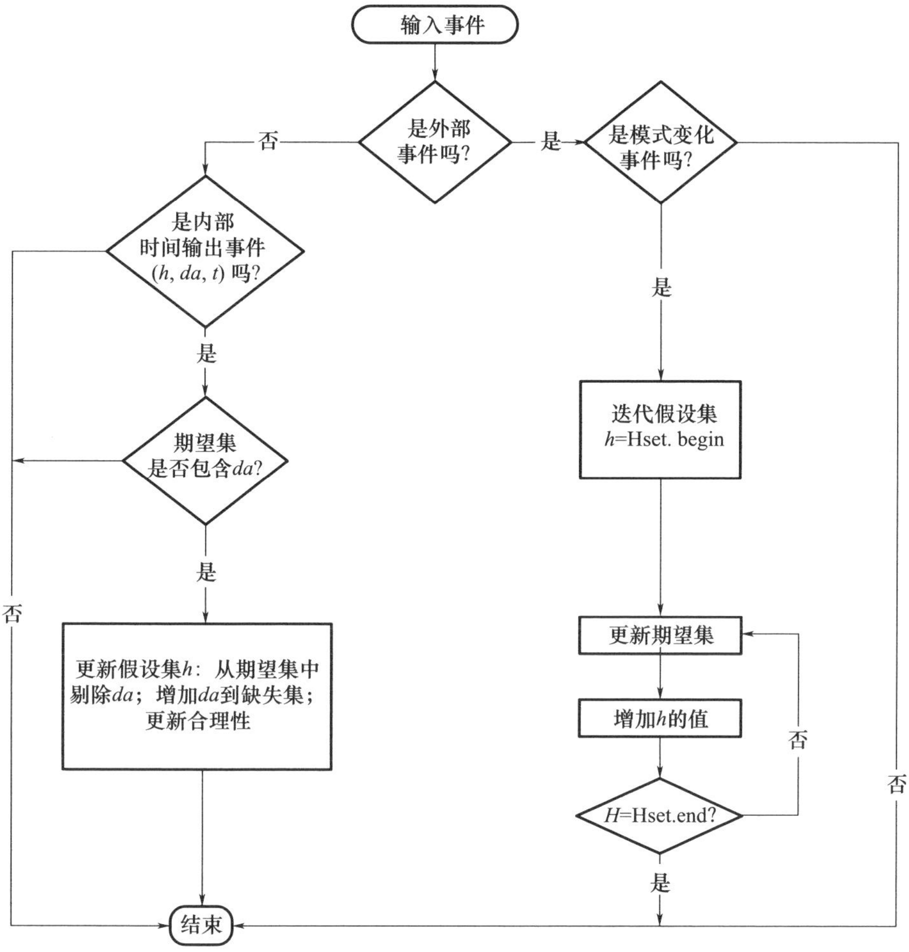

图 8.6 处理超时和模式变化事件流程图

超时事件:每当监测到的不一致状态没有如推理者预期的那样改变时,就生成一个内部超时事件(h,da,t),其中 h 表示要更新的假设集,da 表示与预期不一致的量,t 是当前时间。此事件导致推理器更新所有假设的预期集合 h。如果 h 中任何假设的预期集合 $E_1(E_2)$在列表 da 中,则将其移动到缺失集合 $M_1(M_2)$。

模式改变事件:如果保护层中的任何执行器组件改变其状态,则模式改变事件由相应的监测器触发。此事件导致推理器更新所有假设的预期集合,因为新的执行器状态可能影响操作模式并禁用或启用故障传播边缘。

差异模式改变事件:如果任何监测器检测到在植物和保护设备中故障响应出现或消失,则触发此事件。该事件由(da,t)表示,其中 da 是在时间 t 激活或禁用的差异。如果该警报处于 ON 状态(激活),则触发此事件。然后推理器在时间 t 处对所有的假设进行迭代,这些假设解释这种差异(在预期集合中列出 da)。如果发现,则预期集合和组成这些假设的集合被更新。如果没发现,则生成一个新的假设并将其添加到假设集合中。另一方面,如果监测到的差异状态是 OFF(停用),则推理器迭代所有假设,并更新在其一致集合中列出 da 的所有假设的一致性集合和预期集合。

8.4 实例系统:电力传输网络

8.4.1 系统测试

电力系统图可以看作一端有源、另一端有负载、中间是复杂输配电系统的三方图。图 8.7 显示了传输网络的一部分,其中负载 L1 由两个发电机 G1、G2 通过传输线 TL1、TL2 进行馈电。传输线通过总线 B1、B2、B3 连接。所有这些部件都由专门的继电器和断路器组件进行保护。在该工作过程中,我们只关注传输线,每个传输线由一组距离继电器和断路器组件进行保护,安装在它们的每一端。在图 8.7 中,距离继电器和断路器组件分别表示为保护组件 PA1、PA2、PA3、PA4。

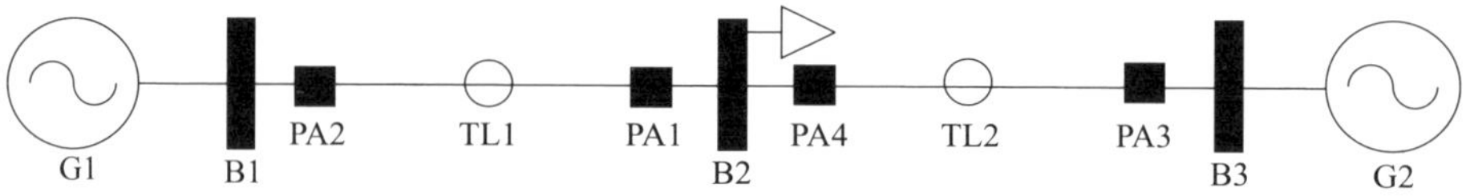

图 8.7 一种简单的双传输线系统

距离继电器用于检测输电线路的两种故障:①相间故障;②接地故障。相间故障和接地故障都导致通过导体的电流增加,以及连接传输线两端的母线电压降低。阻抗(V/I)的减小能够作为物理故障被检测出,并且通常由继电器计算出阻抗大小,依据阻抗值分为以下三类。

区域 1 故障:如果测量的阻抗小于(0.7 ~ 0.8) $* Z_{TL}$,并且相位角介于 0 和 $\pi/2$ 之间,其中 Z_{TL} 是线路的阻抗。距离继电器起主要保护装置的作用,并指示相应的断路器立即打开。

区域 2 故障:如果测量的阻抗大于(0.7 ~ 0.8) $* Z_{TL}$,但小于 $1.25 * Z_{TL}$,相位角在第一象限内。在检测到区域 2 故障后,距离继电器在向断路器发送跳闸信号之前等待 0.05 ~ 0.1s。该等待时间确保距离继电器充当辅助或后备保护元件作用。如果故障在任意相邻的输电线路上,则等待时间能够确保与该线路相关联的初级保护能够立刻起作用。如果距离继电器失效一次,则在等待周期结束后,二次保护开始。

区域 3 故障:如果测得的阻抗范围为(1.25 ~ 2) $*Z_{TL}$,相位角在 0 到 π/2 之间,则认为该故障为区域 3 故障。与区域 2 类似,保护装置在主设备不起作用的情况下起到备用元件的作用。等待时间的顺序为 1 ~ 1.5s。

检测故障的时间取决于继电器的采样周期,范围为 16 ~ 30ms。

8.4.2 TCD:故障传播图

故障检测事件由安装在变电站的顺序事件记录器进行记录。使用这些事件作为警报可以创建故障传播图。图 8.8 显示了传输网络段的这种图。标记为 F_TLn 的节点集表示传输线 TLn 上的物理故障,差异 d_TLn_PAk 表示故障 F_TLn的影响,并且该节点表示由 PAk 中的继电器检测到的阻抗减小。节点之间的边缘表示故障传播,并且受到时序和操作条件的约束。根据断路器的物理状态对操作条件进行建模。只要 G2 与 TL1 之间通路上的所有断路器处于闭合状态,PA4 中的距离继电器将检测到故障模式 F_TL1。表 8.1 列出了能够发出图 8.8 所示差异信号的警报,其中按列进行标识为差异、警报和与之相关的不确定性。连接故障源和与二次保护继电器相关差异的故障边缘被标记为不确定的,即 ND(*e*) = false,如图 8.8 中的虚线所示。

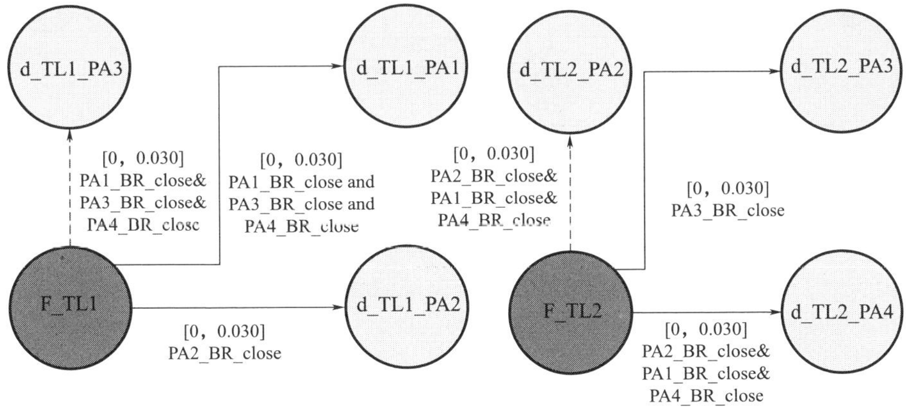

图 8.8 两条输电线路的故障传播图

表 8.1　差异－警报关联图

差异	警报
d_TL1_PA1	PA1_DR_Z1，PA1_DR_Z2
d_TL1_PA2	PA2_DR_Z1，PA2_DR_Z2
d_TL1_PA3	PA3_DR_Z2，PA3_DR_Z3
d_TL2_PA3	PA3_DR_Z1，PA3_DR_Z2
d_TL2_PA4	PA4_DR_Z1，PA4_DR_Z2
d_TL2_PA2	PA2_DR_Z2，PA2_DR_Z3

在传输线路中的任意点处，主保护元件总是会发出信号区域 1 或区域 2 报警。根据故障的位置，二级保护装置将始终发出区域 2 或区域 3 报警信号。

故障图捕捉在不同条件（断路器状态）下的故障传播，但不包含与断路器和继电器行为有关的故障诊断的任何信息。图 8.9 显示了保护组件（距离继电器和断路器）的 TTA 模型。

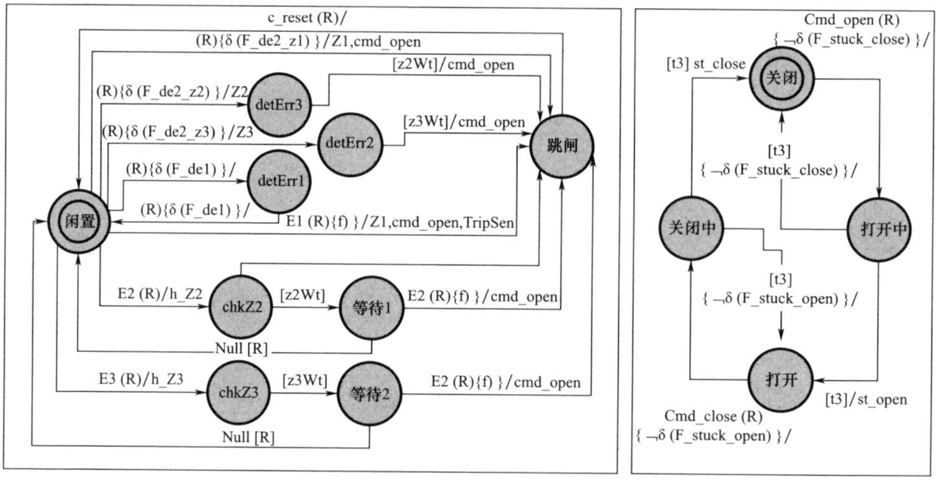

图 8.9　保护系统的行为部件（左：距离继电器；右：断路器），
其中 F 是故障模式约束：f：$\neg\ \delta(F\_de1) \wedge \neg\ \delta(F\_de2\_z1) \wedge \neg\ \delta(F\_de2\_z2) \wedge \neg\ \delta(F\_de2\_z3)$

8.4.3　TCD：距离继电器行为模型

现代继电器是反应设备，以一个固定的速率来监控物理设备的健康。图 8.9显示了一个时间继电器触发的距离继电器模型，用于检测区域 1、2、3 故障。时间触发自动机适当地模拟继电器在故障和非故障条件下的行为。该模型考虑了两类故障，$F = f_1 \cup f_2$，其中 $f_1 = \{Fde1\}$ 是一组漏检故障，$f_2 = \{Fde2z1, Fde2z2, Fde2z3\}$ 是与三个区域相关的伪检故障的集合。顾名思义，漏检故障迫使继电器跳过任何故障条件的检测，而伪检故障 Fde2zk 则导致继电器对 k 区故障的错误推断。图 8.9 列出了不同的故障模式约束，即

$$\delta(Fde1), \delta(Fde2z1), \delta(Fde2z2), \delta(Fde2z3)$$

$$\neg\delta(Fde1) \wedge \neg\delta(Fde2z1) \wedge \neg\delta(Fde2z2) \wedge \neg\delta(Fde2z3)$$

其中前四个表示故障存在的模式，即其状态为 ON，而最后一个表示 F 中没有故障的模式。

总共有九个事件用来模拟继电器的行为。在九个事件中，三个是不可监测的，标记为 E1、E2 和 E3。这些事件表示区域 1、2、3 存在故障。状态机包含九个状态位置，空闲是初始位置。在空闲位置，每 R 秒自动检查事件 E1、E2、E3 以及故障模式的状态。如果距离继电器检测到区域 1 存在故障（通过事件 E1 的存在建模），则距离继电器切换到跳闸位置，发出 Z1 警报并通过发射事件 *cmd_open* 命令断路器打开。对于区域 2 和区域 3 故障情况（E2，E3），保护继电器在切换到 *chkZ*2 或 *chkZ*3 位置之后不发出打开命令。状态机将会等待预定时间 $zn2wt, zn3wt \in \mathbb{R}_+$，一旦时间到，将再次等待确定故障是否存在。如果故障仍然存在，则继电器命令断路器打开并切换到跳闸位置，否则返回空闲位置。此外，距离继电器可以用过跳闸转换协议来实现。在这种情况下，与传输线相关联的主继电器相互发送允许跳闸信号 *TripSen*，以避免区域 2 的等待时间。

如果故障模式约束中的任何一个被评估为真，则导致继电器的正常行为出现偏差。例如，如果自动机的当前位置是空闲的，并且存在故障模式 *Fde*1，则自动机跳转到 det*Err*1 位置并停留在那里直到故障消失。类似地，如果存在任意一个伪检故障，与 E1、E2 和 E3 的存在无关，则状态机跳转到 det*Err*2 或 det*Err*3，并且最终切换到跳闸状态。在该模型中，故障（*F_de*1，*F_de*2_*z*1，*F_de*2_*z*2，*F_de*2_*z*3）被假定是互斥的，即在给定的时间内只能出现一个网络故障。

8.4.4 TCD：断路器行为模型

图 8.9 给出了具有两种失效模式的断路器 TTA 模型：

$$F = \{F\_stuck\_close, F\_stuck\_open\}$$

断路器自动机具有四个状态，分别为打开、正在打开、正在关闭和关闭，其中初始状态为关闭。事件 *cmd_open*、*cmd_close* 表示断路器程序集接收到的命令，*st_open*、*st_close* 表示断路器物理状态的切换。从打开到关闭和从关闭到打开的切换不是瞬时的。滞后是由于断路器的机械性质和过零检测引起的，可由

参数 $t3$ 进行建模。自动机由两个故障模式约束组成，分别为 $\neg\ \delta(Fstuckclose)$ 和 $\neg\ \delta(Fstuckopen)$，当不存在相应的故障模式时，自动机评估为真。

断路器还可以建模为进行周期性地检查命令的反应分量。在接近关闭位置时，自动机寻找事件 *cmd_open*，并在每个 R 中评估故障约束。如果事件存在且 *F_stuck_close* 故障不存在，则状态机切换到打开状态。在经过 $t3$ 之后，如果故障模式约束仍然评估为假，则自动机切换到打开状态。类似地，在打开位置，检查事件 *cmd_close* 是否存在和故障约束的有效性。

8.4.5 TCD 诊断系统：监测器

基于 TCD 的诊断系统采用了如图 8.3 所示的分层框架。下层包括跟踪网络部件（距离继电器和断路器）工作情况的监测器，用来检测和局部诊断物理和保护系统的故障。监测器将其结果反馈给推理机，如前面部分所解释。TCD 推理机产生一系列假设，通过扫描故障传播图来根据各种监测器的输出推测出当前系统状态，该扫描过程受保护系统状态的约束。以下部分提供了与电力系统保护装置相关的监测器模型和工作原理的详细描述。

8.4.5.1 监测器：距离继电器

在图 8.10 中可以看到距离继电器监测器的 TTA 模型。状态机有八个位置状态，空闲是初始状态。监测器使用可监测区域警报（$Z1$、$Z2$、$Z3$）、向断路器发送打开（*cmd_open*）和复位事件命令，并产生 *h_Z1*、*h_Z2*、*h_Z3* 以指示或确认区域 1、2、3 存在故障。监测器还产生 *h_Z 1′*、*h_Z 2′*、*h_Z 3′* 以指示区域 1、2、3 没有故障。监测器保持在空闲位置，直到有相应的距离继电器报告存在区域故障件为止。一旦距离继电器生成一个 $Z1$ 事件，监测器跳转到 *chkZ1* 位置，同时发出 *h_Z1* 事件。监测器开启命令（*cmd_open* 事件）等待 t_2（s）。如果接收到，则监测器切换到跳闸状态，否则切换回空闲状态。t_2 是距离继电器监测器的参数，它模拟传播延迟和中继频率。请注意，从 *chkZ1* 状态到空闲状态切换意味着通信信道故障，但是在本章中我们没有考虑这种故障。

类似地，当距离继电器检测到区域 2 故障情况之后报告 $Z2$ 事件时，监测器切换到 *chkZ2* 状态。一旦区域 2 故障得到确认，监测器为 *cmd_open* 命令的到达等待 t_3。t_3 参数等于区域 2 等待时间与 t_2 之和。如果在 t_3 内没有监测到 *cmd_open* 事件，则自动机返回到空闲状态，并且生成 *h_Z 2′* 事件，得出结论为区域 2 故障已消失。如果事件 *TripRec* 发生并等待 *cmd_open* 事件，则监测器从 *chkZ2* 状态切换到 *chkZ2_Z1* 状态，并生成 *h_Z2* 事件，得出结论为存在故障。以类似的方式，距离继电器监测器可以诊断区域 3 故障。

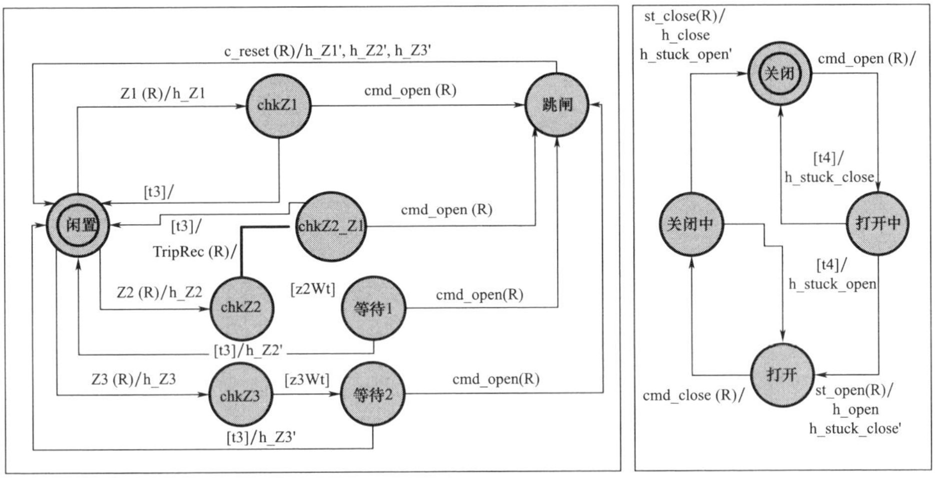

图 8.10 监测器模型保护系统
距离继电器监测器模型(左);断路器监测器模型(右)

8.4.5.2 监测器:断路器

断路器监测器模型在图 8.10 的右侧。它由四个状态组成,分别为打开、关闭、正在打开、正在关闭,并且直接与断路器自动机的四个状态相关。初始状态处于关闭状态,在监测到 *cmd_open* 事件后跳转到正在打开状态。断路器监测器如果在 t_4 内从断路器组件接收到 *st_open* 事件,则跳转到打开状态。t_4 是一个模型参数,等于传播时间与打开断路器所需的最大时间之和。如果在时限内监测到该事件,则监测器产生一个事件 *h_stuck_close*,得出结论为断路器的物理状态是打开的,并且不存在卡滞故障。这个故障通过产生一个事件 *h_stuck_close* 来表示。类似地,当断路器处于打开状态时,它具有相同的计时行为,如果在接收 *cmd_close* 事件的 t_4 内没有监测到 *st_close* 事件,则生成 *h_stuck_open* 事件。

8.4.6 结果

图 8.11 显示了当在传输线 TL2 中注入三相接地故障以及 *PA4_DR* 中漏检故障和 *PA2_BR* 中卡滞故障时,由保护装置、监测器和推理器生成的事件序列。在 $t=0.501$,*PA3_DR_OBS* 和 *PA2_DR_OBS* 分别报告 *h_Z1* 和 *h_Z3* 报警。这些警报产生两个假设 H_0、H_1。H_1 列出了 TL2 中存在两个一致性差异故障,并期望来自 *PA4_DR_OBS*(*h_Z1* 或 *h_Z2*)的警报。在 $t=0.531$s 时,超时迫使预期的差异转移到缺失集。H_1 和 H_0 都列出了两种失效模式。

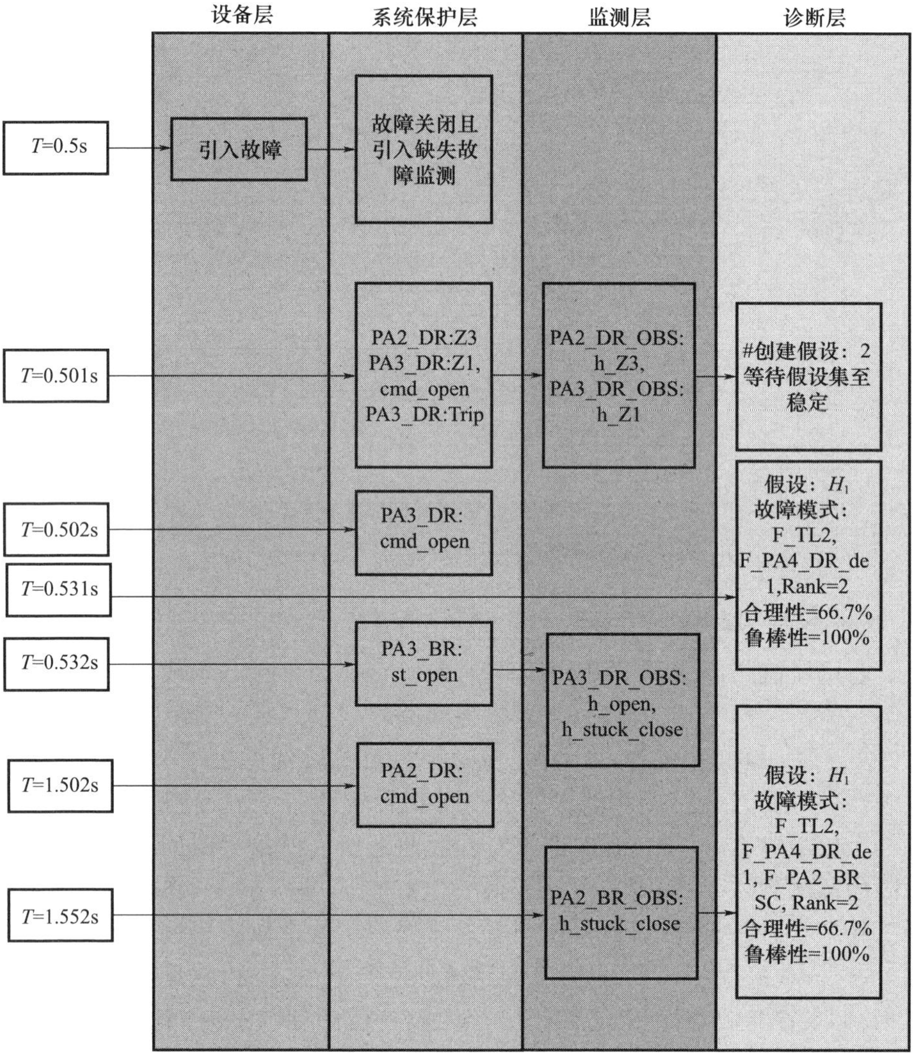

图 8.11　方案 4 的诊断结果

H_1 列出了与 TL2 线路相关的物理故障以及 PA4_DR 中的漏检故障，而 H_0 则指出距离继电器存在伪检故障。在 $t=1.552\text{s}$ 时，*PA2_BR_OBS* 在未接收到状态变化事件（*st_open*）后，在断路器 *PA2_BR* 中得出一个卡滞故障。这两个假设都被更新为断路器故障。当两个网络故障的概率小于物理故障和网络故障的概率时[62]，H_1 假设优先于 H_0 假设。图 8.11 给出了事件序列和假设的演变。

8.5 结论

我们提出了一个新的形式:时间因果图,目的是诊断信息物理系统故障,包括本地快速动作保护装置。特别地,我们证明了 TCD 模型能够捕捉电力传输系统的离散故障传播和行为模型,该电力传输系统由距离继电器和断路器所保护。提出了一种基于 TCD 层次化推理器的物理系统故障诊断方法及其保护元件。

致谢

这项工作由国家科学基金会 CNS - 1329803 号项目资助。本资料所表达的任何观点、意见、结论或建议均代表作者本人意见,并不代表 NSF 的意见。作者感谢 Rishabh Jain、Srdjn Lukic、Saqib Hasan、Scott Eisele 和 Amogh Kulkarni 对本章工作的帮助和支持。

参考文献

[1] North American Electric Reliability Corporation, 2012 state of reliability, Tech. Rep. (2012). Available: http://www. nerc. com/files/2012_sor. pdf

[2] S. Abdelwahed, G. Karsai, G. Biswas, A consistency - based robust diagnosis approach for temporal causal systems, in The 16 th International Workshop on Principles of Diagnosis(2005), pp. 73 - 79

[3] N. Mahadevan, A. Dubey, G. Karsai, Application of software health management techniques, in Proceedings of the 6th International Symposium on Software Engineering for Adaptive and Self - managing Systems, ser. SEAMS '11 (ACM, New York, 2011), pp. 1 - 10. Available: http://doi. acm. org/10. 1145/ 1988008. 1988010

[4] P. Seifried, Fault detection and diagnosis in chemical and petrochemical processes, Bd. 8 der Serie "Chemical Engineering Monographs". Von D. M. Himmelblau, herausgegeben von S. W. Churchill, Elsevier Scientific Publishing Company, Amsterdam - New York 1978. 1. Aufl. , X, 414 S. , 137 Abb. , 66 Tab. , DM 145, -. Chem. Ing. Tech. 51, 766 (1979). https://

doi. org/10. 1002/cite. 330510726

[5] N. Viswanadham, T. L. Johnson, Fault detection and diagnosis of automated manufacturing systems, in 27th IEEE Conference on Decision and Control (1988)

[6] R. Hessian, B. Salter, E. Goodwin, Fault – tree analysis for system design, development, modifcation, and verification. IEEE Trans. Reliab. 39(1), 87 – 91 (1990)

[7] Y. Ishida, N. Adachi, H. Tokumaru, Topological approach to failure diagnosis of large – scale systems. IEEE Trans. Syst. Man Cybern. 15(3), 327 – 333 (1985)

[8] S. V. N. Rao, N. Viswanadham, Fault diagnosis in dynamical systems: a graph theoretic approach. Int. J. Syst. Sci. 18(4), 687 – 695 (1987)

[9] S. V. N. Rao, N. Viswanadham, A methodology for knowledge acquisition and reasoning in failure analysis of systems. IEEE Trans. Syst. Man Cybern. 17 (2), 274 – 288 (1987)

[10] J. Richman, K. R. Bowden, The modern fault dictionary, in International Test Conference (1985), pp. 696 – 702

[11] W. T. Scherer, C. C. White, A survey of expert systems for equipment maintenance and diagnostics, in Knowledge – Based System Diagnosis, Supervision and Control, ed. by S. G. Tzafestas (Plenum, New York, 1989), pp. 285 – 300

[12] S. Tzafestas, K. Watanabe, Modern approaches to system/sensor fault detection and diagnosis. J. A. IRCU Lab. 31(4), 42 – 57 (1990)

[13] P. Frank, Fault diagnosis in dynamic systems using analytical and knowledge – based redundancy a survey and some new results. Automatica 26(3), 459 – 474(1990)

[14] W. Hamscher, L. Console, J. de Kleer, Readings in Model – Based Diagnosis (Morgan Kaufmann Publishers Inc., San Francisco, 1992)

[15] R. Patton, Robust model – based fault diagnosis: the state of the art, in IFAC Fault Detection, Supervision and Safety for Technical Processes, Espoo (1994), pp. 1 – 24

[16] R. Patton, P. Frank, R. Clark, Fault Diagnosis in Dynamic Systems: Theory and Application (Prentice Hall International, Englewood Cliffs, 1989)

[17] M. Sampath, R. Sengupta, S. Lafortune, K. Sinnamohideen, D. Teneketzis,

Failure diagnosis using discrete event models. IEEE Trans. Control Syst. Technol. 4, 105 – 124 (1996)

[18] A. N. Srivastava, Discovering system health anomalies using data mining techniques, in Proceedings of the Joint Army Navy NASA Air Force Conference on Propulsion (2005)

[19] R. Reiter, A theory of diagnosis fromfirst principles. Artif. Intell. 32(1), 57 – 95 (1987)

[20] J. de Kleer, A. Mackworth, R. Reiter, Characterizing diagnoses and systems. Artif. Intell. 56, 197 – 222 (1992)

[21] A. Darwiche, Model – based diagnosis using structured system descriptions. J. Artif. Intell. Res. 8, 165 – 222 (1998)

[22] A. Darwiche, G. Provan, Exploiting system structure in model – based diagnosis of discrete – event systems, in Proceedings of the Seventh International Workshop on Principles of Diagnosis (1996), pp. 95 – 105

[23] J. Gamper, A temporal reasoning and abstraction framework for model – based diagnosis systems. Ph. D. dissertation, RWTH, Aachen, 1996

[24] L. Console, P. Torasso, On the co – operation between abductive and temporal reasoning in medical diagnosis. Artif. Intell. Med. 3(6), 291 – 311 (1991)

[25] A. Misra, Sensor – based diagnosis of dynamical systems. Ph. D. dissertation, Vanderbilt University, 1994

[26] A. Misra, J. Sztipanovits, J. Carnes, Robust diagnostics: structural redundancy approach, in SPIE's Symposium on Intelligent Systems (1994)

[27] S. Padalkar, J. Sztipanovits, G. Karsai, N. Miyasaka, K. C. Okuda, Real – time fault diagnostics. IEEE Expert 6(3), 75 – 85 (1991)

[28] G. Karsai, J. Sztipanovits, S. Padalkar, C. Biegl, Model based intelligent process control for cogenerator plants. J. Parallel Distrib. Syst. 15, 90 – 103 (1992)

[29] P. J. Mosterman, G. Biswas, Diagnosis of continuous valued systems in transient operating regions. IEEE Trans. Syst. Man Cybern. 29(6), 554 – 565 (1999)

[30] G. Karsai, G. Biswas, S. Abdelwahed, Towards fault – adaptive control of complex dynamic systems, in Software – Enabled Control: Information Tech-

nology for Dynamical Systems, ch. 17, ed. by T. Samad, G. Balas (IEEE Publication, Piscataway, 2003)

[31] S. Abdelwahed, G. Karsai, G. Biswas, System diagnosis using hybrid failure propagation graphs, in The 15th International Workshop on Principles of Diagnosis, Carcassonne, 2004

[32] V. Brusoni, L. Console, P. Terenziani, D. T. Dupre, A spectrum of definitions for temporal model – based diagnosis. Artif. Intell. 102(1), 39 – 79 (1998)

[33] Z. Yongli, Y. H. Yang, B. W. Hogg, W. Q. Zhang, S. Gao, An expert system for power systems fault analysis. IEEE Trans. Power Syst. 9(1), 503 – 509 (1994)

[34] Y. – C. Huang, Fault section estimation in power systems using a novel decision support system. IEEE Trans. Power Syst. 17(2), 439 – 444 (2002)

[35] G. Cardoso, J. G. Rolim, H. H. Zurn, Identifying the primary fault section after contingencies in bulk power systems. IEEE Trans. Power Deliv. 23(3), 1335 – 1342 (2008)

[36] J. Jung, C. – C. Liu, M. Hong, M. Gallanti, G. Tornielli, Multiple hypotheses and their credibility in on – line fault diagnosis. IEEE Trans. Power Deliv. 16(2), 225 – 230 (2001)

[37] G. Cardoso, J. G. Rolim, H. H. Zurn, Application of neural – network modules to electric power system fault section estimation. IEEE Trans. Power Delivery 19 (3), 1034 – 1041 (2004) 8 Diagnosis in Cyber – Physical Systems 225

[38] R. N. Mahanty, P. B. D. Gupta, Application of RBF neural network to fault classification and location in transmission lines. IEE Proc. Gener. Transm. Distrib. 151(2), 201 – 212 (2004)

[39] D. Thukaram, H. P. Khincha, H. P. Vijaynarasimha, Artificial neural network and support vector machine approach for locating faults in radial distribution systems. IEEE Trans. Power Delivery 20(2), 710 – 721 (2005)

[40] T. Bi, Z. Yan, F. Wen, Y. Ni, C. Shen, F. F. Wu, Q. Yang, On – line fault section estimation in power systems with radial basis function neural network. Int. J. Electr. Power Energy Syst. 24(4), 321 – 328 (2002)

[41] Y. – X. Wu, X. N. Lin, S. H. Miao, P. Liu, D. Q. Wang, D. B. Chen,

Application of family eugenics based evolution algorithms to electric power system fault section estimation, in Transmission and Distribution Conference and Exhibition: Asia and Pacific, 2005 IEEE/PES (2005), pp. 1 – 5

[42] F. Wen, C. Chang, Probabilistic approach for fault – section estimation in power systems based on a refined genetic algorithm. IEE Proc. Gener. Transm. Distrib. 144(2), 160 – 168 (1997)

[43] Z. He, H. – D. Chiang, C. Li, Q. Zeng, Fault – section estimation in power systems based on improved optimization model and binary particle swarm optimization, in IEEE Power & Energy Society General Meeting, 2009. PES'09 (IEEE, Piscataway, 2009), pp. 1 – 8

[44] W. Guo, F. Wen, G. Ledwich, Z. Liao, X. He, J. Liang, An analytic model for fault diagnosis in power systems considering malfunctions of protective relays and circuit breakers. IEEE Trans. Power Deliv. 25(3), 1393 – 1401 (2010)

[45] J. Sun, S. – Y. Qin, Y. – H. Song, Fault diagnosis of electric power systems based on fuzzy petri nets, IEEE Trans. Power Syst. 19(4), 2053 – 2059 (2004)

[46] W. – H. Chen, C. – W. Liu, M. – S. Tsai, Fast fault section estimation in distribution substations using matrix – based cause – effect networks. IEEE Trans. Power Deliv. 16(4), 522 – 527 (2001)

[47] W. H. Chen, S. H. Tsai, H. I. Lin, Fault section estimation for power networks using logic cause – effect models. IEEE Trans. Power Deliv. 26(2), 963 – 971 (2011)

[48] W. Guo, L. Wei, F. Wen, Z. Liao, J. Liang, C. L. Tseng, An on – line intelligent alarm analyzer for power systems based on temporal constraint network, in International Conference on Sustainable Power Generation and Supply, 2009. SUPERGEN '09 (2009), pp. 1 – 7

[49] W. H. Chen, Online fault diagnosis for power transmission networks using fuzzy digraph models. IEEE Trans. Power Deliv. 27(2), 688 – 698 (2012)

[50] Z. Yongli, H. Limin, L. Jinling, Bayesian networks – based approach for power systems fault diagnosis. IEEE Trans. Power Deliv. 21(2), 634 – 639 (2006)

[51] Y. Sekine, Y. Akimoto, M. Kunugi, C. Fukui, S. Fukui, Fault diagnosis of

power systems. Proc. IEEE 80(5), 673 –683 (1992)

[52] 1962. Available: http://www2. ee. washington. edu/research/pstca/pf14/pg_tca14bus. htm

[53] 1962. Available: http://icseg. iti. illinois. edu/ieee – 14 – bus – system/

[54] 2016. Available:http://www2. ee. washington. edu/research/pstca/formats/cdf. txt

[55] R. Dugan, Open DSS Manual. Electrical Power Research Institute, 2016. Available: http://sourceforge. net/apps/mediawiki/electricdss/index. php

[56] S. Padalkar, G. Karsai, C. Biegl, J. Sztipanovits, K. Okuda, N. Miyasaka, Real – time fault diagnostics. IEEE Expert 6(3), 75 –85 (1991)

[57] S. Abdelwahed, G. Karsai, Notions of diagnosability for timed failure propagation graphs, in 2006 IEEE Autotestcon, Sept 2006, pp. 643 –648

[58] A. Dubey, G. Karsai, N. Mahadevan, Model – based software health management for real – time systems, in 2011 IEEE Aerospace Conference (IEEE, Piscataway, 2011), pp. 1 –18

[59] P. Křcál, L. Mokrushin, P. Thiagarajan, W. Yi, Timed vs. time – triggered automata, in CONCUR 2004 – Concurrency Theory (Springer, Berlin, 2004), pp. 340 –354

[60] M. Sampath, R. Sengupta, S. Lafortune, K. Sinnamohideen, D. Teneketzis, Diagnosability of discrete – event systems. IEEE Trans. Autom. Control 40 (9), 1555 –1575 (1995)

[61] S. Tripakis, Fault diagnosis for timed automata, in International Symposium on Formal Techniques in Real – Time and Fault – Tolerant Systems (Springer, Berlin, 2002), pp. 205 –221

[62] E. Schweitzer, B. Fleming, T. J. Lee, P. M. Anderson et al. , Reliability analysis of transmission protection using fault tree methods, in Proceedings of the 24th Annual Western Protective Relay Conference (1997), pp. 1 –17

第9章 基于模型失效的具有检测功能的隐性切换仿射模型的无源诊断[①]

法尔沙德·哈里尔奇，施正勇，内吉米耶·奥扎伊

9.1 介绍

丰富的传感式网络化信息物理系统集成了物理工艺和嵌入式计算机,形成了我们未来智能系统的基础。这样的系统包括交通、电力和水网等关键基础设施以及自动化车辆、飞机、家用电器和制造制造工艺正变得越来越普遍,并将影响我们日常生活的许多方面。因此,这些信息物理系统的可靠性和安全性对于这些系统的成功应用和运行至关重要。然而,涉及这些关键基础设施系统的一些重大事故是由于网络攻击和系统故障造成的,近年来这些事故已经发生,并且引起了关注。可扩展且可靠的故障诊断与攻击监视器在增强这些系统应对故障和对抗攻击的鲁棒性方面起着至关重要的作用。

此外,在将来的设计过程中,为了更好地设计此类系统,可以针对此类事件中涉及的系统组件,在系统组件的易受攻击方面进行全面分析。混杂系统为许多信息物理系统提供了方便的建模手段。在本章中,我们考虑具有参数不确定

---

① F. 哈里尔奇 (✉) · N. 奥扎伊
美国密歇根州安娜堡市密歇根大学
电子邮箱：harirchi@ umich. edu；necmiye@ umich. edu
S. Z. 勇
美国亚利桑那州坦佩市亚利桑那州立大学
电子邮箱：szyong@ asu. edu

M. 塞义德 - 穆沙韦主编《混杂动态系统与信息物理系统的诊断性、保障性和安全性》https://doi. org/10. 1007/978 - 3 - 319 - 74962 - 4_9

性的隐性模式切换仿射模型，该模型受到工艺和测量噪声的影响，并且提出了一个用于此类系统故障/攻击行为的检测和隔离框架。

9.1.1 文献综述

故障检测的研究始于 1971 年 Beard 提出的第一种故障检测滤波器[1]。从那时起，故障诊断已经引起了广泛的关注，并且已经成为大多数(如果不是全部)系统设计的一个组成部分。故障诊断问题已经被研究者们从信号处理和控制理论等多个角度来研究。文献中最流行的方法要么采用数据驱动技术，要么采用基于模型的方法。本章研究了一种基于模型的故障诊断方法。

文献中基于模型的故障检测和隔离方案可分为两类，即基于残差产生和基于集员的方法。前一种方法在故障诊断文献中更为常见，并且在这种方法中，测量值与估计值之间的差异被定义为残差或症状[2]。残差技术发展的两个主要趋势是基于监测器法[3-5]和基于参数估计的方法[6-7]。尽管基于残差产生的方法是有效的，并且已经在工业中得到广泛应用，但是它们的性能在很大程度上取决于监测器或参数估计的精确度以及所使用的残差评估方法的准确性。此外，这些方法不能为故障检测提供任何保障。基于残差的方法也用于非线性和混杂模型的故障检测和隔离[8-11]。尤其文献[12]提出了基于监测器的混杂系统故障诊断方法。其中，扩展卡尔曼滤波器用于跟踪系统的连续行为，模式估计器用于估计离散度。

另一方面，提出了基于集员的故障检测与隔离技术，目的是为某些特定故障的检测提供手段。这些方法大多通过剔除与监测数据不兼容的模型来实现，而不是识别最有可能的模型。有大量的文献介绍了关于基于集员的线性模型的主动故障诊断方法[13-15]。这些主动故障诊断方法只能处理具有线性模型的系统，即使如此，它们仍然需要一定的计算量。最近，我们提出了基于集员保障的无源故障诊断方法，用于具有参数不确定性、受过程和测量噪声影响的切换仿射模型[16-17]和多项式状态空间模型[18]。这些方法是通过利用模型失效[19-21]的思想和利用优化方面的最新进展而开发的。①

在本章中，我们讨论了与切换仿射模型相关的三个问题：①模型失效；②故障检测；③故障隔离。在模型失效问题中，人们从一系列模型(即先验或可容许

① **注**：为便于表述，本章将统一使用“故障”这一术语指代所有类型的故障、攻击及异常现象。需要特别说明的是，本研究提出的方法主要针对动态系统行为变化的检测与隔离，对观测到的变化本质不做区分。无论这些行为变化是偶发的设备故障、人为策略性攻击(网络层面或物理层面)，还是其他异常表现，均在本方法的检测范围之内。

的模型集）和系统（即有限执行跟踪）收集的实验输入/输出数据开始，并试图确定实验数据是否能够由初始模型族中的一个模型生成。它最初被作为一种通过系统识别步骤获得的信任模型而提出来，在使用这些模型之前，在鲁棒控制设计中剔除/改进它们[19]，但是我们使用它们作为故障检测和隔离的工具。

此外，我们提出了一些条件，在这些条件下，为了故障检测和隔离目的，模型失效能够在在线滚动优化方面有效应用。为了检验这些条件，我们引入了模型对 T – 可识别性。当一个模型是标称系统模型，而另一个模型是故障模型之一时，这个概念也被称为 T – 可检测性[16 – 17,22]。而当两个模型都是故障模型时，与文献[17]中定义的 I – 可隔离性相对应。如果这个属性对于给定的一组模型成立，那么它允许我们用尺寸为 T 或 I 的时间范围以滚动优化方式检测和隔离故障，而不损害检测系统或确保故障隔离。T – 可识别性的概念与线性系统[23 – 24]的输入可识别性和混杂系统[25]的模式可识别性密切相关。尽管有些条件可能看起来相当严格，但它们对于仅使用来自有限范围数据的任何有保证的无源故障检测和隔离方案都是必要和充分的。

9.2 初步

在这一部分中，我们介绍了整个章节所使用的符号和建模框架。

9.2.1 表示法

设 $\boldsymbol{x} \in \mathbb{R}^n$ 和 $\boldsymbol{M} \in \mathbb{R}^{n \times m}$ 分别表示向量和矩阵。向量 $\boldsymbol{x}$ 的无穷范数由 $\|\boldsymbol{x}\| \doteq \max_i |x^i|$ 表示，其中 x^i 表示向量 $\boldsymbol{x}$ 的第 i 个元素。$\mathbb{Z}_n^+$ 表示到 n 的正整数集，并且用 $\mathbb{Z}_n^0$ 表示 n 个非负整数集合。此外，我们用 $x_{0:N} = [x_0 x_1 \cdots x_N]$ 表示所有 $j \in \mathbb{Z}_N^0$ 的向量 x_j 的级联。我们还在优化解决方案中使用了称为特殊有序度集 1（SOS – 1）约束的积分约束，其定义如下：

定义 1（SOS – 1 约束[26]） 特殊有序度 1（SOS – 1）约束是整数和/或实标量变量的集合，对于该集合，最多有一个变量可以取零以外的值，表示为 SOS – 1：$\{v_1, v_2, \cdots, v_N\}$。例如，如果 $v_i \neq 0$，那么这个约束将强制 $v_1 = \cdots = v_{i-1} = v_{i+1} = \cdots = v_N = 0$。

9.2.2 建模框架

我们考虑可由离散时间切换仿射（SWA）模型表示的系统。

定义 2（SWA 模型） 切换仿射模型是元组：

$$\mathcal{G}=(\mathcal{X},\mathcal{E},\mathcal{U},\{G_i\}_{i=1}^{m}) \tag{9.1}$$

式中：$\mathcal{X}\subset\mathbb{R}^{n}$为状态集；$\mathcal{E}\subset\mathbb{R}^{n_y+n_p}$为测量和处理噪声信号集；$\mathcal{U}\subset\mathbb{R}^{n_u}$为输入集；$\{G_i\}_{i=1}^{m}$为 m 个模式的集合。每个模式 $i\in\mathbb{Z}_m^{+}$ 是一个仿射模型G_i：

$$G_i=\{\boldsymbol{A}_i,\boldsymbol{B}_i,\boldsymbol{C}_i,\boldsymbol{D}_i,\boldsymbol{f}_i,\boldsymbol{g}_i\} \tag{9.2}$$

具有系统矩阵$\boldsymbol{A}_i$、$\boldsymbol{B}_i$、$\boldsymbol{C}_i$、$\boldsymbol{D}_i$和（仿射）向量$\boldsymbol{f}_i$和$\boldsymbol{g}_i$。

$\mathcal{G}$的演化由下式所决定：

$$\begin{aligned}x_{t+1}&=A_{\sigma_t}x_t+B_{\sigma_t}u_t+f_{\sigma_t}+v_t\\ y_t&=C_{\sigma_t}x_t+D_{\sigma_t}u_t+g_{\sigma_t}+\eta_t\end{aligned} \tag{9.3}$$

式中：$v\in\mathbb{R}^{n_p}$和 $\eta\in\mathbb{R}^{n_y}$表示有界过程和噪声信号测量，而模式信号$\sigma_t\in\mathbb{Z}_m^{+}$表示时间 t 处的激活模式。

注 1：我们假设$\mathcal{X}$、$\mathcal{E}$、$\mathcal{U}$ 是凸集和紧凑集。需要特别指出的是，容许集有下列表示形式：

$$\begin{gathered}\mathcal{X}=\{x\mid Px\leqslant p\},\mathcal{E}=\{[\eta^{\mathrm{T}}v^{\mathrm{T}}]^{\mathrm{T}}\mid\|\eta\|\leqslant\varepsilon_\eta,\|v\|\leqslant\varepsilon_v\}\\ \mathcal{U}=\{u\mid\|u\|\leqslant U\}\end{gathered} \tag{9.4}$$

式中：$P\in\mathbb{R}^{n_p\times n}$和 $p\in\mathbb{R}^{n_p}$。注意，我们的分析适用于任何凸集$\mathcal{X}$、$\mathcal{E}$、$\mathcal{U}$，但是为了简便起见，我们使用上面提到的可容许集符号。

我们将故障模型定义如下：

定义 3 （故障模型）切换（标称）仿射故障模型$\mathcal{G}=(\mathcal{X},\mathcal{E},\mathcal{U},\{G_i\}_{i=1}^{m})$的另一种表现形式为$\overline{\mathcal{G}}=(\overline{\mathcal{X}},\overline{\mathcal{E}},\overline{\mathcal{U}},\{\overline{G}_i\}_{i=1}^{\overline{m}})$，它们具有相同的状态、输入和输出数量。

此外，故障的检测和隔离采用失效模型和 T - 可识别性（将在定义 5 中定义），为了便于在 9.3 节中描述该框架，我们将系统行为定义如下：

定义 4（长度 - N 行为） 与 SWA 系统$\mathcal{G}$相关联的长度 - N 行为是与$\mathcal{G}$兼容的所有长度 - N 的输入 - 输出轨迹的集合，由以下集合给出：

$$\mathcal{B}_{\mathrm{swa}}^{N}(\mathcal{G}):=\{\{u_t,y_t\}_{t=0}^{N-1}\mid u_t\in\mathcal{U},\exists x_t\in x,\sigma_t\in\mathbb{Z}_m^{+},[\eta_t^{\mathrm{T}}v_t^{\mathrm{T}}]^{\mathrm{T}}\in E,t\in\mathbb{Z}_{N-1}^{0}\}$$

此外，在术语上，简洁起见，我们称$\mathcal{B}_{\mathrm{swa}}^{N}(\mathcal{G})$为系统行为$\mathcal{G}$。

9.3 模型失效

首先，我们提出了切换仿射模型的模型失效问题，并且提出了一个易于处理的可行性问题来验证模型。这个模型验证框架将在 9.5 节中介绍。

给定输入 - 输出数据序列和切换仿射模型，模型失效问题是确定数据是否与模型兼容。更正式地说，模型失效问题如下：

问题 1(模型失效)　给定 SWA 模型$\mathcal{G}$和输入－输出序列$\{u_t, y_t\}_{t=0}^{N-1}$,确定输入输出序列是否包含在$\mathcal{G}$行为中,即以下情况是否为真:

$$\{u_t, y_t\}_{t=0}^{N-1} \in \mathcal{B}_{\text{swa}}^{N}(\mathcal{G}) \tag{9.5}$$

使用这个定义,很明显如果数据使模型失效,即式(9.5)不成立,并且模型是可靠的,则可以得出结论,数据使模型失效表示生成它的系统存在故障。因此,模型失效可以用于故障检测和隔离。

使用定义 4,可以将模型失效问题转化为如下可行性问题:

找到$x_t, \boldsymbol{\eta}_t, v_t, \boldsymbol{\sigma}_t$, $\forall t \in \mathbb{Z}_{N-1}^{0}$

对于$\boldsymbol{\sigma}_t \in \mathbb{Z}_m^{+}$,

$$\begin{aligned} x_{t+1} &= A_{\sigma_t} x_t + B_{\sigma_t} u_t + f_{\sigma_t} + v_t \\ y_t &= C_{\sigma_t} x_t + D_{\sigma_t} u_t + g_{\sigma_t} + \boldsymbol{\eta}_t \\ P\, x_t &\leqslant p, \|v_t\| \leqslant \varepsilon_v, \|\boldsymbol{\eta}_t\| \leqslant \varepsilon_\eta \end{aligned} \tag{9.6}$$

如果每次输入－输出序列都满足至少一个模式的动力学,则该可行性问题具有解决方案。然而,由于系统矩阵依赖于模式信号$\boldsymbol{\sigma}$,优化问题(9.6)没有得到较好解决。接下来,我们提出一种可以将这种依赖性消除的方法,并且将模型失效问题归结为混合整数线性规划(MILP)问题:

命题 1　给出 SWA 模型$\mathcal{G}$和输入－输出序列$\{u_t, y_t\}_{t=0}^{N-1}$,当且仅当下列问题不可行时,模型才失效。

找到$x_t, \boldsymbol{\eta}_t, v_t, a_{i,t}, s_{i,t}, r_{i,t}$,对于$\forall t \in \mathbb{Z}_{N-1}^{0}$, $\forall i \in \mathbb{Z}_m^{+}$

$$\begin{gathered} \text{对于 } \forall j \in \mathbb{Z}_n^{+}, \forall k \in \mathbb{Z}_{n_y}^{+}, \forall t \in \mathbb{Z}_{N-1}^{0}, \text{有} \\ x_{t+1} = A_i x_t + B_i u_t + f_i + v_t + s_{i,t}, (\mathrm{P_{MI}}) \\ y_t = C_i x_t + D_i u_t + g_i + \boldsymbol{\eta}_t + r_{i,t}, \\ P\, x_t \leqslant p, a_{i,t} \in \{0,1\}, \sum_{i \in \mathbb{Z}_m^{+}} a_{i,t} = 1, \|v_t\| \leqslant \varepsilon_v, \\ \|\boldsymbol{\eta}_t\| \leqslant \varepsilon_\eta, (a_{i,t}, s_{i,t}^{j}): \mathrm{SOS}-1, (a_{i,t}, r_{i,t}^{k}): \mathrm{SOS}-1 \end{gathered}$$

式中:$s_{i,t}$和$r_{i,t}$是松弛变量。我们称这个问题为 Feas. ($\{u_t, y_t\}_{t=0}^{N-1}, \mathcal{G}$)。

证明:为了证明结果,通过论证式(9.6)的可行点确实是($\mathrm{P_{MI}}$)的可行点,足以证明:式(9.6)和($\mathrm{P_{MI}}$)的等价性,反之亦然。

式(9.6)的可行点在($\mathrm{P_{MI}}$)中是可行的(⇒)

设($x_{0:N}^{*}, \boldsymbol{\eta}_{0:N-1}^{*}, v_{0:N-1}^{*}, \boldsymbol{\sigma}_{0:N-1}^{*}$)是式(9.6)的可行点。由于式(9.6)和($\mathrm{P_{MI}}$)中状态、过程和测量噪声的容许集相同,我们只关注其余的约束因素。假设对于某些$t \in \mathbb{Z}_{N-1}^{0}$,存在$a_{\sigma_t^*, t} = 1$,为了满足$\sum_{i \in Z_m} + a_{i,t} = 1$,我们有:对于所有$i \neq$

$\sigma_t^*, a_{i,t}=0$。然后，由于 SOS－1 约束，这意味着对于所有，变量$s_{i,t}$和$r_{i,t}$是无约束的/自由的。因为这适用于任何 $t \in \mathbb{Z}_{N-1}^0$，所以对于所有 $i \neq \sigma_t^*$ 且 $t \in \mathbb{Z}_{N-1}^0$，(P_{MI})中的状态和输出方程约束满足($x_{0:N}^*, \eta_{0:N-1}^*, v_{0:N-1}^*, s_{i,t}, r_{i,t}$)。对于$\sigma_t^*$和所有 $t \in \mathbb{Z}_{N-1}^0$，仍然需要检查(P_{MI})中的状态和输出约束是否可行。显然，从($x_{0:N}^*, \eta_{0:N-1}^*, v_{0:N-1}^*, \sigma_{0:N-1}^*$)的可行性来看，($P_{MI}$)中的状态和输出方程满足$s_{\sigma_t^*,t}=0, r_{\sigma_t^*,t}=0$，这是由对于$\sigma_t^*$的 SOS－1 约束所强制要求的。这证明了等价性的前进方向。

(P_{MI})的可行点在(9.6)中是可行的($\Leftarrow$)

现在，让($x_{0:N}^*, \eta_{0:N-1}^*, v_{0:N-1}^*, a_{1:m,0:N-1}^*, s_{1:m,0:N-1}^*, r_{1:m,0:N-1}^*$)是($P_{MI}$)的一个可行点。和以前一样，由于状态、过程和测量噪声的容许集是相同的，所以我们将注意力放在其余的约束上。由于$a_{1:m,0:N-1}^*$的可行性，存在一个序列σ_t^*，$t \in \mathbb{Z}_{N-1}^0$，使得$a_{\sigma_t^*,t}^*=1$。对于这样的序列$s_{\sigma_t^*,t}^{*j}=0, \forall j \in \mathbb{Z}_n^+, r_{\sigma_t^*,t}^{*k}=0, \forall k \in \mathbb{Z}_{n_y}^+$，满足序列$\sigma_t^*$，$t \in \mathbb{Z}_{N-1}^0$的式(9.6)的状态和输出约束。满足式(9.6)中的状态和输出方程的(P_{MI})的可行解，因此，存在一个对应于 P_{MI}可行性解的切换序列，这个可行性解满足式(9.6)的状态和输出方程。

由于我们证明了每个问题的可行性意味着另一个问题的可行性，所以证明是完整的。

直观地，(P_{MI})的不可行性表明没有状态、输入和噪声值能够从模型生成输入输出序列，因此不可能由模型生成数据。命题 1 使我们能够通过检查(P_{MI})的可行性来解决模型失效问题，P_{MI}是具有 SOS－1 约束的 MILP，可以使用许多现成的优化软件(例如文献[26－27])有效地解决该问题。

9.4 T－可区分性

接下来，我们介绍一对模型(系统和/或故障模型)的一个性质，称为 T－可区分性，它规定在任何初始状态和任何噪声信号的时间范围 T 内，由两个模型产生的轨迹都不能相同。这个概念与输入可区分性高度相似，后者在文献[23,24]中对线性时不变模型进行了定义。对切换仿射模型的 T－可区分性正式定义如下：

定义 5(有限时间可区分性) 如果$\mathcal{B}_{\text{swa}}^T(\mathcal{G}) \cap \mathcal{B}_{\text{swa}}^{\bar{T}}(\bar{\mathcal{G}})=\emptyset$，则一对切换仿射模型$\mathcal{G}$和$\bar{\mathcal{G}}$称为在有限时间 T 内是可区分的，其中 T 是正整数。

因此，给定两个 SWA 模型和一个整数 T，T－可区分性问题是去检查这两个模型是否是在有限时间 T 内可区分的。这个问题可以使用可满足性模理论方法[16]或 MILP 可行性检查[17-22]来解决。

问题 2(有限时间可区分性问题)　给定一对 SWA 模型和一个整数 T,有限时间可区分性问题是去检查这两个模型是否在有限时间 T 内可区分的。更确切地说,以下问题是否可行:

找出 $x,\bar{x},u,\eta,\bar{\eta},v,\bar{v}$

对于 $\forall t\in\mathbb{Z}_{T-1}^{0}$: $\exists i\in\mathbb{Z}_{m}^{+}$, $\exists j\in\mathbb{Z}_{\bar{m}}^{+}$,使得

$$\begin{gathered}x_{t+1}=A_i x_t+B_i u_t+f_i+v_t,\\ \bar{x}_{t+1}=\bar{A}_i\bar{x}_t+\bar{B}_i u_t+\bar{f}_i+\bar{v}_t\\ P\,x_t\leqslant p,\bar{P}\bar{x}_t\leqslant\bar{p},\\ C_i x_t+D_i u_t+g_i+\eta_t=\bar{C}_j\bar{x}_t+\bar{D}_j u_t+\bar{g}_j+\bar{\eta}_t,\\ \|\eta_t\|\leqslant\varepsilon_\eta,\|\bar{\eta}_t\|\leqslant\varepsilon_{\bar{\eta}},\|v_t\|\leqslant\varepsilon_v,\|\bar{v}_t\|\leqslant\varepsilon_{\bar{v}},\|u_t\|\leqslant U\end{gathered}\tag{9.7}$$

如果问题(9.7)是不可行的,那么这两个模型是有限时间 $\boldsymbol{T}$ 内可区分的,否则它们就不是有限时间 $\boldsymbol{T}$ 内可区分的。

正如我们接下来所要论述的,对于给定的 $\boldsymbol{T}$,可以通过求解 MILP 可行性问题来验证 $\boldsymbol{T}$ - 可区分性。注意,在下面的 $\boldsymbol{T}$ - 可区分性测试中,我们添加了一个决策变量 δ,这在以后将用于量化可区分性的级别,这可以用很少的附加计算成本来计算。

定理 1　当且仅当下列问题不可行时,一对切换仿射模型 $\mathcal{G}$ 和 $\bar{\mathcal{G}}$ 是 $\boldsymbol{T}$ - 可区分的。

我们将上述问题称为不可行的。

$$\begin{gathered}\bar{\delta}=\min_{x,\bar{x},u,\eta,\bar{\eta},v,\bar{v},s,\bar{s},r,a,\delta}\delta\\ \text{对于}\ \forall t\in\mathbb{Z}_{T-1}^{0},\forall i\in\mathbb{Z}_{m}^{+},\forall j\in\mathbb{Z}_{\bar{m}}^{+},\forall k\in\mathbb{Z}_{n}^{+},\forall l\in\mathbb{Z}_{n_y}^{+},\\ \forall h\in\mathbb{Z}_{n_p}^{+},\bar{h}\in\mathbb{Z}_{\bar{n}_p}^{+}\\ x_{t+1}=A_i x_t+B_i u_t+f_i+v_t+s_{i,t}\\ \bar{x}_{t+1}=\bar{A}_j\bar{x}_t+\bar{B}_j u_t+\bar{f}_j+\bar{v}_t+\bar{s}_{j,t}\\ P\,x_t\leqslant p,\bar{P}\,\bar{x}_t\leqslant\bar{p}\\ C_i x_t+D_i u_t+g_i+\eta_t=\bar{C}_j\bar{x}_t+\bar{D}_j u_t+\bar{g}_j+\bar{\eta}_t+r_{i,j,t}\\ a_{i,j,t}\in\{0,1\},\sum i\in\mathbb{Z}_m^{+}\sum j\in\mathbb{Z}_{\bar{m}}^{+}a_{i,j,t}=1\\ \|\eta_t\|\leqslant\varepsilon_\eta,\|\bar{\eta}_t\|\leqslant\varepsilon_{\bar{\eta}},\|v_t\|\leqslant\varepsilon_v,\|\bar{v}_t\|\leqslant\varepsilon_{\bar{v}},\|u_t\|\leqslant U\\ (a_{i,j,t},s_{i,t}^{k}):\mathrm{SOS}-1,(a_{i,j,t},s_{j,t}^{-k}):\mathrm{SOS}-1,(a_{i,j,t},r_{i,j,t}^{l}):\mathrm{SOS}-1\\ \left\|\begin{bmatrix}\eta_t\\ v_t\end{bmatrix}-\begin{bmatrix}\bar{\eta}_t\\ \bar{v}_t\end{bmatrix}\right\|\leqslant\delta\end{gathered}$$

证明： 基本上遵循与命题 1 证明相同的推理，即问题(9.7)的可行性等价于问题(P_T)，简明起见，省略它。注意，最后一个约束没有出现在问题(9.7)中。但是，这个约束显然不改变可行集，因此，(P_T)的可行性是 $\boldsymbol{T}$ - 可区分性的充分和必要条件。

定理 1 中的优化公式(P_T)使我们能够解决 $\boldsymbol{T}$ - 可区分性问题，即基于它们时间范围 $\boldsymbol{T}$ 内的行为来确定这对模型是否存在显著差异。如果这对模型是 $\boldsymbol{T}$ - 可识别的，那么通过模型失效方法(在上一节中讨论)，仅使用来自最近 $\boldsymbol{T}$ 个时间步骤的数据，保证两个模型中的一个无效。

9.5 故障检测和隔离

本节提出一个易于处理的故障检测和隔离方案，用于诊断满足 $\boldsymbol{T}$ - 可区分性的故障。所提出的故障诊断方案能够处理多种故障场景，并能够通过模型失效在大型应用方面实时实现。

9.5.1 故障检测

我们感兴趣的是开发一个基于模型的有保证的故障检测工具，即在给定系统的标称系统模型和一组感兴趣的潜在故障模型的情况下，能够确定故障是否已发生的工具。为此，我们在 9.3 节给出了具有正确假设模型失效框架，显然能够实现这个目的。

我们提出的故障检测方法是基于一定时间内测得的输入输出数据与标称模型$\mathcal{G}$行为是否兼容，即标称模型是否有效或更精确地说是否无效。因此，我们的故障检测方法简单地包括利用名义模型$\mathcal{G}$检查模型失效问题的可行性，以及用名义模型$\mathcal{G}$(命题 1)检查(P_{MI})的可行性。

如果标称模型无效，即(P_{MI})是不可行的，那么我们肯定知道发生了故障。然而，标称系统的(P_{MI})可行性并不意味着没有发生故障。这是因为故障模型$\overline{\mathcal{G}}$也可能与标称模型$\mathcal{G}$具有相同时间长度的相似行为。因此，为了即使在这种情况下实现有保证的故障检测，我们采用故障模型集的假设理论。

对于给定的一组故障模型，为了确定故障是否已经发生，我们需要找到足够长的时间范围 $\boldsymbol{T}$，使得故障模型$\overline{\mathcal{G}}$生成的输入 - 输出轨迹不包含在标称系统模型 G 的时间 $\boldsymbol{T}$ 行为内。

我们在前一节中定义了可识别属性。换言之，如果具有足够长的时间范围来保证系统模型和所有故障的 $\boldsymbol{T}$ - 可区分性，那么我们可以在保证能够进行故障检测或没有发生故障的情况下在这个时间范围 $\boldsymbol{T}$ 内以避开时间的方式实现模型失效。这将在下一节中论述，其中将考虑多个故障场景。

9.5.1.1 多重故障场景

我们考虑当存在多个可能的故障时，每个故障由不同的故障模型描述的场景。很容易验证的是，为了确定这种情况下是否发生了故障，所有标称系统和故障模型对都需要是 $\boldsymbol{T}$－可区分的。因此，对于每个 N_f 的故障模型 $\overline{\mathcal{G}}_j, j\in\mathbb{Z}_{N_f}^+$，我们假设如下：

假设 1（可检测性假设） 我们假设对于所有的 $j\in\mathbb{Z}_{N_f}^+$，存在一个有限量 T_j，使得标称系统 $\mathcal{G}$ 和故障模型 $\overline{\mathcal{G}}_j$ 对是 T_j －可区分的。此外，我们假设故障是持续的，即一旦它们发生，系统根据故障持续发生动态变化。

然后，为了保证对所有可能的故障模型进行检测，以下充要条件：

命题 2（多重故障的 $\boldsymbol{T}$－可检测性） 考虑满足假设 1 的 N_f 故障模型。然后，在故障发生后的最多 $T=\max_j T_j$ 步骤中可以检测到故障的存在。我们把这样的一组故障称为 $\boldsymbol{T}$－可检测的。

证明： 在假设 1 的前提下，并且由于 $T\geqslant T_j$，因此对于所有 $j\in\mathbb{Z}_{N_f}^+$，所有标称系统模型和故障对都是 $\boldsymbol{T}$－可识别的。这意味着，如果任何故障持续发生，则从发生时起通过监测最多 $\boldsymbol{T}$ 个样本来检测它。

现在，如果所有的系统和故障模型对都是 $\boldsymbol{T}$－可区分的，那么前面讨论的基于模型失效的故障检测方法保证了能够确定这个集合中的故障发生与否。总之，我们检查了标称系统模型的可行性，即如果标称模型的问题（$\mathrm{P_{MI}}$）是不可行的，那么就会检测到一个故障，否则，如果名义模型（$\mathrm{P_{MI}}$）是可行的，那么我们就确定没有发生任何故障。但是，请注意，故障检测不足以唯一地确定发生了什么故障，这是下一节讨论的内容。

9.5.2 故障隔离

除了故障检测，即确定故障是否已经发生，在许多应用中，唯一地确定发生了哪些特定故障，即隔离故障源也是很重要的。这样做的目的可以节省大量工作来适应隔离的故障。因此，在本节中我们提出了一种基于模型的故障隔离方法。

特别地，给定系统所关注的标称系统模型和一组潜在故障模型，我们希望基于测量的输入－输出数据来确定哪个故障模型是被验证的，或者更确切地说，不是无效的。因此，与故障检测类似，我们提出的故障隔离方法简单地包括检查每个故障模型$\overline{\mathcal{G}}$中的模型失效问题的可行性，以及等效地，检查每个故障模型$\overline{\mathcal{G}}$（由命题 1）中的（P_{MI}）的可行性。

如果只有一个故障模型无效[即（P_{MI}）对于除一个以上的所有故障模型都是不可行的]，那么我们就肯定地知道发生了特定的故障。因此，为了保证故障发生后的隔离，我们需要找到足够长的时间范围 $\boldsymbol{T}$，以便产生输入 - 输出轨迹。所有故障模型都不能包含在彼此的时间范围 $\boldsymbol{T}$ 行为中。有了这个足够长的时间范围 T，我们就可以在保证故障隔离的前提下，对所有故障模型（可以并行执行）以一种避开时间范围的方式实现时间范围为 T 的模型失效。请注意，这种故障隔离方法类似于避开时间范围的故障检测方法，但使用故障模型代替了标称系统模型。接下来，基于前面介绍的多故障情况下 $\boldsymbol{T}$ - 可区分性的性质，我们将足够长的时间范围概念进行固化。

9.5.2.1　多重故障场景

让我们考虑系统模型$\mathcal{G}$可能出现的N_f故障模型 $j\in\mathbb{Z}_{N_f}^{+}$。为了隔离故障，例如，识别哪些故障已经发生，直接验证所有故障模型对是 $\boldsymbol{T}$ - 可区分的，即以下假设是必要的：

假设 2（孤立性假设）　我们假设对于所有的 $m,n\in\mathbb{Z}_{N_f}^{+}$，$m\neq n$，存在一个有限量$I_{m,n}$，使得$\overline{\mathcal{G}}_m$和$\overline{\mathcal{G}}_n$是$I_{m,n}$ - 可区分的。

注 2：假设 1 中的可隔离性假设和可检测性假设确实是比较强的。然而，它们是必要和充分的，以避开时间范围的无源故障检测和隔离方法提供保证。事实上，这些“强”假设是我们也考虑过主动故障诊断方法[28-29]的原因，这些方法以干扰系统所需的输入为代价，使得故障诊断对于更广泛的故障类别成为可能。幸运的是，正如 9.7 节所述，这些假设适用于现实应用中的许多参数故障场景。

当存在多个故障时，我们给出能够保证故障隔离的充要条件：

命题 3（多重故障的 I - 可隔离性）　考虑N_f故障模型满足假设 2，如果发生故障，最多可以在故障发生后的第 $I=\max_{m,n,m\neq n}I_{m,n}$步中隔离它。我们把这样的故障集认为是 I - 可隔离的。

在假设 2 成立的前提下证明，因为对于所有可能的故障模型对，有 $I\geqslant I_{m,n}$，所以所有故障对都是 I - 可区分的。因此，如果任何故障持续发生，最多监测 I 个样本，它将被隔离出来。这是因为发生故障的长度 I 行为与其他任何故障的长度 I 行为没有任何交集。

9.5.3　FDI 方案

在本节中，我们结合前面小节的结论来获得故障检测和隔离（FDI）方案，它包括两个步骤：

1. 离线步骤

在离线步骤中，在假设 1 和假设 2 下，我们计算以下量：

可隔离指数：$I=\max\limits_{m,n} I_{m,n}, m,n \in \mathbb{Z}_{N_f}^{+}, m \neq n$；

故障 i 可隔离指数：$\widetilde{I}_i=\max\limits_{j \in \mathbb{Z}_{N_f}^{+}, j \neq i} I_{i,j}$；

可检测指数：$T=\max\limits_{j \in \mathbb{Z}_{N_f}^{+}} T_j$；

记忆长度：$K=\max\{T, I\}$。

2. 在线步骤

在这个步骤中，我们利用对应于系统和故障模型的N_f+1 并行监视器。监视器记为$(\mathcal{M}_0, \mathcal{M}_1, \cdots, \mathcal{M}_{N_f})$，其中$\mathcal{M}_0$对应于系统模型，$\mathcal{M}_i$对应于第 i 个故障模型。首先，只有$\mathcal{M}_0$用于故障检测，其余的监视器保持“关闭”状态，直到$\mathcal{M}_0$检测到故障。每个监视器在时刻 T 的输入是长度为$K_i=\max\{\widetilde{I}_i, T_i\}$，$\{u_k, y_k\}_{k=t-K_i+1}^{T}$ 的输入－输出序列和相应的模型$\overline{\mathcal{G}}_i$。例如，$\mathcal{M}_0$知道$\mathcal{G}$，并且在每个时间步骤里，它解决模型失效问题，Feas($\{u_k, y_k\}_{k=t-T+1}^{t}, \mathcal{G}$)。如果问题是可行的，监视器输出 0，否则它输出 1。在后一种情况下，启动故障监视器组，并且并行解决所有故障模型的模型失效问题，即检查$\mathcal{M}_j$是否为每个 $j \in \mathbb{Z}_{N_f}^{+}$解决 Feas($\{u_k, y_k\}_{k=t-K_j+1}^{t}, \overline{\mathcal{G}}_j$)问题。通过假设 1 和假设 2，可以保证最多有一个监视器的问题是可行的。输出块接收来自所有监视器的信号并显示两个元素，第一个元素是 1 或 0，分别表示故障是否发生。如果故障匹配第k_f个故障模型，则第二个元素是$k_f \in \mathbb{Z}_{N_f}^{+}$，如果故障不匹配任何故障模型，则第二个元素是 0。

这样的 FDI 方案如图 9.1 所示。正如我们所看到的，在每个时间步骤 t，这个 FDI 方案充当如下功能：

$$[\mathcal{H}, \mathcal{F}]=\psi(\{u_k, y_k\}_{k=t-k+1}^{t}, \mathcal{G}, \{\overline{\mathcal{G}}_j\}_{j=1}^{N_f}) \tag{9.8}$$

式中：$\mathcal{H}$是 0 或 1，表示正常或有故障；$\mathcal{F}$或者指示故障模型是处于激活状态，或者声称没有故障模型与故障行为相匹配。

9.5.4　检测和隔离延迟

接下来，我们描述故障检测和隔离中的延迟概念，并且利用可检测性和可隔离性指数给出这些延迟的理论界限。

定义 6（检测/隔离延迟）　检测/隔离延迟是从故障发生到检测/隔离的时间样本数。我们分别用τ_T和τ_I表示检测和隔离延迟。

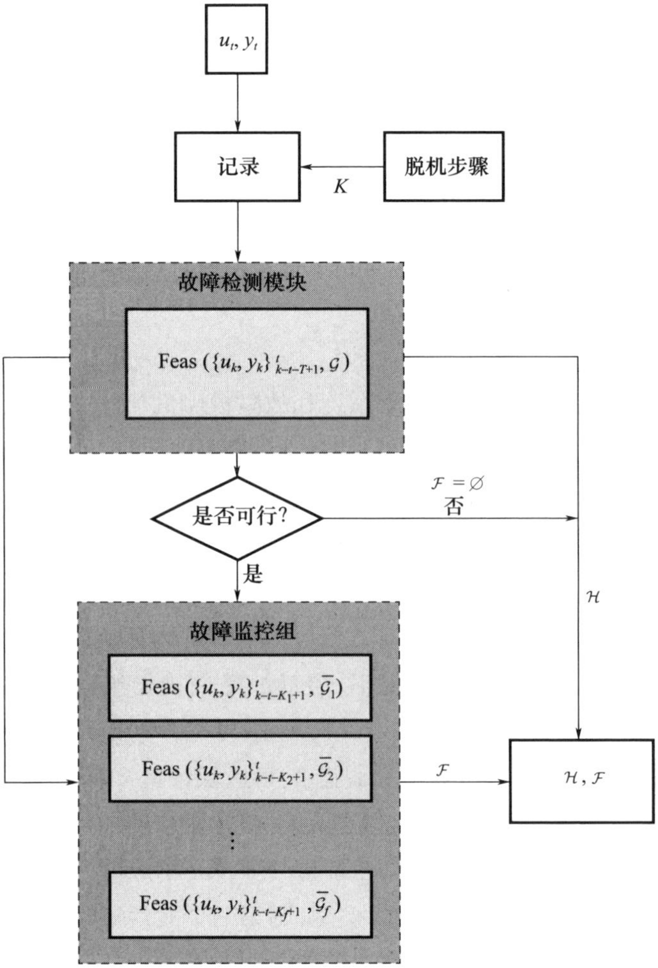

图 9.1　FDI 流程图

利用上述定义，给出系统T_i – 可识别对和故障模型($\mathcal{G}$,$\overline{\mathcal{G}}_i$)，则故障检测方案中的检测延迟由T_i限定的。此外，一对$I_{i,j}$ – 可识别故障模型($\overline{\mathcal{G}}_i$,$\mathcal{G}$)的隔离延迟是由$I_{i,j}$限定的。

定理 2　9.5.3 节提出了 FDI 方案，该方案中的故障$\overline{\mathcal{G}}_i$的检测延时上界是T_i，隔离延迟上界是$K_i = \max\{\widetilde{I}_i, T_i\}$。

证明：假设故障 i 发生在时间t^*，FDI 方法运用具有 $T \geq T_i$时域大小的失效模型。在$t^* + T_i - 1$ 时刻，输入 – 输出轨迹反馈到失效模型，该失效模型包含长度为T_i的轨迹$\mathcal{B}^{T_i}(\overline{\mathcal{G}}_i)$。由于$\overline{\mathcal{G}}_i$的$T_i$可识别性，这种轨迹不能由$\mathcal{G}$产生。因此，通

过监测故障 i 中的T_i数据点可使模型失效，这就证明了检测延迟的上界。对于隔离，FDI 方法需要在隔离监视器被激活之前进行检测，在最坏的情况下，在T_i时进行检测。另一方面，如果我们监测到从t^*到$t^*+\widetilde{I}_i-1$的任何轨迹，该轨迹由故障 i 产生，但它不在$\mathcal{B}^{\widetilde{I}_i}(\overline{\mathcal{G}}_i)$，$j\neq i$ 中。这是因为$\widetilde{I}_i\geqslant I_{i,j}$，$j\neq i$。因此，最多监测到$\widetilde{I}_i$个故障时故障被隔离。考虑到需要首先检测故障，隔离延迟上限为$K_i=\max\{\widetilde{I}_i,T_i\}$，证明结束。

9.6 实际考虑

我们提出了一种启发式方法，可以更有效地利用这种方法来寻找 T，从而提高 T 的可识别性，以此找到这种 T 的存在或不存在的可靠度量，并减少隔离延迟。

9.6.1 求 T 的 T-可区分性

在实践中，以下问题很重要：①如果存在有限量 T，如何搜索最小 T？②如果系统不是 T-可区分的，会发生什么？如何验证有限 T 的不存在性，以及在这种情况下如何进行故障检测？

考虑两个切换仿射模型。如果对于给定的 T，这两个模型不是 T-可区分的，即(P_T)的解是可行的，则优化公式还输出值$\bar{\delta}$。我们认为这是两个模型可分离性的良好指示和度量。本质上，$\bar{\delta}$可以理解为使两个模型的轨迹相同所需的噪声工作。若$\bar{\delta}$值较大，则指示噪声必须补偿的两个模型之间的较大分离。因此，我们引用了 N 的规范化形式作为可识别性指数，由下式表示：

$$\delta^*=\frac{\bar{\delta}}{\delta^{\max}} \tag{9.9}$$

式中：$\delta^{\max}=\min\{\max\{\varepsilon_\eta+\varepsilon_\eta^-,\varepsilon_v+\varepsilon_v^-\},\max\{\varepsilon_\eta,\varepsilon_v\}+\max\{\varepsilon_\eta^-,\varepsilon_v^-$是$\bar{\delta}$的上界，因此，$0\leqslant\delta^*\leqslant1$。

首先，值得注意的是，如果模型对是 T-可区分的，那么对于任何$T^+\geqslant T$，该模型对也必然是T^+-可区分的。因此，一旦问题(P_T)对某些 T 是不可行的，对于较大的 T 值仍然是不可行的。这意味着，可能存在最小的时间范围 T，在计算复杂性方面非常有用，因为在(P_{MI})公式中的变量和约束的数量随着时间范围的大小而增加。因此，模型失效问题解的复杂性随着输入-输出数据序列长度的增加而增加。为了找到最小的 T，存在 T-可区分性，可以从 $T=1$ 开始使用二进制搜索，直到得到使定理 1 中的 T-可区分性问题不可行的最小 T。当问题可行，且对于当前量 T，δ^* 为小时，使 T 得到更大增量。

其次，并非所有的模型对都是 T - 可识别的。显然，如果模型是相同的，那么不存在有限 T，因此，对于某些模型对，只能得到 T - 可区别性的有限 T。目前，研究的主题是存在 T 的系统理论条件[22]。尽管如此，我们提出，随着 T 的增大，δ^* 可以确定何时终止随着 T 增大而增大的迭代运算，同时有限 T 不存在。特别地，我们提出当随着的增大的变化达到一个平稳趋势时，终止迭代运算。在 9.7.3 节，给出了一个非常有效的模拟例子。此外，当该指数确实达到（非零）稳定值并且问题仍然不能 T - 可识别时，此时这个 $\delta^*_{\text{plateau}}$ 对于模型对来讲是一个有用的参数，它可以解释为最大允许的不确定性，超过该最大允许的不确定性，模型的行为是不可识别的。这种情况下，可以设计补救措施，包括选择精度更高的传感器或采用噪声隔离平台来减少噪声量，以便于故障检测和隔离。

在一些实际例子中，所有故障的可检测性和等容性不能通过设计来实现，即假设 1 和假设 2 不满足条件。在这些情况下，仍然可以选择任意 T，对此在线计算是容易处理的，并应用 FDI 方法。对于标称模型，通过模型失效问题的任何不可行性可以证明系统偏离了标称行为以及发生了故障，然而，在给定的故障模型中，一些故障可能仍然未被检测和解决。此外，可以简单地修改 FDI 方法，使得$\mathcal{F}$输出与匹配数据的故障集（因为某些故障模型可能不是等同的）以及它们相应的“似然性”，即它们的可识别性指数，或者如果没有一个模型与数据匹配，则输出空集。值得一提的另一个方面是非持久性故障，尤其是级联故障。如果定义故障级联的开关系统模型并对开关信号可能附加约束，则所提出的建模框架可以较为容易地处理这种级联故障，如文献[22]所述。

9.6.2 自适应故障隔离

隔离延迟上限表示最糟糕的情况。其中，直到最后一步，由故障模型创建的数据属于某些其他模型行为。然而，在实践中很少遇到最糟糕的情况，其故障可以在达到此上限之前被隔离。这里，在本节中，我们提出了一种自适应故障隔离方案，该方案可以减小隔离延迟，其思想是基于仅验证一个故障模型。由于在检测时间之前的数据可能使所有故障模型失效（事实上，这在故障发生之前可以得到保证），我们建议通过使用自适应滚动时域来减少隔离延迟，该自适应滚动时域仅考虑从检测时间开始的数据（固定时域下界），并且随着时域的增加而继续，直到只有一个故障模型匹配或验证数据。在实践中，我们可以通过考虑每个具有自适应滚动时域故障模型的失效模型来实现这一点，直到仅剩下一个故障模型与数据匹配。

由于假设故障属于预定义的一组模型,并且是持续不断的,因此这种方法保证了故障将被隔离,正如 9.7.2 节所述(参见图 9.4(底行))。

9.7 示例

首先,在 9.7.1 节中,我们提出了关于模型失效和 T - 可区分性的新公式,分别是假定优于文献[16,22]中的前导公式。然后,在 9.7.2 节中,提出暖通空调(HVAC)系统,在该系统中采用 FDI 方法运用数值模型进行分析。此外,在 9.7.3 节中,引入数值示例分析可识别性指数的实际优点,可识别性指数曾在 9.4 节中提出。本节中的所有模拟仿真都是在 32GB 内存的 3.5GHz 机器上实现的,该内存运行 Ubuntu 系统。为了实现 MILP 可行性检查问题,我们使用了 YALMIP[31] 和 Gurobi[26] 方法。所有的方法和示例利用 MATLAB 进行了仿真并得以实现。

9.7.1 运行时比较

在本节中,我们将比较本章所提出的公式与文献[22]中公式的运行时间。考虑隐模式切换仿射模型 $\mathcal{G}$,其容许集为 $\mathcal{X}=\{x \mid \|x\| \leqslant 11\}$,$\mathcal{U}=\{u \mid \|u\| \leqslant 1000\}$ 和 $\varepsilon=\{\eta \mid \|\eta\| \leqslant 0.1\}$。我们还假设对于所有模式,有 $B=[1\ 0\ 1]^{\mathrm{T}}$,$C=[1\ 1\ 1]$。故模式的系统矩阵是:

$$A_1=\begin{bmatrix}0.5 & 0.5 & 0.5\\ 0.1 & -0.2 & 0.5\\ -0.4 & 0.6 & 0.2\end{bmatrix},\ f_1=\begin{bmatrix}1\\0\\0\end{bmatrix},\ A_2=\begin{bmatrix}0.5 & 0.5 & 0.5\\ -0.3 & -0.2 & 0.3\\ 0.1 & -0.3 & -0.5\end{bmatrix}$$

$$f_2=\begin{bmatrix}0\\1\\0\end{bmatrix},\ A_3=\begin{bmatrix}0.5 & 0.2 & 0.6\\ 0.2 & -0.2 & 0.2\\ -0.9 & 0.7 & 0.1\end{bmatrix},\ f_3=\begin{bmatrix}0\\0\\1\end{bmatrix}$$

此外,考虑故障模型$\mathcal{G}^f$,具有:

$$A^f=\begin{bmatrix}0.8 & 0.7 & 0.6\\ 0.1 & -0.2 & 0.3\\ -0.4 & 0.3 & -0.2\end{bmatrix},\ B^f=\begin{bmatrix}1\\0\\0\end{bmatrix},\ f^f=\begin{bmatrix}1\\1\\1\end{bmatrix}$$

T - 可识别性方法的实现证明了系统与故障模型对是 12 - 可识别的。我们首先从$\mathcal{G}^f$随机生成输入输出轨迹(每个时间层长度为 5)。然后,我们比较命题 1 和文献[16,22]中公式的模型失效方法。图 9.2 显示了每个时间范围长度的平均运行时间以及两个公式的运行时间的标准偏差。显然,这些结果表明我们所提出的公式优于文献[16,22]中的公式。与文献[16,22]所提出的公式相比,定理1中提出的 T - 可识别性公式也得到了类似的改进(简明起见,省略了图示)。

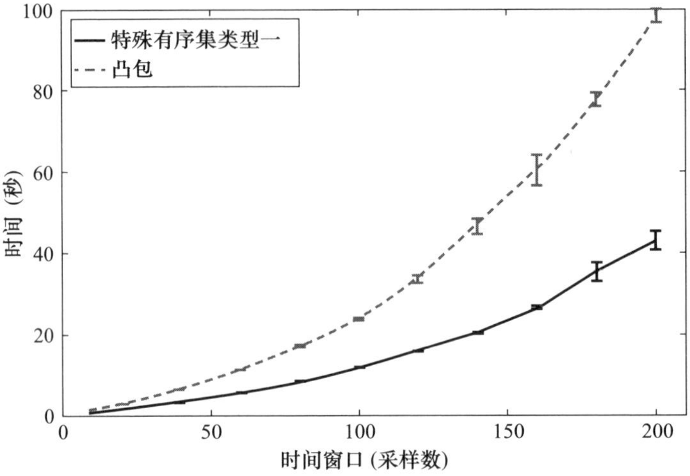

图 9.2　不同时间内 $\mathcal{G}^f$ 生成无效数据的平均执行时间(带有标准偏差)

9.7.2　暖通空调系统的故障诊断

在文献[30]中,考虑了处于冷却模式的单区 HVAC 系统(参见图 9.3 中的示意图)。该 HVAC 系统由如下非线性模型表示:

$$\begin{pmatrix} \dot{T}_{TS} \\ \dot{W}_{TS} \\ \dot{T}_{SA} \end{pmatrix} = \begin{pmatrix} -\dfrac{f}{V_s} & \dfrac{h_{fg}f}{C_pV_s} & \dfrac{f}{V_s} \\ 0 & -\dfrac{f}{V_s} & 0 \\ 0.75\dfrac{f}{V_{he}} & -0.75\dfrac{fh_w}{C_pV_{he}} & -\dfrac{f}{V_{he}} \end{pmatrix} \begin{pmatrix} T_{TS} \\ W_{TS} \\ T_{SA} \end{pmatrix} + \begin{pmatrix} -\dfrac{h_{fg}f}{C_pV_s}W_s + \dfrac{4}{C_pV_s}(Q_0 - h_{fg}M_0) \\ \dfrac{f}{V_s}W_s + \dfrac{M_0}{\rho V_s} \\ \dfrac{f}{4V_{he}}\left(T_0 - \dfrac{h_w}{C_p}W_0\right) + \dfrac{fh_w}{C_pV_{he}}W_s - 6000\dfrac{gpm}{\rho C_pV_{he}} \end{pmatrix} \tag{9.10}$$

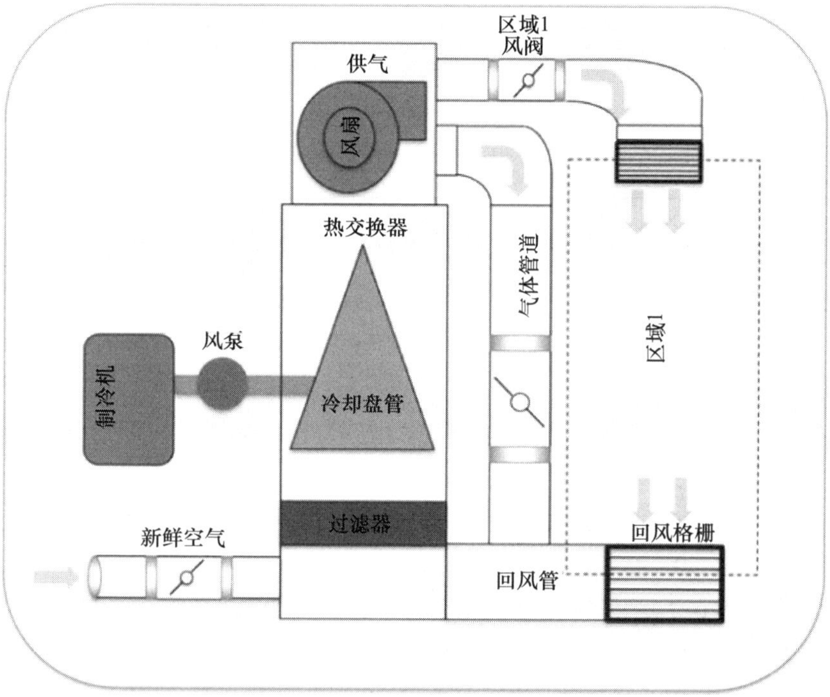

图 9.3　单区暖通空调系统示意图

表 9.1　模型参数

参数	说明	值
h_w	液态水的焓值	180(Btu/lb)
h_{fg}	水蒸气的焓值	1078.25(Btu/lb)
W_o	室外空气湿度	0.018(lb/lb)
W_s	送风湿度	0.007(lb/lb)
W_{TS}	热力空间湿度	状态变量
C_p	空气的比热容	0.24(Btu/lb.°F)
T_o	室外空气温度	85(°F)
T_{SA}	送风温度	状态变量(°F)
T_{TS}	热力空间温度	状态变量(°F)
V_s	热力空间体积	58,464(ft^3)
V_{he}	换热空间体积	60.75(ft^3)
M_0	湿负荷	[150　180](lb/h)
Q_0	显热负荷	[289,800　289,950](Btu/h)

续表

参数	说明	值
ρ	空气密度	$0.074(\mathrm{lb/ft^3})$
f	空气体积流量	$17,000(\mathrm{ft^3/min})$
gpm	冷冻水流量	$\{0,58\}$ (gal/min)

其中f,gpm,M_0和Q_0是时变参数。模型的参数在表9.1中定义。

我们利用文献[30]中得到具有附加状态M_0和Q_0的扩充状态空间模型。为了进一步简化模型,我们假设风扇总是打开的,流量固定在17000ft^3/min,而冷水泵要么“关闭”要么“开启”,固定流量为58gal/min。这些假设以及采样时间为5分钟的离散化将非线性系统(9.10)转换为切换仿射模型。相应模型参数为

$$A_1 = A_2 = \begin{pmatrix} 0.98 & 229.63 & 0.001 & 0 & -0.0035 \\ 0 & 0.49 & 0 & 0 & 0 \\ 0.74 & -360.61 & 0.0008 & 0 & -0.0030 \\ 0 & 0 & 0 & 1 & 0 \\ 0 & 0 & 0 & 0 & 1 \end{pmatrix}, f_2 = \begin{pmatrix} 0.3886 \\ 0.0001 \\ -22.576 \\ 0 \\ 0 \end{pmatrix}$$

$$C_1 = C_2 = \begin{pmatrix} 1 & 0 & 0 & 0 & 0 \\ 0 & 1 & 0 & 0 & 0 \end{pmatrix}, f_1 = 0$$

在模式i中,系统根据以下连续动力学演化:

$$x_{t+1} = A_i x_t + f_i + v_t$$

$$y_t = C_i(x_t + x_e) + \eta_t, x_e = [71\ 0.0092\ 55\ 289,897.52\ 166.06\ ]^{\mathrm{T}} \quad (9.11)$$

SWA模型中的状态分别表示来自T_{TS},W_{TS},T_{SA},Q_0的偏差以及来自平衡点x_e的M_0。此外,HVAC模型表示为$\mathcal{G}_H = (\mathcal{X}, \mathcal{E}, \mathcal{U}\ , \{G_i\}_{i=1}^{2})$。

其中

$$\mathcal{X} = \{x \mid [\ -100\ \ -0.05\ \ -50\ \ -75\ \ -15\ ]^{\mathrm{T}} \leqslant x \leqslant [100\ 0.05\ 50\ 75\ 15\ ]^{\mathrm{T}}\},$$

$$\varepsilon = \{\eta \mid |\eta| \leqslant [0.2\ 0.002\ ]^{\mathrm{T}}\}, \mathcal{U} = \varnothing。$$

状态上的最后两个边界是扩充状态的,假设扩充状态保持在它们平衡点的较小范围之内。第一种模式对应于冷水机处于“开启”状态,第二种模式表示处于“关闭”状态的模型。控制器通过打开和关闭冷却器的方式,将舒适区的温度保持在65~75℉。FDI方法不监测控制信号。

我们考虑三个故障模型：

(1)风扇故障：风扇以额定速度的一半旋转。

(2)冷水泵故障：该泵被卡住，并以其标称速度的一半旋转。

(3)湿度传感器故障：湿度测量偏差为 +0.005。

在这些故障模型上采用所提出的方法，我们可以计算表 9.2 中给出的 T - 可区分性和 I - 可隔离性指数。接下来，我们考虑三个故障场景，其中对于每个场景 $i(i\in\{1,2,3\})$，我们从标称系统生成 4h 的数据，然后从故障 i 生成数据。图 9.4 显示了故障发生的时间和它们的检测时间，以及隔离延迟的上限（顶行和中行），它们显示了每个场景的输出轨迹。此外，我们在图 9.4（底行）中绘制了针对三个故障的所有检测和隔离信号，说明只有在所有情况下发生的故障都超过它们的上限之前才被隔离，并且所提出的自适应隔离方案根据需要减少了隔离延迟。

表 9.2 可检测性和等容性指数

$T_1=4$	$T_2=16$	$T_3=8$	$I_{1,2}=4$	$I_{1,3}=4$	$I_{2,3}=16$

此外，为了说明可识别性指数δ^*的实际应用，在图 9.5 中，我们绘制了可识别性指数的变化趋势。随着时间跨度的增加，故障 3 的 T - 可区分性和故障 2 和 3 的 I - 可隔离性都相应增大。该图表明，我们引入的可识别性指标确实为两个模型之间的可检测性或可隔离性提供了一个很好的度量。同时，它允许我们估计时域的大小，T 或 I，以实现 T - 可区分性或 I - 可隔离性的测量。

9.7.3 可识别性指数和系统不确定性

可识别性指数δ^*并不总是像前面的示例那样达到最终值 1，尤其是当模型不可识别或等值时。为了证明这个，我们提出两个 SWA 模型$\mathcal{G}$和$\overline{\mathcal{G}}$，分别表示测量和过程噪声，即

$$\mathcal{G}:\begin{cases} A_1=\begin{pmatrix}0.1 & 0 & 0.1\\ 0 & 0.1 & 0.2\\ 0.2 & 0.12 & 0\end{pmatrix}, A_2=\begin{pmatrix}0 & 0 & 0.15\\ 0.1 & 0 & 0\\ 0.1 & 0.12 & 0.1\end{pmatrix}\\ C_1=C_2=I, f_1=\begin{pmatrix}0.5\\ 0.2\\ 1\end{pmatrix}, f_2=\begin{pmatrix}1\\ 0\\ 0.5\end{pmatrix}\end{cases}$$

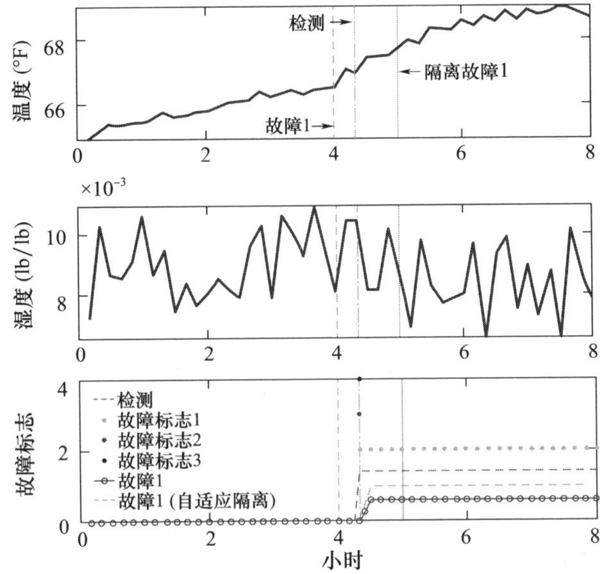
检测
隔离故障1
故障1
温度 (°F)
湿度 (lb/lb)
×10⁻³
故障标志
检测
故障标志1
故障标志2
故障标志3
故障1
故障1 (自适应隔离)
小时

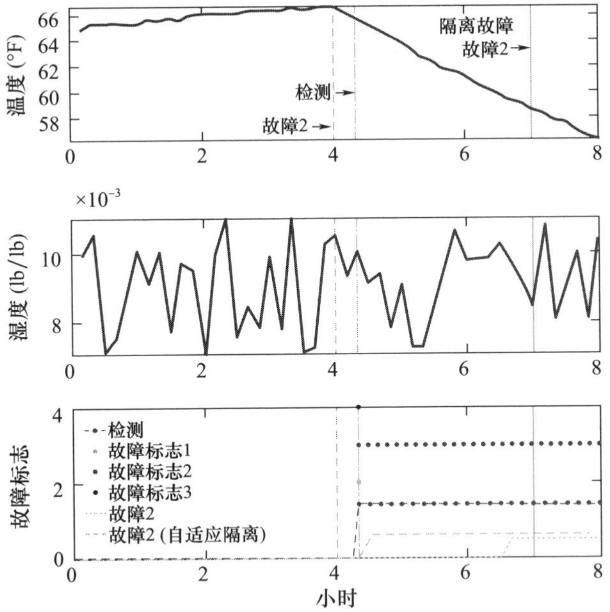
隔离故障
故障2
检测
故障2
温度 (°F)
湿度 (lb/lb)
×10⁻³
故障标志
检测
故障标志1
故障标志2
故障标志3
故障2
故障2 (自适应隔离)
小时

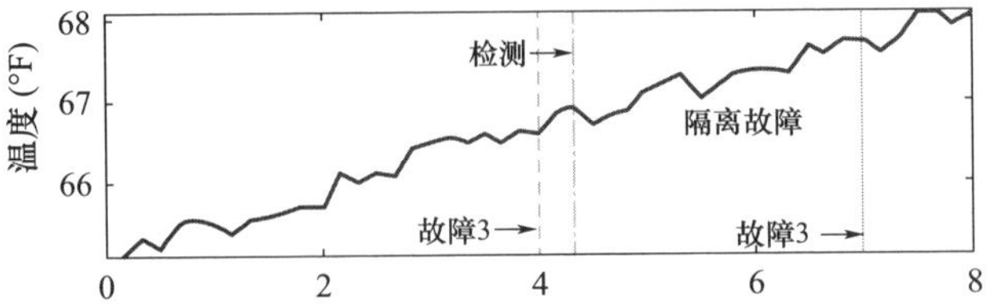
检测
隔离故障
故障3
故障3
温度 (°F)

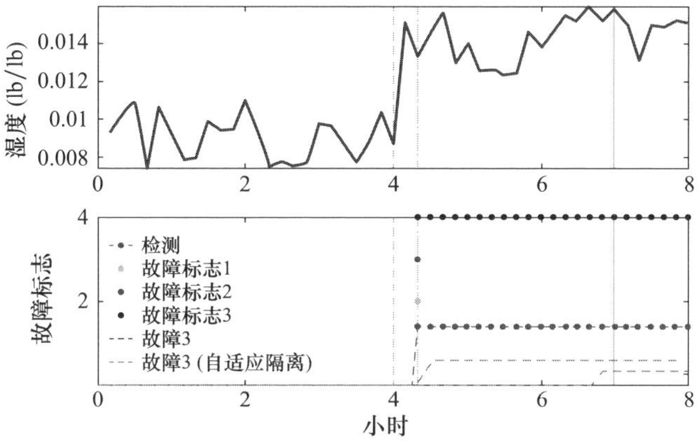

图 9.4 三种故障场景的输出信号(顶部两行);所有故障的检测、隔离和自适应隔离信号(底部一行)。当故障 i 采用自适应时域长度,与其相关联的模型失效问题为有效时,标志 i 是非零的。当只有一个非零标志时,发生自适应隔离

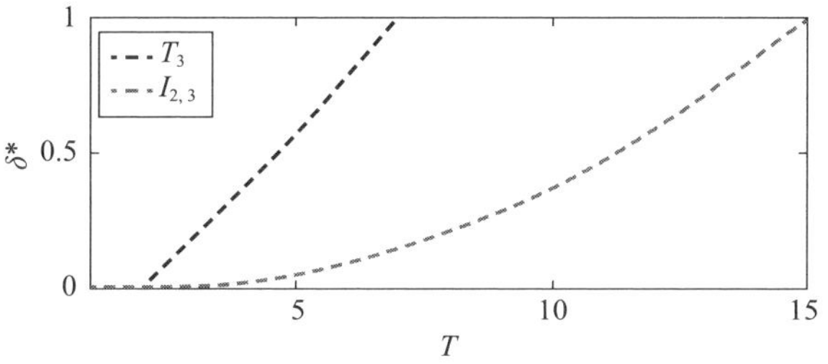

图 9.5 在 HVAC 示例中,故障 3 的可检测性指数T_3以及故障 2 和 3 的可隔离性指数$I_{2,3}$的增大曲线

$$\overline{\mathcal{G}}:\begin{cases}\overline{A}_1=\begin{pmatrix}0.1 & 0 & 0.1\\ 0 & 0.1 & 0.2\\ 0.2 & 0.1 & 0\end{pmatrix},\overline{A}_2=\begin{pmatrix}0 & 0 & 0.1\\ 0.1 & 0 & 0\\ 0.1 & 0.1 & 0.1\end{pmatrix}\\ \overline{C}_1=\overline{C}_2=I,\bar{f}_1=\begin{pmatrix}0.3\\ 0\\ 0.9\end{pmatrix},\bar{f}_2=\begin{pmatrix}0.8\\ 0.2\\ 0.3\end{pmatrix}\end{cases}\tag{9.12}$$

这里,其余的参数均为零。过程噪声和测量噪声边界分别设置为 0.2 和 0.25。图 9.6 描述了可区分性指数随 T 的增大而变化。我们观察到可识别性指数非线性地增加,并达到一个稳定值$\delta^*_{\text{plateau}}=0.7581<1$。在这种情况下,可识别性指数$\delta^*$提供了一个实用的指示,即对于任何有限值 I,这两个模型都不是等同的。

此外,根据边界分别为 0.2 和 0.25 的过程噪声和测量噪声,我们可以计算

出$\delta^{max}=0.5$。因此,我们可以相应地计算出$\bar{\delta}_{plateau}=0.379$。

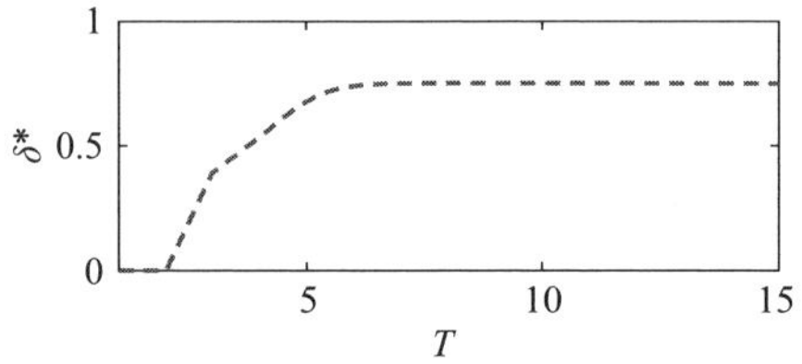

图 9.6　对于式(9.12)所描述的数值例子,在 $T=5$ 附近,可识别性指数的非线性平稳增加

使用$\delta^*_{plateau}=0.7581$ 和式(9.9)。需要注意的是,$\bar{\delta}_{plateau}$表示使两个模型的输出值相同的不确定性。如果对于一些给定的过程和测量噪声边界,具有$\bar{\delta}_{plateau}$最小值的问题(P_T)是可行的,那么可区分性指数曲线将具有如图 9.6 所示的一个平稳状态。事实上,任何较大的噪声边界都会产生这样一个平稳状态。另一方面,任何较小的噪声边界都会使问题(P_T)变得不可行,并且保证这两个模型对于某些有限值 T 是 T – 可区分的,并且可区分性指数曲线在时间($T-1$)处达到其最大值。因此,如果我们能够重新设计系统,使用新的噪声边界,将有

$$\bar{\delta}<\bar{\delta}_{plateau}=0.379$$

那么,我们就可以确定这些故障是可隔离的。例如,如果我们能将过程和测量噪声降到 0.18,那么,问题(P_T)的最小值为$\bar{\delta}=0.36$。在这种情况下,既然$\bar{\delta}<\bar{\delta}_{plateau}$,则式(9.12)中的两个模型都是 6 – 可区分的。图 9.7 描绘了这些新的噪声边界的相应可区分性指数的增长趋势。

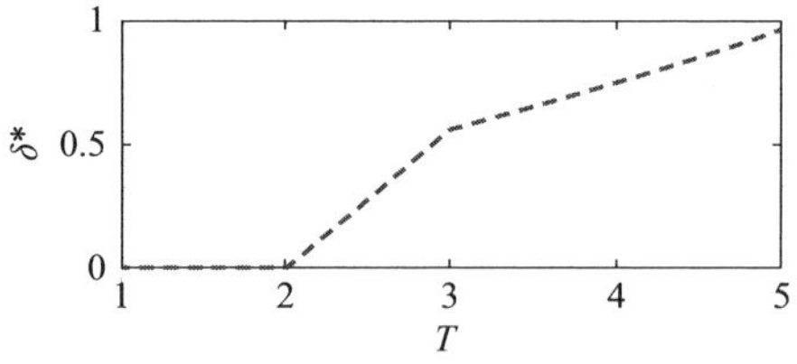

图 9.7　对于重新设计的系统(9.12)的可区分性指数,噪声界限为 0.18

因此,这个例子说明,可区分性指数也可以用来推导出系统的最大允许不确定性,从而保证可以检测或隔离某些故障。反过来,建议通过降低噪声水平来实现故障的检测和隔离,或者选择更好的传感器或者使用噪声隔离平台。

9.8 结论

本章利用模型失效方法研究了切换仿射模型的 FDI 问题。首先,我们提出了新的失效模型和利用 SOS－1 约束的 T－可区分性方法,经过证明,该方法在计算上更为有效,并且不需要知道变量的复杂变化情况。其次,我们引入可区分性指数作为模型间分离的度量,并且表明该指数也是寻找故障检测和隔离所需的最小滚动时间范围,并且设计了新系统,以此确保检测和隔离故障。

此外,针对切换仿射模型,提出了一种故障检测与隔离方案,保证了满足一定条件时能够检测和隔离故障。该方案基于一种优化的方法,将故障的检测和隔离问题描述为 MILP 可行性检查和优化问题。该检测和隔离监视器可以在多个处理单元上独立实现,因此可以有效地实现对大量故障的检测。此外,为了更快地隔离故障,我们引入了自适应时域。最后,我们通过以几个例子来分析说明所提出方法的有效性,包括采用了 FDI 方案的 HVAC 系统模型。

在以后的研究工作中,我们将在时间域 T 或 I 上找到系统理论的上界,使得对于最小 T 或 I 的增量式搜索可以通过某些方式得到有效终止。

致谢

这项工作得到了美国国防高级研究计划局资助项目 N66001－14－1－4045 的拨款和美国国家航空航天局空间技术研究资助计划的一项早期职业教师资助项目的支持。

参考文献

[1] R. Beard, Failure accommodation in linear systems through self－reorganization. PhD thesis, MIT, 1971

[2] S. Simani, C. Fantuzzi, R. J. Patton, Model－Based Fault Diagnosis in Dynamic Systems Using Identification Techniques (Springer, London, 2003)

[3] P. Frank, Advances in observer－based fault diagnosis, in International Conference on Fault Diagnosis: TOOLDIAG (1993)

[4] P. Frank, X. Ding, Survey of robust residual generation and evaluation methods in observer based fault detection systems. J. Process Control 7(6), 403－

424 (1997)

[5] H. Sneider, P. M. Frank, Observer – based supervision and fault detection in robots using nonlinear and fuzzy logic residual evaluation. IEEE Trans. Control Syst. Technol. 4(3), 274 – 282 (1996)

[6] R. Isermann, Fault diagnosis of machines via parameter estimation and knowledge processing – tutorial paper. Automatica 29(4), 815 – 835 (1993)

[7] X. Liu, H. Zhang, J. Liu, J. Yang, Fault detection and diagnosis of permanent – magnet DC motor based on parameter estimation and neural network. IEEE Trans. Ind. Electron. 47(5),1021 – 1030 (2000)

[8] H. Hammouri, M. Kinnaert, E. H. El Yaagoubi, Observer – based approach to fault detection and isolation for nonlinear systems. IEEE Trans. Autom. Control 44(10), 1879 – 1884 (1999)

[9] S. Paoletti, A. Garulli, J. Roll, A. Vicino, A necessary and sufficient condition for input – output realization of switched affine state space models, in 47th IEEE Conference on Decision and Control, Dec 2008, pp. 935 – 940

[10] A. Abdo, S. X. Ding, J. Saijai, W. Damlakhi, Fault detection for switched systems based on a deterministic method, in IEEE Conference on Decision and Control (CDC) (2012), pp. 568 – 573

[11] W. Pan, Y. Yuan, H. Sandberg, J. Gonalves, G. Stan, Online fault diagnosis for nonlinear power systems. Automatica 55, 27 – 36 (2015)

[12] S. Narasimhan, G. Biswas, Model – based diagnosis of hybrid systems. IEEE Trans. Syst. Man Cybern. Part A 37(3), 348 – 361 (2007)

[13] S. Campbell, R. Nikoukhah, Auxiliary Signal Design for Failure Detection (Princeton Univer sity Press, Princeton, 2004)

[14] J. K. Scott, R. Findeisen, R. D. Braatz, D. M. Raimondo, Input design for guaranteed fault diagnosis using zonotopes. Automatica 50(6), 1580 – 1589 (2014)

[15] P. Rosa, C. Silvestre, J. S. Shamma, M. Athans, Fault detection and isolation of LTV systems using set – valued observers, in IEEE Conference on Decision and Control (CDC) (2010),pp. 768 – 773

[16] F. Harirchi, N. Ozay, Model invalidation for switched affine systems with applications to fault and anomaly detection. IFAC ADHS Conf. 48(27), 260 – 266 (2015)

[17] F. Harirchi, S. Z. Yong, N. Ozay, Guaranteed fault detection and isolation for switched affine models, in IEEE Conference on Decision and Control (2017)
[18] F. Harirchi, Z. Luo, N. Ozay, Model (in) validation and fault detection for systems with polynomial state – space models, in American Control Conference (ACC), July 2016, pp. 1017 – 1023
[19] R. S. Smith, J. C. Doyle, Model validation: a connection between robust control and identification. IEEE Trans. Autom. Control 37 (7), 942 – 952 (1992)
[20] J. Anderson, A. Papachristodoulou, On validation and invalidation of biological models. BMC Bioinf. 10(1), 1 (2009)
[21] N. Ozay, M. Sznaier, C. Lagoa, Convex certificates for model (in) validation of switched affine systems with unknown switches. IEEE Trans. Autom. Control 59(11), 2921 – 2932 (2014)
[22] F. Harirchi, N. Ozay, Guaranteed model – based fault detection in cyber – physical systems: a model invalidation approach (2016). arXiv:1609. 05921 [math. OC]
[23] H. Lou, P. Si, The distinguishability of linear control systems. Nonlinear Anal. Hybrid Syst. 3(1), 21 – 38 (2009)
[24] P. Rosa, C. Silvestre, On the distinguishability of discrete linear time – invariant dynamic systems, in IEEE CDC – ECC (2011), pp. 3356 – 3361
[25] M. Babaali, M. Egerstedt, Observability of switched linearsystems, in International Workshop on Hybrid Systems: Computation and Control (Springer, Berlin, 2004), pp. 48 – 63
[26] Gurobi Optimization, Inc. , Gurobi Optimizer Reference Manual (2015)
[27] CPLEX, IBM ILOG, V12. 1: User's manual for CPLEX. Int. Bus. Mach. Corp. 46(53), 157(2009)
[28] F. Harirchi, S. Z. Yong, E. Jacobsen, N. Ozay, Active model discrimination with applications to fraud detection in smart buildings, in IFAC World Congress, Toulouse (2017)
[29] Y. Ding, F. Harirchi, S. Z. Yong, E. Jacobsen, N. Ozay, Optimal input design for affine model discrimination with applications in intention – aware vehicles, in International Conference on Cyber – Physical Systems (ICCPS),

(Porto, 2018)

[30] B. Argüello - Serrano, M. Vélez - Reyes, Nonlinear control of a heating, ventilating, and airconditioning system with thermal load estimation. IEEE Trans. Control Syst. Technol. 7(1),56 - 63 (1999)

[31] J. Löfberg, YALMIP: a toolbox for modeling and optimization in MATLAB, in CACSD Conference, Taipei (2004)

第10章 模糊离散故障的可诊断性研究①

Alban Grastien,Marina Zanella

10.1 介绍

混杂系统(HS)[11]是一种可由一组状态组成的自动机描述的动态系统,状态的转换由有限数量的可观测或不可观测离散事件触发。每个状态表示一个由(可能异常的)连续动态描述的运行模式。由于混杂系统离散性与连续性共存的性质,其诊断过程是非常复杂的。诊断这类系统通常采用的方式是建立离散化模型,即仅对其离散事件系统(Discrete – Event System,DES)进行建模。过去,离散事件系统建模都是靠人工完成的。本章所参考的文献中,使用的DES案例一般与自然形成HS模型的信息物理系统相关,例如高压交流电系统[21]、电网[1-2]、电信网络[19]、配水网络[7]等。而近年来,离散分析主要是依靠分析冗余关系或可能冲突自动完成的。同时,DES的诊断所衍生出的各种技术也应用于各种大型领域[1,8-9,15,17,19,22,26]。基于此,我们假定HS的模型是一个离散事件系统。

DES[4]是有限集中的状态转换形成动态系统的概念模型,每个转换都可以与有限事件集中相关联。根据模型的离散事件诊断,可以通过一些信息来解释所观测到的行为结果是否正常。参考文献中,离散事件系统诊断的概念可分为

① A. Grastien (✉)Data61, The Australian National University, Canberra, ACT, Australiae – mail: alban. grastien@ data61. csiro. au M. Zanella University of Brescia, Department of Information Engineering, Brescia, Italy e – mail: marina. zanella @ unibs. it M. Sayed – Mouchaweh (ed.), Diagnosability, Security and Safety of Hybrid Dynamic and Cyber – Physical Systems, https://doi. org/10. 1007/978 – 3 – 319 – 74962 – 4_10

若干个不同的层次。根据其共同特征,DES 的诊断是一组候选故障集其中每个候选项都代表一组故障,也就是不希望得到的状态转换。对这些候选项的要求是,其所代表的故障应与 DES 模型和给定的观测结果均保持一致。然而,不同的候选项可能存在相互矛盾的信息。例如,在某种情况下,某个候选项显示系统没有故障,而另外一个候选项显示系统存在故障。在观测过程中重复诊断 DES(即一组新的可观测事件产生一组新的候选项或一组新的可观测事件被处理)是可行的,如果可以消除这种模糊性,那么就可以使用一个有界的可观测序列进行判断。

DES 的可诊断性取决于诊断手段。有人提出利用诊断器(diagnoser)判定系统是否可以被诊断并利用孪生系统模型(twin plant)证明了系统的可诊断性判定是多途径的。相关的诊断方法可以在文献[5,28]中找到。

现有的研究主要集中在候选项是如何经过精确的诊断算法进行结算,通过确定输入值的准确性,以确定 DES 的可诊断性。还有一些特例,包括模块结构在不完全条件下的可诊断性[6]? 厲离散化分析[23]以及近似诊断机[25]。最新的文献中指出,即使使用了一些不完整或近似的诊断算法,即不执行完全搜索 DES 行为空间的算法,依然可以具备相应的诊断能力。然而,还有一些关于 DES 诊断的文献表明[8,14,18],故障的诊断仍依赖于完全确定的观测,然而再次运行的观测结果可能具有不确定性。但从广义而言,消除候选项中的模糊性不仅取决于现有的 DES 和诊断算法,还与观测结果是否可靠相关。

本章扩展了作者最近的研究内容,研究了消除 DES 候选项不确定性的方法,也就是可诊断性。其适用于具有不确定观测值的可诊断系统。对具有不确定性的参数进行加权,消除在实验过程中可能受到的噪声的影响,以便确保诊断效果。同时可以在观测中假设若干种不确定度,采用若干参数来测量相同类型的不确定性。

本章剩余内容分布如下:下一节介绍可诊断性的相关背景信息,包括检查可诊断性的孪生系统模型方法介绍。10.3 节讨论了不确定性观测的概念,并提出了三种不确定性:时间不确定性、逻辑不确定性和综合不确定性。10.4 节将 DES 可诊断性的原始定义扩展到考虑不确定观测的情况,并介绍了如何将孪生系统模型法应用于不确定观测。10.5 节主要描述了一个 HS,并对其进行了可诊断性分析。最后,10.6 节针对 HS 的可诊断性分析提出了结论和未来的研究方向。

10.2 背景

一个 DES 诊断包括一个确定性有限状态机 D(DES D)和有限观测数据 O。O 表示 D 在一段时间内运行过程中所观测到的情况。

10.2.1 离散事件系统

一个 DES D(部分可观测)有四个要素:Σ, L, obs, flt。其中 Σ 是系统中可能发生的有限事件集合;$L \subseteq \Sigma^*$ 为反应空间,这是一个预锁闭的活动空间,即无死锁,表达系统中可能发生的所有(且仅)事件序列或跟踪建模。函数 obs 将一个痕迹 τ 和一个观测结果 $obs(\tau) \in \Sigma_0^*$ 定义为 τ 在可观测事件子集$\Sigma_0 \subseteq \Sigma$ 上的投影,即 obs(τ)为 τ 的一个副本,其中所有的不可观测事件都已经被删除。$obs(\tau)$ 中事件序列的长度表示为$|obs(\tau)|$。与 L 相关的前缀封闭的可观测语言为 $obs(L)$。不可观测的一组故障事件或故障表示为Σ_f,其中$\Sigma_f \subseteq \Sigma \setminus \Sigma_0$。函数 flt 将每个痕迹 τ 与痕迹本身出现的故障事件集合通过 $flt(\tau) \in \Sigma_f^*$ 关联起来。

DES $D=(\Sigma, L, obs, flt)$的语言 L 可以表示为有限自动机(FA)$G=(X, \Sigma, \delta, x_0)$,称为行为模型。其中,$X$ 为状态集,$\delta \subseteq X \times \Sigma \times X$ 为状态转换集。每个 $x \in X$ 表示 D 可能处于的状态,每个$(x, \sigma, x')\in \delta$ 代表可能的状态变化。状态$x_0 \in X$ 是 x 初始值,也就是说,当开始观测其变化时,自动机 G 的工作路径是由初始状态开始的一系列过渡序列,表示为$x_0 \xrightarrow{\sigma_1} x_1 \xrightarrow{\sigma_2} \cdots \xrightarrow{\sigma_n} x_n$,当 $n>1$ 时,图 10.1 显示了 DES D 的行为模型 G,本运行示例将贯穿本章。此模型包含了一个故障事件 f,一个不可观测事件 u,以及七个可观测事件($a-e, g, h$)。一个可能的路径是 $0 \xrightarrow{h} 8 \xrightarrow{g} 9 \xrightarrow{e} 3 \xrightarrow{f} 4 \xrightarrow{c} 4$,对应轨迹 h, g, e, f, c 为串联运算符。

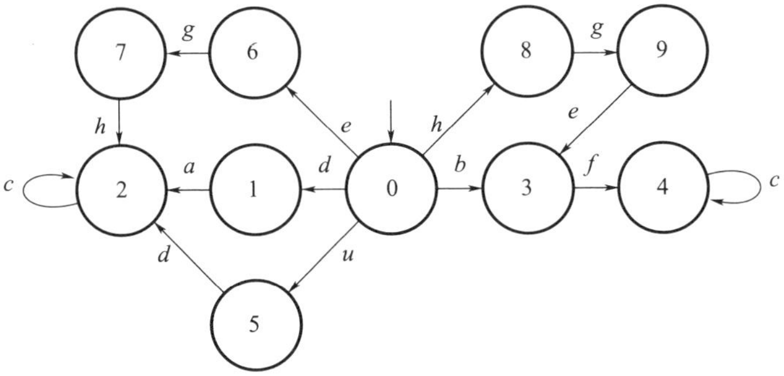

图 10.1 本章所用 DES 实例

给定了一个诊断故障(D,O),诊断候选项为$(x,\varphi)\in X\times 2^{\Sigma_f}$,其中,$x$ 表示系统 D 通过生成 O 所到达的状态,φ 表示该路径的故障集合。诊断方向为所有与诊断问题(D,O)相关的候选项。图 10.1 表示样本系统 D 的相关诊断,可以看出 $O=h,g,e,c$ 为$\{(4,\{f\})\}$。这样的诊断只包含一个候选项,即一旦 O 被感知,D 的状态一定为 4 且故障 f 一定发生。

10.2.2 可诊断性

根据文献[21],DES D 对于故障 $f\in\Sigma_f$ 表现出可诊断性,即如果出现这样的故障,一旦被记录了可观测事件的有限序列,就永远可以被发现和隔离。给定一个观测值,一个精确的诊断算法能够绘制出与该观测值一致的所有轨迹相关的所有故障集。如果哪个路径之前发生故障,和任何一个序列转换(生成可观测事件 k)之后,因为其属于所有故障的交集,所有的痕迹都符合之前观测所包括的故障,因此故障被确定(即可诊断)。如果所有故障均能被诊断出来,那么该系统就被认为是可诊断的。将 $L_f=(\Sigma^* f\Sigma^*)\cap L$ 表示为包含故障 f 的跟踪集,$\overline{L_f}=(\Sigma^* f)\cap L$ 为故障 f 结束的跟踪集。

定理 1(可诊断性[21]) 给出 DES $D=(\Sigma,L,obs,flt)$,其故障集为 $\Sigma_f\subseteq\Sigma$,则可以诊断出故障 $f\in\Sigma_f$,若以下公式成立:

$$\forall\tau_1\in\overline{L_f},\ \exists k\in N,\ \forall\tau_2:\tau_2.\ \tau_1\in L,\ |obs(\tau_2)|\geqslant k$$
$$\Rightarrow(\forall\tau\in L),(obs\forall(\tau)=obs(\tau_1.\ \tau_2)\Rightarrow(\tau\in L_f))$$

则系统 D 所有故障均可被诊断,称系统 D 可被诊断。

在图 10.1 的例子中,DES D 被诊断出 $k=1$,在感知到 b 或 h,e,g 后,发现了可观测事件 c 的发生,从而得知故障 f 的发生。可以认为,这种诊断能力依赖于函数 obs,它提供了工作过程中发生的可观测事件的序列,反映了在跟踪中事件发生的时间顺序。此定义可以假设为,如果一个 DES D 遵循跟踪路径 u,那么诊断系统观测的事件 O 即与 $obs(u)$ 等价,其观测结果是可确定的。

10.2.3 孪生系统模型函数

DES D 诊断分析中,最流行的方法称为孪生系统模型法(twin plant method)[13],其命名是源自其利用自身系统建立行为模型(或从其自身提取 FA)。

给定一个 FA G(不确定性),其行为模型为 DES,孪生系统模型从 G 中提取一个完全可观测的 FA G_0,作为事件Σ_0的合集,由所有可观测的事件组成。每个事件G_0有一对(x,φ),其中 x 既可能是 G 的初始状态x_0,也可能是 G 中的状态,这是可观测过渡的目标。$x = x_0$，$\varphi = \emptyset$，假定 G 在初始状态无故障，这和文献[21]中的诊断方法一致。每一个 G_0 中状态对从 (x,φ) 到 (x_1,φ_1) 的转换表示 G 从状态 x 到状态 x_1 的路径。在这样的路径中，唯一可观测的过渡是最后一个。集合 φ_1 是与 x 到 x_1 在 G 中转换的所有断层相对应的断层，因此约束认为 φ_1 包含于 φ。

直观地说，G_0 是一个(非确定性的)FA 生成可观测的语言，G_0 中的每一个状态 (x,φ) 都包含了所有故障的集合 φ，沿着路径在 G 中表现出来，它产生相同的可观测事件序列作为 G_0 从初始状态 (x_0,φ) 到 (x,φ) 的路径。

一旦 G_0 被获取，计算 G_0 与其自身的乘积 $(G_0 \otimes G_0)$，记为 G_d。因此，G_d 中的每个状态都为一个状态对 $((x_1,\varphi_1);(x_2,\varphi_2))$。

最后，在 G_d 中进行一个算法检查来验证是否存在一个包含模糊状态 $((x_1,\varphi_1);(x_2,\varphi_2))$ 的循环。也就是说，存在一个 φ_1 与 φ_2 不等的状态。如果这个状态存在，那么 G 就不可被诊断。这个检查可以通过首先识别 G_d 中的 φ_1 与 φ_2 不等的所有状态，然后删除所有其他状态及其传入和退出的转换，最后检查剩余的自动机是否包含一个周期。注意，在最后一步中，与转换相关的可观测事件是无关的，因此 G_d 可能是一个图表。

现在试着解释这个方法背后的原理。每一对状态在相同的 G_d 状态中，可以通过产生相同的可观测事件序列来实现。如果与这些序列相关的故障集是不同的，例如 $\varphi_1 = \{f_1\}$，$\varphi_2 = \{f_1,f_2\}$，则根据观测者目前收到的事件序列，不能确定究竟是 f_1 发生了故障，还是 f_1 和 f_2 同时发生故障。只有在观测到这一点的事件序列后，系统才可以被诊断出来。

如前文所述，给定一个 G_0 中的过渡 $(x,\varphi) \rightarrow (x_1,\varphi_1)$，约束 $\varphi \subseteq \varphi_1$。因此，在 G_0 中，对于属于相同循环的所有状态，失败类型集是相同的。因此，在 G_d 中，如果一个循环包含一个状态 $((x_1,\varphi_1);(x_2,\varphi_2))$，相同循环中的其他状态都是 $((-,\varphi_1);(-,\varphi_2))$，也就是说，它们包含相同的故障集。因此，如果在 G_d 的一个循环的状态中，这些集合彼此不同，则系统是不可诊断的，因为它可能无限地产生与该循环相关的可观测事件，在这种情况下，无法在有限的延迟内确定发生了哪些故障。

G_0 中的状态数最多为 $|X|^{2|\Sigma_f|}$，如前所述，X 是 G 中的状态集，Σ_f 是 G 中的故障域(此上限假设对于 G 中的每个状态，G_0 中都有一个对应的状态，包括它和故障类型集合的每个子集)。G_0 中的转换次数最多为 $|X|^2 2^{2|\Sigma_f|}|\Sigma_0|$，其中，如上所述，$\Sigma_0$ 是 G 中可观测事件的集合(此上限通过假设对于每个可观测事件，都有一个从每个状态退出并指向该状态的跃迁，其中所考虑的状态数为最大)。

G_d中的状态数最多为$|X|^2 2^{2|\Sigma_f|}$(此上限通过假设G_d中每一对不同的G_0状态都有一个状态得到),G_d中的跃迁次数最多为$|X|^4 2^{4|\Sigma_f|}|\Sigma_0|$(此上限通过假设$G_d$中状态的完全连通性得到)。

因此,G_0构造的复杂性是$O(|X|^2 2^{2|\Sigma_f|}|\Sigma_0|)$,而$G_d$构造的复杂性为$O(|X|^4 2^{4|\Sigma_f|}|\Sigma_0|)$(在这两种情况下,复杂度都由最大跃迁次数给出,因为这样一个数字的增长渐进地高于状态数的增长)。在G_d的适当部分(subgraph)中,检测某个"违规"循环的存在的复杂性与部分的状态数和转换呈线性关系。

因此整个方法的复杂性为$O(|X|^4 2^{4|\Sigma_f|}|\Sigma_0|)$,这是断层数量的指数。但是,当且仅当系统对每个单独的故障都可诊断时,系统对所有的故障都可诊断,就可以将故障的数量减少到多项式。换句话说,可以迭代地应用该算法(次数等于不同故障的次数),测试针对每个单例故障集的可诊断性。

如果一个单独的故障被认为是$f \in \Sigma_f$,G_0中每对中的一组故障(x,φ)要么是$\varphi = \{f\}$,可以方便地表示为F,要么是$\varphi = \emptyset$,可以表示为N。自动机G_0可称为故障f的校对机(verifier)。如果孪生系统模型G_d的状态与模式匹配,则其状态是模糊的,$((x,N);(x',F))$或$((x,F);(x',N))$。如前所述,如果循环中的状态是模糊的,则所有同一循环中的状态都是模糊的。

最后,与每个单独故障相关的测试的复杂性是$O(|X|^4 2^{4|1|}|\Sigma_0|) = O(|X|^4|\Sigma_0|)$。因此,测试可诊断性方法的总体复杂性为多项式$O(|X|^4|\Sigma_0||\Sigma_f|)$。

10.3 观测的时间和逻辑不确定性

在文献[27]之前,可诊断性仅限于某些观测中。然而,观测结果在许多应用中是不确定的。本节提出了两种类型的不确定性,即时间不确定性和逻辑不确定性,对于每一种不确定性,都衡量观测的不确定性有多大。正如10.3.2节将指出的,这些指标绝不是唯一的。

10.3.1 时间不确定的观测

在10.2.1节使用的观测$O = h.g.e.c$中,可观测事件的发生顺序已在图10.2中进行了说明,其中顺序由观测到的事件之间的箭头表示。例如,从h到e的隐式箭头不显示,说明观测是暂时确定的。然而,在DES中发生的可观测事件的时间顺序并不总是已知的,尤其是当它们在发生时间很短时。图10.2的底部图给出了一个时间不确定的观测 O',可观测事件 g 和 e 之间的顺序未知。由于不知道 $h.g.e.c$ 和 $h.e.g.c$ 哪个序列实际发生过,因此精确的诊断算法必须同时考虑这两个序列。可观测事件 e 和 g 对可以看作是一个时间上的复合事件 $e//g$,它同时表示序列 $e.g$ 和 $g.e$。可以将不确定的观测描述为 $O'=h.e//g.c$ 序列。

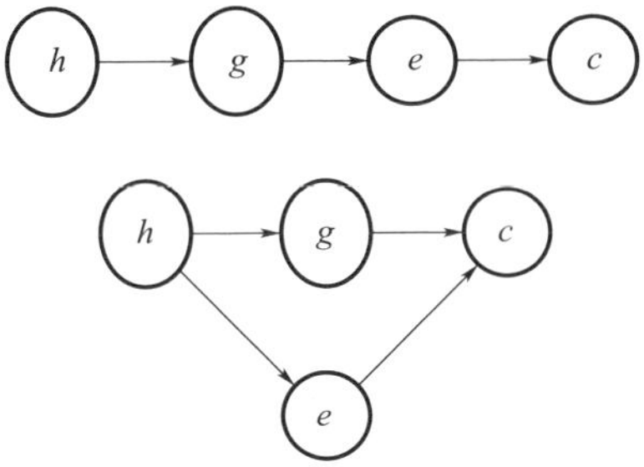

图 10.2 时间确定(顶部)和不确定(底部)观测值

定义 2(时间复合可观测事件) l 级的时间复合可观测事件(其中 $l\geqslant1$)是可观测事件中,相互时间无关实例的多组集合。当 $l\geqslant1$ 时,并非所有 l 事件都是相同的。第 1 级的时间复合事件是单个可观测事件。

用$\left(\left(\dfrac{\Sigma_0}{l}\right)\right)$和$\left(\left(\dfrac{\Sigma_0}{\leqslant l}\right)\right)$分别表示基数 l 和比基数 l 更小的多个集合的集合Σ_0。注意,$\left(\left(\dfrac{\Sigma_0}{\leqslant l}\right)\right)=\cup_{i\leqslant l}\left(\left(\dfrac{\Sigma_0}{i}\right)\right)$。虽然可以通过编写包含所有实例的值(独立于它们的顺序),并使用//作为分隔符来标识临时复合事件,但是在本章中,将这些值按字母顺序排列。

定义 3(时间不确定性水平) 一系列时间复合可观测事件称为时间不确定性观测。时间不确定观测对象 O 的时间不确定性水平是 O 所包含的复合可观测事件的最大值。

观测的最低时间不确定性级别为 1,对应于某一观测。由于事件 e 和 g 在时间上是相互无关的,因此图 10.2 底部图中观测的时间不确定性级别为 2。注意,上面定义的时间不确定观测值并不包括文献[14]中定义的所有时间不确定观测值。如果采用精确的诊断算法来诊断监测上下文中的 DES,则对于任何时间不确定的观测,诊断输出是单调的[18],即存在一系列时间复合事件。而一组新的候选项仅在处理了一个时间复合事件中的所有可观测事件之后才输出。因此,处理这类时间不确定观测是有意义的。

10.3.2 逻辑上不确定的观测

时间不确定观测是指某些时间限制被放宽的观测。同样，逻辑上不确定的观测是对某一观测的逻辑松弛。所谓的观测事件的逻辑内容[14,16]是其(离散)值。如果对这个值是不确定的，那么相关的观测在逻辑上就是不确定的。

图 10.3 显示了一个逻辑上不确定的观测，其中逻辑不确定性来自这样一个事实：①第一个观测到的事件并不明确，即它可以是 e 或 h；②第三个事件(e)是否发生不确定，也可以是 ε。由于不知道哪个序列($h.g.e.c$ 或 $h.g.c$ 或 $e.g.e.c$ 或 $e.g.c$)实际发生过，因此，一个精确的诊断算法必须考虑所有序列。

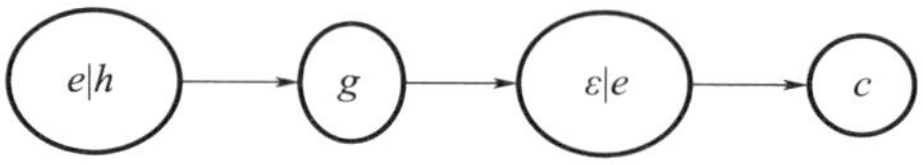

图 10.3　逻辑不确定性观测

由于逻辑上的不确定观测包含 ε，运用$\Sigma_{o+}=\Sigma_o\cup\{\varepsilon\}$表示，将逻辑复合可观测事件定义为属于$\Sigma_{o+}$的一组事件。这个复合事件的层级，相当于一个时间复合可观测事件的级别，在此定义为复合事件中包含的任意一对事件之间，根据指定的距离矩阵(为归一化而增加 1)的最大距离。

定义 4(距离矩阵与逻辑复合可观测事件)　距离矩阵 $\boldsymbol{M}$ 是一个映射，它将 $\Sigma_o\times\Sigma_{o+}$ 中的任意一对与一个(可能是无限的)非负整数相关联，同时考虑到这些约束，即 $\forall(e_1,e_2)\in\Sigma_o\times\Sigma_{o+}$，若$e_1=e_2$，则 $\boldsymbol{M}(e_1,e_2)=0$；若$e_1\neq e_2$，则 $\boldsymbol{M}(e_1,e_2)>0$；若$e_2\neq\varepsilon$，则 $\boldsymbol{M}(e_2,e_1)=\boldsymbol{M}(e_1,e_2)$。程度为 $d(d\geqslant 1)$ 的逻辑复合可观测事件 o 是Σ_{o+}中元素的非空子集，非单列$\{\varepsilon\}$，因此 $d=\max\{\boldsymbol{M}(e_1,e_2)\mid\{e_1,e_2\}\subseteq o\}+1$。值为 1 的逻辑复合事件是单个可观测事件。

给出图 10.1 中的系统 D，假设可观测事件 b 和 d 很难区分。还假设 a、e 和 h 不那么难以区分，而且有时很难找出所感知到的是纯噪声(即 DES 中没有发生可观测事件)还是可观测事件 e。这可以通过 $\boldsymbol{M}(b,d)=1$；$\boldsymbol{M}(a,e)=\boldsymbol{M}(a,h)=\boldsymbol{M}(e,h)=2$；$\boldsymbol{M}(e,\varepsilon)=3$，$\boldsymbol{M}(\cdot)=\infty$ 为任何其他不同的元素对建模。

使用$2^{\Sigma_{o+},d}$和$2^{\Sigma_{o+},\leqslant d}$来表示$\Sigma_{o+}$的子集集合，其中每个子集分别表示一个逻辑上复合的可观测到的 d 次事件和 d 次以下事件。注意$2^{\Sigma_{o+},\leqslant d}=\cup_{i\leqslant d}2^{\Sigma_{o+},i}$。使用符号#作为分隔符来表示逻辑复合的可观测事件，如 $e\#h$。虽然逻辑复合事件是通过编写所包含的所有值来统一标识的，与它们的顺序无关，但在本章中将这些值按顺序排列，以便“将这些值按字母顺序排列”。

定义 5（逻辑不确定度）　一系列逻辑上复合的可观测事件称为逻辑不确定的观测。逻辑不确定观测的逻辑不确定度是所包含的逻辑复合事件的最大不确定值。

图 10.3 中描述的观测 $e\#h.\ g.\ \varepsilon\#e.\ c$ 的逻辑不确定度为 4，因为 ε 与 e 之间的距离为 3。

前文已经说过，在不确定的观测中，可以采用几个不同的参数来测量“噪声”。针对逻辑不确定性的观测，将只使用前文定义的逻辑不确定性程度作为参数。然而，为了提供另一个参数的实例，还涉及可包含在逻辑复合可观测事件中的数量最大值。

10.3.3　综合不确定度观测

具有综合不确定性的观测是一种时间上不确定的观测，其中的事件在逻辑上是不确定的。

图 10.4 表示一个显示组合不确定性的观测结果：两个事件（$e\#h$ 和 $\varepsilon\#e$）的逻辑内容不确定；一对事件（g 和 $\varepsilon\#e$）的相对发生顺序不确定。

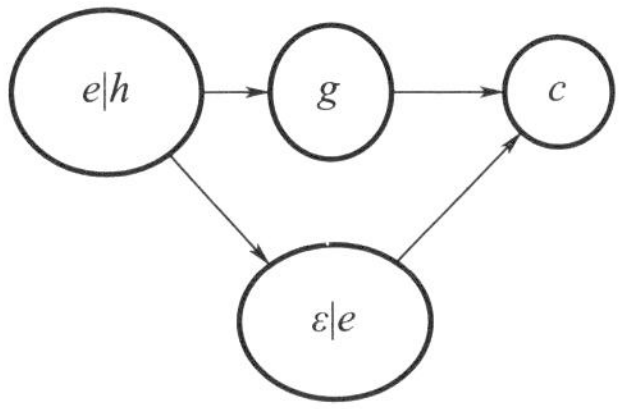

图 10.4　在时间和逻辑上都不确定的观测结果

定义 6（组合复合可观测事件）　一组级别为 $l(l\geqslant 1)$ 和程度为 $d(d\geqslant 1)$ 的组合复合可观测事件是一组相互无关的时间事件 l，且逻辑上复合最大程度为 d 的可观测事件。当 $l>1$ 时，不是所有 l 事件都相同，级别和程度都为 1 的复合可观测事件为单个可观测到的事件。

用 $\left(\left(\frac{2^{\Sigma_{o+},\leqslant d}}{l}\right)\right)$ 及 $\left(\left(\frac{2^{\Sigma_{o+},\leqslant d}}{\leqslant l}\right)\right)$ 分别表示 l 及小于等于 l 的多个集合的集合 $2^{\Sigma_{o+},\leqslant d}$。注意 $\left(\left(\frac{2^{\Sigma_{o+},\leqslant d}}{\leqslant l}\right)\right)=\cup_{i\leqslant l}\left(\left(\frac{2^{\Sigma_{o+},\leqslant d}}{i}\right)\right)$。

定义 7（组合不确定度指标）　具有组合（时间和逻辑）不确定性的观测是

一系列组合的复合可观测事件。综合不确定观测 O 的综合不确定度指数为由 O 中包含的复合可观测事件的最大水平 l 和最大程度 d 给出的一对指数。该指数记作d^l。

某一观测的组合不确定度指数最低为 1^l,对应于某一特定观测。如果一个观测的综合不确定度指数为 1^l,则该观测只受时间不确定度(水平不确定度 l)的影响。反之,如果一个观测值的综合指数为d^l,则该观测值只受逻辑不确定性(d 度)的影响。

如图 10.4 所示观测组合不确定度指数($e\#h$). $\varepsilon\#e//g.c$ 为 4^2,其 l 最大值为 2(事件 g 与 $\varepsilon\#e$ 在时间上无关),其 d 最大值为 4(由于 ε 到 e 的距离为 3)。

10.3.4 统一不确定性表示

为了使下一个定义独立于所考虑的不确定性的特定类型及其度量(因为可以为同一不确定性类型设想若干度量),在此引入一个观测的扩展。这种扩展既包含了特定的不确定性,又根据特定的度量方法来体现其价值。

定义 8(扩展的观测) 给定一种不确定性 $\|$、一个特定的测量不确定性 m,和一定的观测 O,扩展$\|O\|^{\|m}$的观测是一组特定的和不确定的观测,O 可以生产根据给定的不确定性的类型和给定的不确定性度量,其中 $O \in \|O\|^{\|m}$。

现在讨论$\|m$作为不确定性对系统观测产生的影响。例如,假设水平为 l 的时间不确定性扩展为$\|O\|//l$,程度为 d 的逻辑不确定性扩展为$\|O\|^{\#d}$,指数 d^l的组合不确定性扩展为$\|O\|^{d^l}$。在例子中,一个痕迹 τ 的确定观测为 $obs(\tau) = h.g.e.c$,将该观测扩展到第二个时间不确定性水平为 $\|obs(\tau)\|//2 = \{h.g.e.c.h.g.c//e, h.e//g.c, g//h.c//e\}$。根据 10.3.2 节提供的距离矩阵,将 $obs(\tau)$的直到第三个逻辑不确定性扩展为$\|obs(\tau)\|^{\#3} = \{x.g.y.c\}$,这是一个包括 16 个序列的集,其中 $x \in \{h, a\#h, e\#h, a\#e\#h\}$,$y \in \{e, a\#e, e\#h, a\#e\#h\}$。$obs(\tau)$对于综合指数 3^2 的扩展为$\|obs(\tau)\|^{3^2} = \{x.g.y.c, x.g.c//y, x.g//y.c, g//x.y.c, g//x.c//y\}$,包含了 80 个序列。

注意,$\|obs(\tau)\|^{//l} = \|obs(\tau)\|^{\#l} = \|obs(\tau)\|^{1^l} = \{h.g.e.c\}$。这些隐藏属性引出了一个确定的观测。这是正常属性也就是说对于任何痕迹 τ,由于$//1$、$\#1$、1^l没有不确定性,存在$\|obs(\tau)\|^{//l} = \|obs(\tau)\|^{\#l} = \|obs(\tau)\|^{1^l}$。给定一个不确定观测 O_u,事实上,对于某些观测$O_u \in \|O_1\|^{\|m} \cap \|O_2\|^{\|m}$,$O_1$和 O_2意味着如果观测受到不确定性 $\|m$ 的影响,可观测行为 O_1容易被误认为可观测行为 O_2。

10.4 不确定观测的可诊断性

本节提出了一种受影响的观测的诊断能力的(通用)定义,不确定性$\|m$。根据这个广义的定义,故障应该总是最终产生一个不能被误认为是正常行为(nominal behavior)产生的观测结果。

定义 9　给定一个 DES $D=(E,L,obs,flt)$,具有一组故障$\Sigma_f\subseteq\Sigma$,和一个不确定性$\|m$,故障$f\in\Sigma_f$是可诊断的,假如:

$$\forall\tau_1\in\overline{L_f},\exists k\in N,\forall\tau_2:\tau_1.\tau_2\in L,|obs(\tau_2)|\geqslant k\Rightarrow(\forall\tau\in L),$$

$$(\|obs(\tau_1.\tau_2)\|^{\|m}\cap\|obs(\tau)\|^{\|m}\neq0\Rightarrow(\tau\in L_f))$$

如果每个故障f都是$\|m$-可诊断的,那么系统D是$\|m$-可诊断。

将定义 1 与定义 9 进行比较,不难看出后者是前者的泛化,因为当$\|m$包含不确定时,$\|O\|^{\|m}$是个例。例 10.1 中的系统D是$\|^{//2}$-可诊断的。事实上,故障f是通过观测$b.c*$或$e.c*$来识别的;改变两个连续观测事件的顺序,并没有消除b将被忽略的事实;一个级别为$l\leqslant 2$的暂时不确定的观测不会改变h和e之间的顺序。然而,由于所观测的$e//g//h.\ c^*$与正常故障的跟踪相关,不能被精确的诊断,因此系统不是$\|^{//3}$-可诊断的。

考虑到 10.3.2 节所提供的距离矩阵,考虑逻辑不确定性度为 2。因此,只有在它们之间的距离值的事件需要考虑到 1,即事件b中唯一的不确定性,可能与d混淆(反之亦然)。如果逻辑不确定观测$b\#d.\ c^*$被感知,诊断任务无法确定是否发生了故障f,这说明D不是$\|^{\#2}$-可诊断的。

注意诊断能力的定义是如何表现良好的$w.r.t$增加不确定性。如果不确定性$\|''$比$\|'$范围更广,即对于任何特定的观测O,$\|O\|''\supseteq\|O\|'$,则$\|''$-可诊断性就意味着$\|'$-可诊断性。给定一个序列,$\|^1$,$\|^2$,$\|^3$,…为越来越多的不确定性,最大值为i,以至于系统是$\|^i$-可诊断的(如果针对某些确定观测,DES 是不可诊断的,为 0;如果对 i 的某些观测不存在任何上界,为$+\infty$)定义了系统$w.r.t.$不确定性的稳定性。由于时间的不确定性对于水平的增加值和逻辑的不确定性对于程度的增加值逐渐放宽(对于任何给定的距离矩阵),可以得出,DES D对于任何$l>2$都不是$\|^2$-可诊断的,对于任何$d>1$都不是$\|^{\#d}$-可诊断的。对于组合(时间和逻辑)不确定性的许可性,假如$\hat{d}\geqslant d$且$\hat{l}\geqslant l$时,$\|O\|^{\hat{d}\hat{l}}\supseteq\|O\|^{dl}$成立。因为 DES D对于任何$d>1$,$\|^{\#d}$-可诊断性都不成立,对于任何$d>1$,$\|^{dl}$-可诊断性都不成立;因此,$\|^{dl}$-可诊断性使$\|^{//l}$-可诊断性不成立。

10.4.1 诊断能力及时间不确定性

现在用暂时不确定的观测来适应孪生系统模型法。首先,展示了 $\|^{//l}$ – 校对机,它是包含时间不确定性的验证机。这是一个经典的孪生系统模型验证机,以$\left(\binom{\Sigma_0}{\leqslant l}\right)$替代$\Sigma_0$代表可观测事件,也就是所有可观测到的时间复合事件的语言,直到水平 l。

定义 10($\|^{//l}$ – 校对机) 让 $D=(\Sigma,L,obs,flt)$为一个 DES,其中$\Sigma_0\subseteq\Sigma$ 及 $\Sigma_f\subseteq\Sigma$ 分别为观测事件集合及故障集合。让 $G=(X,\Sigma,\delta,x_0)$为 FA 生成的 L。$\|^{//l}$ – 校对机的故障$f\in\Sigma_f$对应的 FA $G^{//l}=(X^{//l},\Sigma^{//l},\delta^{//l},x_0{}^{//l})$定义为:

· $X^{//l}=X\times\{N,F\}$ 且$x_0^{//l}=(x_0,N)$;

· $\Sigma^{//l}=\left(\binom{\Sigma_0}{\leqslant l}\right)$;且

· $\delta^{//l}=\{((x,\varphi),w,(x',\varphi'))\in X^{//l}\times\Sigma^{//l}\times X^{//l}\mid$任意路径 $G:x\xrightarrow{\sigma_1}\cdots\xrightarrow{\sigma_n}x'$,$n\geqslant 1$,$\sigma_n\in\Sigma_0$,$w\in\|obs(\sigma_1\cdots\sigma_n)\|^{//l}$且$\phi'=N\Leftrightarrow(\phi=N\wedge f\notin(\sigma_1\cdots\sigma_n))\}$

根据 10.2.3 节的复杂度分析,$\|^{//l}$ – 校对机故障模型建立的计算复杂度为 $O(|X|^2|\Sigma^{//l}|)=O(|X|^2|\Sigma_0^{//l}|)$。

一旦 $G^{//l}$被建立,它必须与自身同步,这就形成了孪生系统模型。如果孪生系统模型中没有包含模糊状态的回路,则如定理 1 所述,可诊断性成立。

定理 1 给定 DES D,其行为由 $FAG=(X,\Sigma,\delta,x_0)$表示,故障$f$ 的$\|^{//l}$ – 校对机 $G^{//l}$由其引出,当且仅当$G^{//l}\otimes G^{//l}$不包含模糊状态的循环时,故障f 为$\|^{//l}$ – 可诊断的。

证明:证明过程与经典的孪生系统模型法[13]相似。一个模糊状态环证明了双晶胞中存在一条无限模糊路径。通过构造,双晶胞内的无限模糊路径揭示了 DES 的两种无限行为的存在性,一种为 N 行为(不包括任何f故障的发生);一种为 F 行为(f故障确认发生),可以无限地产生相同的时间不确定的观测结果。这说明定义 9 中可诊断故障的有限延迟 k 不存在。

检查故障$\|^{//l}$ – 可诊断性的整个方法(见 10.2.3 节)的复杂度为 $O(|X|^4|\Sigma_0|^l)$。

在图 10.1 中的样本 DES D 的$\|^{//l}$ – 校对机如图 10.5 所示。相同源节点和目标节点的转换只显示一个,触发这些转换的所有事件被标记。其中 + 是分隔符。

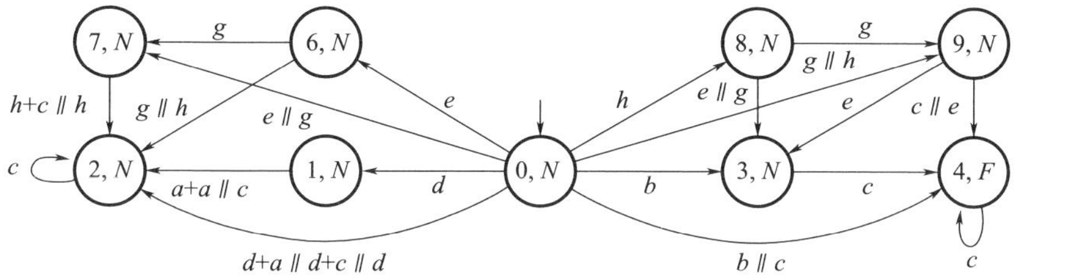

图 10.5　图 10.1 中 DES 的 $\|^{//2}$ – 校对机

10.4.2　可诊断性和逻辑不确定性

包含逻辑不确定性的 $\|^{//d}$ – 校对机，是经典的孪生系统模型。用 $2^{\Sigma_{0+},\leq d}$ 替代 Σ_0 代表可观测事件，也就是所有可观测到的时间复合事件标记，直到程度 d（根据所考虑的距离矩阵 $\boldsymbol{M}$）。

定义 10（$\|^{//d}$ – 校对机）　让 $D=(\Sigma,L,obs,flt)$ 为一个 DES，其中 $\Sigma_0\subseteq\Sigma$ 及 $\Sigma_f\subseteq\Sigma$ 分别为观测事件集合及故障集合。使 $G=(X,\Sigma,\delta,x_0)$ 为 FA 生成的 L。$\|//l$ – 校对机的故障 $f\in\Sigma_f$ 对应的 FA $G^{\#d}=(X^{\#d},\Sigma^{\#d},\delta^{\#d},x_0^{\#d})$ 定义为：

· $X^{\#d}=X\times\{N,F\}$ 且 $x_0^{\#d}=(x_0,N)$；

· $\Sigma^{\#d}=2^{\Sigma_{0+},\leq d}$；且

· $\delta^{\#d}=\{((x,\phi),w,(x',\phi'))\in X^{\#d}\times\Sigma^{\#d}\times X^{\#d}\mid$ 任意路径 $G: x\xrightarrow{\sigma_1}\cdots\xrightarrow{\sigma_n}x'$，$n\geq1$，$\sigma_n\in\Sigma_0$，$obs(\sigma_1\cdots\sigma_n)=\sigma_n$，$w\in\|obs\ \sigma_n\|^{\#d}$ 且 $\phi'=N\Leftrightarrow(\phi=N\wedge f\notin\{\sigma_1\cdots\sigma_n\})\}$

基本上，DES 行为模型中从源状态到目标状态的每条路径，都以一个可观测到的转换（用事件 e 标记）结束，通过对与 e 相关的每个可能的逻辑复合事件从同一个源到同一个目标的转换来反映（包括 $\varepsilon\#e$，如果合适，根据矩阵 $\boldsymbol{M}$ 和程度 d 的值），而这是路径中唯一可观测到的转换。

$\|^{//d}$ – 校对机的一个转换（$((x,\varphi),w,(x',\varphi'))$）中，$w$ 为包含 ε（成为 ε 事件）的逻辑复合事件 $\varepsilon\#e$，也就是当 DES 处于状态 x 且事件 $\varepsilon\#e$ 被感知时，由于这样的时间不一定是噪声，因此可以将状态表示变为 x'。相反，如果在 $\|^{//d}$ – 校对机中没有从 (x,φ) 退出的转换，则标记为 $\varepsilon\#e$，这意味着，如果事件 $\varepsilon\#e$ 在 DES 状态为 x 时被感知，那么 $\varepsilon\#e$ 必然是噪声。

与故障相关的 $\|^{//d}$ – 校对机构造的计算复杂度为 $O(|X|^2 2^{|\Sigma_{0+}|})$。这个估计是相当普遍且非常悲观的：更准确的估计应该考虑到度 d 的值和具体的距离矩阵 $\boldsymbol{M}$。

图 10.6 描述了图 10.1 中与样本 DES 相关的 $\|^{//4}$ – 校对机。构建这个校对机只是一个练习，因为已经知道，对于任何大于 1 的逻辑不确定性程度，样本 DES 都是不可诊断的。

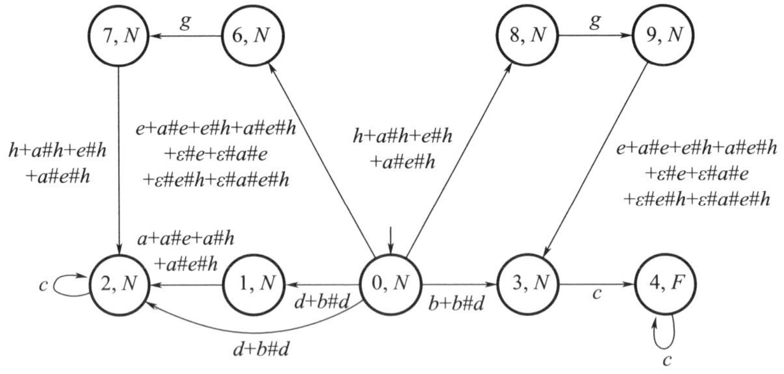

图 10.6　图 10.1 中 DES 的 $\|^{//4}$ – 校对机

$\|^{//d}$ – 校对机的转换 $((x,\varphi)、w、(x',\varphi'))$ 故障 f 标记为包括 ε 的复合逻辑事件，例如 $\varepsilon\#e$，表示如果在当前候选诊断（就 f 故障而言）为 (x,φ) 时感知到此类事件。如果假设观测到的不是噪声，下一个候选诊断应是 (x',φ')。然而，在处理 $\varepsilon\#e$ 时，诊断任务还需要考虑到系统没有生成可观测事件的可能性。由于 $\|^{//d}$ – 校对机中没有显式地表示这一点，因此必须在孪生系统模型法中考虑到这一点。

定义 12（逻辑结果）　令 $G^{\#d}=(X^{\#d},\Sigma^{\#d},\ \delta^{\#d},x_0{}^{\#d})$ $G^{\#d}=(X^{\#d},\Sigma^{\#d},\delta^{\#d},x_0^{\#d})$ 为 $\|^{//d}$ – 校对机。$G^{\#d}$ 自身的逻辑结果为 $G^{\#d}\otimes G^{\#d}$，为一个不确定的 $FA(X^L,\Sigma^L,\delta^L,x_0^L)$ 表示如下：

$$\cdot\ X^L\subseteq X^{\#d}\times X^{\#d}$$

$$\cdot\ x_0^L=(x_0^{\#d},x_0^{\#d})$$

$$\cdot\ \Sigma^L=\Sigma^{\#d}$$

且

$$\cdot\ \delta^L=\delta_1^L\cup\delta_2^L\cup\delta_3^L$$

其中

$$-\delta_1^L=\{((x_1,x_2),w,(x'_1,x'_2))\in X^L\times\Sigma^L\times X^L\mid(x_1,w,x'_1)\in\delta^{\#d},(x_2,w,x'_2)\in\delta^{\#d}\}$$

$$-\delta_2^L=\{((x_1,x_2),w,(x'_1,x'_2))\in X^L\times\Sigma^L\times X^L\mid(x_1,w,x'_1)\in\delta^{\#d},\varepsilon\in w\}$$

$$-\delta_3^L=\{((x_1,x_2),w,(x'_1,x'_2))\in X^L\times\Sigma^L\times X^L\mid(x_2,w,x'_2)\in\delta^{\#d},\varepsilon\in w\}$$

假如 δ^L 与 δ_1^L 相等，逻辑积就是 $G^{\#d}$ 自身的积。然而，这并不能解释任何感知

到的 ε - 事件可能是纯粹的噪声这一事实。这就是δ_2^L和δ_3^L存在的必要性。前者包括下列情况：这代表了一对候选诊断(x_1, x_2)，一个 ε - 事件被感知，假设诊断任务(假设任务可诊断，也就是说，如果在$\|^{//d}$ - 校对机中存在一个从 x_1退出的转换，并且标记了这样一个事件)不是x_1的噪声，而是x_2的噪声。这两种情况均被δ_3^L包含。

定理 2 给定 DES D，其行为由 $FAG = (X, \Sigma, \delta, x_0)$ 表示，距离矩阵 $\boldsymbol{M}$，故障f的$\|^{//d}$ - 校对机$G^{\#d}$，当且仅当$G^{//l} \otimes G^{//l}$不包含模糊状态的循环时，故障f为$\|^{\#d}$ - 可诊断的。

证明大纲：这个证明相当于表明逻辑产品构建了一个孪生系统模型，这样每条路径都表示所考虑的 DES 的一对演化(以及相应的候选诊断)与相同的(逻辑上不确定的)观测相一致(i)，并且任何与相同(逻辑上不确定的)观测相容的不同进化对都由孪生系统模型中的一条路径表示(ii)。第(i)点可以通过观测到：孪生系统模型的初始状态是一对候选诊断，根据这对候选诊断，DES 处于初始状态，没有故障；孪生系统模型中的每一个转换都会带来一对新的候选诊断，与一对进化相关，进化是由对一个新的(逻辑上的复合)可观测事件的相同感知驱动的。这种演化符合$\|^{\#d}$ - 校对机，也符合 DES 的行为模型。

关于第(ii)点所声称的完整性，假设观测是对系统中发生的可观测事件序列的逻辑松弛，这些事件之间可能混杂着实际上是纯噪声的 ε - 事件。考虑孪生系统模型的状态(x_1, x_2)，任何新的可感知(逻辑复合)可观测事件都属于以下类别之一：

(1)不是 ε - 事件，在孪生系统模型中存在一个从(x_1, x_2)过渡退出的δ_1^L标记该事件。

(2)是一个 ε - 事件，当 DES 处于x_1和x_2状态时，它实际上可以对应于一个可观测到的事件，这个事件是可感知的。在这种情况下，有三个转变在孪生系统模型退出(x_1, x_2)，并以该事件标记：δ_1^L转换(对应于假设事件既不是从x_1开始也不是从 x_2开始的噪声)，δ_2^L转换(这相当于假设事件是从x_2开始的噪声)，δ_3^L转换(这对应于假设事件是从x_1开始的噪声)。当两个进化的事件都是噪声时，同样的情况也被孪生系统模型完成，因为其表现为当前状态(x_1, x_2)。

(3)是一个 ε - 事件，它实际上可以对应于一个可观测的事件，只有当 DES 处于 x_1或 x_2状态时，在这种情况下，孪生系统模型存在一个从(x_1, x_{12})出发并标记有此类事件的转换。如果事件从x_1开始是可观测的，则为δ_2^L过渡；如果事件从x_2开始是可观测的，则为δ_3^L过渡。综上所述，当两个进化的事件都是噪声时，同样的情况也被孪生系统模型完成，因为其表现为当前状态(x_1,x_2)。

(4)是一个ε-事件，当DES处于x_1或x_2状态时，无法对应于任何可观测到的事件，也就是说，当系统处于x_1或x_2状态时，这样的事件必然与噪声相对应。这恰巧被孪生系统模型印证，因为没有转换标记从(x_1,x_2)退出事件。这意味着，根据定理2，一个无限序列ε-事件必然是噪声，无须$\|^{\#d}$-校对机确认（事实上，这样一个无限序列并不是由孪生系统模型中的任何循环来表示的）。

孪生系统模型的无限模糊路径揭示了DES的两种无限行为的存在性，N行为（不包括任何故障f），F行为（必然存在故障f），这可以无限地产生相同的逻辑上不确定的观测结果，可能被ε-事件，实际上是纯粹的噪声混合。

逻辑产品和检查$\|^{\#d}$-可诊断性的故障方法的复杂性为$O(|X|^4 2^{|\Sigma_{0+}|})$。

10.4.3 可诊断性和综合不确定性

现在研究包含时间和逻辑综合不确定性的$\|^{//dl}$-校对机。其主要内容包括$\|^{//l}$-校对机和$\|^{\#d}$-校对机。

定义13（$\|^{dl}$-校对机） 使$D=(\Sigma,L,obs,flt)$为一个DES，其中$\Sigma_0\subseteq\Sigma$及$\Sigma_f\subseteq\Sigma$分别为观测事件集合及故障集合。使$G=(X,\Sigma,\delta,x_0)$为FA生成的L。设$\boldsymbol{M}$为距离矩阵。设$G^{\#d}=(X^{\#d},\Sigma^{\#d},\delta^{\#d},x_0{}^{\#d})$为$\|^{\#d}$-校对机的故障$f\in\Sigma_f$，$\|^{dl}$-校对机与同一故障相关的FA $G^{dl}=(X^{dl},\Sigma^{dl},\delta^{dl},X^{dl})$定义为

$$X^{dl}=X^{\#d}\text{且}x_0^{dl}=x_0^{\#d}$$

$$\cdot\ \Sigma^{dl}=\left(\binom{\Sigma^{\#d}}{\leqslant l}\right);$$

且

$$\delta^{dl}=\{((x,\phi),w,(x',\phi'))\in X^{dl}\times\Sigma^{dl}\times X^{dl}\mid\text{任意路径}G^{\#d}:(x,\phi)\xrightarrow{\sigma_1}\cdots\xrightarrow{\sigma_n}(x',\phi'),1\leqslant n\leqslant l,w\in\|obs(\sigma_1,\sigma_2,\cdots,\sigma_n)\|^{//l}\}。$$

注意，在定义13中，$||\sigma_1\cdots\sigma_n||^{//l}$将时间不确定性应用于逻辑复合事件序列。

与故障相关的$\|^{dl}$-校对机构造的复杂性是

$$O(|X^{dl}|^2|\Sigma^{dl}|)=O(|X^{\#d}|^2|\Sigma^{\#d}|^l)=O(|X|^2|2^{\Sigma_{0+},\leqslant d}|^l)=O(|X|^2 2^{l|\Sigma_{0+}|})$$

图10.7描述了示例DES的$\|^{dl}$-校对机。不存在ε-事件因为逻辑不确定度的值2只会导致可观测到的事件b和d相互混淆。

逻辑上包含ε（即ε-事件）的复合事件的感知要么对应于DES中发生的可观测事件，要么完全不对应于任何可观测事件。虽然$\|^{dl}$-校对机（与$\|^{\#d}$-校对

机相同）明显表示前一个选项，但是孪生系统模型中必须将这两个选项同时考虑。

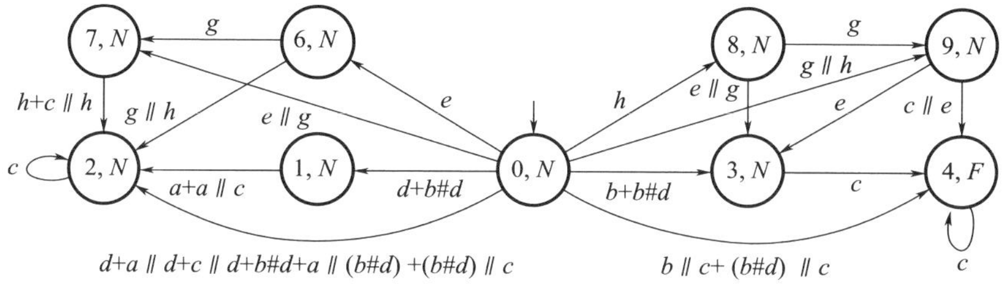

图 10.7　图 10.1 中 DES 的 $\|^{22}$ – 校对机

给定一个组合的复合事件 w，将 w 的所有子多集集合表示为 $Sub(w)$，这样每个子多集都可以通过从 w 中随意删除一个或多个 ε – 事件实例来获得。

定义 14（综合结果）　令$G^{dl}=(X^{dl},\Sigma^{dl},\delta^{dl},X^{dl})$为 $\|^{dl}$ – 校对机。G^{dl}自身的逻辑结果为$G^{dl}\otimes G^{dl}$，为一个不确定的 $FA(X^C,\Sigma^C,\delta^C,x_0^C)$表示如下：

$$\cdot\ X^C\subseteq X^{dl}\times X^{dl}$$

$$\cdot\ x_0^C=(X^{dl},x_0^{dl})$$

$$\cdot\ \Sigma^C=\Sigma^{dl}$$

且

$$\cdot\ \delta^C=\delta_1^C\cup\delta_2^C\cup\delta_3^C$$

其中

$-\delta_1^C=\{((x_1,x_2),w,(x'_1,x'_2))\in X^C\times\Sigma^C\times X^C\mid(x_1,w,x'_1)\in\delta^{dl},(x_2,w,x'_2)\in\delta^{dl}\}$

$-\delta_2^C=\{((x_1,x_2),w,(x'_1,x'_2))\in X^C\times\Sigma^C\times X^C\mid(x_1,w,x'_1)\in\delta^{dl},w'=Sub(w),(x_2,w,x'_2)\in\delta^{dl}\}$

若 w'不为空，则$x_2=x'_2$。

$-\delta_3^C=\{((x_1,x_2),w,(x'_1,x'_2))\in X^C\times\Sigma^C\times X^C\mid(x_2,w,x'_2)\in\delta^{dl},w'=Sub(w),(x_1,w,x'_1)\in\delta^{dl}\}$

若 w'不为空，则$x_1=x'_1$。

在组合结果定义中，δ_1^C包括严格同步所形成的转换（即 $\|^{dl}$ – 校对机中两个转换的同步，这两个转换用相同的组合复合事件标记）。相反，$\delta_2{}^C$包括转换结果的同步转换（x_1）相关 $\|^{dl}$ – 校对机，被标识为一个组合复合事件 w 与过渡（x_2）相关 $\|^{dl}$ – 校对机，用 w 的（可能是空的）子多重集标记。换句话说，一个逻辑复合事件的多集可以与它的任何子多重集同步，这些子多重集是通过删除一个或多个 ε – 事件获得的（这意味着删除的事件被假定为只是噪声）。最后，

δ_3^C是δ_2^C的双倍,因为 w 与x_2相关而 w' 与x_1相关。

定理 3 给定 DES D,其行为由 $FAG=(X,\Sigma,\delta,x_0)$表示,距离矩阵为 $\boldsymbol{M}$,故障f的 $\|^{dl}$ – 校对机为G^{dl},当且仅当$G^{dl}\otimes G^{dl}$不包含模糊状态的循环时,故障f为 $\|^{dl}$ – 可诊断的。

证明大纲:这个证明类似于定理 2,但是在逻辑积中,每个转换都用逻辑复合事件标记,这里每个转换都用组合复合事件标记,这是逻辑复合事件的多组集合。对于组合不确定性,即组合产品,孪生系统模型的构造与逻辑结果的内在相似,δ_1^C,δ_2^C,δ_3^C分别包括δ_1^L,δ_2^L,δ_3^L(当所考虑的组合复合事件 w 确实是一个包含单个逻辑复合事件的多集时,δ_i^C等于δ_i^L)。这个构造保证:①结合产品中的每个路径代表一对认为 DES 的演进(相关的候选诊断)兼容的相同组合不确定的观测;②任何一对不同的演进与相同的组合不确定观测孪生系统模型由路径表示。孪生系统模型中的无限模糊路径暴露了 DES 的两个无限行为的存在,一个是正常的,另一个是故障的,它们可以无限地产生相同的组合不确定观测结果,其中组合复合事件中包含的任何 ε – 事件实际上都可以是纯噪声。

对组合结果和整个故障检查 $\|^{dl}$ – 可诊断性方法的复杂性的非常悲观的估计为 $O(|X|^4 2^{l|\Sigma_{0+}|})$。

10.5 例子

以那些具有逻辑不确定性的 HS 的可诊断性相关的案例进行说明,例如配电系统监控为例,来解释这一章的结果。这个示例经过了很大的简化,使其可以手动管理。

在配电网中,元件以树状连接。如图 10.8 所示,现在考虑仅包含三个组件(一个根和两个子组件)的简单网络。功率来自一个源(图中左边的 root),它必须从根节点分配到其子节点。

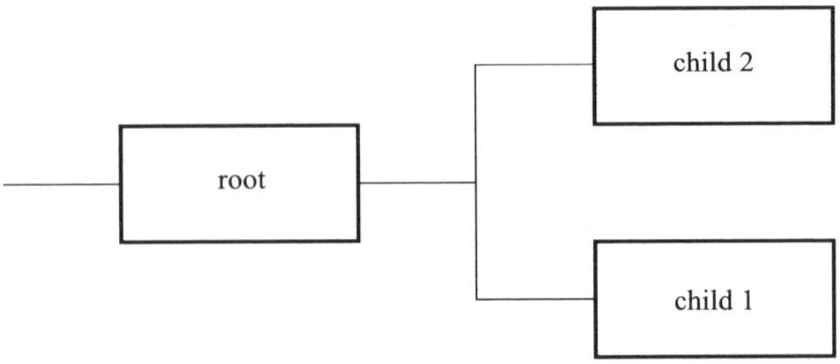

图 10.8 网络连通性

10.5.1　离散模型

网络中的每个组件都有 6 种工作模式，可以表示为 DES 的状态（参见图 10.9）：无电合闸（ClNoE）、合闸（Cl）、无电开闸（OpNoE）、开闸（Op）、故障（F）、跳闸（T）。如果组件没有被馈电，则没有电流循环，此时组件要么处于初始模式 ClNoE，要么处于模式 OpNoE。当组件被馈电时，当它处于闭合状态（Cl 模式）时，它让功率流通过，而当它处于打开状态（Op 模式）或跳闸（T 模式）时，它表现为开路；最后，当它是故障的（模式 F），元件表现为短路。假定组件在不馈电或打开时不会发生故障。类似地，组件只有在出现故障时才会跳闸。同时做了一个单一的故障假设，也就是不可能存在两个组件同时发生故障。

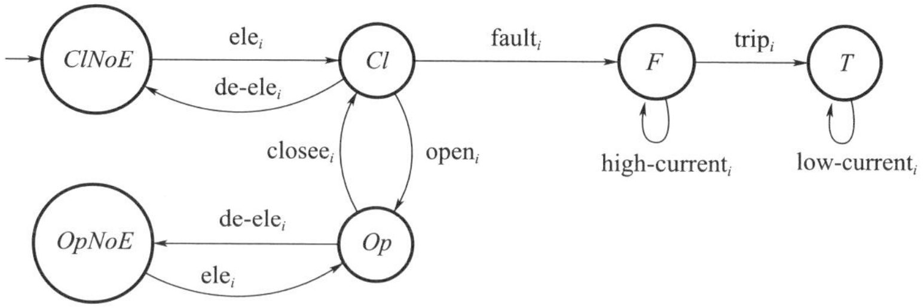

图 10.9　构件模型

虽然 DES 模型由所有组件共享，但正如参数下标 i 所强调的，模型中的事件是特定于每个组件的。在下面的示例中，就事件而言，下标 0、1 和 2 分别用于根组件、子组件 1 和子组件 2。

整个网络的可观测事件集为

$$\Sigma_0=\{\mathrm{ele}_0,\mathrm{dele}_0,\mathrm{open}_0,\mathrm{close}_0,\mathrm{high}-\mathrm{current}_0,\mathrm{open}_1,\mathrm{close}_1,\mathrm{high}-\mathrm{current}_1,\mathrm{low}-\mathrm{current}_1,\mathrm{open}_2,\mathrm{close}_2,\mathrm{high}-\mathrm{current}_2,\mathrm{low}-\mathrm{current}_2\}$$

网络的故障事件集为

$$\Sigma_f=\{\mathrm{fault}_0,\mathrm{fault}_1,\mathrm{fault}_2\}$$

事件 ele_0触发从根的初始模式到模式 Cl 的转换。这样的事件使网络变得活跃。事实上，（可观测的）事件 ele_0与（不可观测的）事件 ele_1和 ele_2是同步的，这两个事件分别在子组件 1 和子组件 2 中触发类似的转换。当所有组件都处于模式 Cl 时，电源从根流向两个子组件。但是，当组件在 Cl 模式下运行时，可以向它发送命令使其打开。命令 open_0将 root 切换到 Op 模式。这样一个事件（open_0）与 de $-$ ele_1和 de $-$ ele_2同步；这意味着，如果在关闭所有组件时发出命令 open_0，根节点切换到模式 Op，而两个子节点切换回初始模式，也就是说，它们是断电的。当根打开时,它可以重复地断电,到达模式 OpNoE,然后再次通电,回到模式 Op。当根处于打开模式并发出 $close_0$命令时,根切换到 Cl 模式,对于两个子节点也是如此,因为事件 $close_0$与事件 ele_1和 ele_2是同步的。相反,如果所有组件都关闭了,则发送命令 $open_1$或 $open_2$来打开其中一个子组件,这样一个子组件将切换到模式 Op,而不会影响其他组件的模式。如果,当这样一个组件处于模式 Op 时,网络被反复地断电并再次通电,则在每次迭代时该组件到达模式 OpNoE 并返回模式 Op。当一个子模式处于 Op 中,并发出关闭它的相关命令时,该子模式切换到 Cl。当组件处于 Cl 模式时,它可能会发生故障。

当根被通电时,它的输入电流被采样。一些可观测的离散事件(高电流$_0$、低电流$_0$、高电流$_1$、低电流$_1$、高电流$_2$、低电流$_2$)模拟了这种电流的异常值。件发生故障后,其新模式为 F,并观测到异常高的电流值(可能多次),该值由与 F 模式相关的循环转换建模。最后,一些保护机制使元件达到 T 模式,从 T 模式开始可以无限期地观测到异常低的电流。

10.5.2 连续模型

组件 c 在通电的每个模式下的连续行为用一些状态变量来建模:

内部阻力:若模式为 Cl,则$R_c :=\hat{R}_c$;若模式为 Op 或 T,则$R_c := +\infty$;若模式为 F,则$R_c := 0$ 接近 0)。

子树阻力:如果没有子组件,则$R_{<c} := R_c$;$R_{<C} := R_C + \dfrac{1}{\Sigma_h \in c \dfrac{1}{R_{c,h} + R_h}}$其中 C 为组件的子列表(每个子列表由 h 表示),R_C为 c 与 h 之间直线的电阻。这适用于所有带电模式(Cl、Op、F 和 T)。

涡电流:$I: = V/R_{<\text{root}}$,其中 V 为(恒定的)电压。变量 I 是根的输入电流,它受根本身的子树电阻的影响。图 10.8 中的网络常数如表 10.1 所示(为简便起见,没有提供测量单位)。

表 10.1　例子中的常量

名称	值
V	100
$\hat{R}_{\text{root}}$	10
$\hat{R}_{\text{child1}}$	20
$\hat{R}_{\text{child2}}$	25
$R_{\text{root,child1}}$	5
$R_{\text{root,child2}}$	5

由于这种子树电阻的值取决于所有组件的模式,所以每当组件更改其模式时,电流 I 的值就会更改。

当一个元件发生故障时,它的内阻下降,这使得电流 I 在元件跳闸前达到峰值。跳闸后,器件内阻增大,电流 I 减小。

如果故障发生在根部,首先根部的内阻下降到接近零(模式 F),然后进入 $+\infty$(模式 T),因此电流 I 会达到很高的峰值,然后下降到零。

假设所有组件都已关闭,如果故障发生在子组件 i 中,当子组件 i 切换到模式 F 时,与根相关的子树电阻将下降到$R_{<\text{root}} := \hat{R}_{\text{root}} + \dfrac{1}{\dfrac{1}{R_{\text{root},\text{child } i}} + \dfrac{1}{R_{\text{root},\text{child } j} + \hat{R}_{\text{child } j}}}$,其中子组件 j 为其他子组件。当子组件 i 达到模式 T 时,与根相关的子树电阻将上升到$R'_{<\text{root}} := \hat{R}_{\text{root}} + \dfrac{1}{\dfrac{1}{R_{\text{root},\text{child } j} + \hat{R}_{\text{child } j}}}$。

如果发生故障为 fault_1,则当子组件$_1$处于模式 F 时,值为 $R_{<\text{root}} = 100/7 \cong 14.3$,当组件 1 处于模式 T 时,值为 $R'_{<\text{root}} = 40$。这些子树电阻对应的电流 I 值分别为 7 和 2 : 5。因此,当 I 的采样值为 7 时,可见事件高电流 t_1 发生,而当 I 的采样值为 2 : 5 时,可见事件低电流 t_1 发生。

相反,如果发生故障为 fault_2,则当子组件 1 处于模式 F 时,值为 $R_{<\text{root}} = 85/6 \cong 14.17$,当组件 1 处于模式 T 时,值为 $R'_{<\text{root}} = 40$。这些子树电阻对应的电流 I 值分别为 $120/17 \cong 7.05$ 和 $20/7 \cong 2.86$。因此,当 I 的采样值为 7.05 时,可见事件高电流 t_1 发生,而当 I 的采样值为 2.86 时,可见事件低电流 t_1 发生。

10.5.3　诊断能力分析

前几节描述的对具有不确定观测值的 DES 进行可诊断性分析的方法是集中式的,即依赖于表示整个系统行为的单个 DES。因此,为了利用 10.4.1 节 ~ 10.4.3 节所述的方法来分析本节所考虑的网络的可诊断性,首先要对这三个组件的离散模型进行并行组合(见 10.5.1 节)。所得到的 DES 对应于这些节中给出的各种定义中提到的 DES D。把 D 的构造和方法的后续应用留给读者作为一个有用的练习。因此,我们将针对逻辑不确定观测值的情况进行直观的可诊断性分析。

可观测事件高电流和低电流专门识别故障的发生,使得网络中的每一个故障在观测过程中不存在不确定性的情况下都可以进行诊断(也可以进行 DES 诊断)。

假设根据距离矩阵特定于网络,高电流 1 和高电流 2 之间的距离是 1,因为相应的连续的 I 值非常接近,而低电流 1 和低电流 2 之间的距离是 2,因为这些离散事件与相应的连续的 I 值距离略远。有趣的场景是,所有网络组件都是关闭的,两个子组件中的一个发生故障。在这种情况下,需要区分与故障 1 相关的可观测事件序列高电流 1、低电流 1 与故障 2 相关的事件序列高电流 2、低电流 2。如果观测的逻辑不确定度为 $d=2$,则始终可以将一个序列的第二个可观测事件与另一个序列的第二个可观测事件区分开来,诊断将准确地识别出故障(从而识别出故障部件)。因此,该系统是 $\|^{\#2}$ – 可诊断的。但是,如果逻辑不确定度增加到 3,则无法区分这两个跟踪的观测结果,因此不能确定其是 $\|^{\#3}$ – 可诊断的。

10.6 结论

本章对观测中的不确定性如何影响 DES 的可诊断性进行了研究,即在故障发生后,在有限数量的可观测事件内,不带任何模糊性地检测故障的能力。分析在文献中对 DES 可诊断性的原始定义(即给定一定的观测值即可诊断)的基础上进行。其中,所考虑的 DES 是可诊断的,且诊断算法是准确的。特别地,本章在基于事件的故障建模方法[12]上论述了上述主题,并考虑了对所观测到的事件之间的时间约束和/或逻辑约束的放松。

仅在时间不确定的情况下,观测表现为一系列复合时间事件。如果所考虑的时间复合事件的最大基数是 l(称为观测的时间不确定性水平),这意味着在 l(单个)可观测事件被记录下来之后,可能无法找出它们是按照什么时间顺序由 DES 产生的。这种情况下,例如,当可观测事件表现为不同的来源,不同的时钟或延误,不同的时钟同步误差(或这些延迟的不同可能时长)时,则出现次数最多的 L 事件出现顺序为不确定。

仅在逻辑不确定性的情况下,则观测结果为一系列复合逻辑事件。如果逻辑不确定度为 d,那么 DES 中发生的每一个可观测事件都可能与其他一些间距小于 d 的可观测事件混淆,甚至与间距小于 d 的纯噪声混淆。例如,当可观测事件通过受噪声影响的通道传递给观测者时,就是这种情况。例如,当事件通过受噪声影响的通道传递给观测者时,就是这种情况。因此,无论是时间上的还是逻辑上的放松都是非常有意义的,并且能够代表真实的情况。

本章提供了一个扩展的 DES 可诊断性定义(其初始定义在文献[21]中)以及一个方法来检查该定义的属性是否适用于一个给定的 DES。扩展原始孪生系统模型方法[13]考虑时间和逻辑的不确定性及其组合。该方法可以对 DES 进行诊断,即使观测时间不确定性的值 $l>1$ 和/或逻辑的不确定性程度 $d>1$。有些情况下,可用的测量设备不能达到相应的测量能力。可诊断性的不确定性程度越高,则所需的测量设备及其设计的成本就越低。

未来的研究可以遵循两个方向。一个集中在分布上,另一个集中在提出的概念框架的扩展上。这种框架目前是基于现有 DES 的全局模型及其单片处理的。相反,该模型可以是组合的,也可以采用分布式处理方法。对于第二个研究方向,DES 可诊断性的新定义及其检验方法可以适用于基于状态的故障建模方法。此外,还应能够处理各种时间不确定性,包括放松时间约束。这些约束不是时间复合事件的序列,而是由不确定的观测带来的。进一步的挑战是在观测(时间和/或逻辑)不确定性和近似诊断算法的框架中定义可诊断性。

最后,值得强调的是,研究具有不确定观测值的可诊断性对 HS 尤其有意义。事实上,在一个 HS 中,一些触发离散转换的可观测事件,并不是外部观测者可以感知的事件(通常在 DES 中是这样的),而是可以是基于与状态内的动态相关的处理计算其值的事件。例如,假设给定一个具有两个退出转换的状态(模型),诊断引擎有时无法确定在离开该状态时系统正在进行的转换。这种情况可以表示为与底层 DES 相关的逻辑上不确定的观测,所观测到的事件值的范围超过标记此类转换的两个值。因此,可观测的离散事件可以作为 HS 中连续和离散动态相互作用的模型。DES 的可诊断性分析也可用于对连续过程的推理。此外,如果潜在 DES 的一些可观测到的事件实际上是为了对状态内连续过程的推理结果建模,那么就可以设想出新的不确定性类型(除了时间和逻辑上的不确定性),因此 HS 证明了在观测中使用几种类型的不确定性来研究可诊断性是合理的。

参考文献

1. P. Baroni, G. Lamperti, P. Pogliano, M. Zanella, Diagnosis of large active systems. Artif. Intell. 110(1), 135 – 183 (1999)

2. A. Bauer, A. Botea, A. Grastien, P. Haslum, J. Rintanen, Alarm processing with model based diagnosis of discrete event systems, in AI for an Intelligent Planet (AIIP – 11) (2011), pp. 2 – 1 – 2:8

3. M. Bayoudh, L. Travé – Massuyès, Diagnosability analysis of hybrid systems cast in a discreteevent framework. J. Discrete Event Dyn. Syst. 24(3), 309 –

338 (2014)

4. C. Cassandras, S. Lafortune, Introduction to Discrete Event Systems, 2nd edn. (Springer, New York, 2008)
5. A. Cimatti, C. Pecheur, R. Cavada, Formal verification of diagnosability via symbolic model checking, in 18th International Joint Conference on Artificial Intelligence (IJCAI-03) (2003), pp. 363-369
6. O. Contant, S. Lafortune, D. Teneketzis, Diagnosability of discrete event systems with modular structure. J. Discrete Event Dyn. Syst. 16, 9-37 (2006)
7. A. Grastien, M. O. Cordier, C. Largouët, Extending decentralized discrete-event modelling to diagnose reconfigurable systems, in 15th International Workshop on Principles of Diagnosis (DX-04) (2004)
8. A. Grastien, A. Anbulagan, J. Rintanen, E. Kelareva, Diagnosis of discrete-event systems using satisfiability algorithms, in 22nd Conference on Artificial Intelligence (AAAI-07) (2007), pp. 305-310
9. A. Grastien, P. Haslum, S. Thiébaux, Conflict-based diagnosis of discrete event systems: theory and practice, in 13th International Conference on the Principles of Knowledge Representation and Reasoning (KR-12) (2012)
10. A. Grastien, L. Travé-Massuyès, V. Puig, Solving diagnosability of hybrid systems via abstraction and discrete event techniques, in 20th World Congress of the International Federation of Automatic Control (WC-17) (2017), pp. 5174-5179
11. T. A. Henzinger, The theory of hybrid automata, in Verification of Digital and Hybrid Systems, ed. byM. K. Inan, R. P. Kurshan. NATO ASI Series (Series F: Computer and Systems Sciences), vol. 170 (Springer, Berlin, 2000), pp. 265-292
12. T. Jéron, H. Marchand, S. Pinchinat, M. O. Cordier, Supervision patterns in discrete-event systems diagnosis, in 17th International Workshop on Principles of Diagnosis (DX-06) (2006), pp. 117-124
13. S. Jiang, Z. Huang, V. Chandra, R. Kumar, A polynomial algorithm for testing diagnosability of discrete event systems. IEEE Trans. Autom. Control 46 (8), 1318-1321 (2001)
14. G. Lamperti, M. Zanella, Diagnosis of discrete-event systems from uncertain temporal observations. Artif. Intell. 137(1-2), 91-163 (2002)

15. G. Lamperti, M. Zanella, Diagnosis of Active Systems – Principles and Techniques. The Kluwer International Series in Engineering and Computer Science, vol. 741 (Kluwer Academic Publishers, Dordrecht, 2003)
16. G. Lamperti, M. Zanella, On processing temporal observations in monitoring of discrete event systems, in Enterprise Information Systems VIII, ed. by Y. Manolopoulos, J. Filipe, P. Constantopoulos, J. Cordeiro. Lecture Notes in Business Information Processing, vol. 3 (Springer, Berlin, 2008), pp. 135 – 146
17. G. Lamperti, M. Zanella, Diagnosis of active systems by lazy techniques, in 12th International Conference on Enterprise Information Systems (ICEIS – 10), Funchal, Madeira (2010), pp. 171 – 180
18. G. Lamperti, M. Zanella, Monitoring of active systems with stratified uncertain observations. IEEE Trans. Syst. Man Cybern. Part A Syst. Humans 41(2), 356 – 369 (2011)
19. Y. Pencolé, M. O. Cordier, A formal framework for the decentralised diagnosis of large scale discrete event systems and its application to telecommunication networks. Artif. Intell. 164(1 – 2), 121 – 170 (2005)
20. B. Pulido, C. Alonso González, Possible conflicts: a compilation technique for consistency based diagnosis. IEEE Trans. Syst. Man Cybern. Part B Cybern. 34(5), 2192 – 2206 (2004)
21. M. Sampath, R. Sengupta, S. Lafortune, K. Sinnamohideen, D. Teneketzis, Diagnosability of discrete – event systems. IEEE Trans. Autom. Control 40 (9), 1555 – 1575 (1995)
22. A. Schumann, Y. Pencolé, S. Thiébaux, A spectrum of symbolic on – line diagnosis approaches, in 22nd Conference on Artificial Intelligence (AAAI – 07) (2007), pp. 335 – 340
23. R. Sengupta, S. Tripakis, Decentralized diagnosability of regular languages is undecidable, in 43rd IEEE Conference on Decision and Control (2004), pp. 423 – 428
24. M. Staroswiecki, G. Comtet – Varga, Analytical redundancy relations for fault detection and isolation in algebraic dynamic systems. Automatica 37(5), 687 – 699 (2001)
25. X. Su, A. Grastien, Verifying the precision of diagnostic algorithms, in 21st European Conference on Artificial Intelligence (2014), pp. 861 – 866

26. R. Su, W. Wonham, Global and local consistencies in distributed fault diagnosis for discrete event systems. IEEE Trans. Autom. Control 50(12), 1923 – 1935 (2005)

27. X. Su, M. Zanella, A. Grastien, Diagnosability of discrete – event systems with uncertain observations, in 25th International Joint Conference on Artificial Intelligence (IJCAI – 16) (2016), pp. 1265 – 1271

28. T. Yoo, S. Lafortune, Polynomial – time verification of diagnosability of partially observed discrete – event systems. IEEE Trans. Autom. Control 47 (9), 1491 – 1495 (2002)

29. H. Zaatiti, L. Ye, P. Dague, J. P. Gallois, Counter example guided abstraction refinement for hybrid systems diagnosability analysis, in 28th International Workshop on Principles of Diagnosis (DX – 17) (2017)

第11章 混杂系统可诊断性分析的抽象细化①

Hadi Zaatiti, Lina Ye, Philippe Dague, Jean-Pierre Gallois,Louise Travé-Massuyès

11.1 介绍

系统复杂性的增加增大了故障检测和隔离的难度,混杂系统也一样,它结合了离散和连续两种行为。无论是在设计阶段(状态可达性、可诊断性和可预测性),还是在在线检测阶段(故障检测和隔离),验证此类系统的行为或安全特性都是一项具有挑战性的任务。实际上,由于混杂系统的状态空间是无限的,因此计算混杂系统的可达状态集很难实现。在系统上验证这些特性的一种方法是进行离散抽象,利用抽象系统逆推原始系统。目前,针对连续系统和离散系统所提出的可诊断性验证方法中,能够处理混合自动机的办法很少[21,35,62]。可诊断性是指,根据观测结果判断故障的能力,其在文献[16,32,48,52 -53,60]中有很多描述。然而,现有研究多为离散事件系统诊断。

本章主要介绍混杂系统可诊断性检查的抽象性,目的是创建离散抽象,以便在设计阶段验证诊断程序能否仅根据现有的观测结果,就在有限的时间内

① H. Zaatiti CEA, LIST, Laboratory of Model Driven Engineering for Embedded Systems, Gif - sur - Yvette, France LRI, Univ. Paris - Sud & CNRS, Univ. Paris - Saclay, Gif - sur - Yvette, France e - mail: hadi. zaatiti@ cea. fr; hadi. zaatiti@ lri. fr L. Ye CentraleSupélec, Univ. Paris - Saclay, Gif - sur - Yvette, France LRI, Univ. Paris - Sud & CNRS, Univ. Paris - Saclay, Gif - sur - Yvette, France e - mail: lina. ye@ lri. fr P. Dague (✉) LRI, Univ. Paris - Sud & CNRS, Univ. Paris - Saclay, Gif - sur - Yvette, France e - mail: philippe. dague@ lri. fr J. - P. Gallois CEA, LIST, Laboratory of Model Driven Engineering for Embedded Systems, Gif - sur - Yvette, France e - mail: jean - pierre. gallois@ cea. fr L. Travé - Massuyès LAAS - CNRS, Univ. de Toulouse, Toulouse, France e - mail: louise@ laas. fr © Springer International Publishing AG 2018 M. Sayed - Mouchaweh (ed.), Diagnosability, Security and Safety of Hybrid Dynamic and Cyber - Physical Systems, https://doi. org/10. 1007/978 - 3 - 319 - 74962 - 4_11

（或在有限的时间范围内）有效地检测出在线故障。这样，就可以为不可诊断性提供反例。若不存在反例，则证明了原混杂系统的可诊断性。在存在反例的情况下，第一步是检查它是否为抽象的虚假效果，并且实际上存在于混杂系统中，从而证明其不可诊断性。否则，应证明如何在不存在反例的情况下细化抽象，并继续寻找下一个反例，直至得到最终结果。因为其允许捕获定性的时间约束[10,13]，因此可利用定性建模和推理来计算离散抽象，并定义了几种细化方法。同时，着重研究时间自动机的抽象关系。本章组织如下：首先提出混合自动机的形式，并定义混杂系统的可诊断性。然后，引入一个形式化框架，在定义细化关系的同时构造混合自动机抽象。最后，详细介绍反例指导的抽象细化（CEGAR）方案，并给出实例。

11.2 混杂动态系统

本节首先简要介绍混杂系统；其次提出一个贯穿本章的混合自动机的形式化框架；然后提供一个将实际系统建模为混合自动机的示例；最后，以时间自动机为主，介绍各种混合自动机。

11.2.1 混合自动机定义

混杂系统是包含离散和连续行为的动态系统。混合自动机（HA）是对这类系统建模的一种方法，是在科学界常用的一个无限大的状态机。混合自动机的每一种状态都是由两个部分组成，一个是离散的，另一个是连续的。离散部分在有限域上取值，连续部分在欧氏空间$\mathbb{R}^n$上取值。

定义1（混合自动机） n维混合自动机（HA）是一个元组$H=(Q,X,S_0,\Sigma,F,Inv,T)$，其中$Q$是模态（或位置）的有限集，可以定义为有限数量的有限值变量的赋值集，表示H的离散部分。X是一组数量为n的实值变量（时间的连续可微函数），估计值$X\subseteq\mathbb{R}^n$表示H的连续部分。$S=Q\times X$为H的状态空间，其元素称作状态，用(q,x)表示，q和x分别表示状态的离散部分和连续部分。

$S_0\subseteq S$为初始状态的集合，如果唯一，则初始状态为(q_0,x_0)；Σ是事件的有限集合。

$F:S\to 2^{R^n}$是一个分配给每个状态$(q,x)\in S$的映射，同时用$\dot{x}\in F(q,x)$约束模态q连续部分的时间导数$\dot{x}$的集合$F(q,x)\subseteq R^n$。如果导数没有不确定性，则F是在每个模态q［每个模态的动态由一组n阶常微分方程给出（常微分方程）］下，指定流动条件$\dot{x}=F(q,x)$的函数为$S\to R^n$。

$Inv:Q \to 2^X$为每个模态 q 分配一个不变集 $Inv(q) \subseteq X$,当离散部分是 q 时,限制了状态的连续部分的值。当 $q \in Q$ 时,$\{x \mid (q,x) \in S_0\} \subseteq Inv(q)$。

$T \subseteq S \times \Sigma \times S$ 是捕捉不连续状态变化的关系,即从一种模式到另一种模式的瞬时离散转换。准确地说,$t=(q,x,\sigma,q',x') \in T$ 表示初始状态(q,x)(其中 $x \in Inv(q)$)和目标状态(q',x')(其中 $x' \in Inv(q')$)分别转换并由事件 σ 标记,表示从模态 q 中的 x 跳转到模态 q'中的 x'。

把 H 的(具体)行为称为任意序列的连续解流和离散跳跃,起始于初始状态,同时满足定义 H 的所有约束。混杂系统通常表示为状态为 Q 的有限自动机(离散模式),初始状态$Q_0=\{q \in Q \mid \exists x \in Inv(q)(q,x) \in S_0\}$并且转换 δ 定义为 $\delta=\{(q,\sigma,q') \in Q \times \Sigma \times Q \mid \exists x,x'(q,x,\sigma,q',x') \in T\}$。对每个模态 $q \in Q_0$,都关联一个初始(连续)非空集 $Init(q)=\{x \in Inv(q) \mid (q,x) \in S_0\}$。对每一个过渡 $\tau=(q,\sigma,q') \in \delta$ 都关联着非空保护集 $G(\tau)=\{x \mid \exists x'(q,x,\sigma,q',x') \in T\} \subseteq Inv(q)$,并且由 $R(\tau)(x)=\{x' \mid (q,x,\sigma,q',x') \in T\}$得到一个集值重置映射 $R(\tau):G(\tau) \to 2^{Inv(q')}$。实际上是定义中的 T 或 δ,G 和 R。在最后一种情况下,H 用$(Q,X,S_0,\Sigma,F,\delta,Inv,G,R)$表示,同时已知 $\forall (q,x),(q',x') \in S$, $\forall \sigma \in \Sigma$, $((q,x,\sigma,q'x') \in T \Leftrightarrow \tau=(q,\sigma,q') \in \delta \wedge x \in G(\tau) \wedge x' \in R(\tau)(x)(q,\sigma,q') \in \delta \wedge x \in G(\tau) \wedge x' \in R(\tau)(x))$。

在某些情况下,采用基于关系的表示比使用基于集合的表示更方便,并且使用判断式代替子集。每个模态 q、初始模态 $q(q \in Q_0)$、$F(q)$分别表示自由变量来自 X,$X \times X$、X 的变量。$Init(q)(x)$,$F(q)(x,\dot{x})$和 $Inv(q)(x)$分别表示 $x \in Init(q)$,$\dot{x} \in F(q,x)$和 $x \in Inv(q)$的真实值。同样的方法,对于每个模式转换 τ,$G(\tau)$及 $R(\tau)$分别表示自由变量来自 X 及 $X \times X$ 的判断。$G(\tau)(x)$及 $R(\tau)(x,x')$分别为 $x \in G(\tau)$和 $x' \in R(\tau)(x)$的真实值。两种转换优先级一致。

任何模态 q 中的保护都将假定为不相交:$\forall q \in Q$, $\forall \tau_1 \in (q,\sigma_1,q_1) \in \delta$, $\forall \tau_2 \in (q,\sigma_2,q_2) \in \delta$,$(\tau_1 \neq \tau_2) \Rightarrow G(\tau_1) \cap G(\tau_1)=\phi$。因此,在以模态 q 进行连续演化的任何时刻,系统最多可以由一个唯一的事件跳转到另一个模式。然而,HA 通常是不确定的:当跳跃发生的时刻不确定时(当 $Inv(q)(x)$及 $G(\tau)(x)$成立时,其中 q 为模式转换的源模式,系统可以在 q 中继续不断地演化或进行转换),每一种模式下的连续动态可能是不确定的,并且跳转后的复位也可能是不确定的。

11.2.2　混合自动机建模

混合自动机代表了一个直观的建模框架,被用于各种领域来建模复杂的混杂系统。下面是一个使用混合自动机对系统建模的实际案例。

例 1 一个简单的恒温器系统通过打开和关闭加热装置来维持一个物体的准恒定温度。在实际应用中,该系统至少包括温度传感器、加热装置和逻辑控制电路。电路根据物体的实际测量温度来决定是否激活加热器。采用一个混合自动机 $H=(Q,X,S_0,\Sigma,F,\delta,Inv,G,R)$ 为此类系统的行为建模(见图 11.1):

- $Q=\{\text{on},\text{off}\}$,$X=\{x\}$,$S_0=(\text{off},[80,90])$
- $\Sigma=\{B_{\text{on}},B_{\text{off}}\}$,$F(\text{on})=\{\dot{x}=-x+100\}$,$F(\text{off})=\{\dot{x}=-x\}$
- $\delta=\{\tau_1=(\text{off},B_{\text{on}},\text{on}),\tau_1=(\text{on},B_{\text{off}},\text{off})\}$,$Inv(\text{off})=x\geqslant 68$,$Inv(\text{on})=x\leqslant 82$
- $G(\tau_1)=x\leqslant 70$,$G(\tau_2)=x\geqslant 80$,$R(\tau_1)=R(\tau_2)=(x=x')$

混合自动机 H 是一维的,其中 x 表示被测温度。

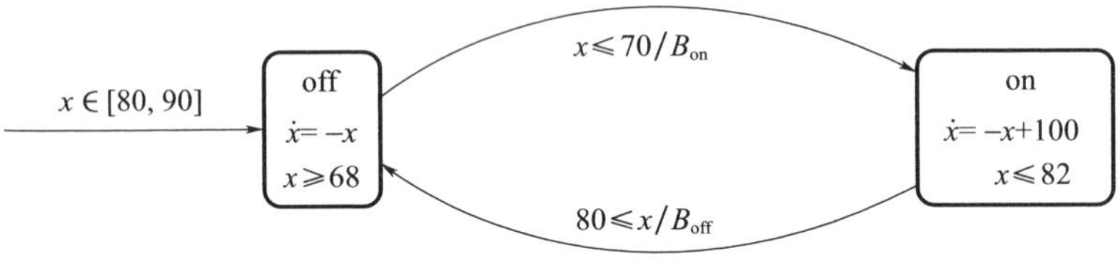

图 11.1 一维混合自动机对恒温器的建模

11.2.3 混合自动机的语义

用 $q_0,q_1,\cdots$ 表示模块 Q,用 $x_1,x_2,\cdots,x_n$ 表示变量 X。

定义 2(混合自动机语义) 混合自动机 H 的语义表示为 $[[H]]$,为所有执行的集合。这些执行所使用的状态序列均从 S 中标记,其中包含标签 $L=\Sigma\cup R_+$:$(q_0,x_0)\xrightarrow{l_0}(q_1,x_1)\cdots(q_i,x_i)\xrightarrow{l_i}\cdots$。这样,若 $(q_0,x_0)\in S_0$ 存在,对于序列中任意两个连续状态 $(q_i,x_i)\xrightarrow{l_i}(q_{i+1},x_{i+1})$,下列式子中必有一个成立:

$$l_i=\sigma_i\in\Sigma,(q_i,x_i,\sigma,q_{i+1},x_{i+1});$$

当 $x(0)=x_i,x(d_i)=x_{i+1}$ 且 $\forall t\in(0,d_i)\dot{x}(t)\in F(q_i,x(t))$ 且 $x(t)\in Inv(q_i)$ 存在时,$l_i=d_i\in R_+,q_i=q_{i+1},x_i,x_{i+1}\in Inv(q_i)$ 且 $\exists x:[0,d_i]\to X$ 为连续可微函数。

在第一种情况下,系统从模态 q_1 向目标模态 q_{i+1} 执行离散转换(也称为离散跳转)$\tau_i=(q_i,\sigma_i,q_{i+1})$。只要存在 $x_i\in G(\tau_i)$,转换就可能发生(启用)。在跳跃之后,系统即遵循 $F(q_{i+1})$,从连续状态 $x_{i+1}\in R(\tau_i)(x_i)$ 开始,得到新的状态。值得注意的是,在一个瞬时的离散跳转期间是没有时间流逝的。而在第二种情况下,系统受动态 $F(q_{i+1})$ 和不变集 $Inv(q_i)$ 的约束,在模态 q_i 内执行连续转换

(又称连续流)d_i。序列 $h=(\mathrm{off},80)\xrightarrow{0.15}(\mathrm{off},69)\xrightarrow{B_{\mathrm{on}}}(\mathrm{on},69)\xrightarrow{0.5}(\mathrm{on},81)\xrightarrow{B_{\mathrm{off}}}(\mathrm{on},81)\xrightarrow{B_{\mathrm{off}}}$对于恒温器示例(图 11.1)有效,因此 $h\in[[H]]$。执行 h 的轨迹(序列标签)是L^* 的一个命令(无限序列 h 为L^ω的命令),记作 $trace(h)$。用 $time(h)\in R_+\cup\{+\infty\}$表示 h 的总持续时间,即 h 轨迹中所有时间周期之和:$time(h)=\Sigma d_i$。

设$\overline{S}=\bigcup_{q\in Q}(\{q\}\times Inv(q))\subseteq S$ 为 H 的不变量满足状态的(无穷)集合,$\overline{S}_0=\bigcup_{q\in Q_0}(\{q\}\times Inv(q))\subseteq S_0$为满足初始状态的不变量子集,$\rightarrow\subseteq\overline{S}\times L\times\overline{S}$为由定义 2 中的一个或另一个条件定义的转换关系。H 实际上是由标记的转换系统$s_H^t=(\overline{S},\overline{S}_0,L,\rightarrow)$给出的,即$[[H]]$是$s_H^t$从初始状态出发的所有路径的集合。$s_H^t$称为 H 的定时过渡系统,是 H 的无限状态集和过渡标签的离散化。它通过定时转换抽象连续流,只保留关于源、目标和每个流持续时间的信息,并构成 H 的最佳抽象。s_H^t的永恒抽象,称为 H 的永恒过渡系统,也是通过忽略流动的持续时间而得到的,因此定义为$S_H=(\overline{S},\overline{S}_0,\Sigma\cup\{\varepsilon\},\rightarrow)$,将任意一个定时的跃迁$(q_i,x_i)\xrightarrow{d_i}(q_{i+1},x_{i+1})(d_i\in R_+)$,替换为 ε 跃迁$(q_i,x_i)\xrightarrow{\varepsilon}(q_{i+1},x_{i+1})$,得到的$s_H^t$可以被认为是一个无声跃迁。无声跃迁存在无限的状态集,但是由于过渡标签集的有限性,就能够构成最优的永恒抽象 H。

定理 1(语义的修正与完备性) H 的任何具体行为都被定时(永恒)抽象为$s_H^t(S_H)$中的根路径$\overline{S}_0$。相反,$s_H^t(S_H)$中的任何交替进行连续和离散转换的路径(特别是任何单个转换)都会抽象出 H 的具体行为的一部分,如果 F 是一个单例函数(确定的导数),那么$s_H^t(S_H)$中的任何根路径$\overline{S}_0$都会抽象出 H 的具体行为。在后一种情况下,$s_H^t(S_H)$中没有虚假的抽象行为,准确地表达了 H 的行为。

11.2.4 混合自动机类和特殊情况

定义 3(离散自动机) 也就是没有连续部分的情况。因此,(有限)离散自动机(DA)是一个元组 $D=(Q,Q_0,\Sigma,\delta)$,其中 Q 为有限组离散状态(模态),$Q_0\subseteq Q$ 为初始状态的集合,Σ 是有限事件集,$\delta\subseteq Q\times\Sigma\times Q$ 是一组形式 $\tau=(q,\sigma,q')$的过渡。

D 的语义$[[D]]$由一系列序列(称为路径)给出,这些序列由一系列由事件标记的连续状态转换组成,并以初始状态为根。这种路径的痕迹是Σ^* 中的命令,其字符是路径的连续标签。

定义 4(连续系统) 指没有离散部分的情况。因此,n 维连续系统(CS)是一种只有一个模式($|Q|=1$)的特殊混合自动机 C,并且 $\Sigma, T=\phi(\delta, G, R$ 也是如此)。因此它可以被表示为 $C=(X, S_0, F, Inv)$,其中$S_0 \subseteq Inv$。

C 的语义[[C]]是一组所有时间标记的连续状态序列。基于初始状态,对应混合自动机的连续转换,受动态 F 和不变集 Inv 的约束。混合自动机的类别主要由动态 F 的形式决定。动态赋值为区间的笛卡儿积的矩形类,位于具有一定约束条件[39]的可达性问题的边界上。下面从特定类别到更一般类别介绍一些混合自动机。

作者对时间自动机特别感兴趣。它是一类混合自动机,其中包含$\mathbb{R}_+$中的连续变量$x_i(1 \leqslant i \leqslant n)$,称为时钟,所有的一阶导数都等于 1。所以所有时钟的时间都是一样的。一组时钟 X 上的约束集 $C(X)$ 定义如下:约束是x_i op c_i形式的原始约束,其中$c_i \in R_+$(仅在理论层面,因为在实践中,由于计算机实现的原因,Q 代替了 R),op 是 <,≤,=,>,≥中的一个运算符,或原始约束的有限组合。约束的可满足性集合是$\mathbb{R}_+^n$中的一个矩形,即求半实线$\mathbb{R}_+$的 n 个区间的乘积,并将 $C(x)$ 表示为一组矩形。

定义 5 时间自动机(TA)是一种混合自动机 $H=(Q, X, S_0, \Sigma, F, \delta, Inv, G, R)$,其中

$$\cdot\ X=\mathbb{R}_+^n$$

$$\cdot\ S_0=Q_0 \times \{0\}$$

· $\forall q \in QF(q,.)=1$,这意味着时钟在每个模态 q 下的演化动态由$\dot{x}_i=1$ 给出。

· $Inv: Q \rightarrow C(X)$,将 X,中的矩形不变量与每个模态 q 关联,规定为$0 \in Inv(q_0)$。

· $G: \delta \rightarrow C(X)$,将每个离散转换$(q, \sigma, q')$与 $Inv(q)$中的矩形保护关联起来。

· $\forall \tau \in \delta\, \exists Y(\tau) \subseteq X\, \forall x \in G(\tau) R(\tau)(x)=\{x'\}$ 其中$x'_i=0$。若$x_i \in Y(\tau)$且$x'_i=x_i$为其他情况,即 $Y(\tau)$ 中的时钟通过转换重置为零,其他的保持原值不变。

时间自动机 T 的符号通常被简化为 $T=(Q, X, Q_0, \Sigma, Inv, (\delta, G, R))$,定义 2 给出了作为混合自动机的语义 T,通过将两个离散转换之间的连续定时转换的执行合并在一起,并对它们的时间周期标签求和,以简化 T 的语义。因此[[T]]中的执行是由交替的时间步长(可能是 0 个时间周期)和形式的离散步长组成的序列$(q_0, x_0) \xrightarrow{d_1} (q_0, x_0+d_1) \xrightarrow{\sigma_1} (q_1, x_1) \xrightarrow{d_2} \cdots$,其中轨迹 $trace(h)$为计时命令$d_1 \sigma_1 d_2 \cdots \in R_+(\Sigma R_+)^*$,持续时间为 $time(h)=\Sigma d_i$。

时间自动机类特别有趣,因为可达性和语言空性问题可用于该类自动

机[2]。实际上,可判定性仍然适用于较大类别的矩形自动机(RA),其中唯一流动条件 $F(.,.)$,对于所有模式都是一样的,由$\mathbb{R}^n$中的矩形给出(而不是单例 1),$Init(q)$为一个有界的矩形,并且 $R(\tau)(x)=\{x' \mid x'_i \in I_i$,若$x_i \in Y$ 且$x'_i = x_i\}$。I_i为有界区间且只依赖于 τ[38],因此适用于异形自动机的子类,将流矩形简化为一个单例,定时自动机是一种特殊的情况。

但是,如果允许流动条件从一种模式更改到另一种模式,则判定性不再成立。最简单的例子是时间自动机的泛化,允许秒表存在。秒表是一种时钟,当在两种模式之间转换时,状态可以从活动(打开)切换到非活动(关闭),反之亦然。广义流动条件由:$\forall q \in Q\ \exists c \in \{0,1\}^n F(q,.)=c$ 给出,即在 q 中活动的时钟在每个模态 q 下的时钟演化动态由$\dot{x}_i=1$ 给出,在 q 中不活动的时钟在每个模态 q 下的时钟演化动态由$\dot{x}_i=0$ 给出。因此,在非活动期间,秒表在活动时保留其最后的值(在重置时为 0)。如果只允许一个时钟作为秒表,则广义定时自动机的可达判定性不成立。当流条件与模式无关时(对于更一般的多单列自动机类也是如此,其中流单例依赖于模式,而多矩形自动机中,流矩形依赖于模式),如果允许流动条件随模式的变化而变化,例如,当发生变化时,需要重置相关变量,那么允许流动条件随模式的变化仍然是可管理的,这就是初始化多矩形自动机的方法。其中对于每个离散跳转,必须重置(重新初始化)在此跳转中更改流间隔的每个变量,可以转换为矩形自动机。当约束集 $C(X)$ 被扩展为包含形式$(x_i - x_j)\ op\ c_{ij}$的基本约束时,混杂系统(不包括定时自动机,因为它不会改变表达性)的可判定性通常会丧失,即变量不是成对独立的(因此也适用于通过添加此类约束拓展的矩形自动机的三角形自动机类)。线性自动机通过允许集合 $F(q)$,$Init(q)$,$Inv(q)$,$G(\tau)$是$\mathbb{R}^n$中的任意凸多面体(而不仅仅是矩形或三角形)和不同模式下的不同流动条件,可以拓展出多矩形和三角形自动机。通过允许这些集合不再由线性约束定义而是由多项式约束定义,多项式自动机可以拓展处线性自动机。

11.3　混杂动态系统的可诊断性

下面将介绍用于可诊断性分析的混杂系统模型,并从文献中回顾一些验证这一特性的方法。

11.3.1　可诊断性分析的混杂系统模型

在复杂系统的自动控制中,故障诊断是一项关键而又具有挑战性的任务,其效率取决于系统的可诊断性。这是一个描述系统能力的属性,它能够根据观测,清楚地确定给定类型的故障是否有效地发生。可诊断性分析在近几十年的文献中已经引起了广泛的关注。然而,现有的研究多为具有随机和模糊变量[41,44,54]或连续系统[5,15,47,57]的离散事件系统[16,32,34,48,52,53,60],或者是分散和分布式架构框架下的可诊断性[46,49,50,59]。

但许多现代技术过程既表现为连续演化,又表现为离散变迁,二者的结合是此类系统复杂行为和重要现象的根源。据所知,很少有研究能对混杂系统的可诊断性做出令人满意的结果。

起始阶段,Travé - Massuyès 等[56]证明了现有的离散事件系统和连续系统的可诊断性定义可以表述为系统故障特征的属性,并建立了可诊断性的统一定义。然而,他们并没有考虑混杂系统的可诊断性。

在与混合可诊断性有关的贡献中,文献[11]略微修改了文献[52]的离散事件系统的可诊断性的经典必要条件和充分条件,并以可达性表示。文献[29]概括了这种需要更多限制性假设的条件。尽管上述两种方法都声称处理混杂系统,但这些方法并没有真正考虑到系统的混合性质,因为它们只使用非常高级的离散抽象,而忽略了连续动态。另外,在文献[19]中,可诊断性以模式可辨别性(也称为其他作者的可区分性)表示,并且仅基于连续动态。

文献[8]是早期处理实际混杂系统的实验之一,引入了将混合模型视为双重数学对象的思想。将混杂系统建模为一个混合自动机,其离散状态表示其运行模式,其中对连续动态进行指定。离散事件部分(自动机)约束了模式之间可能的转换,被称为基础 DES。混杂系统对模型连续值部分的约束定义为多模系统。

考虑到分析冗余接近于为每种模式定义一组残差[33],Bayoudh 等[8]引入了模式特征的概念,并改进了故障特征的经典概念。模式特征决定模式的可区分性。文献[8]的关键思想是通过定义一组“诊断感知”事件(称为特征事件)来抽象连续的动态,这些事件与跨模式的模式特征更改相关联。特征事件用于适当地丰富基础 DES。然后,抽象系统的行为由前缀封闭的语言建模,该语言覆盖了由这些附加事件丰富的字母表。生成这种语言的有限状态机称为行为自动机。在抽象语言的基础上,将混杂系统的可诊断性分析转化为离散事件框架,并采用该领域的标准方法。

文献[6]与文献[8]中的方法相整合可以与文献[22 - 23]中提出的使用故障特征捕获连续动态的方法相比较。文献[22 - 23]的故障特征是基于故障暂态的,直接表达了故障定性抽象后被测变量的期望动态行为。文献[6,8]的方法不同之处在于,使用了专门用于诊断的模式特征,基于 FDI 控制领域的标准分析冗余残差方法[27]。其独创性在于提出了一种将这些方法与 DES 诊断领域中同样标准的方法相结合的方法[63]。同时因为它也具有直接支持在线诊断的优势,Bayoudh 等[6,8]采用诊断器方法[52]。Diene 等[25]重复了这些不同的想法,因为诊断程序是直接从底层 DES 构建的,模式可区分性用于对状态特征进行集群。这种方法导致了所谓的集群诊断。注意,这种方法只适用于一类受限制的混杂系统,即不允许由连续动态触发转换。

基于诊断器构造检查 DES 可诊断性的方法,其复杂度随基础 DES 自动机的大小呈指数级增长。因此,通常首选基于验证器的方法,也称为孪生系统法。这是因为,虽然一个孪生系统模型不能用于在线诊断,但可以在多项式时间内构建。将孪生系统法与模式可分辨性检验相结合,用于评价混杂系统的可诊断性。读者可以将文献[26]作为参考。后来,Grastien 等[35]表明模式的可分辨性可以由连续动态的另一个特性——临时性来补充。临时性是指系统不能永远停留在给定的一组模式中。因此,连续动态被抽象为两条信息。除此之外,Grastien 等以增量的方式检查可诊断性。首先生成混杂系统抽象的 DES 模型,并检验该模型的可诊断性。否定模型可诊断性的反例也基于双树模型,对模型进行改进,试图使反例失效,并在可诊断性得不到证明的情况下重复该过程。因此,这种方法仅以“按需”的方式使用关于连续动态的必要信息,从而最大限度地利用计算。

在最近关于混杂系统可诊断性的文献中,如文献[24,35],描述了在给定测量不确定性的情况下诊断故障的最大延迟,其关键点是抽象方法。抽象也是检查混杂系统其他属性的其他方法的核心。

本章将在下一节中回顾混合自动机抽象的不同方法,然后从文献[35]中提出的可诊断性过程进行阐述,该过程使用了反例指导的抽象细化(CEGAR),该方法最初在文献[3,28]中介绍过。算法基础是指 CEGAR,即使非常简单的混杂系统,验证问题也是不可判定的[39]。该方法对混合自动机进行抽象,然后在此抽象级别的可诊断反例的指导下对抽象进行细化。首先计算了混杂系统的一个离散抽象,然后用经典的离散方法验证了可诊断性。验证既可以生成可诊断的抽象,从而将可诊断属性推断回混杂系统,也可以生成不可诊断的反例来验证此判断。产生的反例可能出现在原始系统中,在这种情况下,混杂系统是不可诊断的。也可能是抽象的虚假效果。若为后一种情况,可以分析反例并根据该分析改进当前抽象,并且重复可诊断性验证任务。

11.3.2 观测与故障

可诊断性是一种系统属性,允许人们在设计阶段根据可用的观测结果确定故障发生。准确地说,在一个给定的系统模型中,存在两个无限行为,它们具有相同的观测值,但恰好包含所考虑的故障,这违反了可诊断性。因此,为了能够分析这些特性,有必要定义对于给定的系统可以观测到什么,以及什么是故障。在实践中,通常只能从传感器中获得局部观测,只有部分系统已知。整体上,考虑模态间的离散跳跃和模态内的连续变量都是可观测的。简单起见,假设可观测事件和变量集不变,第二组事件和变量集也独立于模式。事件连同它们的瞬时发生时间均可观测,并且假设变量值在任何时刻都被观测。例如,对于图11.1中的恒温器系统,假定 B_{on}、B_{off} 和温度 x 的跃迁是可观测的。对于与故障有关的问题,假设对于离散事件系统,通过一些不可观测的离散跳跃进行建模,这些跳跃精确地介于正常模式和故障模式之间,通常在动态变化中进行转换。这对于突发故障非常适用,但是渐进式故障或退化模式(作为参数的移动)也可以用这种方式表示,设计者在估计行为变化引起的缓慢演变的时候抽象出突然变化。综上所述,得到如下定义。

定义 6(部分可观测混合自动机) 根据定义 1,部分可观测混合自动机(POHA)是混合自动机 H,其中:

$\Sigma = \Sigma_0 \uplus \Sigma_u \uplus \Sigma_f$ 即事件集是可观测(正常)事件集 Σ_0、不可观测正常事件集 Σ_u 和不可观测故障事件集 Σ_f 的不相交并集。

$X = X_0 \uplus X_u$ 即连续实值变量集是可观测变量 X_0 集与不可观测变量 X_u 集的不相交并集。

定义 7[执行(定时)观测] 给定 POHA H 一个执行 $h \in [[H]]$,$h = (q_0, x_0) \xrightarrow{l_0} (q_1, x_1) \cdots (q_i, x_i) \xrightarrow{l_i} \cdots$ 其中 $l_i \in \Sigma \cup \mathbb{R}_+$,$h$ 的(定时)观测定义为 $Obs(h) = x_0^o, l_0^o, x_1^o \cdots x_i^o, l_i^o, \cdots$,其中,$x_i^o$ 为 x_i 到 x_o 中的变量上的投影。

若 $l_i \in \Sigma_0 \cup \mathbb{R}_+$,则 $l_i^o = l_i$,否则 $l_i^o = \varepsilon$,然后从 Obs(h)中移除。

注意,h 中的所有持续时间标签 $l_i = d_i$ 都出现在 Obs(h)中。因此,h 中任何可观测到的事件 $l_i = \sigma_i$ 都存在于 Obs(h)中,其发生时间由 Obs(h)中从原点到事件 d_j 的所有持续时间 σ_j 相加得到。同样地,任何可观测变量 x 的值在 Obs(h)中都是已知的,在所有这些时刻 t 都是 Obs(h)中连续时间从原点开始的和。如果 t 是(可观测的或不可观测的)事件 σ 的发生时间,并且如果 x 由离散转移 σ 重置,则 x 的值在此转换之后立即改变,并且新值将被标记为 $x^+(t)$ 以将其与值

区分开转换之前的 $x(t)$（重置可观测变量因此可以识别不可观测事件的存在）。类似地，可以为定时自动机定义观测。不同之处在于，不假设任何关于连续时钟的信息，因此没有x_i^o。然后，通过擦除所有不可观测的事件，并在结果序列中添加任意两个连续可观测事件之间的周期，从跟踪（一个计时命令）获得观测结果。因此，已经定义了在其定时过渡系统s_H^t水平上观测到的 POHA H。在它的永恒过渡系统 SH 的水平上定义它的观测是相似的，其中若$l_i \in \Sigma_0$，则$l_i \in \Sigma \cup \{\varepsilon\}$且$l_i^o = l_i$，否则移除。这意味着无时间限制的观测是通过上述定时观测 Obs(h)获得的，去掉所有的持续时间d_i，只保留Σ_0中的可观测事件，并将每个过渡步骤的可观测变量x_i^O值作为一个有序序列，不附加任何发生时间。

11.3.3 系统可诊断性定义

正如刚刚解释的那样，故障被建模为故障事件，将系统从正常模式改变为异常模式。在给定系统中可能存在不同的故障事件。为了降低复杂性（从不同故障事件的数量的指数到线性）和简单性，在下文中仅考虑一次故障类型，即故障事件，但允许多次出现此事件，因此，其他类型的故障事件被处理为不可观测的正常事件。然而，这个框架可以以一种直接的方式进行扩展，这样就可以同时考虑许多不同的错误。现在将针对离散事件系统（有界系统和无界系统）引入的可诊断性定义[52]应用于混杂系统。h^F表示有限执行，其最后一个标记是所考虑的故障事件 F 的第一次发生。给定一个有限执行 $h \in [[H]]$，从而 $h = (q_0, x_0) \xrightarrow{l_0} (q_1, x_1) \cdots (q_i, x_i)$，$[[H]]$中 h 的执行后集合被定义为$[[H]]/h = \{h' = (q_i, x_i) \xrightarrow{l_i} \cdots \mid h.\ h' \in [[H]]\}$，其中 $h.\ h'$是通过合并 h 的最终状态和 h' 的第一个状态得到的，两者应该是相同的。

定义 8[（Δ－）错误执行] 给定一个混合自动机 H 和 F 一个故障事件，一个错误的执行就是一个执行 $h \subset [[\mathrm{H}]]$因此$|F \in trace(h)$。因此，$h = h^F h'$其中h^F为 h 的前缀，它的最后一个标记是 F 的第一个事件。用 $time(h, F) = time(h')$表示 h 中 F（第一次发生）故障的时间。给定一个正数 $\Delta \in \mathbb{R}_+^*$，说第一次出现 F 之后，h 至少经过 Δt 时间单位，或者简言之，h 是 Δ－faulty，如果是 $time(h, F) \geqslant \Delta$。

定义 9[混合自动机（时间有界和无界）可诊断性] 给定一个 $\Delta \in \mathbb{R}_+^*$，说故障 F 在 POHA H 中是 Δ－diagnosable。当且仅当（通过 $F \in h$ 简化 $F \in trace(h)$）：

$$\forall h \in [[H]] (h \Delta - faulty \Rightarrow \forall h' [[H]] (Obs(h') = Obs(h) \Rightarrow F \in h'))$$

也就是，$\forall h^F \in [[H]]\ \forall h [[H]]/h^F (time(h) \geqslant 0 \Rightarrow \forall h' \in [[H]] (Obs(h') = Obs(h^F.\ h) \Rightarrow F \in h'$

故障 F 在 H 中是可诊断的,当且仅当

$$\exists \Delta \in \mathbb{R}_{+}^{*}(H \text{中} F\Delta-\text{diagnosable})$$

这个定义说明 F 是 Δ - 可诊断的(可诊断的),当且仅当对于每一个在 $[[H]]$ 中的执行 h^F,对每个 h^F 中至少执行 Δ 时间(足够长的时间,只依赖于 F)后的 h',那么 $[[H]]$ 中每一个明显等价于 $h^F.h'$ 的执行都应该包含 F。确切地说,存在两个难以区分的行为,即持有相同观测的执行,恰好分别包含 F 和 F 之后足够长的时间,即 F 之后的时间至少为 Δ(相应,任意长),违反了混合自动机的 Δ - diagnosable(相应,可诊断性)属性。离散事件系统的框架出发,定义了考虑连续和离散动态的部分可观测混合自动机的临界对。

定义 10(Δ - 临界对) 一对执行 $h,h' \in [[H]]$ 叫做 F 的一个 Δ - 临界对,当且仅当 $F \in h \mid F \notin h'$ 且 $Obs(h)=Obs(h')$, $time(h,F) \geqslant 0$。

定理 2 错误 F 为 POHA H 中的 Δ - 可诊断,当且仅当 $[[H]]$ 中的 F 不存在 Δ - 临界对(即 F 临界对之后没有任意长的时间)。

注意,上述所有定义(如可观测投影、执行后、可诊断性、关键对等)都适用于时间自动机,可以将其视为一种特殊类型的混合自动机。唯一的区别是连续变量集是时钟变量集,其导数总是 1[7,9,20,21,35]。并且,对于自动机,在 F 错误执行之后存在任意长度(在转换数量方面)意味着存在无限错误执行,同样地证明[58]对于定时自动机,存在任意长度在 F 错误执行之后的时间意味着存在 $+\infty$ - *faulty* 执行(将上面的定义扩展到 $\Delta=+\infty$),因此不可诊断性由 $+\infty$ - critical 对的存在见证,并且其检查是空间完全(PSPACE - complete)的。

定理 3 在部分可观测的时间自动机中,如果 $[[T]]$ 中有一个关于 F 的 $+\infty$ - *faulty* 执行(将上面的定义扩展到 $\Delta=+\infty$),因此不可诊断性由 $+\infty$ - 执行对,那么故障 F 是可诊断的。检查 T 的可诊断性是空间完全(pspace - complete)的。

我们将依赖于这个结果,因为 POHA H 的可诊断性检查将在提取 H 的时间自动机上进行。

11.4 混合自动机的抽象

对于连续系统,验证最基本的属性,例如此状态是否可达是不可判定的,特别是由于连续域的不可数性[37]。更重要的是,对于混杂系统,除了少数不实用的类[39],从初始状态开始的可达状态集的简单计算不是可判定的。这就是为什么通常的做法是将无限域划分为有限数量的子集,再在每个子集中抽象出系

统行为。将域抽象为代表集可用于计算以可能推理无限域。在本节中,将重点放在将由连续变量定义的无限状态空间离散化为有限集的抽象中。展示了希望验证的目标类别的属性。由于的研究考虑了用于可诊断性分析的复杂混杂动态系统的抽象,因此首先引入连续动力系统的抽象是至关重要的,这是混杂动态系统的一个特例。利用这些抽象的目标是验证时间属性并限制故障检测和隔离的时间。抽象保留了关于希望验证复杂系统的属性的较少但重要的信息。由于连续状态空间域的不可数性,通过抽象验证连续和更一般的混杂系统的简单属性变得具有挑战性。关于抽象的挑战性部分是选择代表集和选择它们的标准。这种选择完全取决于人们希望验证的属性类别以及混杂系统本身的结构。在这里,感兴趣的是针对可诊断性检查的混杂系统抽象。可以在必要时进行细化的抽象是关注的问题,因为细化允许在抽象系统中添加更多信息,同时始终由属性进行检查。在本节中,将讨论一般的抽象,并关注那些特别捕获时间限制的抽象。

11.4.1　不同的抽象方法

1. 使用定性原则

首先使用定性概念来看待抽象。给定一组 ODE,这些概念通常将连续变量的无限状态空间离散为有限集。$\mathbb{R}^n$的离散化通常是通过矩形来实现的,即是由$\mathbb{R}$的离散化得到的乘积。并且这个是通过固定有限数量的(有理数)地标 l_i得到的,导致在开放区间(l_i, l_{i+1})(可能具有无限端点)和单独区间$[l_i]$方面的有限分区,允许所谓的绝对数量级推理。粗区分($\mathbb{R}$本身除外)从单个地标 0 得到,并对应于符号划分:$(-\infty, 0)$,0,$(0, +\infty)$,产生大小为3^n的$\mathbb{R}^n$的分区。当应用于变量导数的估值时,它特别有趣,因为它对应于根据导数的符号进行离散,而导数在每组划分中都是常数,因此也对应于变量本身的变化方向(递减、常数、递增)。由于变量是连续可微的,导数的符号不可能在不经过零点的情况下从负向正传递。利用这一特性,可以对文献中称为定性模拟的变量的行为制订一个粗略的方案,并对系统的行为进行一个粗略的概述[30,43,55]。

例 1　考虑这个简单的线性连续系统:

$$\begin{cases} \dot{x} = 3x \\ \dot{y} = y - 1 \end{cases} \tag{11.1}$$

采用导数符号对状态空间进行划分,得到大小为 9 的抽象状态空间:$(\dot{x} > 0 \lor \dot{x} < 0 \lor \dot{x} = 0) \land (\dot{y} > 0 \lor \dot{y} < 0 \lor \dot{y} = 0)$抽象态之间的跃迁是根据给出导数符

号的演化规律来计算的。抽象状态($\dot{x}>0 \wedge \dot{y}>0$)对应于状态空间中的区域$\{x,y|x>0 \wedge y>1\}$。从这种状态,不可能转换到另一个抽象状态。假设希望验证基本的可达性属性:从状态(1,3)开始是否可以达到状态(−5,−4)? 答案是否定的,使用先前的抽象方法给出证明并将属性推断回原始系统。这种抽象是合理的:从任何初始状态(x_0,y_0),微分方程系统(11.1)的解将总是满足抽象系统规则所施加的约束,即可能的转换。

2. 用于验证时间属性的抽象

上面的抽象将状态空间划分为具有导数常数符号的集合。这种抽象有助于跟踪给定初始状态的未来演化,以证明避免不必要状态的安全性。尽管如此,对于证明一个包含时间概念的更复杂的属性,使用时间逻辑的经典表达,上面的抽象是不够的。需要将时间添加为一个单独的状态变量,并将变量的变化与时间的变化关联起来。

例 2 考虑相同的连续系统并假设初始状态集 $I=\{(x,y)|1<x<2 \wedge 1<y<2 \wedge x<y\}$ 和属性 $F(x>y)$,其中 F 是最终线性时间逻辑(LTL)运算符。F_p,其中 p 是布尔命题,等于 $\exists t_0 \in R^+, \forall t>t_0, p=true$。很明显,$x$ 相对于时间增加的速率远大于 y 的速率。因此,对于 I 中的所有初始状态,该属性都为真。然而,前面的抽象方法没有捕捉到 x 的导数变化的速度,因此对于建立证明是无用的。实际上,用$\dot{x}=0.5x$ 改变式(11.1)中的第一个方程可以保持抽象系统不变,但会改变属性的真值。在例子中,系统可以写成$\dot{\boldsymbol{x}}=\boldsymbol{A}\boldsymbol{x}+b$ 其中 $\boldsymbol{x}=(x,y)^{\mathrm{T}}$ 和 $\boldsymbol{A}$ 是对应的矩阵。然后通过计算 $\boldsymbol{A}$ 的特征值(在例子中是 3 和 1)推断出 x 的增长速度大于 y 的增长速度,这就充分证明了当系统从 I 开始时,上述性质成立。

前面的例子说明了线性动态的简单情况,其中特征向量不是通过线性变换旋转的,因此对于连续系统是不变的。因此,在抽象过程中考虑这两个向量是一个明显的选择。然而,在更一般的非线性动态情况下,不变式的形式更为复杂。一些技术将混杂系统、验证性质和不变式的特定参数形式编码成基于 SMT(满足性模理论)的求解器,并自动计算不变式的未知参数。一旦计算完成,就会将不变式合并到一起,形成一个更精细、更有代表性的抽象[36]。

11.4.2 状态空间的几何分解

本小节介绍混合自动机的有限状态空间分解提出一个基于不同分解的抽象,它包含了可达性和时间约束。在 11.4.3 节中,将讨论抽象屈服约束的细化,其精度比精化前更好。

定义 11(连续空间划分) 欧几里得空间$\mathbb{R}^n$的(有限)分划 P 是$\mathbb{R}^n$的非空连通子集的有限集,使得每个点 $x \in \mathbb{R}^n$ 都在一个且只在一个子集中。可以写成$\mathbb{R}^n = \uplus_{p \in P} p$。$P$ 的元素 p 将被称为分区元素,将其称为区域。对于$\mathbb{R}^n$的子集 E,将通过 $P(E)$ 表示与 E 具有非空交点的 P 的区域的子集。

目前,对一个分区唯一的平滑假设是,任何(有限的)连续路径只经过每个区域有限次,更准确地说,$\forall x:[0,1] \to \mathbb{R}^n$ 是连续函数,$\forall p \in P$ 是区域,$x^{-1}(p)$ 是区间的有限并集。在实践中,分区被选择得足够规则和平滑,具有从 1 到 n 的任何维度的区域,例如(从简单到复杂)矩形、带顶点、多边形或由一组多项式不等式定义的区域。不同分区之间的选择由希望验证的属性指导。例如,考虑具有动态 F 的连续系统。获得高级可达性映射的粗略但有用的方法是识别状态空间的区域,在一个维度上保存 $F.E.g$ 的符号,用于同一区域的所有元素衍生标志将全部为负数或正数或无效。因此,区域是三个子集p_1, p_2, p_3的连通分量,定义为

$$p_1 = \{x \in X \mid \dot{x} > 0\}, p_2 = \{x \in X \mid \dot{x} < 0\}, p_3 = \{x \in X \mid \dot{x} = 0\} \qquad (11.2)$$

对于 n 维系统,区域将是由符号向量参数化的$\mathbb{R}^n$的 $3n$ 个子集 Es 的连通分量 $s \in \{-1, 0, +1\}^n : E_s = \{x \in X \mid \forall i, 1 \leqslant i \leqslant n$;若$S^i = -1, \dot{x}^i < 0$;若$S^i = 1, \dot{x}^i = 0$,若$S^i = +1, \dot{x}^i > 0\}$

例 4(电刷) 现在演示一些用于表示化学反应的数学模型上引入的概念:其动态是非线性的电刷。考虑一个二维连续系统 $C = (X, S_0, F, Inv)$,使得 $X = \{x, y\}$ 是两个连续可微分变量,F 由文献[4]给出:

$$\begin{cases} \dot{x} = 1 - (b+1)x + a\,x^2 y \\ \dot{y} = bx - a\,x^2 y \end{cases} \qquad (11.3)$$

式中:$a, b \in \mathbb{R}$是两个实常数。$\dot{x} = \dot{y} = 0$ 为$M_0(1, \frac{b}{a})$的静止点。如果为 $b < a + 1$,则M_0为吸引子,所有轨迹均收敛于M_0;如果 $b > a + 1$,那么它是一个推斥器,所有接近M_0的轨迹都会向轨道汇聚。考虑两种情况,其中 $b = 1, a = 2$ 及 $b = 3, a = 1$分别在图 11.2(a)、(b)中示出,为了定性地描述如式(11.2)所示的动态行为,考虑一个划分 P 产生 9 个区域$p_1, p_2, \cdots, p_9$,图 11.3[30]中显示了排斥器情况。

如果考虑的系统是一个混合自动机,那么在不同的模式下允许不同的分区是可行的。下面假设集合 $Init(q)$,$Inv(q)$,$G(\tau)$ 及 $R(\tau)(p)$,($G(\tau)$ 为 p 的连通子集)可以表示为连通子集的有限并集(如果不是这样,将对它们的部分进行过渡近似)。因此,定义混合状态空间的分解如下。

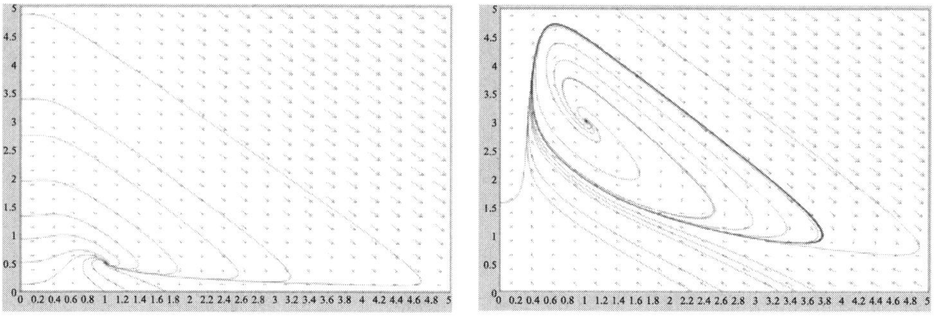

(a) (b)

图 11.2　布鲁塞尔相平面

(a)吸引器;(b)排斥器。

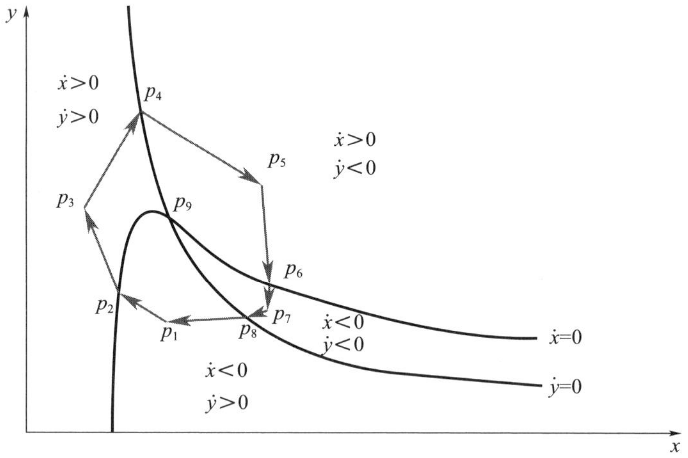

图 11.3　状态空间的定性划分

定义 12(混合状态空间分解)　给定一个混合自动机 $H=(Q,X,S_0,\Sigma,F,\delta,Inv,G,R)$ 和 X,$X\subseteq\mathbb{R}^n$ 的估值集的分区集 $\mathfrak{P}$,称 $\mathfrak{P}$ 分解 H,如果存在一个映上函数 $d:Q\to\mathfrak{P}$,与每个 $q\in Q$ 及分区 $d(q)\in\mathfrak{P}$ 关联。

初始集和不变集以及可满足性域和变量重置域是抽象时要考虑的主要元素。对于 $q\in Q$ 及 $\tau=(q,\sigma,q')\in\delta$,利用 $d_{Init(q)}$,$d_{Inv(q)}$,$d_{G(q,\tau)}\subseteq d(q)$ 表示区域 $d(q)(Init(q))$,$d(q)(Inv(q))$,$d(q)(G(\tau))$,并且对于一个区域 $p\in d_{G(q,\tau)}$,利用 $d_{R(q',\tau,p)}\subseteq d(q')$ 表示 $d(q')(R(\tau)(p\cap G(\tau)))$ 在可能的情况下,尝试定义 d 使 $Init(q)$,$Inv(q)$,$R(\tau)(p)$ 恰好是这些族中区域的并集(如果不是,则这些区域的族过于接近它们)。

11.4.3 混合自动机可达性约束编码

根据在 11.2.3 节中的定义，混合自动机 H 的永恒过渡系统 S_H 是可以获得的最精细的永恒抽象。然而，在实践中，S_H 只能针对非常有限的混合自动机类进行计算。本小节将基于一组分区定义一个不太精细的时间抽象过渡系统，并定义相邻区域之间的关系。

定义 13（相邻区域） 如果一个区域与另一个区域的边界相交，则 $\mathbb{R}^n$ 的分区 P 的两个不同区域 p_1, p_2 是相邻的，即 $\overline{p_1} \cap p_2 \neq \emptyset$ 或 $p_1 \cap \overline{p_2} \neq \emptyset$，其中 $\overline{p}$ 表示 p 的闭包（closure）。

定义 14（基于分解的混合自动机的永恒抽象自动机） 给出了混合自动机 $H = (Q, X, S_0, \Sigma, F, \delta, Inv, T)$ 和 H 的分解 $(\mathfrak{P}, d)$，将 H 关于 $\mathfrak{P}$ 的永恒抽象（有限）自动机定义为 $DH_P = (Q_{DH}, Q_{0_{DH}}, \Sigma_{DH}, \delta_{DH})$：

· $Q_{DH} = \{(q,p) \mid q \in Q, p \in d(q)\}$

· $Q_{0_{DH}} = \{(q, p_{Init}) \mid q \in Q_0, p_{Init} \in d_{Init}(q)\}$

· $\Sigma_{DH} = \Sigma \cup \{\varepsilon\}$

· $(q_i, p_k), \sigma, (q_j, p_l) \in \delta_{DH}$ 为真，当且仅当其中之一成立：

· $Q_{DH} = \{(q,p) \mid q \in Q_0, p \in d(q)\}$

· $Q_{0_{DH}} = \{(q, p_{Init}) \mid q \in Q_0, P_{Init} \in d_{Init}(q)\}$

· $\Sigma_{DH} = \Sigma \cup \{\varepsilon\}$。

· 下列式子中之一为真，$((q_i, p_k), \sigma, (q_j, p_l)) \in \delta_{DH}$ 成立：

$-q_i \neq q_j, \sigma \in \Sigma, p_k \in d_G(q_i, \tau), p_l \in d_R(q_j, \tau, p_k)$，其中 $\tau = (q_i, \tau, q_j)$，$\exists t = (q_i, x, \sigma, x', q_j)$，得到 $x \in p_k, x' \in p_l$。

$-q_i = q_j, \sigma = \varepsilon, p_k, p_l \in d_{Inv}(q_i)$ 为相邻区域，$\exists d \in \mathbb{R}_+^*$ 且 $\exists x: [0,d] \to X$ 为连续可谓函数，可得 $\forall t \in (0,d)\, x(t) \in F(q_i, x(t))$，$\forall t \in [0,d]\, x(t) \in Inv(q_i)$，$x(0) \in p_k, x(d) \in p_l$，$\exists c 0 \leqslant c \leqslant d\, \forall t \in (0,c)\, x(t) \in p_k\, \forall t \in (c,d)\, x(t) \in p_l$ 且 $x(c) \in p_k \cup p_l$。

定义的无间隙抽象自动机编码与状态空间的相邻区域的可达性，Σ 见证模式中的事件改变，ε 转换表示相同模式中相邻区域之间的连续演变。注意在 S_H 中的 $((q_i, p_k), \sigma, (q_j, p_l) \in \delta_{DH} \Rightarrow \exists x_k \in p_k \exists x_k \in p_l (q_i, x_k) \xrightarrow{\sigma} (q_j, x_l)$，对于 $\sigma \in \Sigma$ 来说反之亦然。由 $\alpha_{\mathfrak{P}}((q,x)) = (q,p)$，其中 $p \in d(q)$，$x \in p$，定义的映射 $\alpha_{\mathfrak{P}}$ 定义了一个永恒的抽象函数 $\alpha_{\mathfrak{P}}: \overline{S} \to Q_{DH}$。当 $\mathfrak{P}$ 的分区具有所有唯一区域 $p = X$ 并且 (Q, Q_0, Σ, δ)，即 H 的离散部分而没有其连续部分时，获得最粗糙的永恒抽

象自动机。它对应于最粗糙的永恒抽象函数$a_{\{\{x\}\}}((q,x))=q$。对于前面的恒温器示例,这给出了$(\{\text{off},\text{on}\},\{\text{off}\},\{B_{\text{on}},B_{\text{off}}\},\{(\text{off},B_{\text{on}},\text{on}),(\text{on},B_{\text{off}},\text{off})\})$,而之前给出的执行$h$的抽象(11.2.3)就是 $\text{off}\xrightarrow{B_{on}}on\xrightarrow{B_{off}}\text{off}\cdots$。

定理 4(永恒抽象完整性) 给定H的分解$\mathfrak{P}$,H的任何具体行为都是永久抽象到$DH_{\mathfrak{P}}$中的$Q_{0_{DH}}$根路径中,并且$DH_{\mathfrak{P}}$的任何转换都抽象出H的具体行为的一部分。如果流条件F是单例函数,则永久抽象函数$\alpha_{\mathfrak{P}}$定义从S_H中的S_0根路径(即H的永久执行)到$DH_{\mathfrak{P}}$中的$Q_{0_{DH}}$根路径的跟踪保留映射(仍由$\alpha_{\mathfrak{P}}$表示),从而定义语言由S_H定义的包含在$DH_{\mathfrak{P}}$定义的语言中。

显然,$DH_{\mathfrak{P}}$中的路径一般不会抽象出H的具体行为(因为由单个转换抽象出来的行为部分一般不会连接起来),H表示抽象会创建虚假的行为。

如果现在H是 POHA,则就像在定义 7 中定义了对具体执行的观测一样,定义了对其永恒抽象的观测。

定义 15(永恒抽象观测) 给定 POHA H 及 $h=(q_0,p_0)\xrightarrow{\sigma_0}(q_1,p_1)\xrightarrow{\sigma_1}\cdots(q_i,p_i)\xrightarrow{\sigma_i}\cdots$其中$\sigma_i\in\Sigma\cup\{\varepsilon\}$,在$DH_{\mathfrak{P}}$中,$h$的观测定义为一个永恒的抽象路径$Obs(h)=p_0^O,\sigma_0^O,p_1^O\cdots p_i^O,\sigma_i^O,\cdots$,其中:$p_i^O$为通过将$p_i$投影到$X_o$中的变量上得到。

若$\sigma_i\in\Sigma_0$,则$\sigma_i^O=\sigma_i$,否则$\sigma_i^O=\varepsilon$并从$Obs(h)z$中移除。

考虑 POHA H 的一个执行$h\in[[H]]$,$h=(q_0,x_0)\xrightarrow{l_0}(q_1,x_1)\xrightarrow{l_i}\cdots(q_i,x_i)\Big|\xrightarrow{l_i}\cdots$,其中,$l_i\in\Sigma\cup R_+$在定义 7 中(定时的)观测为$Obs(h)=x_0^O,l_0^O,x_1^O\cdots x_i^O,l_i^O,\cdots$,其永恒的抽象为$\alpha_{\mathfrak{P}}(h)=(q_0,p_0))\xrightarrow{\sigma_0}(q_1,p_1)\xrightarrow{\sigma_1}\cdots(q_i,p_i)\xrightarrow{\sigma_i}$如定理 4(假设$F$是单例)和定义 15 最后一个的观测:$Obs(\alpha_{\mathfrak{P}}(h))=p_0^O,\sigma_0^O,p_1^O\cdots p_i^O,\sigma_i^O,\cdots$可以尝试定义$Obs(h)$观测的永恒抽象。一个自然的定义是$\alpha_{\mathfrak{P}}(Obs(h))=p_0{}',\sigma_0^o,p_1{}'\cdots p_i{}',\sigma_i^o,\cdots$,其中,若$l_i^o\in\Sigma_0(=\varepsilon)$,$\sigma_i^o=l_i^o$,否则移除。即与$\alpha_{\mathfrak{P}}(Obs(h))$中的$\sigma_i^o$相同,$p'_i=\biguplus_{\{p|x_i^o\in p^o\}}p^o$是所有区域的$X_o$上的投影的并集,其包含在$X_o$上的投影等于$x_o^i$的值(假设为每个模式简化相同的分区,因为模式可能是未知的观测)。因此,可以发现,$Obs(\alpha_{\mathfrak{P}}(h))$要比$\alpha_{\mathfrak{P}}(Obs(h))(p_i^O\subseteq p_i{}')$精确,用$Obs(\alpha_{\mathfrak{P}}(h))\sqsubseteq\alpha_{\mathfrak{P}}(Obs(h))$表示这两个序列有共同的事件,并且包含定性空间值作为X_o的子集,即与可观测变量对应的赋值集。

11.4.4 编码混合自动机的时间约束

关心的是验证混杂系统的时间属性,并使用时间约束检查可诊断性属性。

由于这个原因，本小节中定义了一个混合自动机的抽象，作为一个定时自动机，它在一定程度上捕获了区域级别上的时间约束。首先介绍一些直观的概念。考虑具有任意动态 F 的连续系统的 $\mathbb{R}^n$ 状态空间的分区 P，进入区域 $p \in P$ 的轨迹集（即连续解流）处于这两种情况之一，或者至少一个轨迹内被困在 p 内，或者在连续性假设下，所有这些都在有限时间内从 p 出口到相邻区域。第一种情况下，除非对 p 进行重塑，否则时间约束不能与区域 p 关联；在后者中，可以计算所有进入和离开 p 区域的轨迹所满足的时间约束。本小节将给出一个由给定的混合自动机和分区集构造的时间自动机的形式化定义，然后讨论一些可以实际计算时间界限的情况。

定义 16（区域时间间隔和时间界限） 给定一个连续系统 CS，$\mathbb{R}^n$ 的一个分区 P，P 中的一个区域 $p \in P$，如果 CS 的所有轨迹在 t 时刻进入 p，则至少 $t + t_{\min}$ 时刻离开 p，最多 $t + t_{\max}$ 时刻离开，称 $Ip = [t_{\min}, t_{\max}]$，其中 $t_{\min}, t_{\max} \in \mathbb{R}_+ \cup \{+\infty\}$，为 CS 的一个区域 p 的时间间隔。$t_{\max}$ 和 $t_{\min}$ 是 p 的上下限。

对于混合自动机，将模态 q 中相对于区域 p 的时间间隔表示为 $I_{(q,p)}$。

定义 17（混合的基于分解的定时抽象自动机） 给定一个混合自动机 $H = (Q, X, S_0, \Sigma, F, \delta, Inv, G, R)$，一个分界 $(\mathfrak{P}, d)$，H 关于 $\mathfrak{P}$ 永恒的抽象自动机 $DH_{\mathfrak{P}} = (Q_{DH}, Q_{0_{DH}}, \Sigma_{DH}, \delta_{DH})$ 定义了 H 关于 $\mathfrak{P}$ 的定时抽象自动机为：$TH_{\mathfrak{P}} = (Q_{DH}, \{c\}, Q_{0_{DH}}, \Sigma_{DH}, Inv_{TH}, (\delta_{DH}, G_{TH}, Y_{TH}))$，其中 $\forall (q,p) \in Q_{DH}$ 区域时间间隔为 $I_{(q,p)} = [t_{\min}, t_{\max}]$：

$$\cdot\ Inv_{TH}((q,p)) = [0, t_{\max}]$$

· $\forall \tau = ((q,p), \sigma, (q_1, p_1)) \in \delta_{DH}$，若 $\sigma = \varepsilon$ 或 p 不与任何重置集相交（即 $\forall \tau' = (q', \sigma', q) \in \delta_{DH} p \notin d(q)(R(\tau')(G(\tau'))$ 或者 $[0, +\infty))$，$G_{TH}(\tau) = [t_{\min}, +\infty]$。

且 $\forall \tau \in \delta_{TH}$，$Y_{TH}(\tau) = \{c\}$。

定时抽象自动机通过使用一个本地时钟 c（在 0 处重置）将时间约束添加到永恒抽象自动机的状态 (q,p)，其中间隔 $I_{(q,p)}$ 可计算为非平凡（即 $I_{(q,p)} \neq [0, +\infty)$）。在每个状态中测量每个状态 (q,p) 中的逗留持续时间 t，即在每个区域 p 中，并且通过每个状态中的 c 的不变和保护来编码这些约束。不变量将最大逗留持续时间编码为区域 p 的上限时间，并且保护编码最小逗留持续时间作为进入和离开该区域的区域 p 的下限时间，并不是离散跳跃的结果（这里直接控制 out – transition，并要求 p 不与所有可能的 in – transitions 的任何复位集相交）。在恒温器示例中，将分区考虑模式 off 相关联的两个区域的初始状态集（off，[80, 90]）及（(off)，[68,80)）。然后将（off，[80,90]）$t_{\min} = 0$ 及 $t_{\max} = 0.12$ 作为时间界限(确切的上限,即温度从 90 降低到 80 是的时间是 $\mathrm{Log}(\frac{9}{8})$)。这意味着在定时抽象自动机 $Inv_{TH}((\mathrm{off},[80,90]))=[0,0.12]$ 中定义。定时抽象自动机的执行开始是,例如,$(\mathrm{off},[80,90])\xrightarrow{0.08}(\mathrm{off},[68,80])$。

定理 5(时间抽象完备性) 给定 H 的分解 $\mathfrak{P}$,H 的任何具体行为都被抽象为$TH_{\mathfrak{P}}$中的执行。如果流条件 F 是 $\mathfrak{P}$ 一个单例函数,那么抽象函数 $\mathfrak{P}$ 就定义了一个映射,用$\alpha^t_{\mathfrak{P}}$表示,从S^t_H中的$\overline{S_0}$根路径(即 H 的执行)到$TH_{\mathfrak{P}}$中的执行。一旦从$TH_{\mathfrak{P}}$中的执行跟踪中删除了 ϵ 标签,并且在S^t_H和$TH_{\mathfrak{P}}$中的执行跟踪中的两个连续事件标签之间添加了时间段标签,这种映射就保留了跟踪。这意味着对于任何的执行$(q_0,x_0)\xrightarrow{w}_*(q_i,x_i)\in[[H]]$,其中 $w\in L^*(L=\Sigma\cup\mathbb{R}_+)$,存在唯一的执行$(q_0,x_0)\xrightarrow{w'}_*(q_j,x_j)\in[[TH_{\mathfrak{P}}]]$,其中 $w\in L'*(L'=L\cup\{\epsilon\})$,$x_0\in p_0,q_j=q_i,x_i\in p_j,w'_{|\Sigma}=w_{|\Sigma}$(其中$|\Sigma$为$\Sigma^*$的投影),对于$w_{|\Sigma}$的任意两个连续事件$w_l=w'_{l'}$及$w_m=w'_{m'},\Sigma_{l'<k'<m'},w'_{m'}\neq\epsilon,w'_{k'}=\sum_{l<k<m}w_k$。

忘记时间,即去掉时钟,提供了一个从$TH_{\mathfrak{P}}$到$DH_{\mathfrak{P}}$自然的抽象功能 α,映射一个执行$(q_0,p_0)\xrightarrow{l_0}(q_1,p_1)\cdots(q_i,p_i)\xrightarrow{l_i}\cdots$其中$l_i\in\Sigma\cup\{\varepsilon\}\cup\mathbb{R}_+$,在$TH_{\mathfrak{P}}$进入执行$(q_0,p_0)\xrightarrow{\sigma_0}(q_1,p_1)\cdots(q_i,p_i)\xrightarrow{\sigma_i}\cdots$,其中$\sigma_i\in\Sigma\cup\{\varepsilon\}$时,在$DH_{\mathfrak{P}}$中,若$l_i\in\Sigma\cup\{\varepsilon\}$和$l_i=d_i\in\mathbb{R}_+$,用$\sigma_i=l_i$标记的连续过渡被抑制,得到:$\alpha_{\mathfrak{P}}=\alpha\circ\alpha^t_{\mathfrak{P}}$。

定义 18(定时抽象观测) 给定 $POHA\ H$,$h=(q_0,p_0)\xrightarrow{l_0}(q_1,p_1)\xrightarrow{l_i}\cdots(q_i,p_i)\xrightarrow{l_i}\cdots$其中$l_i\in\Sigma\cup\{\varepsilon\}\cup\mathbb{R}_+$,为$TH_{\mathfrak{P}}$中的一个执行,也就是一个定时的抽象路径,$h$ 的观测定义为 $Obs(h)=p^o_0,l^o_0,p^o_1\cdots p^o_i,l^o_i\cdots$,其中

- p^o_i是通过将p_i投影到X_o中的变量上得到的。
- 当$l_i\in\Sigma_0\cup R_+$,$l^o_i=l_i$,否则$l^o_i=\varepsilon$,并从 $Obs(h)$中移除。

对于不受时间限制的情况,可以定义观测(执行 $h\in[[H]]$)的时间抽象,并得到 $Obs(\alpha^t_{\mathfrak{P}}(h))\sqsubseteq\alpha^t_{\mathfrak{P}}(Obs(h))$。

另外,去掉时钟的抽象函数将定时的抽象观测$p^o_0,l^o_0,p^o_1\cdots p^o_i,l^o_i\cdots$,其中$l_i\in\Sigma\cup\mathbb{R}_+$,映射到无时间限制的抽象观测$p^o_0,\sigma^o_0,p^o_1\cdots p^o_i,\sigma^o_i\cdots$,其中$\sigma^o_i\in\Sigma_0$,并抑制持续时间标签$l_i=d_i\in\mathbb{R}_+$。对于任何具体的执行 $h\in[[H]]$,有:$Obs(\alpha^t_{\mathfrak{P}}(h))=\alpha(Obs(\alpha^t_{\mathfrak{P}}(h)))$,即 $Obs\circ\alpha_{\mathfrak{P}}=\alpha\circ Obs\circ\alpha^t_{\mathfrak{P}}$。

11.4.5 计算时间界限

本节提出并讨论了一些情况下,可以计算的时间界限为连续演化的混杂系

统。下面 CS 是一个连续系统,P 是$\mathbb{R}^n$的一个划分,$p\in P$ 和$I_p=[t_{\min},t_{\max}]$是 p 的相关区域时间区间。

命题 1(暂居界限)　对于区域 p 具有有限时间界($t_{\max}$有限,因此实非负常数)的充分不必要条件是 $\exists i 1\leqslant i\leqslant n\ \forall x\in\bar{p}\,\dot{x}_i\neq 0$。

如果针对维度 i 验证了在 p 上命题 1 中的条件,那么所有轨迹应该尊重有限的时间范围内保持在该区域的 p。另外,一旦在 p 内部产生有限数量的轨道自旋然后离开 p 的轨迹在具有有限时间限制的情况下不满足该条件。寻找有限时间界限的一种方法是细化划分,目标是使区域变得足够小,以使每个区域都满足条件。这一构想将在 11.5 节提出。如果沿着每个轴的导数在分区内获取每个有限数量的空值,那么精炼分区以使每个零导数点在一个区域中单独存在就没有问题。在其他情况下,现在提供一些可以获得时间限制的例子。

有限数量的平衡点沿着每个坐标的导数在有限数量的点 X_{eq}中同时为零,重新分配 p 使得每个新区域 p_i在其边界上恰好具有一个 X_{eq}点。在一个维度中,假设零导数点在 x_{eq}处,并且 $x(t)$的初始值是 x_0。用$\mathcal{T}$表示的连续变量 $x(t)$从 x_0到 x_{eq}的时间在某些情况下是有限的。如果$\dot{x}$的形式为 x_{k},其中 $k\in\mathbb{R}$,则通过研究 $k=1$ 左右的邻域中的$\mathcal{T}$得到:

$$\mathcal{T}=\int_0^{t_{\mathrm{eq}}}\mathrm{d}t=\int_{x_0}^{t_{\mathrm{eq}}}\frac{1}{\dot{x}}\mathrm{d}x=\int_{x_0}^{1}\frac{1}{x^k}\mathrm{d}x=\left[\frac{x^{-k+1}}{(-k+1)}\right]_{x_0}^{0}\qquad(11.4)$$

如果 $k<1$ 则$\mathcal{T}$收敛。因此,对于形式$\dot{x}=x^k$的所有动态,$k<1$,例如对于平方根$\dot{x}=\sqrt{x}$,可以计算时间界限。在二维中,令 r 是从平衡点$M_{\mathrm{eq}}(x_{\mathrm{eq}},y_{\mathrm{eq}})$到最初在区域 p 中的点 $M(x,y)$的距离。令 $X=x_{\mathrm{eq}}-x$,$Y=y_{\mathrm{eq}}-y$,因为,$r^2=X^2+Y^2$,所以 $2r\dot{r}=2X\dot{X}+2Y\dot{Y}$,若$\dot{r}\neq 0$,达到$M_{\mathrm{eq}}$的时间为

$$\mathcal{T}=\int_0^{t_{\mathrm{eq}}}\mathrm{d}t=\int_{r_0}^{0}\frac{1}{\dot{r}}\mathrm{d}r=\int_{r_0}^{0}\frac{r}{X\dot{X}+2Y\dot{Y}}\mathrm{d}r\qquad(11.5)$$

例 5　考虑二维连续系统$\dot{x}=-x^2$,$\dot{y}=-y$,其中$(x,y)\in\mathbb{R}^+\times\mathbb{R}^+$,平衡点为 $M_{\mathrm{eq}}(0,0)$,在极坐标 $x=r\cos(\theta)$,$y=r\sin(\theta)$下,$r\dot{r}=x\dot{x}+y\dot{y}=-x^3-y^2=-x^2-y^2+x^2-x^3=-r^2+x^2(1-x)=r^2[-1+\cos^2\theta(1-r\cos\theta)]$,在$(0,0)$附近:

$$\mathcal{T}=\int_{r_0}^{0}\frac{1}{r[-1+\cos^2(\theta)(1-r\cos\theta)]}\mathrm{d}r\geqslant\int_{r_0}^{0}\frac{-1}{r}\mathrm{d}r\qquad(11.6)$$

因此$\mathcal{T}$是无限的,从未达到平衡点。通过评估$r\dot{r}$并使用球面(或超球面)坐

标和具有实指数的多项式,可以将该推理扩展到维数 n。可以举一个平方根的例子,例如$\dot{x} = \sqrt{x}$并证明时间$\mathcal{T}$是有限的,然后达到平衡。

无穷多个零导数研究沿着轴的至少一个导数在连通集中采用无限数量的空值的情况可以通过扩展先前的方法来完成。对于特定类别的连续系统,其中动态仅允许多仿射函数形式,Maler 和 Batt[45] 展示了如何通过将无限状态空间$\mathbb{R}^n$分解为超立方体来捕获时间约束,并通过约束动态计算从进入到退出每个立方体所花费的时间。

Brusselator 时间界限对于的 Brusselator 动态实例 4,考虑到对于 $b=3$, $a=1$ 的推斥极情况,排除 M_0的环集 R,从而 $R=\{(x,y)\mid(-1+x)^2+(-3+y)^2>0.09\wedge(-1+x)^2+(-3+y)^2<0.05625\}$,令 $v=\sqrt{\dot{x}^2+\dot{y}^2}$,那么 $v^2=(1-4x+x^2y)^2+(3x-x^2y)^2$,使用求解器,计算 v^2 的一个下界$v_{\text{low}}^2=0.0051$,已经证明,最初在$S_0=\mathbb{R}^n\setminus\{M_0\}$中的所有轨迹都收敛于包含在 R 内的相平面固定轨道。假设将区域 R 分成两个连接的集合R_1和R_2,使得 $R=R_1\uplus R_2$,其中每个最大的逗留持续时间$t_{\max}$是一个正的实常数。这是可能的,因为 v 允许下限v_{low}。这表明从 S_0 开始的所有轨迹将无限地顺序地交叉R_1和R_2。在实践中,系统在R_1或 R_2中的存在可以对应于化学反应的两种不同的可见颜色。

11.5 混合自动机抽象细化

现在将解释并形式化先前定义的抽象的细化过程。为此,通过为区域定义更细粒度的分解并给出必要的假设来计算这种细化,从而构建更精细的离散和定时自动机。通过在感兴趣的区域中使分区更细粒度,还获得更紧密的时间界限。细化是 CEGAR 方案的必要步骤,当在给定的抽象级别上无法进行属性验证的证明时,这是必需的步骤。

定义 19(划分细化) 给定$\mathbb{R}^n$的两个分区 P 和 P',当且仅当$\forall p'\in P'\,\exists p\in P p'\subseteq p$ 时,说 P'是 P 的细化分区,这意味着$\forall p\in P\,\exists P'_p=\uplus_{p'\subseteq P'_p}p'$。

定义 20(混合状态空间分解细化) 给定一个自动机 $H=(Q,X,S_0,\Sigma,F,Inv,T)$,两个分解$(\mathfrak{P},d)$和$(\mathfrak{P}',d)$,称 $\mathfrak{P}'$是 $\mathfrak{P}$ 的细化,若$\forall q\in Q d'(q)$是 $d(q)$ 的细化,表示为 $\mathfrak{P}'\preccurlyeq\mathfrak{P}$。

11.5.1 细化的永恒模型

定义 21(细化的永恒抽象自动机) 给定一个混合自动机 H 和 H 的两个抽

象永恒自动机$DH_{\mathfrak{P}}$及$DH_{\mathfrak{P}'}$，分别对$(\mathfrak{P},d)$及$(\mathfrak{P}',d')$进行分解。如果$\mathfrak{P}'<\mathfrak{P}$，说$DH_{\mathfrak{P}'}$是$DH_{\mathfrak{P}}$的抽象细化，用$DH_{\mathfrak{P}'}<DH_{\mathfrak{P}}$表示。

定义 22（状态分割操作） 给定混合自动机 H 的抽象无时间自动机$DH_{\mathfrak{P}}$，状态$(q,p)\in Q_{DH}$的分割操作由分区 p 中的$\{p_1,p_2\}$，$p=p_1\uplus p_2$定义，并产生两个状态(q,p_1)和(q,p_2)和在精炼的抽象永恒自动机$DH_{\mathfrak{P}'}$中，通过将 $d(q)$ 替换为 $d'(q)=d(q)\setminus\{p\}\cup\{p_1,p_2\}$从 $\mathfrak{P}$ 获得 $\mathfrak{P}'$。

在(q,p)状态分裂之后从$DH_{\mathfrak{P}}$构造$DH_{\mathfrak{P}'}$是局部操作，因为仅具有作为源或作为目的地的δ_{DH}的转变，状态(q,p)必须从 H 重新计算。在实践中，通过执行有限数量的状态分割操作来获得精化模型。在执行拆分操作并且为了使获得的自动机满足定义 14 之后，仅需要重新计算其一些转换，同时从$DH_{\mathfrak{P}}$继承其余部分。令$Q_{\text{split}}\subseteq Q_{DH}$是分裂状态和发布$(Q_{\text{split}})=\{q\in Q_{DH}\mid \exists q_s\in Q_{\text{split}}\,\exists(q_s,\sigma,q\in\delta_{DH}\}$并且 $pre(Q_{\text{split}})=\{q\in Q_{DH}\mid \exists q_s\in Q_{\text{split}}\,\exists(q_s,\sigma,q\in\delta_{DH}\}$的集合，然后要获得$DH_{\mathfrak{P}'}$，只需要重新计算转换$(q_s,|\sigma,q')$，以致 $q,q'\in Q_{\text{split}},post(Q_{\text{split}})\cup pre(Q_{\text{split}})$。

由$\alpha_{\mathfrak{P}',\mathfrak{P}}((q,p'))=(q,p)$，其中 $p'\subseteq p$ 定义的预抽象函数$Q_{DH}^{\mathfrak{P}'}\to Q_{DH}^{\mathfrak{P}}$定义了从$DH_{\mathfrak{P}'}$到$DH_{\mathfrak{P}}$的跟踪保留映射$\alpha_{\mathfrak{P}',\mathfrak{P}}$（因此$DH_{\mathfrak{P}'}$定义的语言包含在$DH_{\mathfrak{P}}$定义的语言中），且知道$\alpha_{\mathfrak{P}}=\alpha_{\mathfrak{P}',\mathfrak{P}}\circ\alpha_{\mathfrak{P}'}$。以自然的方式定义如前所述的 $\mathfrak{P}$ - 抽象执行$\alpha_{\mathfrak{P}',\mathfrak{P}}$，观测一个永恒的 $\mathfrak{P}'$ - 抽象执行 h，得到：$Obs(\alpha_{\mathfrak{P}',\mathfrak{P}}(h))\sqsubseteq\alpha_{\mathfrak{P}',\mathfrak{P}}(Obs(h))$。

11.5.2 细化时间模型

定义 23（精确定时抽象自动机） 给定一个混合自动机 H 和 H 的两个抽象定时自动机$TH_{\mathfrak{P}}$及$TH_{\mathfrak{P}'}$，分别对$(\mathfrak{P},d)$及$(\mathfrak{P}',d')$进行分解。如果$\mathfrak{P}'<\mathfrak{P}$，说$TH_{\mathfrak{P}'}$是$TH_{\mathfrak{P}}$的抽象细化，用$TH_{\mathfrak{P}'}<TH_{\mathfrak{P}}$表示。

关于由(q,p)分为(q,p_1)和(q,p_2)得到的精细抽象定时自动机$TH_{\mathfrak{P}'}$，如果$I_{(q,p)}=[t_{\min},t_{\max}]$区域时间间隔$I_{(q,p_1)}=I_{(q,p_2)}=[0,t_{\max}]$可以在第一次近似中采用，因为它们是安全的，但是一般来说，在区域p_1和p_2中，从 H 重新计算新的更紧密的时间界限。因此，精确的定时模型是通过两个操作的有限序列获得的：

（1）状态分割：与以前类似，(q,p)的状态分割，其时间间隔为$I_{(q,p)}=[t_{\min},t_{\max}]$，产生$(q,p_1)$和$(q,p_2)$。新分割区域的时间间隔设置为$I_{(q,p_1)}=I_{(q,p_2)}=[0,t_{\max}]$（$t_{\max}$保持逗留持续时间的安全上限，但 $t_{\min}$ 为由于分裂导致距离缩小，因此重置为0）。

（2）时间界限细化：在这种情况下，对于离散状态的给定区域，即如果$I_{(q,p)}$

$=[t_{\min},t_{\max}]$然后$I'_{(q,p)}=[t'_{\min},t'_{\max}]$，其中$t'_{\min}\geq t_{\min}$，$t'_{\max}>t_{\max}$，两者中的至少一个是严格的不等式，则获得更精确的时间界限。

在定理5中的跟踪简化之后，在抽象函数$\alpha_{\mathfrak{P}',\mathfrak{P}}$上定义了从$TH_{\mathfrak{P}'}$到$TH_{\mathfrak{P}}$的跟踪保留映射$\alpha^t_{\mathfrak{P}',\mathfrak{P}}$，并且提供了$TH_{\mathfrak{P}'}$中使用的时间限制，一旦为包括在给定区域$p$中的所有区域$p'$添加，至少同样作为$TH_{\mathfrak{P}}$中使用的时间范围。得到$\alpha^t_{\mathfrak{P}}=\alpha^t_{\mathfrak{P}',\mathfrak{P}}\circ\alpha^t_{\mathfrak{P}'}$。最后，对于任何定时的$\mathfrak{P}'$－抽象执行$h$，得到$Obs(\alpha^t_{\mathfrak{P}',\mathfrak{P}}(h))\sqsubseteq\alpha^t_{\mathfrak{P}',\mathfrak{P}}(Obs(h))$。

11.5.3　以可达性分析为指导的细化

在这里给出一些一般的数学特性，特别是关于在遵循解决方案流程时保护区域的连通性，这对于在混杂系统的动态和可达性条件下对细化过程有指导作用。

连通集的可达性设　$CS=(X,S_0,F,Inv)$是具有确定性流条件$F:X\to\mathbb{R}^n$且$K\subset\mathbb{R}^n$的集合的连续系统，以便验证以下假设：

K是连通且有界的闭合（即紧凑）组且$\forall x\in K,F(x)\neq 0$。

流动解函数$x(t,x_0)$最初从$X_0\in K$处的$t=0$开始，对于$X_0\in K$是连续的，对于时间t是类C^1也是连续的（这个性质在多项式动态中是成立的）。

利用这些假设，从x_0发出的轨迹相对于x_0是连续的（可以使用从连续性推导出的均匀连续性来进行证明，因为K是紧凑集）。

令y是来自K的可到达元素，并且$x(t)$是在时间t_0到达y的轨迹。定义后继轨迹点(y)和前驱轨迹点(y)通过：

$$\begin{cases}post(y)=\{x\in X\mid\exists t>t_0 x=x(t)\}\\pre(y)=\{x\in X\mid\exists 0<t<t_0 x=x(t)\}\end{cases}\tag{11.7}$$

将这个定义扩展到集合K：

$$post(K)=\cup_{k\in K}post(k)pre(K)=\cup_{k\in K}pre(k)\tag{11.8}$$

通过假设的连续性论证，得到了以下结果。

定理6　$post(K)$和$pre(K)$是连通集。

该结果表明，对于所有区域假设的连通性属性是沿着从组K发出的轨迹（向后和向前）保守的。

从初始状态到保护集的可达性设　H是具有多项式动态的混合自动机，$X_0=\{x\mid(q_0,x)\in S_0\}$是在模态$q_0$中的初始状态集。假设已经针对给定的分区构建了一个$H$的抽象自动机。

通过构造该分区,认为对于每个区域 p,所有进入的轨迹必须在经过(p)中的有界时间之后退出并成为输出轨迹。然后可以在 $in(p)$ 中将所有轨迹的集合定义为 p,它等于 $post(X_0)\cap p$。还定义了 $in(p)$ 中的入射点的子集 $pre(p)$ 和 $in(p)$ 中的出点的子集 $post(p)$。可以证明 $pre(p)$,$in(p)$ 和 $post(p)$ 是有限数量的连通集的联合。可以通过归纳从假设由凸线性谓词定义的初始集开始并使用动态是多项式的事实来进行证明。

如果考虑保护集 $G(\tau)$,假设是一个凸线性谓词集,则穿过 p 并验证该守卫的轨迹的出点点集是 $post(p)\cap G(\tau)$,并且可以证明这个集合又是有限数量的连通集合的集合。因此,在 p 内部的轨迹经过验证 $G(\tau)$ 的出口点的时间可以用有限数量的间隔的并集来表示,因为内部轨迹形成有限数量的连通集的并集(在轨迹中传递的瞬间集合属于如果轨迹是连续的,则连通集是时间间隔。在 p 的内部轨迹的时间间隔的联合之外,保护 $G(\tau)$ 不能由输出点验证。该分析将为可诊断性验证提供重要结果。

布鲁塞尔示例:该结果适用于布鲁塞尔的多项式动态,更具体地说,对应于系统颜色变化的两个定义区域 R_1 和 R_2。将布鲁塞尔的推斥器情况视为离散混合模式。利用先前的结果,证明在计算的最大时间界限内观测颜色变化的任何不一致性可以通过改变当前的驱逐模式来诊断。如果将故障建模为吸引器情况的离散跳跃,则颜色变化的观测结果足以诊断此故障,因为在吸引子情况下,所有轨迹渐近地收敛到 M_0,因此没有颜色变化。

11.6 CEGAR 适应性诊断性验证

由于混杂系统连续动态而具有无限状态空间,因此正式验证它们的属性通常依赖于使用普通模型检查和有限状态抽象。模型检查可能是不确定的,在这种情况下必须改进抽象。在本节中,采用最初提出的反例指导的抽象细化(CEGAR)来验证安全性[3,28]。

请注意,要验证安全属性,需要一次检查和一次执行过程并验证执行是否可以达到不安全状态。验证可诊断性揭示了更复杂的任务,因为需要同时分析两次执行,即验证两次执行是否具有相同的观测,而只有其中一次执行包含所考虑的故障。

在我们的抽象方法中,明确使用时间约束。当需要抽象细化时,在精细分解的新区域上获得更紧密的时间界限。因此,所提出的抽象方法与文献[35]中提出的抽象方法不同。在文献[35]中,抽象包括保持连续动态的特性,即模式可区分性和短暂性,必要时可直接检查混凝土混杂系统。相反,在我们的方法中,抽象直接指向连续状态空间,并且连续动态被解释为具有增加的粒度级别,这导致更精细的状态空间分解,时间约束与之相关联。这些抽象采用定时自动机的形式。

自适应 CEGAR 来验证混合自动机 H 的可诊断性,包括三个步骤,将在 11.6.1 小节中详细描述。

使用孪生系统法对定时抽象自动机 H 进行可诊断性检查,当未验证可诊断性时产生反例 C. E。

通过检查 C. E 是有效还是虚假来验证 C. E。

利用更精细的混合状态空间分解对定时抽象自动机进行细化。

11.6.1 混合自动机可诊断性验证的 CEGAR 方案

通过检查混合自动机的抽象来验证混合自动机的可诊断性是合理的,因为如果验证了可诊断性属性的抽象,那么它也被验证用于混凝土混杂系统。这可以通过显示可诊断性的具体反例提升为可诊断性的抽象反例来建立。实际上,给定一个混合自动机 $H=(Q,X,S_0,\Sigma,F,Inv,T)$,两个执行 $h,h'\in[[H]]$,$h=(q_0,x_0)\xrightarrow{l_0}(q_1,x_1)\cdots(q_i,x_i)\xrightarrow{l_i}\cdots$,$h'=(q'_0,x'_0)\xrightarrow{l'_0}(q'_1,x'_1)\cdots(q'_i,x'_i)\xrightarrow{l'_i}\cdots$,如果它们满足定义 10 中定义的三个条件,即如果 h 和 h'构成 H 的关键对,则称为 H 中关于故障 F 的可诊断性的反例。

用 s_i表示状态(q_i,x_i),s_i'表示状态(q'_i,x'_i)。假设流条件 F 是一个单例函数(确定性)。然后,从定理 5 出发,给出一个带有抽象函数$\alpha^t_{\mathfrak{P}}$,h 和 h'的定时抽象自动机 $THP\ (H)$,由$\alpha^t_{\mathfrak{P}}$映射到执行$\hat{h},\hat{h}'\in[[TH_{\mathfrak{P}}]]$,$\hat{h}=\hat{s}_0\xrightarrow{\hat{l}_0}\hat{s}_1\cdots\hat{s}_i\xrightarrow{\hat{l}_i}\cdots$,$\hat{h}'=\hat{s}'_0\xrightarrow{\hat{l}'_0}\hat{s}'_1\cdots\hat{s}'_i\xrightarrow{\hat{l}'_i}\cdots$,且$(h,h')$是 H 对 F 的一个关键对,$(\hat{h},\hat{h}')$是$TH_{\mathfrak{P}}$的一个关键对。从而建立了$TH_{\mathfrak{P}}$可诊断性的反例 C. E $=(\hat{h},\hat{h}')$。这证明了定理 7 的结果。

定理 7 给定混合自动机 H 具有单流条件,H 的定时抽象自动机$TH_{\mathfrak{P}}$具有抽象函数$\alpha^t_{\mathfrak{P}}$和 H 中的模拟故障 F,如果 F 在$TH_{\mathfrak{P}}$中可诊断则 F 在 H 中可诊断。

现在,有了这个结果,算法 1 说明了 CEGAR 方案对混合自动机可诊断性验证的适应性。

算法 1 cegar scheme for hybrid automata diagnosability verification

```
INPUT:hybrid automaton H;considered fault F; constant postitive integer precision
OUTPUT:decision: = H is diagnosable (true) | H is not diagnosable (false) | precision is reached(max_reached)
  TH←initial Timed Abstract Automaton of H
  C. E← Diagnosability Check(TH,F)
  abstraction_level←0
  While C. E≠ ∈Ø ∧ abstraction_level < precision do
    if Validate(C. E,H) then
      decision←false EXIT
    else
      TH← Refine(TH,C. E,H)
      C. E← Diagnosability Check(TH,F)
      abstraction_level← abstraction_level + 1
    end if
end while
if C. E =Ø then
    deciston← true EXIT
else
    decision← max_reached EXIT
end if
```

11.6.2 基于孪生系统诊断性检验

基于孪生系统方法[40,61]的离散事件系统的可诊断性检查,建模为自动机,其状态数为多项式(实际上已证明它是 NLOGSPACE - complete[51])。其思想是构造一个非确定性自动机,称为预诊断或验证器,它只保留所有可观测到的信息,并在每个状态中附加关于过去故障发生的知识。然后通过基于可观测事件使预诊断器与其自身同步来获得双树,以在双树中获得在原始系统中具有相同观测结果的所有对执行的路径。双树的每个状态都是一对预诊断状态,提供两种可能的诊断。如果相应的两个预诊断状态给出两个不同的诊断(一个诊断存在故障,另一个诊断不存在故障),则双树状态被称为模糊状态。关键路径是具有至少一个模糊状态循环的双树中的路径。它对应于一个关键对,因此证明了关键路径的存在等同于不可诊断性。双树方法已经适用于定时自动机[58],其中双树以类似的方式构建,除了使用时钟变量明确考虑两次执行的时间限制。该想法是通过比较可观测事件的发生时间来验证时间约束是否可以进一步区分两个执行。双树中关键路径的定义是模拟的，除了模糊状态周期被无限时间模糊路径所取代。

引理1 一个故障可以在定时自动机中诊断，当且仅当它的孪生系统不包含关键路径[58]。

对于定时自动机，检查可诊断性是 PSPACE 完成的。

11.6.3 反例验证或拒绝

在如文献[58]中所述的 H 的定时抽象自动机 $TH_{\mathfrak{P}}$ 上应用孪生系统方法之后，假设返回关键对 C. E = $(\hat{h},\hat{h}')$（如果不是，则意味着 $TH_{\mathfrak{P}}$，因此 H 是可诊断的）。是否发现两个具体的执行 A，其 $\alpha^t_{\mathfrak{P}}$ 的抽象是 $\hat{h}$ 和 $\hat{h}'$ 并形成一个具体的关键对，决定 C. E 被验证或拒绝。下面详细说明了验证或拒绝的程序以及在后一种情况下可以假定关键对是虚假的原因。

1. 验证反例

如果存在 $h,h' \in [[H]]$，且其抽象由 $\alpha^t_{\mathfrak{P}}$（根据定理5）为 $\hat{h},\hat{h}'$ 且 $Obs(h) = Obs(h')$，则 $(\hat{h},\hat{h}')$ 构成实现 C:E 的具体反例，从而证明了 H 的不可诊断性。否则，抽象的反例 C:E 就是假的。在实践中，这一步涉及使用安全的超近似值（如复杂动态中的椭球体和带拓扑）或简单动态中的超立方体计算可达状态集[1,12]。显然，由于混合自动机具体层面的可达性问题固有的不可判定性，可能会发生一个实现 C. E 的具体关键对确实存在，但这种存在不会被证明，C. E 将被宣告为虚假，在下一个细化循环中发现具体关键对的新机会。

2. 驳斥了反例

在伪 C. E = $(\hat{h},\hat{h}')$ 的情况下，其思想是构造最长的有限执行 $h,h' \in [[H]]$，由 $\alpha^t_{\mathfrak{P}}$ 抽象成 $\hat{h},\hat{h}'$ 的有限前缀，其中 $Obs(h) = Obs(h')$，它们无法扩展的事实意味着 $\forall \bar{h} \in [[H]]/h$，$\forall \overline{h'} \in [[H]]/h'$ 只能执行下列中的一步：① $\hat{S}_{|h|+1} \neq \alpha^t_{\mathfrak{P}}(S_{|h|+1})$（$\hat{S}'_{|h'|+1} \neq \alpha^t_{\mathfrak{P}}(S'_{|h'|+1})$）；② $\hat{l}_{|h|} \neq l_{|h|}$（$\hat{l}'_{|h|} \neq l'_{|h|}$）；③ $Obs(\bar{h}) \neq Obs(\overline{h'})$。在这种情况下，返回 $S^{reach}_{|h|+1}$ 和 $S'^{reach}_{|h'|+1}$，它们代表两组可达到的具体状态，它们是第一个不同意抽象 C. E 的状态。总结下面导致 C. E 虚假的原因。

虚假的状态可达性在 H 中，没有具体执行的抽象为 $\hat{h}$ 或者 $\hat{h}'$ 之一，由初始状态开始，不可达的抽象状态为 $\hat{s}_i$ 或者 $\hat{s}_i'$ 中之一。请注意，在细化 $TH_{\mathfrak{P}}$ 时需要小心（见下一小节）。例如，一个可能的情况是存在两个执行 (h,h') 到达 (s_1,s_1') 然后到达 (s_2,s_2') 没有到达 (s_3,s_3')（没有经过 (s_1,s_1') 和 (s_2,s_2') 到达 (s_3,s_3')），另外两个执行(u,u')从$(s,s')\neq(s_1,s_1')$，其中$\alpha_{\mathfrak{P}}^t(s)=\alpha_{\mathfrak{P}}^t(s_1)$且$\alpha_{\mathfrak{P}}^t(s')=\alpha_{\mathfrak{P}}^t(s_1')$到达$(s_2,s_2')$，然后到达$(s_3,s_3')$，所有时间段都与抽象执行的时间段兼容。如果细化模型简单地消除了从$\hat{s}_2$到$\hat{s}_3$或从$\hat{s}_2'$到$\hat{s}_3'$的转换，则它不再被认为是 H 的抽象，因为 H 中的某些具体执行将没有抽象对应物。因此，细化必须应用如前所述的分割操作，以便在消除虚假反例的同时保留抽象。

3. 虚假的时间限制条件

抽象的关键对，当被认为是永恒的时，在 H 中拥有一个具体的关键对实现，但没有一个验证抽象定时自动机强加的时间界限。在这种情况下，它不是虚假的状态可达性问题，而是虚假的定时状态可达性问题。实际上，在 H 中实现它的任何具体关键对都不能满足抽象关键对的时间约束。

虚假观测的不可区分性抽象关键对的两次执行共享相同的观测结果（可观测事件及其发生时间和每个抽象状态中到达时间的可观测连续变量值的快照），但实际上在 H 中实现此关键对的任何两个具体执行，都会通过某些可观测到的连续变量的结果相互区分。

11.6.4 对抽象的细化

如果它揭示了抽象的反例 C. E $=(\hat{h},\hat{h}')$是假的，然后一个精炼定时抽象自动机$TH_{\mathfrak{P}}$由 C. E 的信息引导得到$TH_{\mathfrak{P}'}$。第一步是分析 C. E 以确定其为何是虚假的原因（如先前所分类）。这个想法是为了避免在精细定时抽象自动机$TH_{\mathfrak{P}'}$上应用双树方法时获得相对接近的假抽象反例。细化过程描述如下，并将在下一节的示例中说明。

（1）假设 C. E 因非法停留而被驳回，即不遵守相应的不变量。结果可能是$S_{|h|+1}^{\mathrm{reach}}=\phi$，即非法过渡。为了消除下次的这种虚假反例，可以对包含$\hat{s}_{|h|}$的区域进行划分以获得表示合法停留的新区域，从而可以基于该分区完成细化。其目的是通过加强时间限制来消除新地区与其他地区之间的非法（不可观测）过渡。以类似的方式，可以处理非法转换的伪反例，因为相应的警卫不可满足，但这次合法停留。

（2）假设 C. E 的反驳是由于 A 和 B 的不同观测结果而没有可达性问题。这个想法是计算确切的时刻，表示为 t_{spurious}，之前仍然可以得到相同的观测结果，而在此之后观测结果会发散。通过 t_{spurious}，可以对 C 和 D 进行划分以获得一个新的区域，其合法停留受到 t_{spurious} 的限制，并且转换到另一个区域，通过可观测的连续变量（如果有的话）产生新的精细观测。

11.7 案例研究实例

下面的例子将说明用于混合自动机可诊断性检查的 CEGAR 方案。

例 6(容错恒温器模型) 两个可观测事件 B_{on} 和 B_{off} 允许人们见证模式变化,并且假设连续变量 x 是可观测的。系统从 $x \in [80,90]$ 开始。两个故障被建模为图 11.4 所示的不可观测事件 F_1 和 $F_2 \in \Sigma_f$。在实践中,故障 F_1 模拟温度传感器的错误校准。至于故障 F_2,它表示加热器中影响其效率的缺陷,并且通过 x 的一阶导数的表达式中的常数的参数变化来建模。

11.7.1 故障 F_1 的 CEGAR 方案

初始损失考虑混合状态空间的初始分解 $\mathfrak{P} = \{P_{off}, P_{on}, P_{off}^{F_1}, P_{on}^{F_1}, P_{off}^{F_2}, P_{on}^{F_2}\}$。每个分区 $P \in \mathfrak{P}$ 仅由表示实数$\mathbb{R}$的一个区域组成。因此,计算每个区域 p 的t_{min} 和t_{max}产生$I_p = [0, +\infty)$,换句话说,初始抽象不包含时间约束。

可诊断性检查利用孪生系统方法进行可诊断性检验,得到一个反例 C. E = $(\hat{h}, \hat{h}')$:

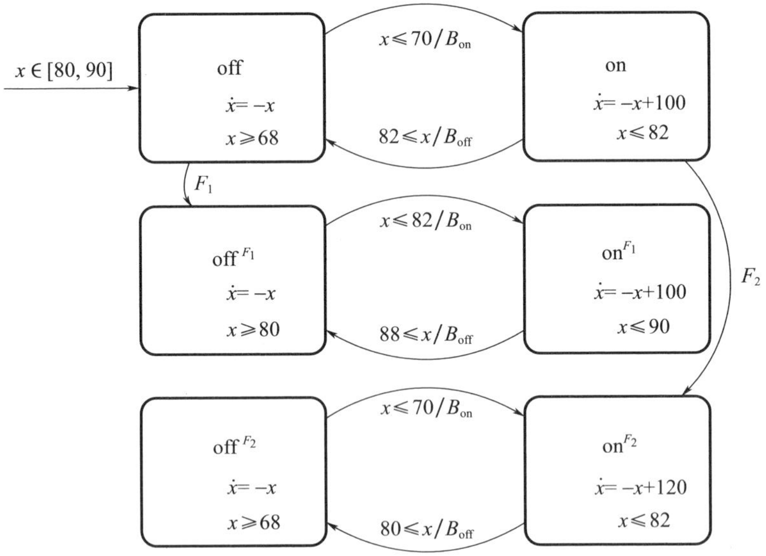

图 11.4 一维混合自动机对故障恒温器的建模

$$\hat{h} = (\text{off}, p_{off}) \xrightarrow{0.15} (\text{off}, p_{off}) \xrightarrow{B_{on}} (\text{on}, p_{on}) \xrightarrow{0.3} (\text{on}, p_{on}) \xrightarrow{B_{off}} (\text{off}, p_{off}) \cdots$$

$$\hat{h}' = (\mathrm{off}, p_{\mathrm{off}}) \xrightarrow{0.1} (\mathrm{off}, p_{\mathrm{off}}) \xrightarrow{F_1} (\mathrm{off}^{F_1}, p_{\mathrm{off}}^{F_1}) \xrightarrow{0.05} (\mathrm{off}^{F_1}, p_{\mathrm{off}}^{F_1}) \xrightarrow{B_{\mathrm{on}}} (\mathrm{on}^{F_1}, p_{\mathrm{on}}^{F_1}) \xrightarrow{0.3} (\mathrm{on}^{F_1}, p_{\mathrm{on}}^{F_1}) \xrightarrow{B_{\mathrm{off}}} (\mathrm{off}^{F_1}, p_{\mathrm{off}}^{F_1}) \cdots$$

验证或拒绝对抽象为$\hat{h}$(或$\hat{h}'$)的具体执行集$\{h\}$(或$\{h'\}$)的计算产生如下近似值:

$$\{h\} = (\mathrm{off}, [80,90]) \xrightarrow{0.15} (\mathrm{off}, [69,77]) \xrightarrow{B_{\mathrm{on}}} (\mathrm{on}, [69,70]) \cdots$$

$$\{h'\} = (\mathrm{off}, [80,90]) \xrightarrow{0.1} (\mathrm{off}, [72,81]) \xrightarrow{F_1} (\mathrm{off}^{F_1}, [80,81]) \xrightarrow{0.05} (\mathrm{off}^{F_1}, [76,77]: invalid)$$

具体的状态计算表明,由于达到的温度[76,77]违反了不变量 $x \geqslant 80$,因此不可能在模式off^{F_1}中保持 0.05 个时间单位。因此 C. E 被驳斥了。

状态空间的细化该细化旨在消除先前的虚假 C. E。从这个 C. E,可以计算保持模式off^{F_1}的精确时间约束,然后触发转换 B_{on} 并相应地细化混合状态空间。一旦细化,新抽象不应包含类似的反例。验证过程表明,所有进入模式off^{F_1}且 $x \in [80,81]$的轨迹停留时间不能超过 $t_{\max} = 0.0124$ 个时间单位,但有部分轨迹可以瞬间由 off 变为off^{F_1}变为on^{F_1},此时 $t_{\min} = 0$,则$I_{(\mathrm{off}^{F_1},[80,81])} = [0, 0.0124]$。细化的抽象将通过更新模式$\mathrm{off}^{F_1}$的分区,从$\mathbb{R}$到$(-\infty, 80) \uplus [80,81] \uplus (81, +\infty)$来传递这个新信息,从而确保所有未来生成的反例将满足这个约束。

11.7.2　故障 F_2的 CEGAR 方案

初始损失与故障 F_1 相同。

可诊断性检查利用双树方法对初始抽象进行可诊断性检验,生成 C. E = $(\hat{h}, \hat{h}')$:

$$\hat{h} = (\mathrm{off}, p_{\mathrm{off}}) \xrightarrow{0.5} (\mathrm{off}, p_{\mathrm{off}}) \xrightarrow{B_{\mathrm{on}}} (\mathrm{on}, p_{\mathrm{on}}) \xrightarrow{0.5} (\mathrm{on}, p_{\mathrm{on}}) \xrightarrow{B_{\mathrm{off}}} (\mathrm{off}, p_{\mathrm{off}}) \cdots$$

$$\hat{h}' = (\mathrm{off}, p_{\mathrm{off}}) \xrightarrow{0.5} (\mathrm{off}, p_{\mathrm{off}}) \xrightarrow{B_{\mathrm{on}}} (\mathrm{on}, p_{\mathrm{on}}) \xrightarrow{0.4} (\mathrm{on}, p_{\mathrm{on}}) \xrightarrow{F_2} (\mathrm{on}^{F_2}, p_{\mathrm{on}}^{F_2}) \xrightarrow{0.1} (\mathrm{on}^{F_2}, p_{\mathrm{on}}^{F_2}) \xrightarrow{B_{\mathrm{off}}} (\mathrm{off}^{F_2}, p_{\mathrm{off}}^{F_2}) \cdots$$

确认或拒绝对抽象为$\hat{h}$(或$\hat{h}'$)的具体执行集$\{h\}$(或$\{h'\}$)的计算产生如下近似值:

$$\{h\} = (\mathrm{off}, [80,90]) \xrightarrow{0.5} (\mathrm{off}, [48.5, 54.58]: invalid)$$

$$\{h'\} = (\mathrm{off}, [80,90]) \xrightarrow{0.5} (\mathrm{off}, [48.5, 54.58]: invalid)$$

由于非法停留在违反相应不变量的模式中,因此 C. E 被驳斥。换句话说,轨迹是不可行的:如果系统以 0.5 的时间单位保持模式关闭,则状态不变量不再成立。因此,如果观测到 B_{on},那么停留在 off 的持续时间应该更短。

状态空间的细化为了防止将来出现类似的伪反例,对初始抽象进行了细化。改进模型考虑了模式 off:$p_{off_1}=[80,90]$(初始区域)和$p_{off_2}=[68,80)$(合法区域)中的新区域。相对于每个区域的时间间隔的计算是$I_{(off,[68,80))}=[0,0.16]$和$I_{(off,[80,90])}=[0,0.12]$。改进的抽象将对这些时间约束进行编码,并确保消除一组类似的反例(包括这个反例)。无法到达的区域将被删除,比如[0,68)。

第二次抽象 可诊断性检查第二个 C. E 是由细化双树产生的:

$$\hat{h}=(off,p_{off_1})\xrightarrow{0.08}(off,p_{off_1})\xrightarrow{\varepsilon}(off,p_{off_2})\xrightarrow{0.07}(off,p_{off_2})\xrightarrow{B_{on}}(on,p_{on})$$
$$\xrightarrow{0.5}(on,p_{on})\xrightarrow{B_{off}}(on,p_{off})\cdots$$

$$\hat{h}'=(off,p_{off_1})\xrightarrow{0.08}(off,p_{off_1})\xrightarrow{\varepsilon}(off,p_{off_2})\xrightarrow{0.07}(off,p_{off_2})\xrightarrow{B_{on}}(on,p_{on})$$
$$\xrightarrow{0.4}(on,p_{on})\xrightarrow{F_2}(on^{F_2},p_{on}^{F_2})\xrightarrow{0.1}(on^{F_2},p_{on}^{F_2})\xrightarrow{B_{off}}(off^{F_2},p_{off}^{F_2})\cdots$$

确认或拒绝注意,第二个 C. E 中的连续转换尊重在基于第一个 C. E 的细化过程中添加的时间约束。相应的 C. E 的具体近似执行为:

$$\{h\}=(off,[80,90])\xrightarrow{0.15}(off,[69,77])\xrightarrow{B_{on}}(on,[69,70])$$
$$\xrightarrow{0.5}(on,[80.5,81.8])\cdots$$

$$\{h'\}=(off,[80,90])\xrightarrow{0.15}(off,[69,77])\xrightarrow{B_{on}}(on,[69,70])\xrightarrow{0.4}$$
$$(on,[79,79.9])\xrightarrow{F_2}(on^{F_2},[79,79.9])\xrightarrow{0.1}(on^{F_2},[82.9,83.7])\cdots$$

在这种情况下,第二个 C:E 也被认为是假的,因为在给定的时间限制下,由于最后一个区域是不相交的,这两个轨迹在混杂系统中对 x 的观测是不同的,即$[80.5,81.8]\cap[82.9,83.7]=\phi$。

状态空间的细化反例分析可以识别时间边界 $t_{spurious}$,在此之前,对至少两条具体轨迹的观测结果可能是相同的,而在此之后,临界对就会变得虚假。在的例子中,假设故障发生在 t_f,其中 $x\in[a,b]$,那么 $t_{spurious}$是故障和公称轨迹集不相交的瞬间时间:

$$t_{spurious}=In\left(\frac{b-a+20}{20}\right)+t_f \tag{11.9}$$

对于第二个虚假 C. E,$t_f=0.4$ 且 $t_{spurious}-t_f=0.044$。源自(on,[79,79.9])的两个具体标称和故障执行将在 0.044 时间单位之后处于以下温度范围:$x\in[79.90,80.7]$在模式 on 且 $x\in[80.7,81.6]$在模式on^{F_1}. 因此,在任何未来的时间,观测都是不同的。通过将时间约束结合到细化抽象中,确保不会再次生成由于包括前一个在内的不相交观测而导致的伪示例。为简单起见,分别分析了两个故障。一个更复杂的方法是基于从先前故障的分析中获得的细化抽象来分析下一个故障。

11.8 结论

本章在混杂系统上验证给定的安全属性。基于该系统的离散抽象,检查此属性是可行的,并能够在具体的混杂水平上保证性能的满意度。专注于研究系统的可诊断性,以及它在设计阶段安全性分析中的重要性和它所带来的挑战。综述了关于混合自动机抽象的相关文献,发现处理可诊断性验证的相关工作较少。其原因在于该属性涉及系统的一对轨迹和部分观测,因此检查起来比可达性更复杂。为了在抽象层次上处理时间约束,选择混合自动机的抽象作为时间自动机。该方法将状态空间分解为几何区域。其中,抽象的时间约束来自每个区域轨迹停留时间的估计。因此,抽象结果过于接近从具体系统的动态中获得的附加时间约束的敏感区域。采用 CEGAR 方案对混杂系统的可诊断性进行验证。该方案基于抽象层次上的反例。即采用基于双树的可诊断性检查来推导可诊断性不满足约束条件。提出了产生的反例可能为虚的情况,故而需要在更细的区域和更紧的时间约束下进行细化。

这项初步工作提出了许多新观点。首先,必须通过反例分析、整个过程(部分)自动化进展研究、抽象诊断性检查、反例验证和细化算法的集成来制定细化方法。使用并扩展现有的工具来进行时间自动机模型检查和连续级别上的超近似可达性。还对 SMT 求解器的使用[17-18]进行研究,特别是包括 ode[31]在内的理论,从而实现离散和连续变量的同时处理。此外,还将此方法应用于其他形式的安全特性,如可预测性。可预测性是一种能够在给定一些观测序列的情况下,提前预测未来不可避免的故障发生的属性。有了这些,将能够处理实际应用,并得到更深入的实验结果。

另一个有前景的方面是,这种方法可以推断出系统可诊断的最小具体观测集。这些观测指定了系统可诊断的最小(集合)事件集和连续变量集。如果这个集合的某个元素是不可观测的,那么系统就变成不可诊断的。因此,这样一个最小集从可观测性的角度划分了可诊断系统和不可诊断系统[14]之间的界限。

到目前为止,对可观测变量的值和时间戳都假设为连续域,而没有考虑传感器的能力,即可以捕获的最小间隔(值和时间)。这就是为什么目前的算法可能不会终止,因为一个无限细化的过程。未来工作的一个基本和必要的观点是提供一个通用的算法,用于“ - precision”[42]的可诊断性验证,用于“任意小”(用于要定义的给定度量)。这将确保算法的理论终止,因为要达到精度,细化步骤的数量将是有限的。这在实践中是合理的,因为模型参数和观测值都不可能无限精确,因此“精度的值将来自模型参数和测量值在空间和时间上的精度”。本着同样的精神,未来的一项有趣的工作将是在考虑模型和传感器施加的最小精度时,演示具体模型和最终精化抽象模型之间的双仿真关系,从而保证精化的终止。换句话说,从理论上讲,总是可以推断出正确的结论,对于给定的最小精度,系统要么是可诊断的,要么是不可诊断的。

参考文献

[1] M. Althoff, O. Stursberg, M. Buss, Computing reachable sets of hybrid systems using a combination of zonotopes and polytopes. Nonlinear Anal. Hybrid Syst. 4(2), 233 - 249 (2010)

[2] R. Alur, D. L. Dill, A theory of timed automata. Theor. Comput. Sci. 126 (2), 183 - 235 (1994)

[3] R. Alur, T. Dang, F. Ivančić, Counterexample - guided predicate abstraction of hybrid systems. Theor. Comput. Sci. 354(2), 250 - 271 (2006)

[4] S. Ault, E. Holmgreen, Dynamics of the Brusselator. Academia (2009)

[5] M. Basseville, M. Kinnaert, M. Nyberg, On fault detectability and isolability. Eur. J. Control. 7(6), 625 - 641 (2001)

[6] M. Bayoudh, L. Travé - Massuyès, Diagnosability analysis of hybrid systems cast in a discrete event framework. Discrete Event Dyn. Syst. 24(3), 309 - 338 (2014)

[7] M. Bayoudh, L. Travé - Massuyès, X. Olive, Hybrid systems diagnosability by abstracting faulty continuous dynamics, in Proceedings of the 17th International Workshop on Principles of Diagnosis (DX'06) (2006), pp. 9 - 15

[8] M. Bayoudh, L. Travé - Massuyès, X. Olive, Coupling continuous and discrete event system techniques for hybrid systems diagnosability analysis, in Proceedings of the 18th European Conference on Artificial Intelligence (ECAI - 08), Patras (2008), pp. 219 - 223

[9] M. Bayoudh, L. Travé - Massuyès, X. Olive, Active diagnosis of hybrid systems guided by diagnosability properties. IFAC Proc. Vol. 42(8), 1498 - 1503 (2009)

[10] G. Behrmann, A. David, K. G. Larsen, A tutorial on Uppaal, in Formal Methods for the Design of Real – Time Systems (Springer, Berlin, 2004), pp. 200 – 236

[11] S. Biswas, D. Sarkar, S. Mukhopadhyay, A. Patra, Diagnosability analysis of real time hybrid systems, in Proceedings of the IEEE International Conference on Industrial Technology (ICIT'06), Mumbai (2006), pp. 104 – 109

[12] O. Botchkarev, S. Tripakis, Verification of hybrid systems with linear differential inclusions using ellipsoidal approximations, in Proceedings of the 3rd International Workshop on Hybrid Systems: Computation and Control (HSCC'00). LNCS, vol. 1790 (Springer, Berlin, 2000), pp. 73 – 88

[13] M. Bozga, C. Daws, O. Maler, A. Olivero, S. Tripakis, S. Yovine, Kronos: a model – checking tool for real – time systems, in International Symposium on Formal Techniques in Real – Time and Fault – Tolerant Systems (Springer, Berlin, 1998), pp. 298 – 302

[14] L. Brandán Briones, A. Lazovik, P. Dague, Optimizing the system observability level for diagnosability, in Proceedings of the 3rd International Symposium on Leveraging Applications of Formal Methods, Verification and Validation (ISoLA08), Chalkidiki, Kassandra (2008)

[15] J. Chen, R. Patton, A re – examination of the relationship between parity space and observerbased approaches in fault diagnosis, in Proceedings of the IFAC Symposium on Fault Detection, Supervision and Safety of Technical Systems Safeprocess'94, Helsinki (1994), pp. 590 – 596

[16] A. Cimatti, C. Pecheur, R. Cavada, Formal verification of diagnosability via symbolic model checking, in Proceedings of the 18th International Joint Conference on Artificial Intelligence (IJCAI – 03) (2003), pp. 363 – 369

[17] A. Cimatti, S. Mover, S. Tonetta, SMT – based scenario verification for hybrid systems. Formal Methods Syst. Des. 42(1), 46 – 66 (2013)

[18] A. Cimatti, A. Griggio, S. Mover, S. Tonetta, HyComp: an SMT – based model checker for hybrid systems, in Proceedings of the 21st International Conference on Tools and Algorithms for the Construction and Analysis of Systems (TACAS – 2015), London (2015), pp. 52 – 67

[19] V. Cocquempot, T. E. Mezyani, M. Staroswiecki, Fault detection and isolation for hybrid systems using structured parity residuals, in Proceedings of the IEEE/IFAC – ASCC: Asian Control Conference, vol. 2, Melbourne (2004),

pp. 1204 – 1212

[20] M. J. Daigle, A qualitative event – based approach to fault diagnosis of hybrid systems. PhD thesis, Vanderbilt University, 2008

[21] M. Daigle, X. Koutsoukos, G. Biswas, An event – based approach to hybrid systems diagnosability, in Proceedings of the 19th International Workshop on Principles of Diagnosis (DX'08)(2008), pp. 47 – 54

[22] M. J. Daigle, D. Koutsoukos, G. Biswas, An event – based approach to integrated parametric and discrete fault diagnosis in hybrid systems. Trans. Inst. Meas. Control. (Special Issue on Hybrid and Switched Systems) 32(5), 487 – 510 (2010)

[23] M. J. Daigle, I. Roychoudhury, G. Biswas, D. Koutsoukos, A. Patterson – Hine, S. Poll, A comprehensive diagnosis methodology for complex hybrid systems: a case study on spacecraft power distribution systems. IEEE Trans. Syst. Man Cybern. Part A (Special Issue on Modelbased Diagnosis: Facing Challenges in Real – world Applications) 4(5), 917 – 931 (2010)

[24] Y. Deng, A. D'Innocenzo, M. D. Di Benedetto, S. Di Gennaro, A. A. Julius, Verification of hybrid automata diagnosability with measurement uncertainty. IEEE Trans. Autom. Control 61(4), 982 – 993 (2016)

[25] O. Diene, E. R. Silva, M. V. Moreira, Analysis and verification of the diagnosability of hybrid systems, in Proceedings of the 53rd IEEE Conference on Decision and Control (CDC – 14)(IEEE, New York, 2014), pp. 1 – 6

[26] O. Diene, M. V. Moreira, V. R. Alvarez, E. R. Silva, Computational methods for diagnosability verification of hybrid systems, in Proceedings of the IEEE Conference on Control Applications (CCA – 15) (IEEE, New York, 2015), pp. 382 – 387

[27] S. Ding, Model – Based Fault Diagnosis Techniques: Design Schemes, Algorithms, and Tools (Springer, London, 2008)

[28] C. Edmund, F. Ansgar, H. Zhi, K. Bruce, S. Olaf, T. Michael, Verification of hybrid systems based on counter example – guided abstraction refinement, in Proceedings of International Conference on Tools and Algorithms for the Construction and Analysis of Systems (TACAS – 2003), ed. by H. Garavel, J. Hatcliff. Lecture Notes in Computer Science, vol. 2619 (Springer, Cham, 2003), pp. 192 – 207

[29] G. Fourlas, K. Kyriakopoulos, N. Krikelis, Diagnosability of hybrid systems, in Proceedings of the 10th Mediterranean Conference on Control and Automation (MED - 2002), Lisbon (2002), pp. 3994 - 3999

[30] J. - P. Gallois, J. - Y. Pierron, Qualitative simulation and validation of complex hybrid systems, in Proceedings of the 8th European Congress on Embedded Real Time Software and Systems (ERTS - 2016), Toulouse (2016)

[31] S. Gao, S. Kong, E. Clarke, Satisfiability modulo ODEs, in Formal Methods in Computer - Aided Design (FMCAD) (2013)

[32] V. Germanos, S. Haar, V. Khomenko, S. Schwoon, Diagnosability under weak fairness, in Proceedings of the 14th International Conference on Application of Concurrency to System Design (ACSD' 14), Tunis (IEEE Computer Society Press, New York, 2014)

[33] J. Gertler, Fault Detection and Diagnosis in Engineering Systems (Marcel Dekker, New York, 1998)

[34] A. Grastien, Symbolic testing of diagnosability, in Proceedings of the 20th International Workshop on Principles of Diagnosis (DX - 09) (2009), pp. 131 - 138

[35] A. Grastien, L. Travé - Massuyès, V. Puig, Solving diagnosability of hybrid systems via abstraction and discrete event techniques, in Proceedings of the 27th International Workshop on Principles of Diagnosis (DX - 16) (2016)

[36] S. Gulwani, A. Tiwari, Constraint - based approach for analysis of hybrid systems, in Proceedings of the 20th International Conference on Computer Aided Verification (CAV - 2008) (2008), pp. 190 - 203

[37] E. Hainry, Decidability and undecidability in dynamical systems. Rapport de recherché (CiteSeer, 2009). http://hal. inria. fr/inria - 00429965/en/

[38] T. A. Henzinger, The theory of hybrid automata, in Proceedings of the 11th Annual IEEE Symposium on Logic in Computer Science (IEEE Computer Society Press, Los Alamitos, CA, 1996), pp. 278 - 292

[39] T. A. Henzinger, P. W. Kopke, A. Puri, P. Varaiya, What's decidable about hybrid automata?, in Proceedings of the 27th Annual Symposium on Theory of Computing (ACM Press, New York, 1995), pp. 373 - 382

[40] S. Jiang, Z. Huang, V. Chandra, R. Kumar, A polynomial algorithm for testing diagnosability of discrete - event systems. IEEE Trans. Autom. Control 46(8), 1318 - 1321 (2001)

[41] E. Kilic, Diagnosability of fuzzy discrete event systems. Inf. Sci. 178(3), 858 - 870 (2008)

[42] K. - D. Kim, S. Mitra, P. R. Kumar, Computing bounded epsilon - reach set with finite precision computations for a class of linear hybrid automata, in Proceedings of the ACM International Conference on Hybrid Systems: Computation and Control (2011)

[43] B. Kuipers, Qualitative Reasoning: Modeling and Simulation with Incomplete Knowledge (MIT Press, Cambridge, MA, 1994)

[44] F. Liu, D. Qiu, Safe diagnosability of stochastic discrete - event systems. IEEE Trans. Autom. Control 53(5), 1291 - 1296 (2008)

[45] O. Maler, G. Batt, Approximating continuous systems by timed automata, in Formal Methods in Systems Biology (Springer, Berlin, 2008), pp. 77 - 89

[46] T. Melliti, P. Dague, Generalizing diagnosability definition and checking for open systems: a Game structure approach, in Proceedings of the 21st International Workshop on Principles of Diagnosis (DX'10), Portland, OR (2010), pp. 103 - 110

[47] M. Nyberg, Criterions for detectability and strong detectability of faults in linear systems. Int. J. Control. 75(7), 490 - 501 (2002)

[48] Y. Pencolé, Diagnosability analysis of distributed discrete event systems, in Proceedings of the 16th European Conference on Artificial Intelligent (ECAI - 04) (2004), pp. 43 - 47

[49] Y. Pencolé, A. Subias, A chronicle - based diagnosability approach for discrete timed - event systems: application to web - services. J. Universal Comput. Sci. 15(17), 3246 - 3272 (2009)

[50] P. Ribot, Y. Pencolé, Design requirements for the diagnosability of distributed discrete event systems, in Proceedings of the 19th International Workshop on Principles of Diagnosis (DX'08), Blue Mountains (2008), pp. 347 - 354

[51] J. Rintanen, Diagnosers and diagnosability of succinct transition systems, in Proceedings of the 20th International Joint Conference on Artificial Intelligence (IJCAI - 07), Hyderabad (2007), pp. 538 - 544

[52] M. Sampath, R. Sengupta, S. Lafortune, K. Sinnamohideen, D. Teneketzis, Diagnosability of discrete event systems. Trans. Autom. Control 40(9), 1555 - 1575 (1995)

[53] A. Schumann, J. Huang, A scalable jointree algorithm for diagnosability, in Proceedings of the 23rd American National Conference on Artificial Intelligence (AAAI – 08) (2008), pp. 535 – 540

[54] D. Thorsley, D. Teneketzis, Diagnosability of stochastic discrete – event systems. IEEE Trans. Autom. Control 50(4), 476 – 492 (2005)

[55] L. Travé – Massuyès, P. Dague, Modèles et raisonnements qualitatifs (Hermès, Paris, 2003)

[56] L. Travé – Massuyès, M. Cordier, X. Pucel, Comparing diagnosability criterions in continuous systems and discrete events systems, in Proceedings of the 6th IFAC Symposium on Fault Detection, Supervision and Safety of Technical Processes (Safeprocess'06), Beijing (2006), pp. 55 – 60

[57] L. Travé – Massuyès, T. Escobet, X. Olive, Diagnosability analysis based on componentsupported analytical redundancy relations. IEEE Trans. Syst. Man Cybern. Part A 36(6), 1146 – 1160 (2006)

[58] S. Tripakis, Fault diagnosis for timed automata, in Proceedings of International Symposium on Formal Techniques in Real – Time and Fault – Tolerant Systems (FTRTFT – 2002). Lecture Notes in Computer Science, vol. 2469 (Springer, Berlin, 2002), pp. 205 – 221

[59] Y. Yan, L. Ye, P. Dague, Diagnosability for patterns in distributed discrete event systems, in Proceedings of the 21st International Workshop on Principles of Diagnosis (DX'10), Portland, OR (2010), pp. 345 – 352

[60] L. Ye, P. Dague, Diagnosability analysis of discrete event systems with autonomous components, in Proceedings of the 19th European Conference on Artificial Intelligence (ECAI – 10) (2010), pp. 105 – 110

[61] T. – S. Yoo, S. Lafortune, Polynomial – time verification of diagnosability of partially observed discrete – event systems. IEEE Trans. Autom. Control 47(9), 1491 – 1495 (2002)

[62] M. Yu, D. Wang, M. Luo, D. Zhang, Q. Chen, Fault detection, isolation and identification for hybrid systems with unknown mode changes and fault patterns. Expert Syst. Appl. 39(11), 9955 – 9965 (2012)

[63] J. Zaytoon, S. Lafortune, Overview of fault diagnosis methods for discrete event systems. Annu. Rev. Control. 37(2), 308 – 320 (2013)

内容简介

信息物理系统是综合计算网络和物理环境的多维混杂动态系统,该系统广泛覆盖我们的生活。本书将信息物理系统抽象为混杂动态系统,是一类兼有离散事件和连续变量两种运行机制的动态系统,需要用定性定量相结合的方法来处理,定性行为常用符号、逻辑、模糊等离散型变量来描述,而定量行为则可用连续变量及相关的微分或差分方程来描述。本书运用基于临界状态距离滤波、模型诊断以及 Mealy 机原理等先进理论实现对系统的控制,从而实现混杂动态系统的诊断性、保障性和安全性评估。

本书面向从事混杂动态系统建模与评估领域研究人员,以及需要解决混杂动态系统诊断性、保障性和安全性的高校教师以及学生,希望本书能够给上述群体提供帮助。

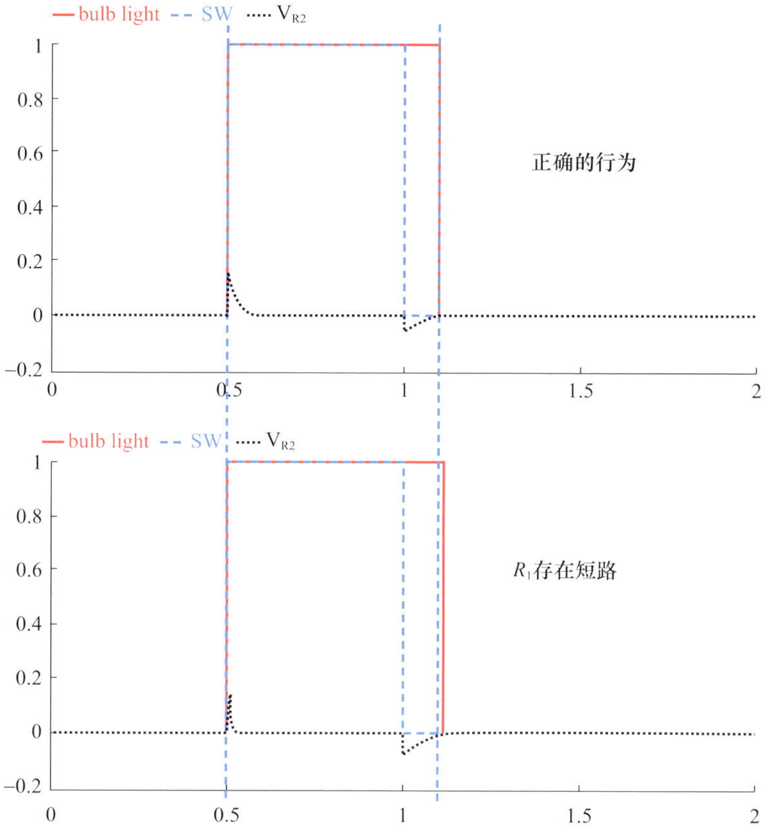

图 3.9　开关电路正确的行为(图上部)与开关电路存在 R_1 短路的行为(图下部)对比

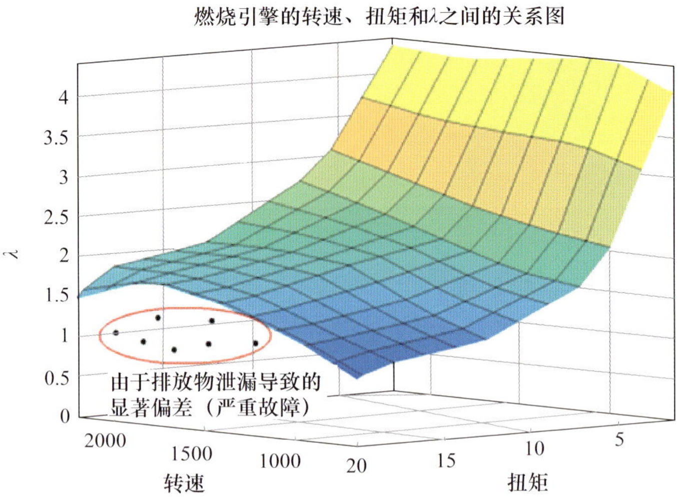

图 4.3　引擎特征图(彩色面)作为一个模型来描述转速、扭矩和 λ 之间的因果关系;数据点代表系统中已经造成的故障,显著偏差暗示着系统的潜在故障

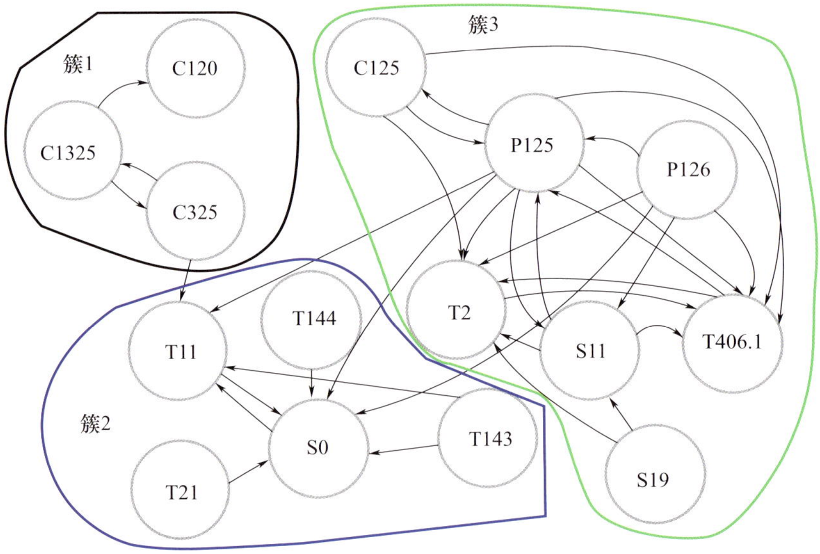

图 4.4　工业生产领域(微射流)典型的关系网络;黑(红)节点代表目标信道的高质量关系,所有流顶点代表输入信道到这里

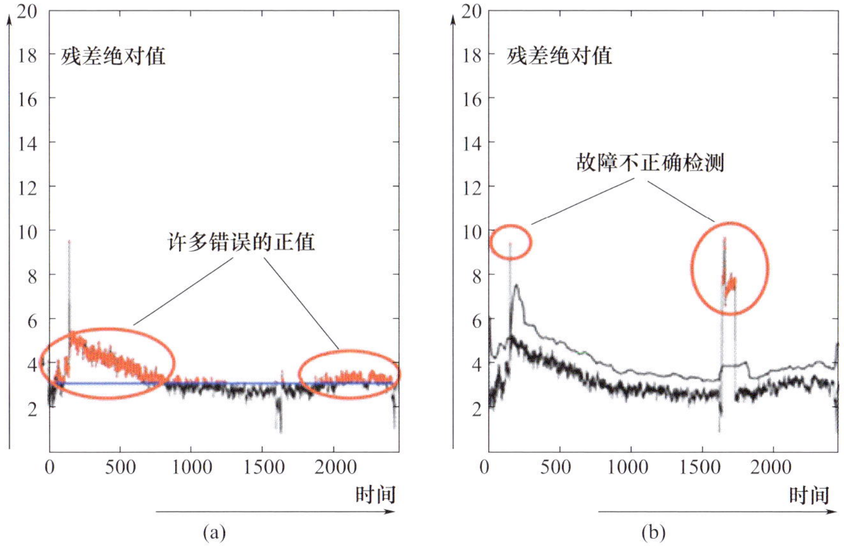

图 4.9　(a)残差信号线和一个固定阈值 3(如同打开一些初始的数据集),导致一些错误警报,通过红色点代表;(b)同样的动态容差带,避免了错误的警报,在初始的地方和显著跳跃到末尾的地方仍然被某些样本的异常值超过(因此能够被检测)

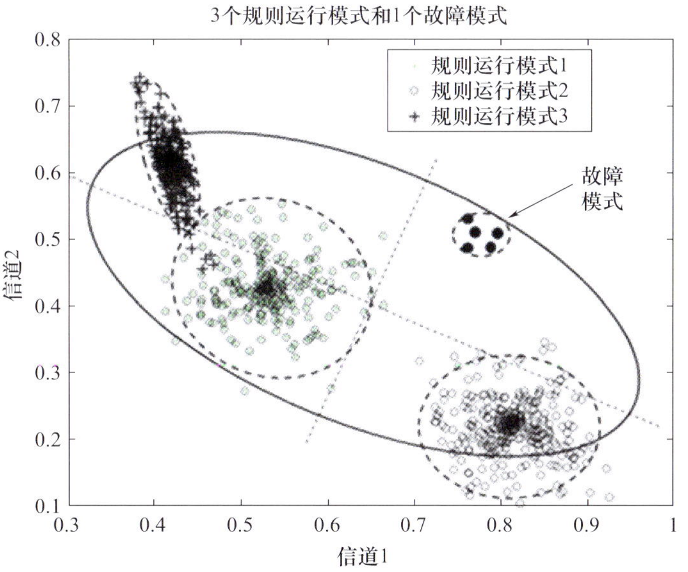

图 4.14　不同的局部数据云由不同的点生成器生成,代表不同(正常,无故障)系统状态,大的黑点代表属于异常行为的新样本(以前没有见过),大的实心椭圆是从所有样本中(不精确)抽取协方差矩阵所得到的形状——故障模式不能从不精确的球面中检测到,可以从更精确的局部中检测到

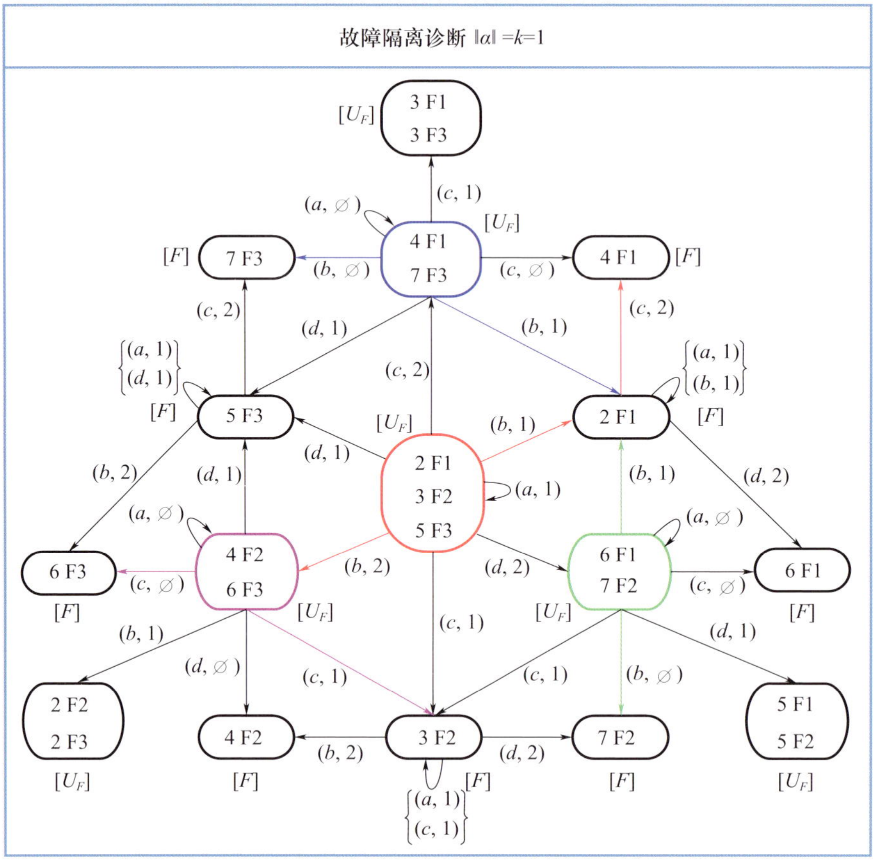

图 6.4　MM 主动诊断故障隔离步骤，条件(6.5)满足